Karl Wagner · Abfall und Kreislaufwirtschaft

Abfall und Kreislaufwirtschaft

Erläuterungen zu deutschen und europäischen (EU) Regelwerken

Dipl.-Ing. Karl Wagner
Baudirektor

Die Deutsche Bibliothek – CIP-Einheitsaufnahme

Wagner, Karl:
Abfall und Kreislaufwirtschaft : Erläuterungen zu deutschen und europäischen (EU) Regelwerken / Karl Wagner. – Düsseldorf : VDI-Verl., 1995

ISBN-13: 978-3-540-62263-5 e-ISBN-13: 978-3-642-95789-5
DOI:10.1007/ 978-3-642-95789-5

© VDI-Verlag GmbH, Düsseldorf 1995

Alle Rechte, auch das des auszugsweisen Nachdruckes, der auszugsweisen oder vollständigen photomechanischen Wiedergabe (Photokopie, Mikrokopie), der elektronischen Datenspeicherung (Wiedergabesysteme jeder Art) und das der Übersetzung, vorbehalten.

Die Wiedergabe von Gebrauchsnamen, Handelsnamen, Warenbezeichnungen u. ä. in diesem Werk berechtigt auch ohne besondere Kennzeichnung nicht zu der Annahme, daß solche Namen im Sinne der Warenzeichen- und Markenschutz-Gesetzgebung als frei zu betrachten wären und daher von jedermann benutzt werden dürften.

Herstellung: PRODUserv Berlin
Datenkonvertierung: Fotosatz-Service Köhler OHG, Würzburg

Vorwort

Wirtschaftliche, soziale und ökologische Entwicklung bilden einen zentralen Handlungsansatz der neueren Umweltpolitik in Deutschland, in Europa und vielen anderen Staaten dieser Welt. Die Entsorgungswirtschaft und hier wiederum die Abfallwirtschaft hat dabei einen immer bedeutenderen Stellenwert eingenommen.

Jahr für Jahr entstehen in Deutschland weit mehr als 200 Millionen Tonnen Abfälle. Diese Abfälle müssen ökologisch und ökonomisch vertretbar entsorgt werden. Die entsprechenden rechtlichen Rahmenbedingungen haben im Jahr 1972 mit der Regelung der Abfallbeseitigung begonnen. In den achziger Jahren wurden die Vermeidung und Verwertung in den Vordergrund der Rechtssetzung gehoben. Mit dem aktuellen Kreislaufwirtschafts- und Abfallgesetz wurde diese Normensetzung um wesentliche Elemente weiterenwickelt. Umweltverträgliche Kreislaufwirtschaft, umfassende Produktverantwortung und eine verursachergerechte Anlastung von Kosten der Umweltnutzung sollen verstärkt Gestaltungsziele der nationalen Abfallpolitik werden.

Dabei kann nicht vergessen werden, daß die deutsche Umwelt- und damit auch Abfallpolitik fest in der Europäischen Union verankert ist. Sie wird von den Arbeiten der Gemeinschaft beeinflußt, aber sie gibt auch europäische Standards mit vor.

Die neuere Rechtssetzung hat ein so komplexes Rechtssystem aus Gesetzen, Verordnungen, Vewaltungsvorschriften, Richtlinien und Merkblättern entstehen lassen, daß es selbst für den Eingeweihten in seiner Komplexität nur noch schwer nachzuvollziehen ist. Das vorliegende Werk versucht, das abfallrechtliche Regelungssystem in seinem Zusammenwirken zu erklären. Dabei wird ein Weg verfolgt, der zwischen rechtlichem Kommentar und technischem Fachbuch angesiedelt ist. Wesentliche Aspekte des noch gültigen Abfallgesetzes, das zukünftig geltende Kreislaufwirtschafts- und Abfallgesetz und die wichtigen Verordnungen und Verwaltungsvorschriften werden diskutiert. Das Zusammenwirken mit anderen Umweltgesetzen wird aufgezeigt. Als für den Ingenieur und Planer wichtiger Aspekt werden der in den Technischen Anleitungen Abfall festgelegte Stand der Technik und seine Fortschreibung vorgestellt.

Wegen der Verknüpfung der Arbeiten der Europäischen Union mit der nationalen Normensetzung wird die Arbeitsweise in der Gemeinschaft vorgestellt. Relevante Regelwerke der Union und ihre Auswirkungen auf die nationale Rechtssetzung sind ein weiterer Teil des Buches.

Das Buch wurde in der Hoffnung erstellt, allen an der Abfallentsorgung und der Kreislaufwirtschaft Interessierten einen übersichtlichen, verständlichen und aktuellen Überblick über die Thematik zu geben, konkrete Handlungshinweise für den Planer, Ingenieur, Techniker, Entsorger zusammenzustellen sowie dem Verwaltungsbeamten Entscheidungshilfen an die Hand zu geben.

Köln, 1995 *Karl Wagner*

Inhaltsverzeichnis

1	**Einleitung**	1
2	**Entwicklung zur Kreislaufwirtschaft**	2
2.1	Abfallbeseitigung	2
2.2	Abfallbewirtschaftung	3
2.3	Beitritt der ehemaligen Deutschen Demokratischen Republik	3
2.4	Verfahrensbeschleunigung	4
2.5	Weitere Änderungen	5
2.6	Kreislaufwirtschaft	5
3	**Das Abfallgesetz (Anhang I)**	7
3.1	Geltungsbereich	7
3.2	Ordnung der Entsorgung	9
	3.2.1 TA Abfall	9
	3.2.2 Einbeziehung von BImSchG-Anlagen	11
3.3	Anlagenzulassung	11
3.4	Überwachung der Entsorgung von Anlagen	12
	3.4.1 Betriebsbeauftragter	13
3.5	Verordnungen zur Vermeidung und Verwertung	13
3.6	Grenzüberschreitende Entsorgung von Abfällen	14
	3.6.1 Die Abfallverbringungs-Verordnung	14
	3.6.2 Erklärung zu Abfallexporten	15
4	**Gesetz zur Vermeidung, Verwertung und Beseitigung von Abfällen (Anhang II)**	17
4.1	Aufbau als Artikelgesetz	18
4.2	Kreislaufwirtschafts- und Abfallgesetz	20

	4.2.1 Allgemeine Vorschriften	20
	4.2.1.1 Zweckbestimmung (§ 1 KrW-/AbfG)	21
	4.2.1.2 Geltungsbereich (§ 2 KrW-/AbfG)	21
	4.2.1.3 Begriffsbestimmungen (§ 3 KrW-/AbfG)	21
	4.2.2 Grundsätze, Pflichten	23
	4.2.2.1 Grundsätze (§ 4 KrW-/AbfG)	24
	4.2.2.2 Grundpflichten (§ 5 KrW-/AbfG)	25
	4.2.2.3 Verwertung (§ 6 KrW-/AbfG)	26
	4.2.2.4 Kreislaufwirtschaft (§§ 7, 8 KrW-/AbfG)	27
	4.2.2.5 Betreiberpflichten (§ 9 KrW-/AbfG)	27
	4.2.2.6 Abfallbeseitigungsgrundsätze (§ 10 KrW-/AbfG)	28
	4.2.2.7 Abfallbeseitigungsgrundpflichten (§ 11 KrW-/AbfG)	29
	4.2.2.8 Anforderungen an die Beseitigung (§ 12 KrW-/AbfG)	29
	4.2.2.9 Andienungs-/Überlassungspflicht (§ 13 KrW-/AbfG)	29
	4.2.2.10 Duldungspflichten (§ 14 KrW-/AbfG)	30
	4.2.2.11 Öffentlich-rechtliche Träger (§ 15 KrW-/AbfG)	30
	4.2.2.12 Privatisierung (§ 16–18 KrW-/AbfG)	30
	4.2.2.13 Konzepte und Bilanzen (§§ 19, 20 KrW-/AbfG)	31
	4.2.2.14 Einzelfallentscheidungen (§ 21 KrW-/AbfG)	32
	4.2.3 Produktverantwortung	32
	4.2.4 Planungsverantwortung	33
	4.2.4.1 Beseitigung (§§ 27, 28 KrW-/AbfG)	33
	4.2.4.2 Abfallwirtschaftsplanung (§ 29 KrW-/AbfG)	34
	4.2.4.3 Anlagenzulassung (§§ 30–36 KrW-/AbfG)	34
	4.2.5 Absatzförderung	35
	4.2.6 Informationspflichten	35
	4.2.7 Überwachung	35
	4.2.7.1 Überwachung (§ 40 KrW-/AbfG)	36
	4.2.7.2 Überwachungsbedürftige Abfälle (§ 41 KrW-/AbfG)	36
	4.2.7.3 Überwachungsverfahren (§§ 42–48 KrW-/AbfG)	37
	4.2.7.4 Transportgenehmigung (§ 49 KrW-/AbfG)	38
	4.2.7.5 Vermittlungsgeschäfte (§ 50 KrW-/AbfG)	38
	4.2.7.6 Entsorgungsfachbetriebe (§§ 51, 52 KrW-/AbfG)	38
	4.2.8 Betriebsorganisation	38
	4.2.9 Schlußbestimmungen	38
4.3	Umsetzung des Kreislaufwirtschafts- und Abfallgesetzes	39
5	**Definition und Überwachung von Abfällen und Reststoffen**	**40**
5.1	Die Abfallbestimmungs-Verordnung	42
	5.1.1 Die Begriffe „Sonderabfälle" und „besonders überwachungsbedürftige Abfälle"	42

		5.1.2 Die Kleinmengenregelung	43
	5.2	Reststoffbestimmungs-Verordnung	44
	5.3	Abfall- und Reststoffüberwachungs-Verordnung	45
		5.3.1 Anwendungsbereich	45
		5.3.2 Transportgenehmigung	46
		5.3.3 Entsorgungsnachweis	47
		5.3.3.1 Sonderregelung bei Zwischenlagern und Behandlungsanlagen	50
		5.3.4 Sammelentsorgungsnachweis, Vereinfachter Entsorgungsnachweis	52
		5.3.5 Begleitscheine, Übernahmescheine	52
		5.3.6 Reststoffe	52
6	**Vermeidung und Verwertung nach § 14 Abfallgesetz**		**56**
	6.1	Altölverordnung	57
	6.2	Lösemittelverordnung	61
	6.3	FCKW-Halon-Verbots-Verordnung	62
		6.3.1 Situation bei FCKW	63
		6.3.2 Situation bei Halonen	65
	6.4	Pfandverordnung für Getränkeverpackungen und Verpackungsverordnungen	66
	6.5	Weitere geplante Verordnungen	71
		6.5.1 Entsorgung schadstoffhaltiger Baustellenabfälle	71
		6.5.2 Abfälle gebrauchter elektrischer und elektronischer Geräte	71
		6.5.3 Batterieentsorgung	72
		6.5.4 Flaschenkapseln aus Blei	73
		6.5.5 Abfälle aus der Kraftfahrzeugentsorgung	73
		6.5.6 Abfälle aus Druckerzeugnissen sowie aus Büro und Administration	74
		6.5.7 Bauabfälle	74
7	**Erste allgemeine Verwaltungsvorschrift über Anforderungen zum Schutz des Grundwassers bei der Lagerung und Ablagerung von Abfällen**		**76**
	7.1	Verfahren und Ermächtigungsgrundlage	76
	7.2	Anwendungsbereich	77

| 7.3 | Zulassungsvoraussetzungen | 78 |

8 TA Abfall, Teil 1 80

- 8.1 Gliederung der Verwaltungvorschrift 81
- 8.2 Anwendungsbereich 82
- 8.3 Allgemeine Vorschriften 83
- 8.4 Zulassung von Abfallentsorgungsanlagen 85
- 8.5 Zuordnung von Abfällen zu Entsorgungsverfahren und -anlagen 85
  - 8.5.1 Verwertungsvorrang 86
  - 8.5.2 Zuordnungskriterien zur Behandlung und Ablagerung .. 88
  - 8.5.3 Vermischungsverbot 93
- 8.6 Übergreifende Anforderungen an Entsorgungsanlagen 93
  - 8.6.1 Betriebliche Organisation 93
  - 8.6.2 Abfallanlieferung 96
  - 8.6.3 Anlagenbereiche 96
- 8.7 Zwischenlager 99
- 8.8 Behandlungsanlagen 102
- 8.9 Deponien 103
  - 8.9.1 Oberirdische Deponien 104
    - 8.9.1.1 Abfalleigenschaften 104
    - 8.9.1.2 Standortvoraussetzungen 105
    - 8.9.1.3 Dichtungssysteme 106
    - 8.9.1.4 „Hochsicherheitsdeponie" 110
    - 8.9.1.5 Betriebliche Anforderungen 110
  - 8.9.2 Untertagedeponien 113
    - 8.9.2.1 Wahl der Gesteinsformation 115
    - 8.9.2.2 Untertägiger Versatz 116
    - 8.9.2.3 Standortbezogene Sicherheitsbeurteilung 116
    - 8.9.2.4 Errichtung, Betrieb und Abschlußmaßnahmen 117
- 8.10 Altanlagenregelungen 118
- 8.11 Übergangsregelungen 119

9 TA Siedlungsabfall 121

- 9.1 Anwendungsbereich 123
- 9.2 Allgemeine Vorschriften 124

9.3	Zulassung von Abfallentsorgungsanlagen	124
9.4	Zuordnung von Abfällen zu Entsorgungsverfahren	125
	9.4.1 Verwertungsvorrang	125
	9.4.2 Zuordnungskriterien zur Deponie	126
9.5	Verwertungsvorgaben	126
	9.5.1 Kompostierung und Vergärung	128
	9.5.2 Bodenaushub	128
	9.5.3 Klär- und Fäkalschlämme	129
9.6	Organisatorische Anforderungen	129
9.7	Betrieblich/technische Anforderungen	130
	9.7.1 Zwischenlager	130
	9.7.2 Behandlungsanlagen	130
9.8	Die Deponierung	132
9.9	Altanlagenregelungen und Übergangsregelungen	135
9.10	Empfehlungen zur TA Siedlungsabfall	136
10	**Andere Rechtsbereiche**	**137**
10.1	Immissionsschutzrecht	137
	10.1.1 Überwachung genehmigungsbedürftiger Anlagen	137
	10.1.2 Betreiberpflichten nach Betriebseinstellung	138
	10.1.3 Kompensationsregelungen	138
	10.1.4 Kennzeichnungspflichten	138
	10.1.5 Genehmigungsanforderungen	138
	10.1.5.1 Vermeidungs- und Verwertungsgebot	142
	10.1.5.2 Verwaltungsvorschrift zu § 5 Abs. 1 Nr. 3 BImSchG	142
	10.1.5.3 Musterverwaltungsvorschrift zu § 5 Abs. 1 Nr. 3 BImSchG	143
	10.1.6 Verbrennungsanlagen	144
10.2	Wasserrecht	146
	10.2.1 Lagerung wassergefährdender Stoffe	147
10.3	Chemikalienrecht	148
	10.3.1 Technische Regeln für Gefahrstoffe	149
10.4	Umweltverträglichkeitsprüfung	150
10.5	Umwelthaftungsrecht	152

10.6 Abfallverbringung 154
    10.6.1 Ausführungsgesetz zum Baseler Übereinkommen 154
    10.6.1.1 Das Abfallverbringungsgesetz 156

11   Recht der Europäischen Union 159

11.1 Die Verträge 159

11.2 Die Institutionen 162
    11.2.1 Das Europäische Parlament 162
    11.2.2 Der Rat der Europäischen Union 163
    11.2.3 Die Europäische Kommission 164
    11.2.4 Der Gerichtshof, Gericht Erster Instanz 166
    11.2.5 Der Europäische Rechnungshof 167
    11.2.6 Ausschüsse 167
    11.2.7 Die Europäische Investitionsbank 168

11.3 Das Handlungsinstrumentarium der EG 168

11.4 Das Rechtssetzungsverfahren 170

11.5 Umweltpolitik in der Gemeinschaft 173
    11.5.1 Die Aktionsprogramme 173
    11.5.2 Abfallpolitik als Teil der Umweltpolitik 176
    11.5.2.1 Entschließung des Parlaments über Abfallwirtschaft
             und Altlasten 177
    11.5.2.2 Entschließung des Rates zur Abfallpolitik 177

11.6 Innerstaatliche Umsetzung von EG-Richtlinien 178

11.7 Abfallrelevante Regelungen 179
    11.7.1 Richtlinie über Abfälle 179
    11.7.2 Richtlinie über gefährliche Abfälle 181
    11.7.3 Die Abfallverzeichnisse 182
    11.7.3.1 Der European Waste Catalogue (EWC) 183
    11.7.3.2 Das Verzeichnis der gefährlichen Abfälle
             (Anhang III) 183
    11.7.4 Richtlinie über die Verhütung der Luftverunreinigung
           durch neue Verbrennungsanlagen für Siedlungsmüll ... 184
    11.7.5 Richtlinie über die Verringerung der Luftverunreinigung
           durch bestehende Verbrennungsanlagen für
           Siedlungsmüll 185
    11.7.6 Richtlinie des Rates über die Verbrennung
           gefährlicher Abfälle 185

11.7.7 Richtlinie über Abfalldeponien (Vorschlag) 186
11.7.8 Richtlinie über den Schutz des Grundwassers gegen
 Verschmutzung durch bestimmte gefährliche Stoffe . . . 188
11.7.9 Verordnung zur Überwachung und Kontrolle
 der Verbringung von Abfällen in die und aus der
 Europäischen Gemeinschaft 189
11.7.9.1 Geltungsbereich der Verordnung 190
11.7.9.2 Arten von Verbringungsvorgängen 191
11.7.9.3 Überwachung im Fall der Verwertung 192
11.7.9.4 Überwachung im Fall der Beseitigung 192
11.7.10 Entschließung der OECD C(92)39 193
11.7.11 Baseler Konvention zur Kontrolle der grenzüberschreitenden Verbringung gefährlicher Abfälle 194
11.7.12 Richtlinie über die Altölbeseitigung 195
11.7.13 Richtlinie über die Beseitigung polychlorierter
 Biphenyle und Terphenyle (PCB, PCT) 196
11.7.14 Richtlinie zur Verhütung und Verringerung der
 Umweltverschmutzung durch Asbest 197
11.7.15 Richtlinie über gefährliche Stoffe enthaltende
 Batterien und Akkumulatoren 198
11.7.16 Richtlinie über die Wiederverwendung von
 Altpapier und die Verwendung von Recyclingpapier . 199
11.7.17 Richtlinie über Verpackungen und Verpackungsabfälle 199
11.7.18 Richtlinie über den Schutz der Umwelt und insbesondere der Böden bei der Verwendung von
 Klärschlamm in der Landwirtschaft 201
11.7.19 Richtlinie über die Umweltverträglichkeitsprüfung bei
 bestimmten öffentlichen und privaten Projekten 202
11.7.20 Richtlinie über den freien Zugang von Informationen
 über die Umwelt 203

12 Literatur 204

Anhang I 217

Anhang II 241

Anhang III 292

13 Sachwortverzeichnis 307

1 Einleitung

Die wirtschaftlichen Wachstumsprozesse der Nachkriegszeit sind zu einem guten Teil über die Belastung der Umwelt subventioniert worden. Die daraus entstandenen Hypotheken, die in fast allen Industrieländern mehr oder minder ausgeprägt vorliegen, finden sich heute in Altlasten und kontaminierten Industriestandorten wieder. Daneben sind sie aber auch als Rückstände aus der industriellen oder landwirtschaftlichen Produktion im Grundwasser festzustellen. Abfallentsorgung wurde zu einem Umweltproblem ersten Ranges. Wesentliche Ursache für seine neue Dimension war das Erscheinen neuartiger, schwer entsorgbarer Stoffe.

Bei der Abfallentsorgung handelt es sich aber nicht nur um ein qualitatives, sondern auch um ein quantitatives Problem: nach den „Daten zur Umwelt 1992/1993" des Umweltbundesamtes [1] wird für das Gesamtabfallaufkommen in der Bundesrepublik Deutschland Anfang der 90er Jahre ein Wert von ca. 280 Millionen Tonnen pro Jahr ausgewiesen. Der Hausmüllbereich bilanzierte sich dabei auf ca. 20 Millionen Tonnen pro Jahr mit leicht abfallender Tendenz in den 80er Jahren; nach dem Beitritt der ehemaligen Deutschen Demokratischen Republik hat er sich auf ca. 26,6 Millionen Tonnen pro Jahr erhöht. Die besonders überwachungsbedürftigen Abfälle, deren Zahl 1990 durch die Abfallbestimmungs-Verordnung wesentlich erhöht worden ist, bilanzierten sich 1990 auf ca. 16 Millionen Tonnen.

Um die Entsorgung dieser Mengen ökologisch und ökonomisch vertretbar lösen zu können, bedarf es eines Abfallwirtschaftskonzeptes, das dem Anspruch einer ganzheitlichen Lösung gerecht wird. Hierunter ist das abgestimmte Zusammenwirken von Vermeidung, Verwertung und Beseitigen von Abfällen mit dem Ziel zu verstehen, die Gesundheit des Menschen zu schützen und die Umwelt vor schädlichen Auswirkungen von Ansammlungen von Abfällen zu bewahren.

Die nachfolgenden Ausführungen sollen das Problemgebiet weniger aus dem Blickwinkel eines Juristen, sondern aus dem eines Technikers und Ingenieurs beleuchten. Sie haben deshalb nicht den Charakter eines Kommentars zum Gesetz. Sie sollen vielmehr die nach hier vertretener Ansicht für die Abfallbewirtschaftung wichtigen rechtlichen und fachlichen Aspekte herausstellen.

2 Entwicklung zur Kreislaufwirtschaft

In der Industrienation Deutschland ist nach einer frühzeitigen Lösung der Versorgungsprobleme die Abfallbeseitigung als ein wichtiger Engpaßfaktor vom Gesetzgeber angegangen worden.

2.1 Abfallbeseitigung

Ein wichtiger Bestandteil der Abfallpolitik war die Regelung der Abfallentsorgung in der Bundesrepublik Deutschland in einem ersten Schritt durch das Abfallbeseitigungsgesetz aus dem Jahre 1972.

Nachdem das Grundgesetz (GG) am 14.4.1972 geändert wurde und in Artikel 74 Nr. 24 GG eine ausdrücklich der konkurrierenden Gesetzgebung zugeordnete Kompetenz für den Bund aufgenommen war, konnte das Abfallbeseitigungsgesetz vom 7.6.1972 am 10.6.1972 verkündet werden [2].

Wesentliche Merkmale der rechtlichen Ordnung im Abfallbeseitigungsgesetz waren

- die Aufnahme der Beseitigung als grundsätzlich öffentliche Aufgabe,
- die Verpflichtung der Länder zu einer überörtlichen Beseitigungsplanung,
- die Vorgabe, Abfälle so zu beseitigen, daß das Wohl der Allgemeinheit nicht beeinträchtigt wird,
- die Vorgabe, Abfälle nur in dafür zugelassenen Anlagen zu behandeln, zu lagern oder abzulagern.

Der Vollzug der Vorschriften des Abfallbeseitigungsgesetzes war und ist wegen Artikel 83 GG Aufgabe der Länder.

Durch die Änderungsgesetze vom 21.6.1976 [3], vom 4.3.1982 [4] und vom 31.1.1985 [5] wurden insbesondere die Verantwortlichkeiten des Besitzers von Sonderabfällen erweitert, bestimmte Kennzeichnungspflichten bei Abfalltransporten aufgenommen, die Klärschlammverwertung geregelt und grenzüberschreitende Transporte grundsätzlich unter Genehmigungsvorbehalt gestellt.

2.2 Abfallbewirtschaftung

Durch die vierte Novelle vom 27.8.1986 [6] wurde das Abfallgesetz von einem Beseitigungs- zu einem Abfallwirtschaftsgesetz weiterentwickelt (→ Ziffer 3). Insbesondere wurden die Gebote zur Vermeidung und Verwertung der sonstigen Entsorgung vorangestellt. Darüber hinaus wurde die Bundesregierung zum Erlaß von Verordnungen und Verwaltungsvorschriften ermächtigt, durch die

- die Verantwortung von Produzenten für die Entstehung und Entsorgung der anfallenden Abfälle geregelt werden kann (§ 14 AbfG); dies bezieht sich nicht nur auf Produktionsabfälle, sondern auch auf Konsumabfälle;
- einheitliche Anforderungen an die Abfallentsorgung nach dem Stand der Technik aufgestellt werden können (Technische Anleitungen Abfall/§ 4 Abs. 5 AbfG)

Nicht zuletzt wurde das Altölgesetz vom 23.12.1969 [7] nebst ergänzenden Vorschriften in das Abfallgesetz überführt. Die Begriffsdefinition erfolgte hierbei in § 5a, die Rücknahmeregelung in § 5 bzw. § 14 AbfG; Übergangsvorschriften wurden in § 30 AbfG aufgenommen.

2.3 Beitritt der ehemaligen Deutschen Demokratischen Republik

Eine weitere wichtige Änderung stand in Zusammenhang mit dem Beitritt der ehemaligen Deutschen Demokratischen Republik: mit dem Umweltrahmengesetz wurde die Verwaltungshilfe in den neuen Ländern als Voraussetzung für abfallrechtliche Zulassungsverfahren geregelt. Durch den Einigungsvertrag wurde das Abfallgesetz entsprechend geändert. Die Änderungen bezogen sich im Wesentlichen auf Fristen für die Anzeige von „Altanlagen" sowie Sonderregelungen bei den Zulassungsverfahren für Neuanlagen, die auf eine Einschaltung der „Partner-Altbundesländer" hinausliefen.

Da sich die *Verwaltungshilfe* nach einhelliger Meinung aller Betroffenen bewährt hat, hat die Bundesregierung durch Gesetz die Verwaltungshilfe bis zum 30.6.1994 verlängert und modifiziert [8]: als Aspekt der Stützung der Eigenverantwortung der Behörden in den neuen Ländern wurde die zwingende Inanspruchnahme der Verwaltungshilfe während der „Auslaufphase" von 2 Jahren in das Ermessen der zuständigen Behörde gestellt. Diese Regelung, die in § 8a AbfG aufgenommen war, ist seit dem 1.07.1994 außer Kraft.

2.4 Verfahrensbeschleunigung

Um u. a. die oft zu lange dauernden Planungs- und Genehmigungsverfahren zu verkürzen, wurde das Investitionserleichterungs- und Wohnbaulandgesetz aufgestellt. Das Gesetz wurde am 22.04.1993 veröffentlicht und ist zum 1.05.1993 in Kraft getreten [9].

Das Gesetz sieht u. a. vor:

- die Erleichterung und Beschleunigung im Baurecht und städtebaulichen Planungsrecht,
- Vereinfachungen und Beschleunigungen bei immissionsschutzrechtlichen Genehmigungen,
- die Stärkung vertraglicher Elemente im Städtebaurecht,
- die Verkürzung des Raumordnungsverfahrens,
- eine Harmonisierung von Bau- und Naturschutzrecht,
- die Beschleunigung bei der Genehmigung von Produktions- und Abfallentsorgungsanlagen,
- eine befristete Straffung des Rechtsmittelweges in den neuen Ländern in Verwaltungsstreitverfahren,
- eine Beschränkung des Zulassungsverfahrens nach § 7 AbfG auf Deponien unter Überführung sonstiger Abfallentsorgungsanlagen in das Genehmigungsverfahren nach dem BImSchG.

Hierzu erscheinen im Hinblick auf Abfallentsorgungsanlagen insbesondere folgende durch das Gesetz vorgegebene Änderungen anderer Fachgesetze von Belang:

- U. a. wurde in § 38 Satz 1 Baugesetzbuch klargestellt, daß das dort formulierte *Standortprivileg* auch für öffentlich zugängige Abfallentsorgungsanlagen gilt, die nach BImSchG zu genehmigen sind.
- Die Umweltverträglichkeitsprüfung (UVP) ist im Raumordnungsverfahren nicht mehr zwingend vorgeschrieben (§ 6 a Raumordnungsgesetz); gleichwohl kann die zuständige Behörde nach § 16 UVPG im Einzelfall über die Durchführung einer UVP entscheiden; als Konsequenz wurden die Vorschriften über die zwingende Unterrichtung und Beteiligung der Öffentlichkeit im Raumordnungs-Gesetz gestrichen, wobei auch hier nach § 16 UVPG eine Öffentlichkeitsbeteiligung möglich bleibt.
- Die naturschutzrechtliche Eingriffsregelung (Bundesnaturschutzgesetz), die bisher im einzelnen Baugenehmigungsverfahren zum Einsatz gekommen ist, wurde auf die Ebene der Bauleitplanung gehoben, wobei einige Einschränkungen formuliert werden; so soll im unbeplanten In-

nenbereich nach § 34 BauGB grundsätzlich die naturschutzrechtliche Eingriffsregelung nicht zur Anwendung kommen, da dort regelmäßig Ausgleichsmaßnahmen nicht möglich sind; im Ausgleich werden die Länder aber ermächtigt, für vorhabensbedingte Eingriffe in den Naturschutz und die Landschaftspflege Ersatzgeldzahlungen vorzusehen.

- Als Konsequenz wurden das Bundes-Immissionsschutzgesetz sowie Ziffer 8 der 4. Verordnung zur Durchführung des BImSchG entsprechend geändert. Dabei wird durch die in § 7 Abs.1 AbfG angeordnete entsprechende Anwendung des § 6 AbfG auf die nach dem BImSchG zuzulassenden Anlagen sichergestellt, daß die Einbeziehung dieser Anlagen in die Abfallentsorgungplanung weiterhin gewährleistet ist.

2.5 Weitere Änderungen

Eine weitere Änderung der AbfG betraf § 19 und erfolgte durch Artikel 7 Abs. 1 des Gesetzes zur Aufhebung der Tarife im Güterkraftverkehr vom 13.08.1993 [10].

Eine weitere Änderung betraf § 18 Abs. 2 AbfG und erfolgte am 27.06.1994 [11].

Mit Artikel 2 des *Ausführungsgesetzes zum Basler Übereinkommen* (→Ziffer 10.6.1), das am 14.10.1994 in Kraft getreten ist [12], wurden

- § 12a AbfG neu eingeführt,
- §§ 13 bis 13c AbfG aufgehoben,
- § 18 Abs.1 Nr. 10 und 10a AbfG gestrichen,
- § 19 Abs.2 AbfG geändert.

2.6 Kreislaufwirtschaft

Trotz aller Anstrengungen und Erfolge der deutschen Abfallwirtschaft hat sich die Entsorgungssituation in den letzten Jahren nicht entspannt. Dies liegt zum Teil darin begründet, daß die Möglichkeiten zur Vermeidung von Abfällen bei der Produktion und dem Wiedereinsatz noch unzureichend genutzt sind; erhebliche Abfallmengen fallen weiterhin an. Anderseits wird es immer schwieriger, auch hochqualifizierte Entsorgungsanlagen zuzulassen und zu bauen. Dies verbunden mit der bisherigen „Unschärfe" des Abfallbegriffs hat dazu geführt, daß Abfälle vermehrt exportiert worden sind. Entsorgungsprobleme wurden damit verlagert, ein effektiver Umweltschutz in Deutschland kann insoweit nicht mehr garantiert werden und mangels ausreichender Entsorgungsinfrastrukturen werden Industrie und Gewerbe und damit Arbeitsplätze gefährdet.

Mit dem Gesetz zur Vermeidung, Verwertung und Beseitigung von Abfällen [119] wird die bisherige Abfallpolitik weitergeführt: weg von der reinen Abfallbeseitigung – hin zur Kreislaufwirtschaft (→ Ziffer 4).

Das Gesetz ist als Artikelgesetz angelegt und beinhaltet 13 Artikel. Artikel 1 enthält das „Gesetz zur Förderung der Kreislaufwirtschaft und Sicherung der umweltverträglichen Beseitigung von Abfällen", kurz „Kreislaufwirtschafts- und Abfallgesetz" (KrW-/AbfG).

Das Gesetz wird das Abfallgesetz nach 2 Jahren ablösen: es tritt am 7.10.1996 in Kraft. Deswegen werden sowohl das Abfallgesetz in der aktuellen Fassung als auch das Kreislaufwirtschafts- und Abfallgesetz im Anhang abgedruckt und nachfolgend mit ihren jeweiligen Hauptauswirkungen vorgestellt.

3 Das Abfallgesetz [Anhang I]

Wie eingangs ausgeführt, wurde mit der 4. Novelle das Abfallbeseitigungsgesetz zu einem Abfallwirtschaftsgesetz weiterentwickelt. Mit der Novelle erhielt das Gesetz den Titel „*Gesetz über die Vermeidung und Entsorgung von Abfällen (Abfallgesetz – AbfG)*" [Anhang I]. Da dieses Gesetz noch bis zum 6.10.1996 in Kraft bleibt, sollen nachfolgend seine wesentlichen Elemente dargestellt werden.

3.1 Geltungsbereich

Von besonderer Bedeutung ist der Geltungsbereich des Abfallgesetzes, der über § 1 AbfG vorgegeben wird. Danach gilt das Gesetz grundsätzlich nur für Stoffe, die Abfälle im Rechtssinne sind. Abfälle können hierbei nach § 1 Abs. 1 AbfG durch den Willen des Besitzers, der sich einer Sache entledigen will (subjektiver Abfallbegriff) oder aus einer Betrachtung heraus, wonach eine geordnete Entsorgung zur Wahrung des Wohls der Allgemeinheit geboten ist, auch wenn sich der Besitzer der Sache nicht entledigen will (objektiver Abfallbegriff), bestimmt sein. Schwierigkeiten bereitet in diesem Zusammenhang immer wieder die Frage, wann ein Abfall seine Abfalleigenschaft verliert bzw. ob ein Stoff bei einer Verwertung überhaupt zu Abfall wird.

§ 1 Abs. 1 Satz 2 AbfG enthält hierzu eine Art „Fiktion": danach sind bewegliche Sachen, die der Besitzer der *entsorgungspflichtigen Körperschaft* oder einem beauftragten Dritten überläßt, auch im Falle ihrer Verwertung Abfall, bis sie oder die aus ihnen gewonnenen Stoffe oder erzeugten Energien dem Wirtschaftskreislauf zugeführt werden. Damit wurde die Abfallverwertung als Teil der Abfallentsorgung – soweit es sich um Wertstoffe in der Hand der entsorgungspflichtigen Körperschaft handelt – ausdrücklich in das AbfG einbezogen.

Vor diesem Hintergrund bedarf es der sorgfältigen Beurteilung im Einzelfall, ob der Besitzer einer Sache diese als Wirtschaftsgut der Verwertung außerhalb des Abfallregimes zuführen kann. Im Regelfall dürfte eine Entsorgung als Abfall dann geboten sein, wenn andernfalls das Wohl der Allgemeinheit in zu hohem Maße beeinträchtigt würde, insbesondere wenn Schutzgüter der in § 2 Abs.1 AbfG genannten Art beeinträchtigt würden, die nur durch eine geordnete Entsorgung im Sinne des AbfG ausgeschlossen werden können. In diesem Zusammenhang ist die neuere höchstrichterliche Rechtssprechung von Bedeutung. Das Bundesverwaltungsgericht (BVerwG) läßt in seiner Entscheidung vom 24.06.1993 zu Bauschutt [13] erkennen, daß es bei einer „Positivauslegung" für die Gültigkeit des Abfallbegriffs nicht mehr allein ausreichend ist, wenn der Besitzer erklärt, er gäbe das Gut mit dem alleinigen Zweck der Beseitigung ab; der subjektive Abfallbegriff sei nur ein Kriterium. Zum objektiven Abfallbegriff wird ausgeführt, daß eine Entsorgung als Abfall immer dann geboten sei, wenn die Aufbewahrung der Sache und ihre zukünftige Verwendung bzw. Verwertung typischerweise zu einer Gefährdung des Gemeinwohls, insbesonder zu Umweltgefahren, führen *und* diese Gefährdung nur durch eine geordnete Entsorgung behoben werden kann. Bei der Prüfung der Frage, ob von der Sache zu irgendeinem Zeitpunkt Gefahren für das Wohl der Allgemeinheit ausgehen können, sei es bereits ausreichend, daß aufgrund allgemeiner Erfahrungen und wissenschaftlicher Erkenntnisse die Verwendung/Verwertung typischerweise zu einer Gemeinwohlgefährdung führen kann. Eine solche typische Gefahr bestünde aber regelmäßig dann nicht, wenn für den Altstoff ein Marktpreis erzielt werden kann („Wirtschaftsgut"). Umgekehrt sei das Fehlen eines Marktpreises ein wesentliches Indiz dafür, daß ein gemeinwohlgefährdender Altstoff als Abfall entsorgt werden muß.

Über § 1 Abs. 3 AbfG werden bestimmte Stoffe definiert, die den Vorschriften des AbfG nicht unterfallen. Für diese Stoffe existieren eine Reihe spezialgesetzlicher Regelungen wie das Chemikalien-, Tierkörperbeseitigungs-, Wasserhaushalts-, Pflanzenschutz-, Fleischbeschau-, Tierseuchen-, Atom-, Berg- oder das Hohe-See-Einbringungsgesetz. Diese Gesetze enthalten bereits Anforderungen an eine unschädliche Entsorgung, wenn auch z.T. weit weniger konkretisiert. Bspw. wird in § 1 Abs. 3 Nr. 5 AbfG eine Abgrenzung zum Wasserrecht vollzogen, indem Stoffe, also auch Abfälle, die in Gewässer oder Abwasseranlagen eingeleitet oder eingebracht werden, von den Regelungen des AbfG ausgenommen sind.

Im Gegenzug werden die „subjektiven" und „objektiven" Abfallbegriffe erweitert durch die gesetzliche Abfallvermutung des § 5 Abs. 2 AbfG für die dort genannten Kraftfahrzeuge und Anhänger, die damit immer Abfall sind. Dies gilt auch für den Fall ihrer Verwertung.

Weiterhin gelten kraft Sonderregelung alle bzw. einzelne Vorschriften des Abfallgesetzes für Altöle, die in der Regel aufgearbeitet und wiederverwendet werden (§ 5a Abs.1 Nr. 1 und Abs. 2 AbfG) sowie für das Aufbringen von Abwasser und ähnlichen Stoffen auf landwirtschaftlich genutzte Böden (§ 15 Abs. 1 AbfG). Es wurden damit zwei typische Verwertungs-/Verwendungsmaßnahmen dem Abfallgesetz unterstellt.

Aus der Gruppe aller Abfallarten werden über § 2 Abs. 2 AbfG bestimmte Abfälle, die sogenannten besonders überwachungsbedürftigen Abfälle, herausgehoben. An das Handling und die Entsorgung dieser Abfälle müssen zusätzliche Anforderungen gestellt werden. Hierzu sind diese Abfälle durch Rechtsverordnung zu bestimmen.

Da aber auch der unkontrollierte Umgang mit bestimmten Stoffen, die nicht Abfälle im Sinne des Abfallgesetzes sind, sondern als Reststoffe einer Verwertung zugeführt werden sollen, zu Umweltbeeinträchtigungen führen kann, muß auch deren Weg transparent gemacht werden. § 2 Abs. 3 AbfG ermöglicht es deshalb dem Verordnungsgeber, Stoffe zu bestimmen, die, falls sie einer Verwertung als Reststoffe zugeführt werden, bestimmten Überwachungs-, Genehmigungs- und Kennzeichnungspflichten unterworfen werden. Die über § 2 Abs. 3 AbfG angesprochenen Reststoffe können aus allen „abfallproduzierenden" Anlagen stammen.

Mit der Abfallbestimmungs-Verordnung [14] und der Reststoffbestimmmungs-Verordnung [15] sind diese Stoffe durch die Bundesregierung bestimmt worden. Die Rechtsverordnungen sind am 1. Oktober 1990 in Kraft getreten. Wegen ihrer besonderen Bedeutung werden sie in Ziffer 5 konkreter diskutiert.

3.2 Ordnung der Entsorgung

§ 4 AbfG regelt – im Zusammenhang vor allem mit § 3 AbfG – die „Ordnung" der Entsorgung, wonach Abfälle nur in dafür zugelassenen Anlagen behandelt, gelagert oder abgelagert werden dürfen. Wegen des höheren Gefährdungspotentials wird darüber hinaus für besonders überwachungsbedürftige Abfälle in § 4 Abs. 3 AbfG vorgegeben, daß diese Abfälle nur unter bestimmten Voraussetzungen vom Abfallerzeuger zur weiteren Entsorgung abgegeben werden dürfen.

3.2.1 TA Abfall

§ 4 Abs. 5 AbfG hat für alle Phasen der Entsorgung besondere Bedeutung. Die Bundesregierung wird hier ermächtigt, *allgemeine Verwaltungsvorschriften* für die Abfallentsorgung nach dem Stand der Technik zu erlassen (→ Ziffern 7, 8, 9). Mit Erlaß der Technischen Anleitungen Abfall, kurz TA Abfall, wurde von dieser Ermächtigung Gebrauch gemacht.

Für die TA Abfall wurde bewußt der Status einer allgemeinen Verwaltungsvorschrift gewählt. Bei allgemeinen Verwaltungsvorschriften handelt es sich um Regelungen, die innerhalb einer Verwaltungsorganisation von übergeordneten Verwaltungsinstanzen an die nachgeordneten Behörden ergehen und die dazu dienen, Organisation und Handeln der Verwaltung näher zu bestimmen. Sie sollen mithin über ihre verwaltungsinterne Bindungswirkung eine gleichmäßige Verwaltungsausübung und Handhabung des Ermessensspielraumes gewährleisten.

Anderseits lassen sie abweichende Ermessensentscheidungen im Einzelfall zu, wenn die besonderen Umstände dies erforderlich und sinnvoll erscheinen lassen. Allgemeine Verwaltungsvorschriften haben deshalb gerade im Bereich des Umweltschutzes den Vorzug, hohe Reglungsdichte und einen spezifischen Detaillierungsgrad mit der erforderlichen Flexibilität und Offenheit für neue technische Entwicklungen zu verbinden.

Bei allgemeinen Verwaltungsvorschriften handelt es sich jedoch nicht um einen Fall der deligierten Rechtsetzung, da sie keine unmittelbare Außenwirkung entfalten. Sie wenden sich nicht berechtigend oder verpflichtend an den Bürger selbst [16].

Die TA Abfall soll umfassend technische und organisatorisch/administrative Anforderungen an die Verwertung und die sonstige Entsorgung auf einem so hohen Niveau („*Stand der Technik*") vorgeben, daß Beeinträchtigungen des Wohls der Allgemeinheit soweit wie möglich ausgeschlossen werden.

Die Prioritäten für die Erarbeitung der TA Abfall sind in § 4 Abs. 5 Satz 1 AbfG vorgegeben. Vorrangig soll die Entsorgung von Abfällen im Sinne von § 2 Abs. 2 AbfG (besonders überwachungsbedürftige Abfälle) geregelt werden. Trotz dieser Prioritätenvorgabe hatte die Bundesregierung im Januar 1990 als erste Verwaltungsvorschrift die „*Erste allgemeine Verwaltungsvorschrift über Anforderungen zum Schutz des Grundwassers bei der Lagerung und Ablagerung von Abfällen*" erlassen [22]. Sie wird in Ziffer 7 vorgestellt.

Als zweite Verwaltungsvorschrift wurde die „*TA Abfall (Teil 1): Technische Anleitung zur Lagerung, chemisch/physikalischen, biologischen Behandlung, Verbrennung und Ablagerung von besonders überwachungsbedürftigen Abfällen*" veröffentlicht [23]. Sie ist insgesamt am 1.4.1991 in Kraft getreten. Ziffer 8 enthält ausführliche Erläuterungen zu dieser Verwaltungsvorschrift.

Als bisher letzte und dritte Verwaltungsvorschrift wurde die „*Technische Anleitung zur Verwertung, Behandlung und sonstigen Entsorgung von*

Siedlungsabfällen mit dem Kurznamen „TA Siedlungsabfall" erlassen [24]. Sie ist am 1. Juni 1993 in Kraft getreten. In Ziffer 9 wird die Verwaltungsvorschrift näher vorgestellt.

3.2.2 Einbeziehung von BImSchG – Anlagen

Hohe Bedeutung für die Ordnung der Entsorgung hat weiterhin die 3. Novelle zum Bundes-Immissionsschutzgesetz [25] mit der u.a. eine Neuregelung zu § 4 Abs.1 AbfG erfolgte. Sie bezweckte, daß die Verwertung oder Behandlung von Abfällen auch in solchen genehmigungsbedürftigen Anlagen nach dem BImSchG zugelassen werden kann, die überwiegend einem anderen Zweck als der Abfallentsorgung dienen. Als Beispiel sind hier die Lackschlämme oder Lösemittel zu nennen, die als hochchalorische Sekundärenergieträger im Zementdrehrohr eingesetzt werden. An die Stelle der bis dahin notwendigen Änderungszulassung nach § 7 AbfG oder einer Ausnahmegehmigung nach § 4 Abs. 2 AbfG i.V. mit einer Änderungsgenehmigung nach BImSchG trat in den Fällen der Mitentsorgung von Abfällen in diesen Anlagen allein eine Änderungsgenehmigung nach § 4 und § 15 BImSchG. Durch die Novellierung wurde gleichzeitig sichergestellt, daß

– der bisherige sachliche Prüfungsumfang beibehalten wird,
– die Öffentlichkeit beteiligt wird,
– die Umweltverträglichkeitsprüfung auch in diesen Fällen durchzuführen ist.

3.3 Anlagenzulassung

Seit längerem wurde seitens der Wirtschaft, der Länder und des Bundes gefordert, die zum Teil äußerst langwierigen Verfahren zu beschleunigen. Mit Mitteln des Umweltforschungsplanes wurden bei der Firma Lahmeyer International, Frankfurt, zwei entsprechende Studien beauftragt. Die Ergebnisse können als „Leitfaden zur Erstellung von Antragsunterlagen und Durchführung des Zulassungsverfahrens bei Abfallentsorgungsanlagen" [17] sowie „Planfeststellung und Plangenehmigung im Abfallrecht" [18] bezogen werden. Diese Erkenntnisse waren in die Beratungen zum Investitionserleichterungs- und Wohnbaulandgesetz eingeflossen. Nach § 7 AbfG in der geänderten Fassung des Art. 6 des Investitionserleichterungs- und Wohnbaulandgesetzes (→ Ziffer 2.4) ist nur noch für die Errichtung und den Betrieb einer Deponie sowie für deren wesentliche Änderung eine *abfallrechtliche* Zulassung erforderlich. Alle anderen Abfallentsorgungsanlagen, die noch nicht öffentlicht bekannt gemacht waren, werden ab dem 1.05.1993 nach den Vorschriften des BImSchG genehmigt.

Welche Konsequenzen ergeben sich aus gerade dieser Änderung für Abfallentsorgungsanlagen? Nach hier vertretener Ansicht können die in Ziffer 3.2.1 vorgestellten Anforderungen der TA Abfall mit ihrer Forderung nach Einhaltung des „Standes der Technik" als „öffentlich-rechtliche Vorschrift" oder als „Konkretisierung der Genehmigungsvoraussetzungen" im Sinne von § 6 Nr. 2 BImSchG angesehen werden. Die anlagenspezifischen Teile der TA Abfall dürften danach eine Konkretisierung des § 5 Abs. 1 Nr. 1 BImSchG darstellen; sie wären bei einer Anlagengenehmigung nach dem BImSchG einzubeziehen.

Mit dem Investitionserleichterungs- und Wohnbaulandgesetz wurden die verfahrensrechtlichen Vorschriften für die Deponiezulassung leicht modifiziert. Grundsätzlich ist es dabei geblieben, daß die Zulassung einer Deponie durch Planfeststellung erfolgt. In die Planfeststellung ist die einzubeziehen. Unter bestimmten Voraussetzungen, die in § 7 Abs. 3 AbfG genannt sind, kann die zuständige Behörde auch eine Plangenehmigung aussprechen. Die Plangenehmigung hat keine Konzentrationswirkung, es sei denn, die Länder haben über gesonderte Verfahrensvorschriften weitere Zulassungen in die Genehmigung einbezogen.

3.4 Überwachung der Entsorgung von Anlagen

Daß Abfälle ordnungsgemäß entsorgt und Anlagen ordnungsgemäß betrieben werden, obliegt der Überwachung durch die nach Landesrecht zuständige Behörde. Die erforderlichen Überwachungsmaßnahmen werden in § 11 AbfG geregelt. § 11 AbfG begründet zur Erleichterung der behördlichen Überwachung bestimmte Anzeige-, Aufzeichnungs- und Auskunftspflichten. Weiterhin verpflichtet er zur Duldung von Überwachungsmaßnahmen.

Darüber hinaus wird in § 11 AbfG das Bundesumweltministerium ermächtigt, durch Rechtsverordnung die Form und den Umfang der Nachweisführung zu konkretisieren. Mit der *Abfall- und Reststoffüberwachungs-Verordnung* [26] wurde dieser Ermächtigung nachgekommen. Wegen ihrer besonderen Bedeutung für die Entsorgungswirtschaft wird die Verordnung in Ziffer 5.3 im Detail vorgestellt.

Grundsätzlich dürfen Abfälle nur mit Genehmigung transportiert werden. Für Abfalltransporte, die sich ausschließlich innerhalb der Bundesrepublik Deutschland bewegen, geben § 12 AbfG und die Abfall- und Reststoffüberwachungs-Verordnung den rechtlichen Rahmen vor. Auf die Erteilung einer Transportgenehmigung besteht unter den in § 12 AbfG genannten Voraussetzungen ein Genehmigungsanspruch.

Export, Import und Transit von Abfällen sind nach § 13 AbfG genehmigungspflichtig. Zur Konkretisierung wurde die Abfallverbringungs – Verordnung erlassen. Sie wurde durch das Abfallverbringungsgesetz im Oktober 1994 ersetzt (→ Ziffer 3.6).

3.4.1 Betriebsbeauftragter

Um die Eigenüberwachung von Entsorgungsanlagen zu stärken, wurden 1976 die Vorschriften über den Betriebsbeauftragten für Abfall in das Abfallgesetz aufgenommen (§§ 11 a bis f AbfG). Nähere Einzelheiten wurden mit der *Verordnung über Betriebsbeauftragte für Abfall* [19] vom 26.10.1977 festgelegt.

Mit dem Betriebsbeauftragten für Abfall, dessen Bedeutung am Immissionsschutzbeauftragten oder Betriebsbeauftragten für Gewässerschutz orientiert worden ist, wurde ein sog. Binnenorgan geschaffen, das bestimmte Aufgaben und Pflichten in einem Unternehmen zu erfüllen hat.

Soweit sie in der Verordnung genannt sind, müssen Betreiber ortsfester Anlagen einen Betriebsbeauftragten für Abfall bestellen. Zu den betroffenen Anlagen zählen insbesondere solche, in denen besonders überwachungsbedürftige Abfälle anfallen oder gehandhabt werden wie chemische Fabriken, Metallschmelzen, Galvanisierbetriebe u.ä.. Weiterhin werden bestimmte Abfallentsorgungsanlagen genannt, soweit sie Mindestgrößen überschreiten.

Der Betriebsbeauftragte soll über fundierte Kenntnisse der Betriebsabläufe sowie über gute Kenntnisse von betriebsrelevanten Entsorgungsverfahrenstechniken verfügen. Es kann, muß sich aber nicht um einen Betriebsangehörigen handeln. In letzterem Falle bedarf es für die Bestellung der Zustimmung der für den Betrieb zuständigen Behörde.

Die Aufgaben der unterschiedlichen Betriebsbeauftragten nach Abfall-, Gewerbe-, Wasser- oder Gefahrgutrecht können von ein und derselben Person wahrgenommen werden; bei kleineren und mittleren Betrieben dürfte sich das Zusammenführen der Funktionen sogar empfehlen, um optimale Ergebnisse zu erzielen.

3.5 Verordnungen zur Vermeidung und Verwertung

Zur Durchsetzung der drei Grundforderungen der Abfallwirtschaft: Abfallvermeidung – Abfallverwertung – ordnungsgemäße Abfallentsorgung ist die Bundesregierung in § 14 AbfG zum Erlaß von Rechtsverordnungen ermächtigt. Während § 14 Abs. 1 AbfG Schadstoffe in Abfällen und Erzeugnissen anspricht, regelt Absatz 2 die Mengenproblematik. Bisher wurde von allen Möglichkeiten des § 14 AbfG (Verordnungen – Zielfestlegungen – freiwillige Maßnahmen) Gebrauch gemacht. Wegen ihrer besonderen Bedeutung für eine umweltschonende Abfallbewirtschaftung werden die bestehenden und geplanten Regelungen zu § 14 AbfG in Ziffer 6 im Detail diskutiert.

3.6 Grenzüberschreitende Entsorgung von Abfällen

3.6.1 Die Abfallverbringungs – Verordnung

Die grenzüberschreitende Verbringung von Abfällen erfolgt auf der Grundlage von § 13 AbfG. Zur Durchführung der in diesem Zusammenhang durchzuführenden Zulassungsschritte wurde die Abfallverbringungs-Verordnung vom 18.11.1988 [20] erlassen. Mit dem Ausführungsgesetz zum Basler Übereinkommen (→ Ziffer 10.6.1) wurden bis auf einen erweiterten § 17 (→ Textblock) alle anderen §§ der Verordnung aufgehoben.

Zur Vollzugserleichterung war in einer Bund-Länder-Arbeitsgruppe der Entwurf einer *Muster-Verwaltungsvorschrift* zur Durchführung des § 13 AbfG und der Verordnung über die grenzüberschreitende Verbringung von Abfällen erarbeitet worden. Mit Inkrafttreten des Ausführungsgesetzes zum Basler Übereinkommen am 14.10.1994 hat sich die Muster-Verwaltungsvorschrift überholt.

§ 17 AbfverbrVO:
Gebühren und Auslagen

Für Amtshandlungen der zuständigen Behörde sowie für in Amtshilfe vorgenommene Maßnahmen der Zollstellen und des Freihafenamtes der Freien und Hansestadt Hamburg werden gemäß § 13 Abs. 4 des Abfallgesetzes Gebühren nach folgenden Rahmensätzen sowie Auslagen erhoben:

1. Erteilung einer Genehmigung für Verbringung von
   a) Abfällen aus Haushaltungen, Sperrmüll oder hausmüllähnlichen Abfällen 100 bis 1000 DM
   b) Erdaushub, Straßenaufbruch oder Bauschutt, verunreinigt durch Schadstoffe 100 bis 3000 DM
   c) sonstigen Abfällen, insbesondere Abfällen im Sinne des § 2 Abs. 2 des Abfallgesetzes 100 bis 5000 DM

3.6 Grenzüberschreitende Entsorgung von Abfällen

2. Erteilung einer Sammelgenehmigung (§ 4) für die Verbringung von
   a) Abfällen aus Haushaltungen, Sperrmüll oder hausmüllähnlichen
      Abfällen   100 bis 6000 DM
   b) Erdaushub, Straßenaufbruch oder Bauschutt, verunreinigt durch
      Schadstoffe   100 bis 8000 DM
   c) sonstigen Abfällen, insbesondere Abfällen im Sinne des § 2
      Abs. 2 des Abfallgesetzes   100 bis 10000 DM
3. Entnahme einer Probe der verbrachten Abfälle   100 bis 1000 DM
4. Untersuchung der verbrachten Abfälle je Probe
   a) wenn die zuständige Behörde die Untersuchung selbst vornimmt
          100 bis 5000 DM
   b) wenn die zuständige Behörde die Untersuchung durch Dritte vornehmen läßt   100 bis 500 DM;
      die für die Untersuchung anfallenden Kosten werden zusätzlich als Auslagen erhoben.

Die Regelung des Satzes 1 findet für Amtshandlungen der zuständigen Behörden sowie für in Amtshilfe vorgenommene Maßnahmen der Zollstellen im Rahmen der Verordnung (EWG) Nr. 259/93 des Rates vom 1.02.1993 zur Überwachung und Kontrolle der Verbringung von Abfällen in der, in die und aus der Europäischen Gemeinschaft (ABl. EG-Nr. L 30, S.1) entsprechende Anwendung bis eine neue Regelung auf der Grundlage des § 4 Abs. 6 Nr. 3 des Abfallverbringungsgesetzes vom 30.09.1994 (BGBl. I, S. 2771) erlassen worden ist.

3.6.2 Erklärung zu Abfallexporten

Nachdem in den Jahren 1991/92 eine Reihe von illegalen Abfallexporten ins insbesondere osteuropäische Ausland zu nicht unerheblichen Problemen in den bilateralen Verhältnissen geführt hatten, hatten sich die Umweltminister des Bundes und der Länder in einer Gemeinsamen Erklärung am 14.09.1992 zu einem Maßnahmenpaket zur Reduzierung von Abfalltourismus entschlossen [21]. Im Wesentlichen wurden folgende Maßnahmen beschlossen, die von den für den Vollzug zuständigen Ländern umzusetzen waren:

– keine neuen Genehmigungen für Hausmüllexporte,
– keine Abfallexportgenehmigungen in Staaten der Dritten Welt sowie in MOE- und GUS-Staaten,
– Verschärfung der behördlichen Überwachung von Abfall- und Reststoff produzierenden Anlagen,

- einheitliche Durchführung der Reststoffüberwachung zur Verhinderung von Falschdeklarationen,
- strikte Anwendung des Gewerberechts, um Abfallschiebereien zu verhindern,
- Anwendung des objektiven Abfallbegriffs auf Stoffe, deren Verwertung im Empfängerland zweifelhaft ist,
- Rücknahme von illegal exportierten Abfällen durch die Bundesländer, aus denen die Abfälle stammen,
- Beschleunigung der Anlagenzulassungsverfahren durch Entbürokratisierung.

Diese Erklärung wurde mit dem Ausführungsgesetz zum Basler Übereinkommen als Legaldefinition eingeführt.

4 Gesetz zur Vermeidung, Verwertung und Beseitigung von Abfällen [Anhang II]

Mit der Veröffentlichung des Gesetzes zur Vermeidung, Verwertung und Beseitigung von Abfällen am 6.10.1994 [119] wird die bisherige Abfallpolitik konsequent weitergeführt: weg von der reinen Abfallbeseitigung – hin zur Kreislaufwirtschaft.

Der Verabschiedung des Gesetzes waren intensive und schwierige Beratungen vorausgegangen. Bereits im Juli 1992 hatte das Bundesumweltministerium einen Entwurf der Novelle des Abfallgesetzes – das Gesetz zur Vermeidung von Rückständen, Verwertung von Sekundärrohstoffen und Entsorgung von Abfällen – vorgelegt und an die Ressorts, Ländern und beteiligten Kreise zur Anhörung verschickt. Nach intensiver Beratung wurde der Kabinettsentwurf am 31.03.1993 verabschiedet und an Bundesrat und Bundestag zur weiteren Beratung geleitet [27].

Nachdem der Gesetzesentwurf sowohl im Bundesrat als auch vom Bundestag wesentlich geändert werden sollte und wegen der unterschiedlichen Vorstellungen schließlich der Vermittlungsausschuß angerufen wurde, haben beide Organe im Juli 1994 schließlich auf Vorschlag des Vermittlungsausschusses das neue Gesetz verabschiedet.

Das Gesetz geht durch

– die Erweiterung des noch gültigen Abfallbegriffs auf „Reststoffe" und sogenannte „Wirtschaftsgüter",
– die Modifizierung der Vermeidungspflicht des BImSchG,
– die Verbesserung der Möglichkeiten produktbezogener Anforderungen im Sinne des § 14 AbfG,
– die Einführung der Verwertungspflicht für alle Abfälle

erheblich über das geltende Abfallgesetz hinaus. Dabei verfolgt es im wesentlichen die Förderung einer umweltverträglichen Kreislaufwirtschaft, deren erstes Ziel es ist, Abfälle zu vermeiden. Weiterhin soll für die nicht vermeidbaren Abfälle eine hochwertige Entsorgungsinfrastruktur im Inland sichergestellt werden.

Die Steuerung einer Produktgestaltung, die die abfallarme oder mehrfache Verwendung fördert, wird dabei nicht durch konkrete Produktionsvorgaben erfolgen, sondern über verordnete Rücknahmepflichten. Dieser „Entsorgungsdruck" dürfte am schnellsten und effektivsten Hersteller und Vertreiber bewegen, entsprechende Problemlösungen zu entwickeln. Ver- und Entsorgungsvorgänge werden miteinander verknüpft. Nach Rücknahme findet das Pflichtenregime des Gesetzes auf die weitere Entsorgung der Altprodukte Anwendung.

Bildlich bedeutet dies, daß der Hersteller eines Produktes sich nicht nur Gedanken über eine umweltverträgliche Produktherstellung machen muß; er muß vielmehr auch bei der Produktkonzeption die gesamte Lebenszeit einschließlich des „Ablebens seines Produktes" im Auge und letztlich in der Verantwortung haben. In Konsequenz sollen die Produktplanungen im Rahmen der Kreislaufwirtschaft grundsätzlich bei der Wirtschaft verbleiben.

Um die Zulassungsverfahren zu beschleunigen, wurde das im Investitionserleichterungs- und Wohnbaulandgesetz vorgegebene Prinzip beibehalten. Die Zulassung sämtlicher Verwertungsanlagen sowie aller Abfallbehandlungsanlagen folgt wie die Zulassung sonstiger Industrieanlagen dem Bundes – Immissionsschutzgesetz.

Die Überwachung wird im Hinblick auf den erweiterten Anwendungsbereich (Beseitigung und Verwertung insgesamt, erweiterter Abfallbegriff) gegenüber dem bisherigen Instrumentarium flexibler gestaltet.

4.1 Aufbau als Artikelgesetz

Das Gesetz ist als Artikelgesetz angelegt und beinhaltet 13 Artikel.

Artikel 1 enthält das *Kreislaufwirtschafts- und Abfallgesetz* (KrW-/AbfG) und damit die eigentlichen neuen Vorgaben für eine Kreislaufwirtschaft.

Die Artikel 2–11 enthalten die notwendigen Folgeänderungen in anderen Fachgesetzen, soweit dort auf den bisherigen Abfallbegriff oder das Abfallgesetz Bezug genommen wird. Im Einzelnen werden geändert:

Bundes-Immissionsschutzgesetz
Artikel 2 enthält die notwendigen Folgeänderungen des Bundes-Immissionsschutzgesetzes. Insbesondere handelt es sich um die anlagenbezogenen Betreiberpflichten zur Vermeidung und Verwertung von Abfällen (§ 5 Abs. 1 Nr. 3 BImSchG), die durch Rechtsverordnung auch auf nicht genehmigungsbedürftige Anlagen ausgedehnt werden können.

Die bisherigen „Reststoffe" werden zu „Abfällen"!

4.1 Aufbau als Artikelgesetz

Gesetz über die Umweltverträglichkeitsprüfung
Artikel 3 enthält redaktionelle Folgeänderungen, die sich aus den Änderungen des Abfallrechts ergeben.

Düngemittelgesetz
Ziel der Änderungen in Artikel 4 ist in erster Linie die Absicherung der Landwirtschaft vor Risiken, die sich aus der landwirtschaftlichen Verwertung von Klärschlamm ergeben. Zu diesem Zweck soll ein Entschädigungsfonds eingerichtet werden. Beitragspflichtig sind Hersteller von Klärschlamm, soweit dieser zur landwirtschaftlichen Verwertung abgegeben wird.

Strafgesetzbuch
Artikel 5 enthält redaktionelle Folgeänderungen für das Strafrecht.

Chemikaliengesetz
Artikel 6 enthält redaktionelle Folgeänderungen für das Chemikalienrecht.

Verwaltungsgerichtsordnung
Artikel 7 enthält redaktionelle Folgeänderungen für die Verwaltungsgerichtsordnung.

Gesetz zur Beschränkung von Rechtsmitteln in der Verwaltungsgerichtsbarkeit
Artikel 8 enthält redaktionelle Folgeänderungen in der Verwaltungsgerichtsbarkeit.

Gesetz zu den Übereinkommen von Oslo und London und die Hohe-See-Einbringungsverordnung
Das Hohe-See-Einbringungs-Gesetz wird in Artikel 9 entsprechend den Beschlüssen der 3. Internationalen Nordseeschutz-Konferenz und des Oslo-Paris-Übereinkommens dahingehend geändert, daß das Einbringen von Abfällen mit Ausnahme von Baggergut verboten wird. Die auf das Gesetz gestützten Verordnungen (Artikel 10) werden entsprechend angepaßt: im Hohe-See-Einbringungs-Gesetz und in der Hohe-See-Einbringungsverordnung wird die für das Zertifizierungsverfahren (= Genehmigungsverfahren) zuständige Behörde umbenannt in das Bundesamt für Seeschiffahrt und Hydrographie (BSH).

Artikel 11 enthält die sogenannte „Entsteinerungsklausel", die sicherstellt, daß die vorgenannten Änderungen der Hohe-See-Einbringungsverordnung wiederum durch Verordnung geändert werden können.

Übergangsregelungen
Artikel 12 enthält Übergangsregelungen für bereits begonnene abfallrechtliche Zulassungsverfahren.

Inkrafttreten/Außerkrafttreten
Nach Artikel 13 wird das Gesetz 2 Jahre nach Verkündung – also am 7.10.1996 – in Kraft treten. Diese Übergangszeit ist erforderlich, um den Betroffenen sowie dem Vollzug die Umstellung auf die neue Rechtslage zu ermöglichen.

Außerdem ist der längere Übergangszeitraum erforderlich, um die Landesabfallgesetze entsprechend anzupassen.

Nur die Rechtsverordnungsermächtigungen treten sofort mit Verkündigung in Kraft, um insbesondere die bestehenden Verordnungen nach dem AbfG anpassen zu können. Das heißt aber auch, daß bestehende Rechtsverordnungen und Verwaltungsvorschriften nach dem Abfallgesetz bis zum Zeitpunkt ihrer Änderung bzw. ihres Widerrufs rechtsgültig bleiben!
Das Abfallgesetz tritt zum 6.10.1996 außer Kraft!

4.2 Kreislaufwirtschafts- und Abfallgesetz

Wie einführend vermerkt, enthält Artikel 1 das „Gesetz zur Förderung der Kreislaufwirtschaft und Sicherung der umweltverträglichen Beseitigung von Abfällen", kurz „Kreislaufwirtschafts- und Abfallgesetz" (KrW-/AbfG). Dieses Gesetz wird das bisherige Abfallgesetz ablösen.

Das Gesetz geht insbesondere durch die Ausdehnung des Abfallbegriffs und die korrespondierende Erstreckung der Pflichten weit über das bisherige Abfallgesetz hinaus. Das Gesetz besteht aus 9 Teilen. Nachfolgend sollen die neuen Regelungsbereiche identifiziert und Ansätze für eine Umsetzungskonzeption aufgezeigt werden. Die Überschriften der einzelnen Erläuterungen folgen den Überschriften der Teile bzw. §§ des Gesetzes.

4.2.1 Allgemeine Vorschriften

Der *erste Teil* legt die Eckpunkte des Gesetzes fest: Zweck ist die Förderung der abfallarmen Kreislaufwirtschaft und die Sicherung der Beseitigung der Abfälle. Im Hinblick auf diesen Zweck werden die allgemeinen Begriffsbestimmungen vorgenommen sowie der sachliche Geltungsbereich festgelegt. Insbesondere werden nicht nur Abfälle zur Beseitigung, sondern auch Abfälle zur Verwertung erfaßt. Damit wird auch die längst überfällige Umsetzung der EG-Abfallrahmenrichtlinie in diesem wichtigen Punkt vollzogen (→ Ziffer 11.7.1). Bereits an dieser Stelle sei darauf hingewiesen, daß im Hinblick auf die Überwachung zwischen besonders überwachungsbedürftigen, überwachungsbedürftigen und sonstigen Abfällen unterschieden wird (→ Ziffer 4.2.7.2).

4.2.1.1 Zweckbestimmung (§ 1 KrW-/AbfG)

Zweck des Gesetzes ist eine abfallarme Kreislaufwirtschaft, die die natürlichen Ressourcen schont. Sie soll erreicht werden, indem vom Abfall her gedacht wird und die Stoffströme rückwärts bis in die Bereiche von Konsum und Produktion beeinflußt werden. Dabei folgen die rechtlichen Regelungen dem Ansatz, daß das Entstehen von Abfällen am effektivsten minimiert werden kann, wenn abfallarme Produktionsverfahren und mehrfache Nutzung der Produkte oder deren Verwertung realisiert werden.

Hohe Anforderungen an die Beseitigung von Abfällen, die aus dem „Kreislauf" herauskommen, sind das andere wichtige Element des Gesetzes. Diese Anforderungen und die damit zusammenhängenden Kostenfaktoren sollen die Produzenten motivieren, zur Vermeidung und Verwertung weitere Initiativen zu ergreifen.

4.2.1.2 Geltungsbereich (§ 2 Krw-/AbfG)

Der sachliche Geltungsbereich wird im „Zusammenspiel" mit dem erweiterten „Abfallbegriff" gegenüber dem bisherigen Abfallgesetz erheblich erweitert: das Gesetz regelt die Vermeidung, Verwertung und Beseitigung sowohl von Abfällen zur Verwertung als auch von Abfällen zur Beseitigung. „Wirtschaftsgüter" oder „Sekundärprodukte" sind damit nicht mehr – wie noch im geltenden Abfallgesetz – vom Geltungsbereich ausgenommen.

Abs. 2 beinhaltet bei Anpassung an die neue Terminologie im wesentlichen die Ausschlußtatbestände des § 1 Abs. 3 AbfG:

- Die Nrn. 2, 3 schließen die nach atom- und strahlenschutzrechtlichen Bestimmungen zu beseitigenden Stoffe vom Geltungsbereich aus. Das heißt, daß bspw. radioaktiv verunreinigte Abfälle aus Sanierungsmaßnahmen nach den Vorschriften der Strahlenschutz-Verordnung zu entsorgen sind, wenn bestimmte Strahlenbelastungen überschritten werden.
- Nr. 4 läßt die Sonderregelungen in Bezug auf das Bergrecht bestehen. Fallen jedoch Abfälle an, die nicht typischerweise in Betrieben anfallen, die unter Bergaufsicht stehen, werden diese dem Geltungsbereich dieses Gesetzes unterstellt.
- Nr. 5 stellt klar, daß nur gasförmige Stoffe, die in Behältern gefaßt sind, dem Geltungsbereich des Kreislaufwirtschafts-und Abfallgesetzes unterliegen, nicht dagegen bspw. die in Rohrleitungen strömenden Gase.

4.2.1.3 Begriffsbestimmungen (§ 3 KrW-/AbfG)

§ 3 enthält die zentralen Begriffsbestimmungen des Gesetzes. Für den Abfallbegriff werden die Definitionsgehalte des Artikels 1 der EG-Abfallrahmenrichtlinie wortgleich übernommen (→ Ziffer 11.7.1). Zwar sieht es auf den ersten Blick so aus, als habe sich an der Definition des Abfallbegriffs in § 1 AbfG nicht viel geändert. Die Bezugnahme auf Anhang I macht aber deutlich, daß der beseitigungsorierentierte Abfallbegriff aufgegeben wurde und damit die in der Produktion anfallenden Stoffe, die bisher als sogenannte Wirtschaftsgüter frei gehandhabt wurden, nur unzureichenden Kontrollen unterzogen wurden oder unterzogen werden konnten, nunmehr in das abfallrechtliche Regime einbezogen werden.

Als weiterer Effekt der Ausweitung des Abfallbegriffs wird damit auch gewährleistet, daß es bei der Umsetzung und dem Vollzug der EG-Abfallverbringungsverordnung, die die Abfallexporte regelt, nicht zu Widersprüchen zwischen nationalem und europäischem Recht kommt (→ Ziffer 10.6).

Werden Abfälle verwertet, heißen sie „*Abfälle zur Verwertung*"; können sie nicht verwertet werden, heißen sie „*Abfälle zur Beseitigung*". Verwertungsverfahren und Beseitigungsverfahren werden in den Anhängen II A und II B vorgegeben. Diese Anhänge stimmen ebenfalls mit der EG-Abfallrahmenrichtlinie überein. In diesem Zusammenhang sei darauf hingewiesen, daß die im Gesetzesentwurf von der Bundesregierung ursprünglich vorgeschlagenen Begriffe „Reststoff" und Sekundärrohstoff" vom Vermittlungsausschuß nicht übernommen worden sind.

In Abs. 2 wird die *faktische Entledigung*, also die Tatsache des Entledigens, als die Aufgabe der tatsächlichen Sachherrschaft definiert.

In Abs. 3 wird der „*Entledigungswille*" konkretisiert. Der Entledigungswille läßt sich in zwei Fallgruppen gliedern: Abfälle sind zukünftig Produkte und Stoffe, wenn sie anfallen, ohne daß der Zweck der jeweiligen Handlung hierauf gerichtet ist. In der Produktion oder bei der Verarbeitung weder zielgerichtet produzierte noch zweckentsprechend eingesetzte Stoffe fallen damit unter den Abfallbegriff. Entscheidend wird damit die Produktionsabsicht des Erzeugers oder die Verwendungsabsicht des Besitzers. In der zweiten Fallgruppe entfällt die ursprüngliche Zweckbestimmung, ohne daß ein neuer Verwendungszweck unmittelbar an deren Stelle tritt. Unzweifelhaft dürfte eine Entledigung stets gegeben sein, wenn der Besitzer eine Sache unter Wegfall jeden weiteren Verwendungszwecks abgibt. Hier ist maßgeblich, daß der Besitzer sich des Stoffes als für ihn wertlos entledigen will.

In Abs. 4 wird das Merkmal „*entledigen müssen*" unter Berücksichtigung der neusten BGH-Rechtsprechung konkretisiert. Entscheidend für das Entledigungsgebot ist zunächst, daß eine Sache nicht mehr ihrer ursprünglichen Zweckbestimmung entsprechend verwendet wird und das Wohl der

Allgemeinheit durch ihr Gefährdungspotential beeinträchtigt werden kann. Es muß keine konkrete Gefahr vorliegen. Das Entledigungsgebot greift aber erst dann, wenn das Gefährdungspotential nicht bereits mit herkömmlichem Ordnungsrecht (Gefahrstoff-, Chemikalien-, Wasser-, Immissionsschutz-, Baurecht) beherrschbar ist.

Mit diesen Begrifflichkeiten hat das Gesetz die zur Zeit noch vorhandene rechtliche Grauzone zwischen Abfall, Reststoff oder Wirtschaftsgut eindeutig geklärt. Es ist aber abzusehen, daß es zukünftig eine Verlagerung bisheriger Abgrenzungsprobleme im Hinblick auf Produkte geben wird. Gerade für Vor-, Neben-, Co-, Koppel- und Zwischenprodukte stellt sich die Abgrenzung zwischen Produkt und Abfall im Einzelfall als schwierig dar. Nach hier vertretener Meinung wird eine der Aufgaben des Gesetzgebers darin bestehen, zu dieser Fragestellung norminterpretierende Hinweise zu geben.

Die Abs. 5, 6 enthalten in Anlehnung an die EG-Abfallrahmenrichtlinie die notwendigen Normadressaten des Gesetzes.

Abs. 7 stellt klar, daß unter Abfallentsorgung die Verwertung und die Beseitigung verstanden wird.

In Abs. 8 werden die Abfälle differenziert:

– *besonders überwachungsbedürftig* sind alle Abfälle zur Beseitigung und Verwertung, die eine besondere Umweltgefährdung darstellen können. Sie werden durch Rechtsverordnung bestimmt;
– *überwachungsbedürftig* sind
  – alle übrigen Abfälle, soweit sie zur Beseitigung gehen,
  – Abfälle, die zur Verwertung gehen, nur dann, wenn sie durch Rechtsverordnung bestimmt worden sind;
– soweit Abfälle zur Verwertung gehen und nicht durch Verordnung bestimmt worden sind, gelten sie als *nicht überwachungsbedürftig*.

4.2.2 Grundsätze, Pflichten

Der *zweite Teil* legt die zentralen Grundsätze für eine abfallarme Kreislaufwirtschaft und umweltverträgliche Abfallentsorgung (§ 4, § 10) fest. Alle Abfälle, die bei Produktion und Verbrauch anfallen, ohne daß der Zweck des jeweiligen Vorgangs darauf gerichtet ist, unterfallen der Pflichtenhierarchie „Vermeidung, Verwertung und Beseitigung". Sie sollen vermieden werden oder ordnungsgemäß und schadlos verwertet werden. Stoffliche und energetische Verwertung sind grundsätzlich gleichrangig, es wird auf die jeweilige Umweltverträglichkeit abgestellt. Außerdem wird eine Abgrenzung zwischen energetischer Verwertung und thermischer Behandlung vorgegeben.

Ausgehend von diesen Leitvorschriften werden die Grundpflichten der Abfallerzeuger und -besitzer sowie der Entsorgungsträger normiert, die wiederum jeweils durch Rechtsverordnung weiter ausgeführt werden können.

Erst wenn dies nicht möglich ist, darf ein Abfall umweltverträglich entsorgt werden. Ausnahmen werden zugelassen. Einzelheiten sollen durch Rechtsverordnung bestimmt werden.

Die weiteren Regelungen betreffen ergänzende Nebenpflichten insbesondere zur Optimierung der Kreislaufwirtschaft und Abfallentsorgung sowie die Verantwortlichkeiten für diese Maßnahmen.

4.2.2.1 Grundsätze (§ 4 KrW-/AbfG)

Die abfallarme Kreislaufwirtschaft wird darüber definiert, daß Abfälle vorrangig vermieden werden sollen. Dies kann durch direkte Vermeidung oder stoffliche bzw. energetische Verwertung erfolgen. Bei der industriellen Produktion können bspw. Einsatzstoffe im Kreislauf gehalten werden. Anderseits ist an eine Entwicklung und Herstellung von Produkten zu denken, die abfallarm hergestellt und langlebig sind.

Weiterhin grenzt das Gesetz in § 4 die stoffliche und die energetische Verwertung von der Beseitigung ab. In beiden Fällen besteht das Abgrenzungskriterium darin, daß bei der Verwertung „der Hauptzweck der Maßnahme in der Nutzung des Abfalls und nicht in der Beseitigung des Schadstoffpotentials liegt". Die stoffliche und die energetische Verwertung werden – wie bisher auch – grundsätzlich gleichgestellt.

Die Abgrenzung von Hauptzweck zu Nebenzweck dürfte sich bei einer stofflichen Verwertung bzw. Beseitigung in der Regel einfach gestalten. Zur stofflichen Verwertung gehört die Nutzung der werkstofflichen und rohstofflichen Eigenschaften der Abfälle, nicht aber das Ausschleußen von schadstoffhaltigen Komponenten durch deren Einbindung in Produkte.

Schwieriger ist die Abgrenzung zwischen energetischer Verwertung und thermischer Behandlung als Beseitigungsmaßnahme. Über den in Abs. 4 angesprochenen Einsatz von Abfällen als Ersatzbrennstoff und die Einbeziehung des Heizwertes wird der Energiegehalt ein wichtiges Abgrenzungskriterium: zielt die Maßnahme auf die Beseitigung des Schadstoffpotentials, handelt es sich um eine Behandlung von Abfall und damit um eine Maßnahme der Beseitigung, zielt die Maßnahme dagegen auf die Nutzung des hohen Heizwertes bei geringer Schadstoffbelastung, handelt es sich um eine energetische Verwertung.

4.2 Kreislaufwirtschafts- und Abfallgesetz

4.2.2.2 Grundpflichten (§ 5 KrW-/AbfG)

§ 5 enthält die zentrale *Grundpflichtennorm für die abfallarme Kreislaufwirtschaft*, indem grundsätzlich eine Pflichtenhierarchie.

In Abs. 1 werden abschließend die zwei Fälle genannt, in denen eine *Pflicht zur Vermeidung* von Abfällen durchgesetzt werden kann. Einerseits wird die bereits geltende Vermeidungspflicht des BImSchG herangezogen – sie kann durch Rechtsverordnung auf nicht genehmigungsbedürftige Anlagen ausgedehnt werden (Artikel 2) –, andererseits kann die Produktverantwortung durch Rechtsverordnung verlangt werden (§§ 23, 24). Dabei kann für die zu entwickelnden Pflichtennormen auf existierende Vorarbeiten im Bereich des § 5 Abs. 1 Nr. 3 BImSchG und des § 14 AbfG zurückgegriffen werden. Dies bedeutet:

– Für die produktionsbezogene Vermeidung von Abfällen aus BImSchG-Anlagen (§ 5 Abs. 1 Nr. 3 BImSchG) bestehen Vorarbeiten in Form von Muster-Verwaltungsvorschriften des LAI (→ Ziffer 10.1.5.3). Die bisherige Reststoffvermeidungspflicht wird jedoch nunmehr abfallrechtlich überlagert, da über § 9 KrW-/AbfG auch das Ziel der *hochwertigen Verwertung* und die Möglichkeit für spezielle *stoffbezogene Anforderungen* in die Pflichtenprüfung einbezogen werden.
– Für die produktbezogene Vermeidung kann das bisherige Regelungskonzept des § 14 AbfG weitgehend fortgeführt werden (§§ 23, 24). Dabei darf aber nicht verkannt werden, daß lediglich für bestimmte Altprodukte in den Rechtsverordnungen nach § 14 AbfG Aussagen zur Vermeidung gemacht oder Vorüberlegungen angestellt worden.

Abs. 2 regelt die *Verwertung von Abfällen*. Die Verwertung hat grundsätzlich Vorrang vor der Beseitigung, wobei als Voraussetzung in Abs. 4 genannt ist, daß sie technisch möglich und wirtschaftlich zumutbar sein muß. Weitere Voraussetzung ist, daß die Verwertung nicht zu einer Schadstoffanreicherung im Wertstoffkreislauf führen darf (Abs. 3).

Nach der noch gültigen Rechtslage wird die Verwertung der Produkt- bzw. der Produktionsabfälle von den materiellen abfallrechtlichen Regelungen nicht erfaßt. Für die Verwertung der *Produktionsabfälle* sind – wie auch für deren Vermeidung-, soweit es sich um Reststoffe im Sinne von § 5 Abs. 1 Nr. 3 BImSchG handelt, durch den LAI bereits Vorüberlegungen gemacht worden. Diese Vorarbeiten könnten ev. in Rechtsverordnungen nach §§ 6, 7 KrW-/AbfG einfließen. Für die ordnungsgemäße und schadlose Verwertung von *Produktabfällen* gibt es vergleichbare Vorarbeiten bisher nicht. Auch hier gilt: lediglich für bestimmte Altprodukte sind in den Rechtsverordnungen nach § 14 AbfG Aussagen zur Verwertung gemacht oder Vorüberlegungen angestellt worden.

Die Pflichtenhierarchie, wonach die Verwertung grundsätzlich der Beseitigung vorgeht, wird aber unter bestimmten Voraussetzungen durchbrochen (Abs. 5). Einer Beseitigung ist immer dann der Vorrang einzuräumen, wenn die Verwertung die Umwelt stärker beeinträchtigen würde. Ein ganz wesentlicher Aspekt ist dabei, daß durch die Verwertung keine Schadstoffanreicherung in Produkten erfolgen darf.

In seinem Gesamtzusammenhang regelt § 5 damit die Maßstäbe, die für die Herstellung eines sekundären Rohstoffes im Sinne der EG-Abfallrahmenrichtlinie erforderlich sind. Das bedeutet auch, daß ein sekundärer Rohstoff, wenn er denn hergestellt worden ist, das Regime des Kreislaufwirtschafts- und Abfallgesetzes verläßt.

4.2.2.3 Verwertung (§ 6 KrW-/AbfG)

Wie bereits ausgeführt, sieht das Gesetz nach § 4 Abs. 1 Nr. 2 prinzipiell eine Gleichrangigkeit von stofflicher und energetischer Verwertung vor. Vorrang hat, und dies wird in § 6 ausgeführt, das jeweils ökologisch günstigere Verfahren. Damit wurde die v.a. idiologisch begründete Forderung nach einem generellen Vorrang der stofflichen Verwertung nicht aufgegriffen.

Die ökologisch relativ bessere Variante wird aber nicht im Einzelfall durch die Behörde, sondern im Regelfall durch Rechtsverordnung der Bundesregierung bestimmt. In einer solchen Verordnung wird bspw. der Vorrang einer Verwertungsart für bestimmte Abfallarten festzulegen sein. Nur soweit keine Festlegung durch Verordnung und damit keine „Vorrangregelung" besteht, bestimmt sich nach Abs. 2, unter welchen Voraussetzungen die energetische Verwertung zulässig ist. Dabei wird die stoffliche Verwertung allerdings privilegiert, da hier nur die allgemeinen Voraussetzungen nach §§ 4 und 5 erfüllt sein müssen. Dagegen sind bei einer energetischen Verwertung einige Mindestbedingungen zusätzlich einzuhalten:

– die Abfälle müsse einen Heizwert von mind. 11.000 kJ/kg haben – diese Einschränkung gilt nicht für Abfälle aus nachwachsenden Rohstoffen, die damit privilegiert werden,
– die Verwertungsanlage muß einen Feuerwirkungsgrad von mind. 75% erzielen,
– die gewonnene Wärme muß genutzt werden,
– die bei Verwertung anfallenden Abfälle, insbesondere Aschen und Filterstäube, sollen möglichst ohne Vorbehandlung deponiert werden können.

Über diese Mindestbedingungen wird die Verwertung auch von der nachrangigen thermischen Behandlung stärker abgegrenzt; die unbestimmten Rechtsbegriffe „Hauptzweck/Nebenzweck" werden weiter konkretisiert.

4.2.2.4 Kreislaufwirtschaft (§§ 7,8 KrW-/AbfG)

Die §§ 7 und 8 enthalten die Verordnungsermächtigungen zur Konkretisierung der Anforderungen an die abfallarme Kreislaufwirtschaft allgemein und im Bereich der landwirtschaftlichen Düngung im speziellen.

Eine sicherlich vollzugsrelevante Thematik ist in § 7 Abs. 2 KrW-/AbfG angesprochen: die Regelungsmöglichkeit für Bergversatz. Diese Form der Verwertung ist seit einigen Jahren mit steigender Tendenz festzustellen. Nach neueren Erhebungen gehen in den Versatz mehr als 1,5 Mio. t/a mit der Konsequenz, daß in mehreren Bundesländern die Planungen für neue oberirdische Deponien zurückgestellt oder sogar aufgegeben werden. In Bezug auf die materiellen Anforderungen werden zur Zeit standardisierte Regeln geschaffen [28]: so hat der Länderausschuß Bergbau ein Arbeitspapier „Verwertung von bergbaufremden Reststoffen im Bergbau" erstellt. Dieses Arbeitspapier ist Bestandteil der Bestandsaufnahme der von der Länderarbeitsgemeinschaft Abfall (LAGA) erstellten „Anforderungen an die stoffliche Verwertung von mineralischen Reststoffen/Abfällen". Außerdem hat im Auftrag des Länderausschusses Bergbau dessen Ad hoc-Arbeitskreis „Anforderungen an die stoffliche Verwertung von mineralischen Reststoffen/Abfällen als Versatz unter Tage – Technische Regeln für den Einsatz von berbaufremden Reststoffen/Abfällen als Versatz" erarbeitet. Weiterhin wurde die Länderarbeitsgemeinschaft Abfall im Mai 1994 beauftragt, Orientierungswerte für eine Zuordnung von Reststoffen zum Versatz zu erarbeiten. Vor diesem Hintergrund betont die Bundesregierung in ihrer o. a. Antwort, daß zwar eine Verordnung nach § 7 Abs. 2 KrW-/AbfG ergehen werde; wann und welche stofflichen Anforderungen sie enthalten werde, wäre wesentlich von den Ergebnissen der Arbeitsgruppen abhängig.

4.2.2.5 Betreiberpflichten (§ 9 KrW-/AbfG)

§ 9 regelt das Verhältnis der immissionsschutzrechtlichen Grundpflicht nach § 5 Abs. 1 Nr. 3 BImSchG zu der entsprechenden Grundpflicht des Kreislaufwirtschafts- und Abfallgesetzes. War bisher ausschließlich in § 5 Abs. 1 Nr. 3 BImSchG die produktionsbezogene Vermeidung und Verwertung von Abfällen geregelt, so muß mit der Ausdehnung des Anwendungsbereiches des Kreislaufwirtschafts- und Abfallgesetzes eine stärkere Verzahnung mit dem BImSchG erfolgen. Insbesondere muß der Regelungsbereich des § 5 Abs. 1 Nr. 3 BImSchG mit den geregelten Anforderungen an die Verwertung nach § 5 KrW-/AbfG verknüpft werden.

Dabei sagt das Gesetz, daß sich Vermeidungs-, Verwertungs- und Beseitigungspflichten der Betreiber immissionsschutzrechtlicher Anlagen unverändert nach § 5 Abs. 1 Nr. 3 BImSchG richten. Diese Pflichten können aufgrund der Ermächtigung in Artikel 2 Nr. 3 des neuen Gesetzes durch Rechtsverordnung auch auf nicht genehmigungsbedürftige Anlagen ausgedehnt werden, wodurch der Pflichtenkreis bereits erheblich ausgedehnt werden kann.

Die Verknüpfung wird auch dadurch deutlich, daß durch die über Artikel 2 des Gesetzes erfolgte Änderung des Bundes-Immissionsschutzgesetzes die Begrifflichkeit mit der des Abfallrechts harmonisiert wird: statt Reststoffen ist zukünftig nur noch von Abfällen die Rede. Damit wird auch klargestellt, daß es sich bei der Vermeidung und Verwertung nach Bundes-Immissionsschutzgesetz nicht weiter um Maßnahmen handelt, die dem Abfallrecht vorgehen.

Außerdem werden nach § 9 KrW-/AbfG stoffbezogene Anforderungen des Gesetzes in § 5 Abs. 1 Nr. 3 BImSchG einbezogen. Materieller Anknüpfungspunkt dieser Vorgaben ist die bereits in § 5 Abs. 1 Nr. 3 BImSchG geforderte „ordnungsgemäße und schadlose Verwertung". Sie entspricht im Wortlaut der für die Verwertung vorgegebenen Grundpflicht in § 5 Abs. 3 KrW-/AbfG. Dabei muß nach hier vertretener Ansicht davon ausgegangen werden, daß die „Schadlosigkeit" im Sinne einer umweltverträglichen Kreislaufwirtschaft die „Schadlosigkeit" im Sinne einer eher anlagenbezogenen Emissionsminderung überlagert. Sie dürfte mithin den Prüfrahmen des § 5 Abs. 1 Nr. 3 BImSchG weitgehend mitbestimmen.

Allerdings stehen stoffbezogene Anforderungen an die anlageninterne Verwertung unter Verordnungsvorbehalt (→ Ziffer 4.2.2.3). In diesem Zusammenhang ist wichtig, daß entgegen der bisher überwiegend vertretenen Auffassung, wonach eine anlageninterne Verwertung gem. § 5 Abs. 1 Nr. 3 BImSchG eine Vermeidung sei, in § 9 KrW-/AbfG klargestellt wird, daß es sich dabei eindeutig um eine Verwertungsmaßnahme handelt.

4.2.2.6 Abfallbeseitigungsgrundsätze (§ 10 KrW-/AbfG)

§ 10 definiert die Schnittstelle zwischen Verwertung und Beseitigung. Er enthält die Grundsätze der gemeinwohlverträglichen Abfallbeseitigung. Er sagt, daß

- die Beseitigung grundsätzlich nachrangig gegenüber der Verwertung ist,
- welche Phasen die Beseitigung umfaßt,
- daß die Beseitigung im Inland grundsätzlich Vorrang hat -damit wird auch die entsprechende Regelung der EG-Abfallrahmenrichtlinie umgesetzt-,
- wie die Beseitigung zu erfolgen hat.

4.2.2.7 Abfallbeseitigungsgrundpflichten (§ 11 KrW-/AbfG)

§ 11 normiert die vorgenannten Grundsätze. Durch die TA Abfall und die immissionsschutzrechlichen Vorschriften (TA Luft, 17. BImSchV) gibt es bereits weitgehende untergesetzliche Regelungen, die die Gesetzesvorgaben erfüllen dürften. Weiterer Regelungsbedarf kann sich aber aus Vorgaben der Europäische Union ergeben: bspw. wären die Deponierichtlinie und die Richtlinie über die Verbrennung gefährlicher Abfälle nach ihrer Bekanntgabe und den vorgegebenen Fristen national durch Rechtsverordnung umzusetzen.

4.2.2.8 Anforderungen an die Beseitigung (§ 12 KrW-/AbfG)

§ 12 enthält die notwendigen Ermächtigungen zur Konkretisierung der gesetzlichen Anforderungen an die Abfallbeseitigung nach dem *Stand der Technik* in Form von Rechtsverordnungen und Verwaltungsvorschriften. Der Stand der Technik wird nunmehr direkt im Gesetz definiert; die Definition der TA Abfall, Teil 1 wird übernommen.

4.2.2.9 Andienungs-/Überlassungspflicht (§ 13 KrW-/AbfG)

In § 13 wird die geltende Rechtslage übernommen und partiell auf Abfälle zur Verwertung ausgedehnt.

– Für *besonderes überwachungsbedürftige Abfälle zur Beseitigung* können die Länder nicht nur Überlassungs-, sondern auch Andienungspflichten festlegen.
  Diese Möglichkeit haben die Länder bereits auf der Grundlage des Abfallgesetzes.
– Für *besonders überwachungsbedürftige Abfälle zur Verwertung* können die Länder dann eine Andienungs- und Überlassungspflicht festlegen, wenn eine ordnungsgemäße Verwertung anders nicht gewährleistet werden kann.

Diese Regelung gilt mit Inkrafttreten des KrW/AbfG. Sie hat zur Voraussetzung, daß die Bundesregierung zuvor Abfälle, die einer Andienungspflicht unterworfen werden können, durch Rechtsverordnung bestimmt hat. Nur soweit Bundesländer einzelne Abfallarten bis zu dem genannten Zeitpunkt bereits andienungspflichtig gemacht haben, bleiben diese Regelungen unberührt („Bestandsschutz"). Damit werden die länderseitig ergangenen Andienungspflichten für besonders überwachungsbedürftige Abfälle im Falle der Beseitigung weitergeführt.

Inwieweit die Länder bis zum Inkrafttreten des Gesetzes Andienungspflichten für „Reststoffe zur Verwertung" aufgrund der Bestimmungen des

Abfallgesetzes festlegen können, ist umstritten. Nach hier vertretener Auffassung erlaubt das AbfG nur Andienungspflichten für Abfälle, nicht aber für Reststoffe.

4.2.2.10 Duldungspflichten (§ 14 KrW-/AbfG)

§ 14 verpflichtet Grundstückseigentümer, das Aufstellen von Müllgefäßen zu dulden.

4.2.2.11 Öffentlich-rechtliche Träger (§ 15 KrW-/AbfG)

§ 15 regelt die Verwertungs- und Beseitigungspflichten der öffentlich-rechtlichen Entsorgungsträger. Sie können sich Dritter bedienen bzw. ihre Pflichten unter bestimmten Voraussetzungen ausschließen. Im Hinblick auf die Beseitigung wird damit die bestehende Rechtslage weitergeführt.

4.2.2.12 Privatisierung (§ 16-18 KrW-/AbfG)

Ein wesentlicher Aspekt des Gesetzes ist eine neue Aufgabenverteilung zwischen öffentlichen und privaten Entsorgungsträgern. Dabei wurde der bisher gängige Ansatz, wonach die Wirtschaft produziert und die öffentliche Hand die angefallenen Abfälle grundsätzlich beseitigt (Akt der Daseinsvorsorge), aufgebrochen.

Nach §§ 5 und 11 KrW-/AbfG müssen Erzeuger und Besitzer Abfälle verwerten und beseitigen. Sie müssen dies grundsätzlich selbst tun. Sie können sich zur Erfüllung ihrer Aufgaben aber auch Dritter (§ 16), Verbände (§ 17) oder Einrichtungen der Selbstverwaltungskörperschaften der Wirtschaft (§ 18) bedienen. Soweit sie dies nicht können, müssen sie die Abfälle den öffentlich-rechtlichen Entsorgungsträgern überlassen, die dann verpflichtet sind, die Abfälle zu verwerten oder zu beseitigen.

Im Hinblick auf die Verantwortlichkeiten sind 2 Fälle zu unterscheiden:

a) beauftragen Erzeuger und Besitzer Dritte (§ 16) oder Verbände (§ 17) mit der Verwertung oder Beseitigung ihrer Abfälle, also schalten sie sie als quasi „Subunternehmer" ein, bleiben sie selbst für die Erfüllung der Pflichten verantwortlich;
b) Erzeuger und Besitzer – insbesonder aus gewerblichen oder wirtschaftlichen Unternehmen – können aber nicht nur die Pflichtenerfüllung, sondern die Pflichten selbst ganz oder teilweise auf Verbände (§ 17) oder Einrichtungen der Selbstverwaltungskörperschaften der Wirtschaft (§ 18) übertragen. Diese können die übernommenen Pflichten wiederum auf Dritte (§ 16) weiter übertragen.

4.2 Kreislaufwirtschafts- und Abfallgesetz

Für eine Beauftragung entsprechend Buchstabe a) müssen bestimmte Voraussetzungen erfüllt sein, damit insgesamt eine umweltverträgliche Verwertung und Beseitigung gewährleistet bleibt. Diese Voraussetzungen sind nach § 16 Abs. 2 KrW-/AbfG „Sach- und Fachkunde, Zuverlässigkeit, Sicherstellung der Erfüllung der Pflichten, öffentliche Interessen dürfen nicht entgegenstehen".

Für eine Übertragung entsprechend Buchstabe b) bedarf es der Zustimmung der jeweiligen Behörde. Diese Zustimmung darf nur erteilt werden, wenn die Erfüllung der übertragenen Pflicht sichergestellt ist und keine überwiegenden öffentlichen Interessen entgegenstehen. Über diese Zustimmung können die Gebietskörperschaften weitgehend steuern, inwieweit die Aufgabe der „Daseinsvorsorge" auf diesem Gebiet zur privaten Entsorgungswirtschaft übergeht.

Durch die aufgezeigten Möglichkeiten einer Pflichtenverlagerung der meisten Maßnahmen der Kreislaufwirtschaft wird die Wirtschaft angehalten, bei der Verwertung und Beseitigung den gleichen Stand der Technik, wie er bei der Produktion selbstverständlich ist, zu erfüllen. Damit werden nicht nur das Verursacherprinzip, sondern stärker noch das Prinzip der Selbstverantwortung der Wirtschaft gestärkt.

4.2.2.13 Konzepte und Bilanzen (§§ 19, 20 KrW-/AbfG)

Unter Berücksichtigung von 2 Mengenschwellen sind Abfallerzeuger verpflichtet, Abfallwirtschaftskonzepte aufzustellen, und zwar erstmalig bis zum 31.12.1999. Als Schwellen gelten:
- bei einem Anfall von > 2000 kg/Jahr besonders überwachungsbedürftige Abfälle und
- bei einem Anfall von > 2000 t/Jahr überwachungsbedürftige Abfälle.

Die Konzepte und Bilanzen sollen bzw. können 2 Aufgaben erfüllen. Sie können sowohl Planungs- als auch Überwachungsinstrumente sein.

- Konzepte sind zuvorderst ein Instrument der innerbetrieblichen Optimierung der Abfallbewirtschaftung. Anhand der jährlichen Abfallbilanzen sollen die Abfallwirtschaftskonzepte verifiziert werden. Um bundeseinheitlich vergleichbare Informationen zu gestatten, kann der Inhalt durch Verordnung bestimmt werden. Konzepte und Bilanzen sind nur für besonders überwachungsbedürftige und überwachungsbedürftige Abfälle, nicht aber für die nicht überwachungsbedürftigen Abfälle aufzustellen (ergibt sich im Umkehrschluß aus § 19 Abs. 4 Nr. 3 KrW-/AbfG). Soweit überwachungsbedürftigen Abfälle zur Verwertung noch nicht durch Verordnung bestimmt worden sind (→ Ziffer 4.2.7.2), wäre

es in der Konsequenz nicht erforderlich, für diese Abfallarten Konzepte und Bilanzen zu erstellen.
- Konzepte und Bilanzen können gem. § 44 bzw. § 47 KrW-/AbfG als Instrumente der „Selbstüberwachung" die behördliche „Stoffstromüberwachung" ersetzen. Da sie damit an die Stelle von Vorab- und Verbleibskontrolle treten, müssen sie inhaltlich sicherstellen, daß der gesamte Entsorgungsweg nachvollziehbar überwacht und dokumentiert wird. Außerdem müßte sichergestellt sein, daß die Pflichtigen bei ihrer Selbstüberwachung die Umweltverträglichkeit aller Elemente und Beteiligten in der Entsorgungskette prüfen und kontrollieren. Nach hier vertretener Ansicht wäre es weiterhin unabdingbar, daß die zuständigen Behörden die Konzepte und Bilanzen kontrollieren können. Konzepte und Bilanzen müßten hierfür die erforderliche Transparenz aufweisen.

4.2.2.14 Einzelfallentscheidungen (§ 21 KrW-/AbfG)

§ 21 ist eine Generalermächtigung; die zuständigen Behörden werden ermächtigt, die zur Durchführung des Gesetzes im Einzelfall erforderlichen Anordnungen zu treffen.

4.2.3 Produktverantwortung

Der *dritte Teil* regelt die Produktverantwortung. Das Gesetz räumt der indirekten Steuerung der Produktgestaltung in Form von Rücknahme- und Rückgabepflichten den Vorrang vor Produktverboten oder -beschränkungen ein. Der bisherige § 14 AbfG wird weiterentwickelt. D.h. auch, daß die Einzelheiten der Rücknahme/Rückgabe erzeugnisbezogen durch Rechtsverordnung geregelt werden sollen.

Außerdem werden die Bedingungen für die freiwillige Rücknahme festgelegt, um diese durch größere Rechtssicherheit zu fördern.

Die in § 22 festgeschriebene *Verantwortung des Produzenten* oder Händlers für abfallvermeidende oder gut verwertbare Produkte steht ausdrücklich unter dem Verordnungsvorbehalt: die Bundesregierung ist aufgefordert, die Produktverantwortung und die daraus resultierenden Verpflichtungen durch Rechtsverordnungen nach den §§ 23, 24 genau zu definieren. Ohne eine derartige Verordnung ist die Produktverantwortung nicht verpflichtend! Gleichwohl bildet die in § 22 Abs.1 formulierte Grundverpflichtung eine Leitlinie für die Eigenverantwortung des Produzenten oder Händlers.

Damit wurde das bereits im alten § 14 AbfG angelegte Prinzip übernommen und ausgebaut, daß vor allem ökologisch *und* ökonomisch sinnvolle

4.2 Kreislaufwirtschafts- und Abfallgesetz

Regelungen getroffen werden müssen. Diese müssen mit den Anforderungen des Europäischen Binnenmarktes abgestimmt sein, damit die Wettbewerbsfähigkeit der deutschen Wirtschaft nicht grundlegend beeinträchtigt wird.

§ 23 beinhaltet die Verordnungsermächtigung für Verbote, Beschränkungen für das *Inverkehrbringen* von Produkten sowie deren *Kennzeichnungen*.

§ 24 beinhaltet die Verordnungsermächtigung für *Rücknahme- und Rückgabepflichten*.

§ 25 ermächtigt die Bundesregierung, Zielfestlegungen für die freiwillige Rücknahme von Abfällen festzusetzen.

§ 26 schreibt fest, daß Hersteller oder Vertreiber, die Abfälle zurücknehmen, beim weiteren Umgang die grundsätzlichen Vorgaben der Kreislaufwirtschaft beachten müssen; d.h: sie müssen die zurückgenommenen Stoffe möglichst einer Verwertung zuführen.

4.2.4 Planungsverantwortung

Der *vierte Teil* regelt die Ordnung, Planung und Zulassung von Abfallbeseitigungsanlagen. Die bereits geltenden Regelungen des Investitionserleichterungs- und Wohnbaulandgesetzes werden im Wesentlichen übernommen, d.h.: bis auf Deponien folgt die Zulassung von Abfallentsorgungsanlagen dem immissionsschutzrechtlichen Genehmigungsverfahren. Bei Deponien wird zur Vermeidung von Mehrfachprüfungen die Planung von Raumordnung, Landesplanung und Abfallwirtschaftsplanung gebündelt.

4.2.4.1 Beseitigung (§§ 27,28 KrW-/AbfG)

§ 27 ordnet die Abfallbeseitigung. Die Vorschrift greift § 4 AbfG unter Berücksichtigung der Neuordnung des Investitionserleichterungs- und Wohnbaulandgestzes auf und paßt ihn an die Erfordernisse dieses Gesetzes an. Daraus folgt, daß

- Abfallentsorgungsanlagen mit Ausnahme der Deponie nach dem BImSchG zuzulassen sind,
- eine Abfallbehandlung in BImSchG-Anlagen grundsätzlich zulässig ist,
- die Landesregierungen Ausnahmen von der Beseitigungspflicht in dafür zugelassenen Abfallentsorgungsanlagen zulassen können.

§ 28 regelt die Durchführung der Beseitigung, insbesondere Fragen der Mitbenutzung von Beseitigungsanlagen sowie die Inanspruchnahme von Flächen, die unter Bergaufsicht stehen. Außerdem wird die Abfallbeseitigung auf Hoher See verboten. Ausgenommen von dem Einbringungsverbot ist nur Baggergut.

4.2.4.2 Abfallwirtschaftsplanung (§ 29 KrW-/AbfG)

Abfallwirtschaftspläne sollen sowohl die Ziele der Abfallvermeidung als auch die Sicherung der Inlandsentsorgung darstellen. Die Landesbehörden sind zuständig. Es wird als ausreichend angesehen, wenn in den Plänen Vorgaben für den Vollzug gemacht werden, soweit die entsprechenden Pflichten ordnungsrechtlich umzusetzen sind. Dagegen soll bewußt keine Lenkung der Verwertungsströme erfolgen, da dies als kontraproduktiv angesehen worden ist: eine mit zu hohen Planungsmechanismen überzogene Kreislaufwirtschaft würde sich voraussichtlich nur schwer weiter entwickeln können; Innovationsschübe würden gebremst.

Gegenüber der bisherigen Regelung in § 6 AbfG hat sich eine wichtige Änderung ergeben: die Planaufstellung ist ausdrücklich an eine Frist gebunden: die Pläne sind erstmalig spätestens zum 31.12.1999 aufzustellen. So wird auch der entsprechenden Verpflichtung der EG-Abfallrahmenrichtlinie nachgekommen.

Konzepte und Bilanzen (→ Ziffer 4.2.2.13) werden für die planende Behörde wesentliche Basisdaten liefern können. Sie dürften sich mithin als ein wichtiges Hilfsinstrument für die Planung erweisen. Dies ist ein Grund, weshalb für die planende Behörde das Recht auf Überlassung der Bilanzen und Konzepte im Gesetz festgeschrieben ist.

4.2.4.3 Anlagenzulassung (§§ 30-36 KrW-/AbfG)

§ 30 regelt die Erkundung von geeigneten Standorten für Deponien und öffentlich zugänglichen Beseitigungsanlagen, insbesondere Betretungsrechte.

§ 31 schreibt die Einzelheiten der Planfeststellung oder Plangenehmigung vor; die nach den Vorschriften des Investitionserleichterungs- und Wohnbaulandgesetzes bereits in § 7 AbfG übernommene Rechtslage wird beibehalten: damit werden Deponien weiterhin durch abfallrechtliche Planfeststellung zugelassen. Die enteignungsrechtliche Vorwirkung der Planfeststellung bleibt erhalten. Die anderen nach dem BImSchG zuzulassenden Abfallbehandlungsanlagen bleiben Industrieanlagen gleichgestellt.

Die §§ 32 bis 34 regeln die Voraussetzungen für die Erteilung eines Planfeststellungsbeschlusses bzw. einer Plangenehmigung. U. a. wird die Einhaltung des Standes der Technik gefordert.

§ 35 enthält Sonderregelungen für Altanlagen, die in den alten bzw. neuen Bundesländern betrieben werden.

§ 36 regelt die Rechtsfolgen der Stillegung von Deponien.

4.2.5 Absatzförderung

Der *fünfte Teil* (§ 37 KrW-/AbfG) enthält Vorgaben zur Absatzförderung von abfallvermeidenden Produkten, die sich an die öffentliche Hand richten. Insbesondere wird die Vorbildfunktion der öffentlichen Hand hervorgehoben: § 37 schreibt für die öffentliche Hand vor, durch ihr Verhalten vorbildlich die Kreislaufwirtschaft zu unterstützen.

4.2.6 Informationspflichten

Der *sechste Teil* (§§ 38, 39 KrW-/AbfG) regelt die Beratung von Erzeugern und Besitzern von Abfällen sowie die Unterrichtung der Öffentlichkeit über Maßnahmen der Kreislaufwirtschaft und Abfallbeseitigung. Er greift insofern ebenfalls EG-rechtliche Vorgaben auf.

Nach § 38 haben die Entsorgungsträger die Information und Beratung über Vermeidung, Verwertung und Beseitigung in Eigenregie durchzuführen. Um die Körperschaften im Rahmen ihrer Beratungstätigkeit nicht zu überfordern, wurde auf die Verpflichtung zu einer *ortsnahen* Beratung verzichtet.

Nach § 39 sind die Länder verpflichtet, die Öffentlichkeit über die erreichten Maßnahmen zu unterrichten. Dabei wurde auf Wunsch der Länder auf eine Terminsetzung verzichtet.

4.2.7 Überwachung

Der *siebente Teil* bestimmt die Maßnahmen der Überwachung sowohl der Kreislaufwirtschaft als auch der Abfallentsorgung. Abgestufte Maßnahmen sind in Abhängigkeit des Gefährdungspotentials vorgeschrieben. Dabei werden Abfälle im Hinblick auf ihre Überwachungsbedürftigkeit differenziert.

Art der Abfälle sowie Maß und Umfang der Überwachung müssen bzw. können durch Rechtsverordnung festgelegt werden; die Regelungen können aber auch im Einzelfall auf Anordnung modifiziert werden. Weitere Vereinfachungen sind für Entsorgungsfachbetriebe vorgesehen, die wiederum bestimmte Mindestanforderungen erfüllen müssen.

Damit dürfte für die Überwachung ein sehr flexibles Instrumentarium vorgegeben sein.

4.2.7.1 Überwachung (§ 40 KrW-/AbfG)

§ 40 legt als Grundvorschrift fest, daß Vermeidung, Verwertung und Beseitigung von Abfällen zu überwachen sind. Der Kreis der Auskunftspflichtigen wird präzisiert. Auskunftspflichtige und Anlagenbetreiber sind verpflichtet, entsprechende Informationen zu liefern und Betretungsrechte einzuräumen.

4.2.7.2 Überwachungsbedürftige Abfälle (§ 41 KrW-/AbfG)

§ 41 greift die Definitionen der in § 3 Abs. 8 angesprochenen Abfallarten auf und fordert in Abhängigkeit vom Gefährdungsgrad unterschiedliche Überwachungsmaßnahmen:

- *besonders überwachungsbedürftig* sind Abfälle (zur Beseitigung bzw. zur Verwertung), die nach Art, Beschaffenheit, oder Menge in besonderem Maß gesundheits-, luft- oder wassergefährdend, explosibel oder brennbar sind oder Erreger übertragbarer Krankheiten enthalten oder hervorbringen können (entspricht § 2 Abs. 2 AbfG); sie sind durch Rechtsverordnung zu bestimmen. Im Gesetz sind die § 41 Abs. 3 Nr. 1 und § 41 Abs. 1 so angelegt, daß für die Verwertung und für die Beseitigung die selben Merkmale für die Charakterisierung genommen worden sind. Dies impliziert, daß für eine Bestimmung der besonders überwachungsbedürftigen Abfälle keine Unterscheidung zwischen Verwertung und Beseitigung gemacht werden sollte. Auch fachlich dürfte eine Unterscheidung zwischen Beseitigung und Verwertung wenig Sinn machen, da fast jeder Abfall, der zu beseitigen wäre, auch verwertet werden kann. Nach hier vertretener Ansicht liefe dies darauf hinaus, daß die Liste der besonders überwachungsbedürftigen Abfälle zur Verwertung mit der der Abfälle zur Verwertung identisch sein sollte.

Wegen der Angleichung der Abfalldefinition an die der EG-Abfallrahmenrichtlinie wird die Auswahl der besonders überwachungsbedürftigen Abfälle ebenfalls stark an der entsprechenden europäischen Nomenklatur ausgerichtet sein müssen. Die besonders überwachungsbedürftigen Abfälle werden im wesentlichen der Liste gefährlicher Abfälle (→ Ziffer 11.7.3.2) entsprechen müssen.

- *überwachungsbedürftig* sind
  - alle übrigen Abfälle, soweit sie beseitigt werden,
  - nur die durch Rechtsverordnung bestimmten Abfälle, wenn sie einer Verwertung zugeführt werden; das bedeutet auch, daß alle Abfälle, die verwertet werden und nicht durch Rechtsverordnung bestimmt sind, grundsätzlich keiner Überwachung unterliegen.

Um die Überwachung ausreichend flexibel zu gestalten, kann nach Abs. 4 die zuständige Behörde im Einzelfall eine andere Abfalleinstufung vornehmen.

Bis zum Erlaß der entsprechenden Rechtsverordnungen gelten die Abfallbestimmungs – Verordnung und die Reststoffbestimmungs – Verordnung von 1990 weiter (→ Ziffer 5.1, 5.2).

4.2.7.3 Überwachungsverfahren (§§ 42 bis 48 KrW-/AbfG)

Die *Überwachung der Beseitigung* von Abfällen wird in den §§ 42–44 geregelt. Die *Überwachung der Verwertung* von Abfällen wird in den §§ 45–47 geregelt. Dabei folgen die Vorschriften einer einheitlichen Systematik:

Die §§ 42 und 45 regeln das fakultative Nachweisverfahren. Das *fakultative Nachweisverfahren* gilt für alle Abfälle. Die Bestimmung ist so angelegt, daß die Überwachung sowohl im Hinblick auf die Abfallarten als auch auf die Verwertung bzw. Beseitigung unterschiedlich ausgestaltet werden kann. Im Fall der Verwertung werden insofern Vorgaben für die Überwachung gegeben, als diese bei „überwachungsbedürftigen Abfällen" gegenüber der für „besonders überwachungsbedürftige Abfälle" abgespeckt werden soll. Bei „nicht überwachungsbedürftigen Abfällen zur Verwertung" wäre sogar das „ob der Überwachung" zu überprüfen; daß bedeutet, die Begründungspflicht für eine Überwachung wird erhöht.

Die §§ 43 und 46 regeln das *obligatorische Nachweisverfahren*. Dieses Nachweisverfahren ist zwingend für die durch Verordnung bestimmten besonders überwachungsbedürftigen Abfälle anzuwenden, soweit nicht eine Ausnahme für Kleinmengen (durch Rechtsverordnung bestimmt) gilt.

Die §§ 44 und 47 enthalten die Ausnahmen vom obligatorischen Nachweisverfahren im Fall der Eigenentsorgung der Abfälle; die Nachweise können dann z.B. durch Konzepte (→ Ziffer 4.2.2.13) ersetzt werden.

Im Hinblick auf die Gestaltung des Nachweisverfahrens wird man sicherlich auf die Erfahrungen mit dem Entsorgungsnachweis (→ Ziffer 5.3.3) zurückgreifen. Dabei wäre insbesondere der mit der Erstellung des Entsorgungsnachweises verbundene Aufwand mit dem tatsächlich erforderlichen Überwachungsbedarf abzugleichen. Nach hier vertretener Meinung sollte bei den Überwachungsverfahren grundsätzlich an den beiden Elementen „Vorabkontrolle" und „Verbleibskontrolle" festgehalten werden. Es wäre aber vertretbar, insbesondere den Aufwand bei der Vorabkontrolle zu reduzieren, ohne daß damit Abstriche bei der materiellen Überwachung verbunden wären. Im Hinblick auf die sonstigen Informations- und Kontrollmöglichkeiten der Behörden bei der eigentlichen abfallerzeugenden, -verwertenden oder -beseitigenden Anlage wäre denkbar, die Vorabkontrolle bspw. auf einen Entsorgungsnachweis mit reduzierter Abfallbeschreibung/-analytik und „reiner" Behördenanzeige zu beschränken. Als Verbleibskontrolle könnte das Begleitscheinverfahren weitergeführt werden.

4.2.7.4 Transportgenehmigung (§ 49 KrW-/AbfG)

In § 49 werden die Anforderungen an die Erteilung einer Transportgenehmigung geregelt. Es gibt nicht mehr die Privilegierung von Autowracks und Altreifen des § 12 Abs. 1 Nr. 2 AbfG (→ Ziffer 5.3).

4.2.7.5 Vermittlungsgeschäfte (§ 50 KrW-/AbfG)

Zur Verhinderung illegaler Abfallexporte wird die Vermittlung von Verbringungen unter Genehmigungsvorbehalt gestellt. Es gibt einen Genehmigungsanspruch sowie die Beweislastumkehr bei Vorliegen von Verdachtsmomenten.

4.2.7.6 Entsorgungsfachbetriebe (§§ 51, 52 KrW-/AbfG)

Entsorgungsfachbetriebe werden von der Genehmigungspflicht für Abfalltransporte und Vermittlungsgeschäfte freigestellt; damit soll der Vollzug entlastet werden. § 52 regelt im Einzelnen, welche Voraussetzungen Entsorgungsfachbetriebe hierzu erfüllen müssen.

4.2.8 Betriebsorganisation

Der *achte Teil* (§§ 53–55 KrW-/AbfG) enthält die Vorschriften zur Betriebsorganisation sowie zum Beauftragten für Abfall. Im wesentlichen wurden die bestehenden Vorschriften (→ Ziffer 3.4.1) an die des Bundes-Immissionsschutzgesetzes angepaßt.

Im Grundsatz müssen alle Anlagenbetreiber, in deren Betrieb Abfälle gehandhabt werden, einen Abfallbeauftragten bestellen. Die angesprochenen Anlagen sollen durch Rechtsverordnung bestimmt werden.

Die Rechte und Pflichten des Abfallbeauftragten werden festgelegt. Es wird zugelassen, daß seine Aufgaben auch durch den Immissions- oder Gewässerschutzbeauftragten wahrgenommen werden.

4.2.9 Schlußbestimmungen

Der *neunte Teil* (§§ 56–64 KrW-/AbfG) enthält die üblichen Schlußbestimmungen.

In § 56 wird auf die entsprechenden Vorschriften zum *Datenschutz* in den einschlägigen Gesetzen verwiesen.

§ 57 enthält die im bisherigen Abfallgesetz fehlende Ermächtigung, *Richtlinien die Europäischen Union* durch Rechtsverordnung umzusetzen. Bedeutung hat diese Vorschrift u.a. für die Umsetzung der Richtlinien zu Grundwasserschutz, Abfallverbrennung oder Deponierung, die materiell bisher nur durch Verwaltungsvorschriften umgesetzt worden sind, u.a. durch die Technische Anleitung Abfall.

In § 59 wird die *Mitwirkung des Bundestages* beim Erlaß bestimmter Rechtsverordnungen vorgesehen, soweit es sich um die Konkretisierung der zentralen Inhalte der Vermeidungs- und Verwertungspflichten des Gesetzes handelt.

4.3 Umsetzung des Kreislaufwirtschafts- und Abfallgesetzes

Bei der Umsetzung des neuen Gesetzes sind nach hier vertretener Ansicht zuerst die Regelungen prioritär, die für die Vollziehbarkeit des Gesetzes unabdingbar sind und die mithin spätestens im Oktober 1996 vorliegen müssen. Die betrifft vor allem die untergesetzlichen Regelungen zur Bestimmung und Überwachung von Abfällen. Es dürfte sich insofern in erster Linie handeln um:

– Verordnung zur Bestimmung der besonders überwachungsbedürftigen Abfälle zur Beseitigung (§ 41 Abs. 1 KrW-/AbfG),
– Verordnung zur Bestimmung der besonders überwachungsbedürftigen Abfälle zur Verwertung (§ 41 Abs. 3 Nr. 1 KrW-/AbfG),
– Verordnung zur Bestimmung der überwachungsbedürftigen Abfälle zur Verwertung (§ 41 Abs. 3 Nr. 2 KrW-/AbfG),
– Verordnung zur Bestimmung der besonders überwachungsbedürftigen Abfälle zur Verwertung, für die die Länder Andienungs- und Überlassungspflichten festlegen können (§ 13 Abs. 4 KrW-/AbfG),
– Verordnung über Verwertungs- und Beseitigungsnachweise (§ 48 KrW-/AbfG),
– Novellierung der 4. BImSchV (§ 4 BImSchG),
– Regelung zur Umsetzung des EWC (§ 57 KrW-/AbfG).

5 Definition und Überwachung von Abfällen und Reststoffen

Bei bestimmten, im noch geltenden Abfallgesetz angesprochenen Abfällen mußten zusätzliche Anforderungen an das Handling und die Entsorgung gestellt werden. Damit sollten gefährliche Umweltbeeinträchtigungen vermieden werden. Diese zusätzlichen Anforderungen an die Entsorgung ergaben sich aus den weiteren Bestimmungen des Abfallgesetzes. Da aber auch der unkontrollierte Umgang mit bestimmten Stoffen, die nicht Abfälle im Sinne des Abfallgesetzes sind, sondern als Reststoffe einer Verwertung zugeführt werden sollen, zu Umweltbeeinträchtigungen führen kann, mußte auch deren Weg transparent gemacht werden. Um eine effektive Überwachung der Entsorgung dieser Stoffe garantieren zu können, waren wirksame Kontrollmechanismen zu schaffen.

Mit den Verordnungen

- zur Bestimmung von Abfällen nach § 2 Abs. 2 des Abfallgesetzes (Abfallbestimmungs-Verordnung; AbfBestV) vom 03.04.1990 [14],
- zur Bestimmung von Reststoffen nach § 2 Abs. 3 des Abfallgesetzes (Reststoffbestimmmungs-Verordnung; RestBestV) vom 03.04.1990 [15],
- über das Einsammeln und Befördern sowie über die Überwachung von Abfällen und Reststoffen (Abfall- und Reststoffüberwachungs-Verordnung; AbfRestüberwV) vom 03.04.1990 [26]

wurden diese Zielvorgaben umgesetzt. Als Konsequenz wurde auch der Abfallkatalog überarbeitet und an die Schlüssel der Abfallbestimmungs-Verordnung angepaßt. Er wurde von der Länderarbeitsgemeinschaft Abfall (LAGA) verabschiedet und u.a. beim Erich-Schmidt-Verlag-Berlin veröffentlicht [29]. Obwohl bisher nach Information des Autors noch kein Bundesland den neuen Katalog offiziell eingeführt hat, wird er bei bspw. allen Transportgenehmigungsverfahren angewandt.

Die drei Rechtsverordnungen sind am 1. Oktober 1990 in Kraft getreten.

Es hat zwischenzeitlich eine Änderung gegeben: mit Artikel 5 des Ausführungsgesetzes zum Basler Übereinkommen (→ Ziffer 2.5) wurden 1994 der § 7a AbfRestüberwV neu eingeführt und der § 8 Abs. 4 AbfRestüberwV geändert (→ Anhang III).

§ 7a AbfRestüberwV
Gebühren für Widerruf, Rücknahme, Ablehnung und Widerruf

Die Gebühr beträgt für
1. den Widerruf oder die Rücknahme einer Amtshandlung, soweit der Betroffene dazu Anlaß gegeben hat:
   20 DM bis zu dem Betrag, der als Gebühr für die Vornahme der widerrufenen oder zurückgenommenen Amtshandlung vorgesehen ist oder zu erheben wäre,
2. für die Ablehnung oder die Rücknahme eines Antrags auf Vornahme einer Amtshandlung:
   Betrag der für die Vornahme der Amtshandlung vorgesehenen Gebühr unter Berücksichtigung von § 15 des Verwaltungskostengesetzes;
3. die Zurückweisung des Widerspruchs oder die Rücknahme des Widerspruchs nach der sachlichen Bearbeitung:
   20 DM bis zu dem Betrag, der für die Vornahme der angefochtenen Amtshandlung vorgesehen ist oder zu erheben wäre.

---

§ 8 AbfRestüberwV
Entsorgungsnachweis

4. Wenn gefährliche Abfälle im Sinne des § 5 der Abfallverbringungsverordnung aus dem Geltungsbereich des Abfallgesetzes in einen Mitgliedstaat der Europäischen Gemeinschaften verbracht werden sollen, entfällt die Annahmeerklärung und Entsorgungsbestätigung. Sofern ansonsten eine Abfallentsorgung außerhalb des Geltungsbereiches des Abfallgesetzes erfolgen soll, wird die Annahmeerklärung von Absatz 2 durch die Notifizierung der zuständigen Behörde nach § 4 des Abfallverbringungsgesetzes ersetzt.

Außerdem muß auf folgende wichtige *Konsequenz aus dem Gesetz zur Vermeidung, Verwertung und Beseitigung von Abfällen* hingewiesen werden: obwohl nach Artikel 13 dieses Gesetzes das Abfallgesetz im Oktober 1996 außer Kraft tritt, bleiben alle bereits erlassenen Rechtsverordnungen grundsätzlich rechtsgültig. Sie sind im Hinblick auf die neuen gesetzlichen Vorgaben zu überprüfen und gfls. zu novellieren. Dies gilt selbstverständlich auch für die nachfolgend vorgestellten Rechtsverordnungen. Die Reststoffbestimmungs-Verordnung muß aber spätestens im Oktober 1996 aufgehoben werden, da es nach der neuen Gesetzeslage Reststoffe im Abfallrecht nicht mehr geben wird (→ Ziffer 4.2.7.2).

5.1 Die Abfallbestimmungs-Verordnung

Mit einer ersten Bestimmungsverordnung hatte die Bundesregierung erstmals 1977 die Ermächtigungsgrundlage des § 2 Abs. 2 AbfG genutzt und die Abfälle bestimmt, an deren Entsorgung zusätzliche Anforderungen zu stellen waren. Für diese Abfälle sowie für weitere Abfälle, die einzelne Behörden durch Bescheid zusätzlich nachweispflichtig gemacht hatten, hatten sich in der öffentlichen Diskussion Bezeichnungen wie „Sonderabfälle, Giftabfälle" u. ä. eingebürgert. Die Bestimmungsverordnung mußte im Hinblick auf die gestiegenen Anforderungen, die sich aus der Novellierung des Abfallgesetzes ergaben, fortgeschrieben werden.

Mit dem Erlaß der Abfallbestimmungs-Verordnung vom 03.04.1990 wurde der bisherige Abfallkatalog erheblich – auf ca. 350 Abfallarten – erweitert. Die so angesprochenen Abfälle werden in der Anlage zur Verordnung durch einen 5-stelligen Abfallschlüssel gekennzeichnet und nach Art und Herkunft bestimmt, wobei die Herkunft lediglich beispielhaft aufgeführt wird. Entsprechend der Ermächtigungsgrundlage für die Verordnung in § 2 Abs. 2 AbfG sind bei der Entsorgung der in dieser Verordnung aufgeführten Abfallarten im Wesentlichen folgende zusätzliche Anforderungen zu beachten:

– die in der TA Abfall, Teil 1, formulierten Anforderungen an die Verwertung und sonstige Entsorgung von besonders überwachungsbedürftigen Abfällen,
– die besondere Berücksichtigung dieser Abfälle bei der Abfallplanung nach § 6 AbfG,
– das „obligatorische" Nachweisverfahren nach § 11 Abs. 3 AbfG,
– die Bestellung eines Betriebsbeauftragten nach § 11a Abs. 1 AbfG.

5.1.1 Die Begriffe „Sonderabfälle" und „besonders überwachungsbedürftige Abfälle"

Ursprünglich war von der Bundesregierung für die in der Verordnung angesprochenen Abfälle der Begriff „Sonderabfälle" vorgeschlagen worden.

Dieser Begriff hat jedoch keinen Eingang in die Rechtsverordnungen und in die TA Abfall, Teil 1 gefunden. Die Bundesländer lehnten den Begriff ab, da sie insbesondere Akzeptanzprobleme befürchteten und die Ermächtigungsgrundlage des § 2 Abs. 2 AbfG für eine derartige Definition als nicht ausreichend ansahen. Als Konsequenz wird in den Regelwerken von „besonders überwachungsbedürftigen Abfällen" gesprochen.

5.1.2 Die Kleinmengenregelung

§ 1 Abs. 2 AbfBestV enthält eine für den Vollzug wichtige Kleinmengenregelung. Bis zur Übergabe an einen zur weiteren Entsorgung „Befugten" findet § 1 Abs. 1 AbfBestV keine Anwendung, soweit bei dem betreffenden Abfallerzeuger jährlich insgesamt nicht mehr als 500 kg der in der Anlage genannten Abfallarten anfallen. Bis zur Übergabe an diesen „Befugten" gelten diese Abfallkleinmengen nicht als besonders überwachungsbedürftige Abfälle, an deren Entsorgung nach Maßgabe des Abfallgesetzes eigentlich zusätzliche Anforderungen zu stellen wären. „Befugter" kann sowohl der Einsammler und Transporteur, aber auch der Betreiber einer Entsorgungsanlage sein.

Welche Konsequenzen ergeben sich daraus für den Abfallerzeuger? Nach § 11 Abs. 3 Satz 1 AbfG sind Erzeuger von besonders überwachungsbedürftigen Abfällen verpflichtet, einen Nachweis über Art, Menge und Entsorgung dieser Abfälle zu führen. Von dieser Verpflichtung sind die Erzeuger von Kleinmengen entbunden. Auch kommen die Anforderungen der TA Abfall, Teil 1 in der Regel nicht zur Anwendung, da diese nur für besonders überwachungsbedürftige Abfälle gelten.

Da aber nach Übergabe der Abfälle alle Vorgaben an besonders überwachungsbedürftige Abfälle und damit auch die der TA Abfall, Teil 1 einzuhalten sind, können bestimmte Anforderungen – wie z.B. das Vermischungsverbot der TA Abfall, Teil 1 Rückwirkungen auch auf den Erzeuger der Kleinmengen – z.B. hinsichtlich Getrennthaltung – haben.

Bei der Handhabung der Kleinmengenregelung sind insbesondere zwei Dinge zu beachten:
– Die Mengenbegrenzung bezieht sich nicht auf einzelne Abfallarten, sondern auf die bei einem Erzeuger jährlich anfallende Gesamtmenge der Abfälle, die in der Anlage zur Verordnung aufgeführt sind.
– Der Abfallerzeuger wird in erster Linie aufgrund seiner Erfahrungen eine „Selbsteinschätzung" seiner jährlich anfallenden Abfallmenge vornehmen und darüber eine Vorentscheidung treffen, ob § 1 Abs. 1 AbfBestV zur Anwendung kommt. Sollte sich im Laufe des Jahres zeigen, daß die Kleinmenge von 500 kg überschritten wird, müßte er rechtzeitig die entsprechenden Schritte veranlassen, die sich aus der Einstufung als besonders überwachungsbedürftiger Abfall ergeben. So wäre z.B. ein Entsorgungsnachweis zu erarbeiten.

Mithin ist es natürlich nicht so, daß die Entsorgung von Kleinmengen ohne jegliche Vorgaben und Kontrollen stattfinden muß. Soweit nicht in den jeweiligen Zulassungsverfahren für die Verfahrensprozesse, bei denen die

Kleinmengen anfallen, konkrete Vorgaben für die anschließende Entsorgung gemacht worden sind, hat die zuständige Behörde nach § 11 Abs. 2 AbfG jederzeit die Möglichkeit, einzelne Abfallerzeuger für bestimmte Abfälle nachweispflichtig zu machen, auch wenn die Mengenschwelle der Kleinmengenregelung unterschritten ist.

Unabhängig hiervon besteht auch bei den Kleinmengen die gesetzliche Verpflichtung, für den Abfalltransport eine Genehmigung nach § 12 Abfallgesetz einzuholen, soweit nicht die Ausnahme nach § 12 Abs. 1 Nr. 3 AbfG zutrifft bzw. soweit keine Freistellung nach § 12 Abs. 1 Satz 1 AbfG erfolgt ist.

5.2 Reststoffbestimmungs-Verordnung

Die Verordnung zur Bestimmung von Reststoffen auf der Rechtsgrundlage des § 2 Abs. 3 AbfG legt den Kreis der Reststoffe fest, die wegen der möglichen Umweltgefahren bei einer unsachgemäßen Verwertung als grundsätzlich überwachungsbedürftig einzustufen sind. Sie gibt die Möglichkeit, diese Reststoffe v.a. der abfallrechtlichen Überwachung des § 11 Abs. 1, 2 AbfG zu unterwerfen.

Entsprechend der Zielsetzung der Ermächtigungsgrundlage wurden in die Anlage zur Verordnung im Wesentlichen die Stoffe übernommen, die auch in der Abfallbestimmungs-Verordnung genannt sind. Lediglich Stoffe, deren Verwertung als Reststoff außerhalb des Abfallregimes von vornherein ausscheidet, blieben unberücksichtigt. Weiterhin wurden die Stoffe ausgenommen, deren Verwertung grundsätzlich möglich erscheint, die aber bereits aufgrund der Bestimmungen des § 5a Abs. 2 AbfG (Altöle) einer Überwachung unterliegen.

Die Kennzeichnung der Reststoffe sowie die Regelung für Kleinmengen (§ 1 Abs. 2 RestBestV) wurden entsprechend der Abfallbestimmungs-Verordnung vorgenommen.

§ 1 Abs. 1 RestBestV definiert den Begriff des Reststoffes nicht, sondern setzt diesen als gegeben voraus. Nach der hier vertretenen Auffassung ist die Zielsetzung des § 2 Abs. 3 AbfG, Umgehungen des Abfallgesetzes im Bereich der Abfallentsorgung nach § 2 Abs. 2 AbfG zu verhindern. Die Tatsache, daß durch eine Verwertung von Reststoffen selbst wieder eine Beeinträchtigung des Wohls der Allgemeinheit entstehen kann, zwingt nicht per se zur Einstufung eines Stoffes als Abfall. Hierzu wäre insbesondere zu prüfen, ob die durch die Verwertung hervorgerufene Umweltgefährdung durch andere Rechtsnormen, wie z.B. das Bundes-Immissionsschutzgesetz, vermieden werden kann.

Unter Reststoffen sind nicht nur solche im Sinne des § 5 Abs. 1 Nr. 3 BImSchG zu verstehen. Vielmehr müssen auch Reststoffe erfaßt werden, die aus nicht genehmigungsbedürftigen Anlagen nach dem BImSchG stammen. § 2 Abs. 3 AbfG enthält damit einen erweiterten Reststoffbegriff. Die Verordnung findet also auch dann Anwendung, wenn der in der Anlage zur Verordnung genannte Stoff nicht als Reststoff im Sinne des § 5 Abs. 1 Nr. 3 BImSchG anzusehen ist.

§ 2 RestBestV erklärt § 11 Abs. 1 und 2 AbfG für anwendbar. Damit kann die zuständige Überwachungsbehörde für die Reststoffverwertung im Einzelfall die Durchführung des Nachweisverfahrens nach § 11 Abs. 2 AbfG anordnen. Die obligatorische Anwendung des Nachweisverfahrens nach § 11 Abs. 3 AbfG, die Anwendung des § 12 AbfG (Transportgenehmigung) und des § 13 Abs. 1 Nr. 1, 2, 4 Buchst. b, c AbfG (Ausfuhrgenehmigung) für die Entsorgung von Reststoffen wurden vom Bundesrat nicht aufgenommen.

In der Konsequenz bedeutet dies, daß Reststoffe ohne abfallrechtliche Transportgenehmigung transportiert werden können und nur nach einer Einzelfallentscheidung der zuständigen Behörde die Nachweisführung erforderlich ist (→ Ziffer 5.3.6).

5.3 Abfall- und Reststoffüberwachungs-Verordnung

Mit der Abfall- und Reststoffüberwachungs-Verordnung sind die bestehenden Kontroll- und Überwachungselemente an die neueren Erfordernisse angepaßt worden. Die Elemente

– *Transportgenehmigung*
– *Entsorgungsnachweis*
– *Begleitscheinverfahren*
– *Eingangs- und Ausgangskontrollen*

sind hier zu nennen. Eine Bund-Länder-Arbeitsgruppe der Länderarbeitsgemeinschaft Abfall (LAGA) hat zur Erleichterung des Vollzuges eine *Musterverwaltungsvorschrift* [30] erarbeitet. Die meisten Bundesländer haben die Musterverwaltungsvorschrift – gfls. modifiziert – eingeführt. Die im Vollzug gemachten Erfahrungen dienen der laufenden Anpassung der Anwendungsregelungen.

5.3.1 Anwendungsbereich

Der allgemeine Anwendungsbereich wurde durch Einbeziehung der Abfallerzeuger, Abfallbeförderer und Abfallentsorger bewußt weit gefaßt.

Für Reststoffe ist nach der Verordnung nur dann der Entsorgungsnachweis zu führen und das Nachweisverfahren zu praktizieren, wenn dies im Einzelfall von der zuständigen Behörde angeordnet ist. Ferner braucht für verwertbare Altöle nach § 5 a Abs. 2 AbfG kein Entsorgungsnachweis erarbeitet werden, da über die Altöl-Verordnung bereits ein eigenständiges Nachweisverfahren vorgeschrieben ist (→ Ziffer 6.1.1).

Entsprechendes gilt bei freiwilliger oder durch Rechtsverordnung nach § 14 Abs. 1 Nr. 3 AbfG vorgeschriebener Rücknahme, soweit andere, geeignete Nachweise vorgesehen sind. Dadurch soll vermieden werden, daß spezifische Regelungen nach § 14 AbfG von der Abfall- und Reststoffüberwachungs-Verordnung überlagert und gegebenenfalls konterkariert werden.

5.3.2 Transportgenehmigung

Nach § 12 AbfG ist eine Transportgenehmigung erforderlich, wenn Abfälle im Rahmen wirtschaftlicher Unternehmen oder gewerbsmäßig transportiert werden. In der Vergangenheit konnte die Bundesbahn *auf der Schiene* Abfälle ohne Transportgenehmigung transportieren. Es wurde unterstellt, daß sie im Rahmen des öffentlichen Dienstes ohne Gewinnerzielungsabsicht eine gemeinwirtschaftliche Verkehrsaufgabe erfüllt. Mit der Privatisierung der Bahn in 1995 ergibt sich eine neue Betrachtungsweise: als Privatunternehmen benötigt die Deutsche Bahn AG zukünftig eine Transportgenehmigung für Abfalltransporte.

Auf die Erteilung der Genehmigung besteht ein Rechtsanspruch, soweit die in § 12 Abs. 1 Satz 3 AbfG genannten Voraussetzungen erfüllt sind.

Nach § 12 Abs. 1 Satz 1 AbfG kann die Behörde von der Genehmigungspflicht eine Freistellung erteilen. Diese Ausnahme kommt nach hier vertretener Meinung insbesondere für Handwerksbetriebe in Betracht, die häufig geringfügige Abfallmengen mit eigenen Fahrzeugen zu Abfallannahmestellen oder Entsorgungsanlagen befördern oder für Lieferanten von Produkten (z. B. Arzneimittel, Batterien, u. ä.), die häufig Altprodukte zurücknehmen, um sie der Entsorgung zuzuführen.

Die Transportgenehmigung wird im Wesentlichen in zwei Teile aufgespalten:

1. den Nachweis der Zuverlässigkeit und Leistungsfähigkeit des Betriebes. Die Transportgenehmigung ist konsequenterweise nicht übertragbar (§ 6 AbfRestÜberwV).
2. Die Darlegung der geordneten Entsorgung bzw. ihrer Gemeinwohlverträglichkeit mittels des Entsorgungsnachweises.

5.3 Abfall- und Reststoffüberwachungs-Verordnung

Die Genehmigung wird zunächst – quasi als Konzession – einem Beförderer für ein bestimmtes Gebiet sowie für bestimmte Abfallarten erteilt. Die Genehmigung wird allerdings unter der aufschiebenden Bedingung erteilt, daß

– der Entsorgungsnachweis (§ 8 AbfRestÜberwV) oder
– der Sammelentsorgungsnachweis (§ 10 AbfRestÜberwV) oder
– der vereinfachte Entsorgungsnachweis (§ 12 AbfRestÜberwV)

für die jeweils einzusammelnden und zu befördernden Abfälle mitzuführen ist. Erst wenn der Entsorgungsnachweis für den anstehenden Abfalltransport erbracht ist, wird die Genehmigung wirksam. Erst jetzt kann der Transport zu der vorgesehenen Entsorgungsanlage durchgeführt werden.

5.3.3 Entsorgungsnachweis

Mit Hilfe des Entsorgungsnachweises (§§ 8 bis 12 AbfRestÜberwV) soll vor Beginn der Entsorgung die Zulässigkeit des vorgesehenen Entsorgungsweges geprüft werden.

Der Nachweis ist zu erbringen, soweit eine entsprechende Pflicht nach § 11 Abs. 2 oder Abs. 3 AbfG gegeben ist; soweit also die zuständige Behörde im Einzelfall das Nachweisverfahren für einen bestimmten Abfall oder Reststoff gegenüber einem Abfall- oder Reststofferzeuger angeordnet hat oder soweit es sich um einen Abfall der Abfallbestimmungs-Verordnung handelt, ist der Entsorgungsnachweis zu erarbeiten.

Der Entsorgungsnachweis besteht aus der

– *Verantwortlichen Erklärung des Abfallerzeugers,*
– *Annahmeerklärung des Entsorgers,*
– *Bestätigung der* für die Entsorgungsanlage zuständigen *Behörde.*

Durch diese Dreistufigkeit soll erreicht werden, daß zunächst im „Dialog" zwischen Erzeuger und Entsorger unter Berücksichtigung von Art und Beschaffenheit sowie Mengen der zu entsorgenden Abfälle auf der einen und der Leistungsfähigkeit bzw. der Zulassung der Entsorgungsanlage auf der anderen Seite der optimale Entsorgungsweg – im Einklang mit den Anforderungen der TA Abfall – gefunden wird. Die Schritte, die im Rahmen der Annahmeerklärung zu bearbeiten sind, werden in der Verwaltungsvorschrift konkretisiert (→ Ziffer 8.6).

Durch die Vorlage des Entsorgungsnachweises wird weiterhin der Verpflichtung nachgekommen, daß

– der Betreiber einer Anlage, in der Abfälle im Sinne von § 2 Abs. 2 AbfG anfallen,

- der Transporteur von Abfällen im Sinne von § 2 Abs. 2 AbfG,
- der Betreiber einer Entsorgungsanlage für Abfälle im Sinne von § 2 Abs. 2 AbfG

seine Tätigkeit der zuständigen Behörde nach § 11 Abs. 3 Satz 2 AbfG anzeigen muß. D. h.: eine gesonderte Anzeige ist bei Vorlage des Entsorgungsnachweises nicht mehr erforderlich.

Im Entsorgungsnachweis muß der Abfallerzeuger den Nachweis erbringen, daß er alle Möglichkeiten zur Vermeidung oder Verwertung seines Abfalls überprüft hat. Weiterhin muß der Entsorgungsnachweis bereits detaillierte Angaben über den Abfall selbst wie Art, Menge, Herkunft, Analytik, Behandlungsschritte u. ä. enthalten, soweit dies für die Annahme an der Entsorgungsanlage Voraussetzung ist (→ Tabelle 1).

Der Umfang der Angaben ist auf den Informationsbedarf des Abfallentsorgers auszurichten. Er ist in Anlage 3 der Abfall- und Reststoffüberwachungs-Verordnung festgelegt. Dabei ist zu beachten, daß die in den dazugehörenden Anhängen 1a bis 1e aufgeführten Parameter nicht abschließend sind. Je nach dem spezifischen Anfallverfahren des Abfalls, das in der Verantwortlichen Erklärung beschrieben wird, sind die Inhaltsstoffe zusätzlich zu analysieren, die für die vorgesehene Entsorgungsanlage relevant sind. Dies gilt nach hier vertretener Ansicht für den Entsorgungsweg „oberirdische Deponie" insbesondere für Abfälle, die Gehalte an organischen Stoffen mit einem Toxizitäts-, Langlebigkeits- oder Bioakkumulationsrisiko enthalten können (z. B. organische Halogenverbindungen, organische Phosphorverbindungen).

Bei der Prüfung kann sich ergeben, daß der Abfall in eine Entsorgungsanlage umweltverträglich verbracht werden kann, die nicht alle Anforderungen der TA Abfall, Teil 1 erfüllen muß. Beispielsweise wäre bei Unterschreiten bestimmter Schadstoffkonzentrationen, die im Einzelfall festzulegen sind, die Entsorgung in einer Hausmüllverbrennungsanlage oder Hausmülldeponie zulässig.

Der Abfallentsorger ist verpflichtet, die vom Abfallerzeuger ausgefüllte Verantwortliche Erklärung darauf zu überprüfen, ob die Abfälle in seiner Anlage entsorgt werden können. Für seine Prüfung ist neben der Zulassung der Anlage die Einzelanalytik und die Aussage zur Verwertbarkeit des Abfalls wichtig. Bei positivem Prüfergebnis erklärt er seine Annahmebereitschaft.

Seitens der für die Entsorgungsanlage zuständigen Behörde wird in einem weiteren Schritt der vom Abfallerzeuger und vom Abfallentsorger ausgefüllte und unterzeichnete Entsorgungsnachweis daraufhin überprüft, ob die Abfälle zulässigerweise entsorgt werden. Sollten der Behörde bspw. Erkenntnisse vorliegen, daß der Abfall verwertet werden kann, soll sie die

5.3 Abfall- und Reststoffüberwachungs-Verordnung

Tabelle 1. Inhalt des Entsorgungs-/Verwertungsnachweises

Verantwortliche Erklärung	• Angaben zum Abfall- bzw. Reststofferzeuger
	• Abfall- bzw. Reststoffherkunft
	• Abfall- bzw. Reststoffbeschreibung
	• Abfall- bzw. Reststoffentstehung
	• Hinweise zur Arbeitssicherheit
	• Abfall- bzw. Reststofanalytik in Abhängigkeit der Anlage:
	  – CPB (Anhang 1a der VO)
	  – Verbrennung (Anhang 1b)
	  – Deponie (Anhang 1c)
	  – Untertagedeponie (Anhang 1d)
	  – Verwertung (Anhang 1e)
	  – Sonstige (Anhang 1f)
	• Anfall des Abfalls bzw. Reststoffs
	• Hinweise zur Beförderung
	• Verantwortliche Erklärung (Unterschrift)

Ablehnung oder Annahmeerklärung	• Angaben zum Abfallentsorger oder Verwerter • Stellungnahme zur Verantwortlichen Erklärung • Angaben zum Abfallentsorger oder Verwerter • Zuweisung zur Entsorgungs- bzw. Verwertungsanlage • Anlieferungsart (z.B. über Zwischenlager) • Stellungnahme zur Verantwortlichen Erklärung (Einsatz als Reststoff möglich) Auflagen für die Anlieferung • Annahmeerklärung (Unterschrift)
Bestätigung der Behörde	• Bestätigung oder Ablehnung

für den Abfallerzeuger zuständige Behörde davon in Kenntnis setzen. Die für den Abfallerzeuger zuständige Behörde müßte im Dialog mit dem Abfallerzeuger darauf hinwirken, daß dieser die aufgezeigten Möglichkeiten der Verwertung vorrangig in Anspruch nimmt.

Bei Anlagen nach BImSchG soll auch die Behörde informiert werden, die für die Überwachung der gewerberechtlichen Vorgaben zur Verwertung der beim Anlagenbetrieb anfallenden Reststoffe verantwortlich ist.

Das Prüfergebnis wird im Entsorgungsnachweis festgehalten. Durch die Bestätigung der zuständigen Behörde wird der Entsorgungsvorgang präventiv überwacht.

Die Entsorgungsnachweise, die nach spätestens 5 Jahren neu erarbeitet werden müssen, sind im Interesse einer auf Dauer angelegten Überwachung in Nachweisbüchern abzulegen. Diese Nachweisbücher sind mindestens 3 Jahre – von der letzten Eintragung gerechnet –, vom Abfallentsorger mindestens 10 Jahre nach Stillegung der Anlage aufzubewahren. Der Bearbeitungsablauf ist in Abbildung 1 dargestellt.

5.3.3.1 Sonderregelungen bei Zwischenlagern und Behandlungsanlagen

Zwischenlager und Behandlungsanlagen sind insofern überwachungsrelevant, da jeder angenommene Abfall – gfls. nach Vorbehandlung – weiter

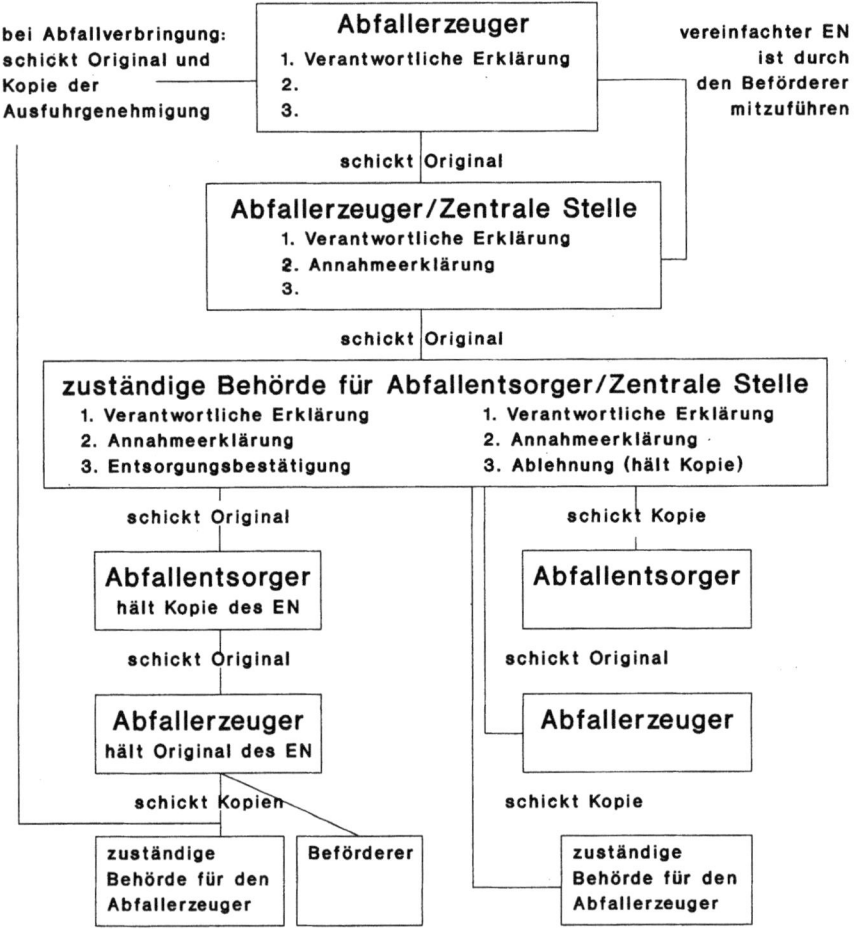

Bild 1. Handhabung des Entsorgungsnachweises

5.3 Abfall- und Reststoffüberwachungs-Verordnung

entsorgt werden muß. Um den Verwaltungsaufwand überschaubar zu halten und zugleich dem Überwachungsbedürfnis Rechnung zu tragen, empfiehlt die o. a. Musterverwaltungsvorschrift zur Durchführung von §§ 11 und 12 AbfG und der Abfall- und Reststoffüberwachungs-Verordnung bei diesen Anlagen folgende „besondere" Regelungen:

- Erfolgt die Entsorgung über eine Behandlungsanlage in der Weise, daß ein neuer Abfall anderer Art entsteht, ist der Anlagenbetreiber einerseits Abfallentsorger für die zu seiner Anlage zu transportierenden Abfälle, andererseits ist er Abfallerzeuger für die von seiner Anlage abzutransportierenden Abfälle. In diesen Fällen sind getrennte Entsorgungsnachweise für die jeweiligen Entsorgungsvorgänge zur und von der Anlage zu erarbeiten und zu prüfen.
- Erfolgt die Entsorgung über ein Zwischenlager, in dem der Abfall vorbereitend behandelt oder entwässert wird (Gliederungsnummern 7.3 und 7.4 der TA Abfall, Teil 1), sind ebenfalls getrennte Entsorgungsnachweise für die jeweiligen Entsorgungsvorgänge zur und von der Anlage zu erarbeiten und zu prüfen.
- Erfolgt die Entsorgung über ein Zwischenlager, in dem nur größere Transporteinheiten zusammengestellt werden, ohne daß sich Abfallart oder Abfallschlüssel ändern (Gliederungsnummern 7.5 der TA Abfall, Teil 1), so bedarf es für das Zwischenlager keines gesonderten Entsorgungsnachweises. Der für das Zwischenlager zuständigen Behörde ist durch die Behörde des Endentsorgers eine Kopie des Entsorgungsnachweises zu übersenden.

Für die Entsorgung zur Behandlungsanlage bzw. zum Zwischenlager ist weiterhin zu beachten:

- In den Fällen der Behandlung bzw. Zwischenlagerung einschließlich Behandlung (Gliederungsnrn. 7.3 und 8 der TA Abfall, Teil 1) ist eine Annahme an der Anlage nur zulässig, wenn für die bei der Behandlung anfallenden Rückstände ein Entsorgungsnachweis vorliegt.
- In den sonstigen Fällen der Zwischenlagerung (Gliederungsnrn. 7.4, 7.5, 7.6 der TA Abfall, Teil 1) ist es ausreichend, wenn für die weitere Entsorgung ein Entsorgungsnachweis erbracht werden kann.

In der Konsequenz bedeutet dies, daß der Weg eines Abfalls vom ursprünglichen Anfall über eventuelle Behandlungsstufen bis zur endgültigen „Beseitigung" abgeklärt und durch alle dabei betroffenen Behörden abgesegnet sein muß, ehe mit dem ersten Transport begonnen werden kann.

5.3.4 Sammelentsorgungsnachweis – Vereinfachter Entsorgungsnachweis

Für die Sammlung schadstoffhaltiger *Kleinmengen* wurde unter bestimmten Voraussetzungen ein vereinfachtes Verfahren vorgesehen. Die Handhabung des hierfür vorgesehenen Sammelentsorgungsnachweises erfolgt im Wesentlichen analog zu den in Ziffer 5.4.3 dargestellten Schritten, wobei die Verantwortliche Erklärung vom Abfallbeförderer auszufüllen ist.

Sofern keine Nachweispflicht nach § 11 Abs. 2 bzw. § 11 Abs. 3 AbfG besteht, kann für die Fälle, für die eine Transportgenehmigung erforderlich ist, ein vereinfachter Entsorgungsnachweis ausgefüllt werden. Damit werden grundsätzlich alle sonstigen Gewerbeabfälle erfaßt, die nicht durch die beseitigungspflichtigen Körperschaften entsorgt werden. Der vereinfachte Entsorgungsnachweis verzichtet im Wesentlichen auf die behördliche Prüfung. Der Bearbeitungsablauf ist in Abbildung 2 dargestellt.

5.3.5 Begleitscheine, Übernahmescheine

Während die Elemente „Entsorgungsnachweis" und „Transportgenehmigung" eine Vorabkontrolle für die richtige Entsorgung darstellen, obliegt dem Begleitscheinverfahren wie bisher die Überwachung der tatsächlich durchgeführten Entsorgungsvorgänge.

Lediglich der Lauf der Begleitscheine wurde geringfügig geändert, um den Abfallentsorger stärker in das Verfahren einzubinden.

Ferner wurde für die Fälle der Sammelentsorgung zusätzlich zum Begleitschein, der korrespondierend zum Entsorgungsnachweis vom Beförderer auszufüllen ist, der sogenannte Übernahmeschein eingeführt. Der Übernahmeschein muß der Behörde nicht zugesandt werden. Er soll dem Erzeuger von Kleinmengen die Möglichkeit geben, seinerseits eine ordnungsgemäße Entsorgung belegen zu können.

Soweit Transporte über den vereinfachten Entsorgungsnachweis durchgeführt werden, ist hierfür kein entsprechendes Kontrollelement wie der Begleitschein vorgesehen.

Bei der Altölentsorgung kann der Übernahmeschein zum Nachweis der ordnungsgemäßen Entsorgung dienen.

Der Lauf der Begleitscheine bzw. Übernahmescheine ist in Abbildung 3 dargestellt.

5.3.6 Reststoffe

Nur soweit nach § 11 Abs. 2 AbfG i.V.m. § 2 AbfRestÜberwV die Nachweispflicht angeordnet wird, gelten die für Abfälle maßgeblichen Bestim-

5.3 Abfall- und Reststoffüberwachungs-Verordnung

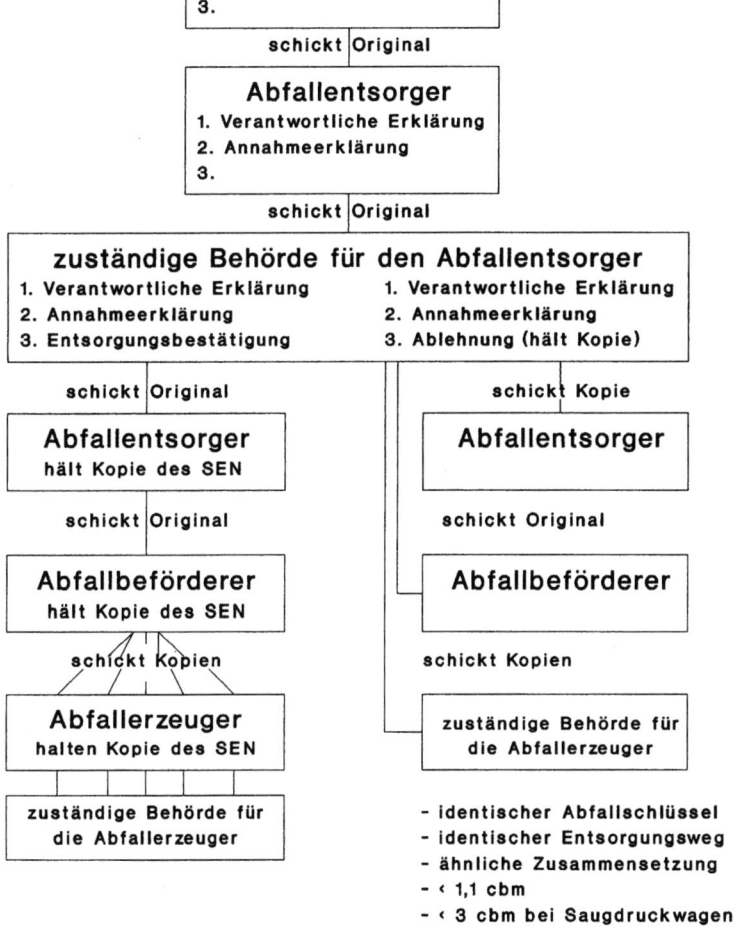

Bild 2. Handhabung des Sammelentsorgungsnachweises

Regelentsorgung

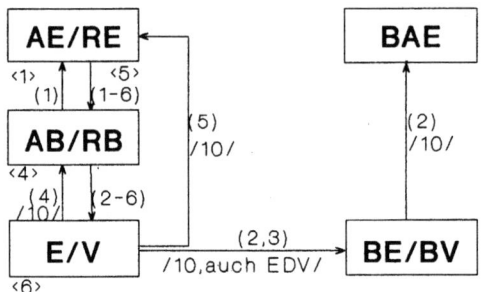

Legende
AE/RE...Abfallerzeuger/Reststofferzeuger
AR/RB...Abfallbeförderer/Reststoffbeförderer
BAE/BRE. Abfallentsorger/Verwerter
BAB/BRB zust. Behörde für den Abfall-/Reststofferzeuger
BE/BV zust. Behörde für den Abfallentsorger/Verwerter
‹ › Begleitschein wird im Nachweisbuch abgeheftet
( ) Begleitschein wird weitergegeben
/ / Übersendung des Begleitscheins innerhalb von Tagen
1: weiß, 2: rosa, 3: blau, 4: gelb, 5: altgold, 6: grün
2*: gelb

Sammelentsorgung

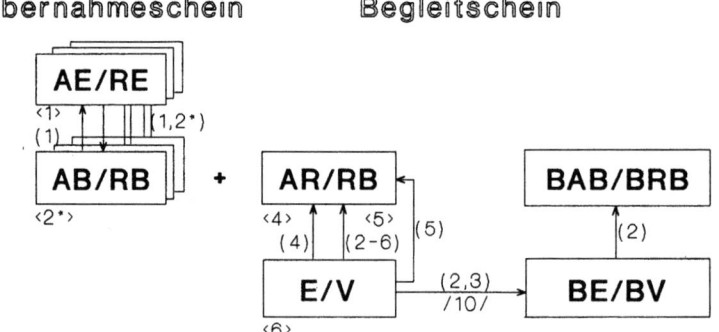

Bild 3. Begleitscheine/Übernahmescheine

mungen entsprechend (§ 25, 26 AbfRestÜberwV). Die Form dieser Einzelfallentscheidungen ist in den Bundesländern unterschiedlich angegangen worden. Insbesondere der hessische Weg stellt eine sehr weitgehende, nach hier vertretener Ansicht durch die Verordnung nicht unmittelbar angelegte Form der Reststoffüberwachung dar: bei besonders überwachungsbedürftigen Reststoffen wurde durch Allgemeinverfügung angeordnet, daß der Besitzer in jedem Fall einen Verwertungsnachweis zu führen hat. Das heißt auch, daß der Verwertungsweg für alle in der Reststoffbestimmungs-Verordnung aufgeführten Reststoffe nachzuweisen ist, ohne daß vorher durch behördliche Anordnung das Nachweisverfahren festgelegt worden ist. Damit gilt das obligatorische Überwachungsverfahren auch für Reststoffe.

6 Vermeidung und Verwertung nach § 14 Abfallgesetz

Zur Durchsetzung der drei Grundforderungen der Abfallwirtschaft: Abfallvermeidung – Abfallverwertung – ordnungsgemäße Abfallentsorgung – ist die Bundesregierung in § 14 AbfG zum Erlaß von Rechtsverordnungen ermächtigt. Sie kann Verpflichtungen zur Kennzeichnung bestimmter Erzeugnisse, zur getrennten Entsorgung, zur Rücknahme bestimmter Erzeugnisse nach Gebrauch und zur Einrichtung von Pfandsystemen festlegen. Diese Maßnahmen können einzeln oder kumulativ verordnet werden. Darüberhinaus kann auch vorgeschrieben werden, daß Erzeugnisse nur in bestimmter Beschaffenheit, nur für bestimmte Anwendungen oder überhaupt nicht in Verkehr gebracht werden dürfen.

Während § 14 Abs. 1 AbfG Schadstoffe in Abfällen und Erzeugnissen anspricht, regelt Absatz 2 die Mengenproblematik. Der Gesetzgeber hat die Bundesregierung verpflichtet, im Mengenbereich grundsätzlich vor dem Erlaß von Rechtsverordnungen Ziele zur Vermeidung, Verringerung oder Verwertung vorzugeben, die durch freiwillige Maßnahmen der Wirtschaft innerhalb bestimmter Zeiträume erreicht werden sollen. Ist absehbar, daß freiwillige Maßnahmen nicht zielführend sind, kann und soll die Bundesregierung Rechtsverordnungen erlassen.

§ 14 AbfG gestattet keine allgemein für alle Produktgruppen bzw. Abfallarten gleichermaßen anzuwendenden Regelungen. Vielmehr müssen – wie bereits erfolgt – die Gebiete im Schadstoff- und Mengenbereich einzeln abgehandelt werden. Erst die Summe der Einzelmaßnahmen wird mittel- und langfristig die von § 14 AbfG erwarteten Wirkungen zur Abfallvermeidung und Abfallverwertung zeigen.

Welche Konsequenzen ergeben sich aus dem neuen *Gesetz zur Vermeidung, Verwertung und Beseitigung von Abfällen* (→ Ziffer 4) für die Verordnungen? Alle *bereits erlassen*en Rechtsverordnungen nach § 14 AbfG werden durch das neue Gesetz nicht außer Kraft gesetzt. Gleichwohl sind die Verordnungen im Hinblick auf die neuen gesetzlichen Vorgaben zu überprüfen und gfls. zu novellieren. Dies gilt insbesondere für die aufgrund von § 5a AbfG erlassene Altölverordnung: nach § 64 KrW-/AbfG bleiben die §§ 5a und 5b AbfG solange bestehen, bis sie durch entsprechende Rechtsverordnungen nach dem KrW-/AbfG ersetzt worden sind.

Alle bisher *nur als Entwurf vorliegenden* Rechtsverordnungen müssen aufgrund der nach dem Kreislaufwirtschafts- und Abfallgesetz geänderten Rahmenbedingungen, die u.a. auch die Beteiligung des Bundestages vorsehen, nach hier vertretener Ansicht erneut ins Verfahren gebracht werden. Dabei wird sicherlich von besonderer Bedeutung sein, inwieweit sich bestimmte Regelungsbereiche für *freiwillige Selbstverpflichtungen der Wirtschaft* eignen.

6.1 Altölverordnung

Mit dem Abfallgesetz aus 1986 (→ Ziffer 3.1) wurde die Altölentsorgung dem Abfallrecht unterworfen. In §§ 5 und 5a AbfG wurde eine Sonderregelung dahingehend aufgenommen, daß für Altöle auch im Fall der Verwertung die Vorschriften des Abfallgesetzes einschlägig sind, d.h. auch für die Fälle, in denen Altöle nicht als Abfall i.S.d. § 1 Abs. 1 AbfG betrachtet werden. Damit fielen die Genehmigungserteilung und die Überwachung in die Zuständigkeit der jeweiligen Landesbehörden.

Zur Konkretisierung der Vorschriften der §§ 5 und 5a AbfG sowie zur Verbesserung der Verwertungssituation wurde als erste Verordnung auf der Grundlage des § 14 AbfG die Altölverordnung erlassen [31]; sie trat am 1. November 1987 in Kraft. Um dem Vollzug sowie den Altölbesitzern eine Entscheidungshilfe an die Hand zu geben, hatte das Bundesumweltministerium eine *Musterverwaltungsvorschrift* [32] erarbeitet, die von den meisten Bundesländern über Durchführungsbestimmungen umgesetzt worden ist.

Das Bundesumweltministerium hatte im Mai 1990 zusätzlich ein *Merkblatt zur Altölentsorgung* mit Hinweisen herausgegeben (→ Textblock).

> **Merkblatt zur Altölentsorgung**
>
> Unter Altölen erfaßt das Abfallgesetz gebrauchte halbflüssige oder flüssige Stoffe, die ganz oder teilweise aus Mineralöl oder synthetischen Ölen bestehen, einschließlich ölhaltiger Rückstände aus Behältern, Emulsionen und WasserÖl-Gemische. Die wichtigsten Altölarten sind:
>
> | Abfall-schlüssel | Altölart | Herkunft (beispielhaft) |
> |---|---|---|
> | 541 04 | verunreinigte Kraftstoffe (Benzine) | Tanklager |
> | 541 06 | Trafoöle, Wärmeträgeröle, Hydrauliköle, frei von PCB | Transformatoren, Umspannwerke, Chemische Industrie, Gewerbliche Wirtschaft, Öffentliche Einrichtungen |

Abfall-schlüssel	Altölart	Herkunft (beispielhaft)
541 07	Trafoöle, Wärmeträgeröle, PCB enthaltend	Transformatoren, Umspannwerke, Bergbau, Chemische Industrie, Gewerbliche Wirtschaft, Öffentliche Einrichtungen
541 08	verunreinigte Heizöle (auch Dieselöle)	Tanklager
541 09	Bohr-, Schneid-, Schleiföle	Spanabhebende Metallbearbeitung, Oberflächenbehandlung, Industrie, Gewerbliche Wirtschaft
541 12	Verbrennungsmotoren- und Getriebeöle	Kaufhäuser, Großmärkte, Einzelhandel, kommunale Sammelstellen, Tankstellen, KFZ-Werkstätten
541 13	Maschinen- und Turbinenöle	Gewerbliche Wirtschaft, Industrie, Elektrizitätswirtschaft, öffentliche Einrichtungen
541 14	Verbrennungsmotoren-, Getriebe-, Maschinen- und Turbinenöle, PCB- und halogenhaltige PCB-Ersatzprodukte enthaltend, Kältemaschinenöle aus Kühlgeräten	Bergbau, Schrottwirtschaft, Elektrizitätswirtschaft, öffentliche Einrichtungen, gewerbliche Wirtschaft
544 01	synthetische Kühl- oder Schmiermittel	Metallbearbeitung, Oberflächenbehandlung
544 02	Bohr- und Schleifölemulsionen, Emulsionsgemische	Metallbearbeitung Oberflächenbehandlung
544 04	Honöle	Metallbearbeitung
544 08	sonstige Öl- Wasser-Gemische	Gewerbliche Wirtschaft, Schiffahrt, Schadensfälle
547 01 547 02	Sandfangrückstände Öl- und Benzinabscheiderinhalte	Sandfänge Öl- und Leichtstoffabscheider

6.1 Altölverordnung

547 03	Schlamm aus Öltrennanlagen	Dekantieranlagen, Emulsionsspaltanlagen
547 04	Schlamm aus Tankreinigung und Faßwäsche	Tank- und Faßreinigung, Schiffahrt
548 08	Wässrige Rückstände aus der Altölraffination	Öltrennanlagen, Altölraffination
553 26	Waschbenzin, Petrolether, Ligroin, Testbenzin	Oberflächenbehandlung, Chemische Industrie, Herstellung von Anstrichmitteln
553 60	Petroleum	Oberflächenbehandlung, Gewerbliche Wirtschaft

Der Altölbesitzer ist für die ordnungsgemäße Entsorgung verantwortlich. Wer Verbrennungsmotoren- und Getriebeöle selbst wechselt, soll die gebrauchten Öle beim Kauf des neuen Öls beim Verkäufer abgeben. Es gibt einen gesetzlichen Anspruch auf kostenlose Annahme bis zur Menge des gekauften neuen Öls, wenn die nachstehenden Punkte beachtet werden. Die Punkte gelten sowohl für Privatleute als auch für jeden gewerblichen Verbraucher, Sammler und Beförderer von Altölen.

A. Getrennte Lagerung

Die Altöle sollen getrennt danach gelagert werden, ob sie

- aufgearbeitet werden können; dies betrifft insbesondere gebrauchte Verbrennungsmotoren- und Getriebeöle und gebrauchte mineralische Maschinen-, Turbinen- und Hydrauliköle und andere, zur Aufarbeitung geeignete Altöle, soweit diese nicht mehr als 4 mg PCB/kg gemäß DIN und/oder mehr als 2 g Gesamthalogen/kg enthalten,
- in den nach den Vorschriften des Bundes-Immissionsschutzgesetzes zugelassenen Anlagen verwertet werden dürfen (Auskunft darüber erteilt der Altölabholer oder die für die immissionsschutzrechtliche Genehmigung der Anlage zuständige Behörde),
- als Sonderabfall entsorgt werden müssen.

B. Vermischungsverbot

Altöle, die getrennt zu halten sind, sind insbesondere die aufarbeitbaren und energetisch verwertbaren Altöle. Sie dürfen auf keinen Fall mit anderen Stoffen vermischt werden, wie zum Beispiel mit:

- Altölen, deren PCB- und Chlorgehalte über den in der Altölverordnung genannten Grenzwerten liegen,

- Batteriesäuren,
- Bremsflüssigkeiten,
- Emulsionen,
- Frostschutzmitteln,
- flüssigen oder festen Abfällen,
- Inhalten von Öl- und Benzinabscheidern,
- Kaltreinigern,
- Korrosionsschutzmitteln,
- Nitroverdünnungen,
- PCB-haltigen Trafo-, Wärmeträger- oder Hydraulik-Ölen,
- Rückständen aus der Entwachsung einschließlich Wachspflegemitteln
- Rückständen aus der Lackierung und Entlackung,
- Wasser.

Öle auf pflanzlicher Basis lassen sich derzeit nicht gemeinsam mit Mineralölen aufarbeiten. Sie sind daher ebenfalls getrennt von aufarbeitbaren Altölen zu halten und dürfen nicht mit diesen vermischt werden.

Dieses Vermischungsverbot hat die gleiche Zielsetzung wie das in der TA Abfall formulierte, geht diesem jedoch vor.

C. Entnahme, Untersuchung und Aufbewahrung von Altölproben

Die Altölverordnung verpflichtet

- Altölsammler zur Entnahme von Proben der von ihnen angenommenen Altöle,
- die Aufarbeiter, Verbrenner, Importeure und Exporteure von Altölen zur Untersuchung der von ihnen behandelten bzw. beförderten Altöle.

Die Anfallstellen sind nicht zur Untersuchung ihrer Altöle verpflichtet; sie müssen aber die ihnen vom Altölsammler übergebenen Rückstellungsproben aufbewahren, bis ihnen der Altölsammler die ordnungsgemäße Entsorgung des Altöls bestätigt hat.

D. Erklärungs- und Nachweispflichten über den Verbleib

Anfallstellen und die Altölsammler müssen bei der Abgabe von Altölen auf einem in der Altölverordnung enthaltenen Formblatt versichern, die Vermischungsverbote beachtet zu haben. Aufarbeiter, Verbrenner und Im- und Exporteure müssen in diese Erklärung die durch die vorgeschriebenen Untersuchungen ermittelten Gehalte an PCB und Gesamthalogen eintragen. Je eine Ausfertigung der Erklärung ist von der Anfallstelle, dem Altölsammler, Aufarbeiter, Verbrenner, Im- und Exporteur drei Jahre lang aufzubewahren. Bei grenzüberschreitenden Verbringungen hat der Beförderer den Zollstellen eine Ausfertigung unaufgefordert vorzulegen. Dieses Nachweisverfahren ersetzt den Entsorgungsnachweis gem. Abfall- und Reststoffüberwachungs-Verordnung.

E. Genehmigung für Einsammlung und Beförderung von Altölen

Ab 1. Januar 1990 ist für die Einsammlung und Beförderung von Altölen eine Genehmigung nach § 12 AbfG erforderlich. Die vom Bundesamt für Wirtschaft (BAW) nach dem früheren Altölgesetz geschlossenen Verträge haben am 31. Dezember 1989 ihre Bedeutung als Beförderungsgenehmigung verloren. Gleichzeitig hat das BAW seine Funktion als zentrale Erfassungsstelle eingestellt.

Die Genehmigung zur Beförderung von Altöl wird von der Behörde des Landes erteilt, in dem das beantragende Unternehmen seine Hauptniederlassung hat. Die Genehmigung gilt bundesweit.

F. Informations- und Rücknahmepflicht

Wer gewerbsmäßig Verbrennungsmotoren- oder Getriebeöle an Endverbraucher abgibt, muß auf den abgegebenen Gebinden, am Ort des Verkaufs oder in sonstiger Weise auf die Pflicht zur geordneten Entsorgung gebrauchter Verbrennungsmotoren- oder Getriebeöle hinweisen sowie am Verkaufsort oder in dessen Nähe eine Annahmestelle für solche gebrauchten Öle einrichten oder nachweisen. Die Annahmestelle muß gebrauchte Verbrennungsmotoren- und Getriebeöle bis zur Menge des gekauften Frischöls kostenlos annehmen. Sie muß über eine Einrichtung verfügen, die es ermöglicht, den Ölwechsel fachgerecht durchzuführen (z. B. Ölabsauggerät mit angeschlossenen Altölbehältern). Beim Ölwechsel regelmäßig anfallende ölhaltige Abfälle wie Ölfilter, entleerte Behältnisse, ölhaltige Putztücher muß die Annahmestelle ebenfalls annehmen.

6.2 Lösemittelverordnung

Nach dem Muster der Altölverordnung hat die Bundesregierung eine *Verordnung zur Rücknahme und Verwertung gebrauchter halogenierter Lösemittel* erlassen [33]. Sie ist bis auf die Vorgabe der Kennzeichnungspflicht am 1.01.1990 in Kraft getreten; die Kennzeichnungspflicht gilt ab dem 1.04.1990.

Die Verordnung berücksichtigt, daß bei konsequenter Vermeidung von Vermischungen mit anderen Abfällen oder Lösemitteln eine Aufarbeitung gebrauchter Halogenkohlenwasserstoffe erleichtert und die Wiederverwendung erheblich gesteigert werden kann. Hierzu werden alle Lösemittel von der Verordnung erfaßt, die als flüssige Stoffe oder Zubereitungen einen Massegehalt von mehr als 5% an Halogenkohlenwasserstoffen mit einem Siedepunkt zwischen 20°C und 150°C haben. Die Verordnung gilt nicht für halogenierte Lösemittel, die im privaten bzw. häuslichen Bereich verwendet werden.

Die Verordnung verpflichtet den Lösemittelhersteller bzw. -vertreiber,

– gebrauchte Lösemittel vom Anlagenbetreiber zurückzunehmen sowie
– Lösemittel nur mit einer Kennzeichnung auf den Gebinden in Verkehr zu bringen, die Hinweise auf das Vermischungsverbot und die ordnungsgemäße Verwertung bzw. Entsorgung sowie Angaben über die Hauptbestandteile und den Siedepunkt des Lösemittels enthält.

Für den Betreiber einer Anlage gilt, daß er

– Lösemittel nicht mit anderen Lösemitteln und insbesondere nicht mit Abfällen vermischen darf.

Nur wenn dieses Vermischungsverbot eingehalten wird, gilt die Rücknahmeverpflichtung des Herstellers bzw. Händlers. Die Rücknahmeverpflichtung für den *Händler* gilt auch dann, wenn er selbst für den Verbraucher nutzungsspezifische Lösemittelgemische herstellt, die aus Lösemittelkomponenten bestehen. Dagegen entfiele die Rücknahmeverpflichtung, wenn der *Verbraucher* selbst die nutzungsspezifischen Gemische herstellt.

6.3 FCKW-Halon-Verbots-Verordnung

Mit der *FCKW-Halon-Verbots-Verordnung* [34], die am 1.8.1991 in Kraft getreten ist, wird in den entscheidenden Einsatzbereichen das Inverkehrbringen, die Verwendung und teilweise auch die Herstellung der in der Verordnung genannten halogenierten Stoffe, Zubereitungen und Erzeugnisse stufenweise bis zum Jahr 1995 (bedingt 1.01.2000) verboten. Durch dieses Verbot soll u.a. ein Beitrag gegen den Treibhauseffekt geleistet werden. Als „Verbotsverordnung" ist sie außer auf § 14 AbfG auch auf die §§ 14, 17 und 21 ChemG gestützt.

Besonders wichtig im Hinblick auf die Abfallwirtschaft war die Rücknahmeverpflichtung gebrauchter Stoffe und Zubereitungen innerhalb von 6 Monaten nach Verkündigung. Sie gilt mithin seit dem 1.11.1991. Diese Stoffe müssen selbstverständlich ordnungsgemäß nach dem Stand der

6.3 FCKW-Halon-Verbots-Verordnung

Technik entsorgt werde, d.h. unter Beachtung der TA Abfall, Teil 1. Als Entsorgungsform kommt dabei i.d.R. nur die Sonderabfallverbrennung in Frage.

Auch international werden die Bemühungen verstärkt, auf FCKW zu verzichten: in der Vertragsstaatenkonferenz in Kopenhagen zum Montrealer Protokoll ist der weltweite Ausstieg aus der Produktion und dem Verbrauch von FCKW auf den 1.01.1996 (bisher 2000) vorgezogen worden. *Halone*, die vor allem in Feuerlöschern verwendet werden, sind bereits ab 1994 verboten. Die Europäische Gemeinschaft hat für ihr Gebiet bei der Ministerratssitzung am 15./17.12.1992 das Ziel für FCKW auf den 1.01.1995 nochmals vorverlegt!

6.3.1 Situation bei FCKW

Mitte 1992 haben sich die wichtigsten Hersteller und Vertreiber von FCKW in Deutschland bereit erklärt, im Laufe des Jahres 1993 vollständig auf diesen Stoff zu verzichten. Diese Selbstverpflichtung wurde von der Automobilindustrie, der Bauindustrie (Wärmedämmung) und der Kälteanlagenindustrie ausgesprochen. Seit Anfang 1994 werden bis auf Medizinalsprays alle Produkte tatsächlich FCKW-frei hergestellt! Wichtige Schritte auf dem Weg dorthin waren:

A) Für den Bereich der *Klein-Klima- und Kälteanlagen* wurde bereits im Herbst 1988 auf Empfehlung des Bundesumweltministeriums von den Bundesländern und den Kommunalen Spitzenverbänden folgendes Entsorgungskonzept eingeführt:

- die entsorgungspflichtigen Körperschaften übernehmen die Entsorgung alter Kühlgeräte als ihre Aufgabe im Rahmen der Hausmüllentsorgung. Sie können die Durchführung auf Dritte übertragen. Hierfür kommen Unternehmen des Fachhandels, des Kältehandwerks oder der privaten Entsorgungswirtschaft in Betracht, die für eine fachgerechte Entsorgung von FCKW und Kälteölen aus alten Kühlgeräten garantieren.
- Jeder Haushalt erhält im heute allgemein üblichen Müllkalender einen Hinweis auf die örtlichen Unternehmen/Einrichtungen, die auf Abruf alte Kühlgeräte außerhalb der allgemeinen Sperrmüllabfuhr kostenlos abholen.
- Die Kosten für die Entsorgung werden über die Hausmüllgebühren gedeckt.
- Zur ordnungsgemäßen Entnahme von FCKW und Kälteölen wird eine technische Anleitung beachtet, die die im Zentralverband Elektrotechnik- und Elektroindustrie e.V. (ZVEI) zusammengeschlosse-

nen Hersteller von Haushaltskühlgeräten entwickelt haben. Der Bundesinnungsverband des Deutschen Kälteanlagenbauerhandwerks (BIV) und der Bundesverband der Deutschen Entsorgungswirtschaft (BDE) haben vergleichbare Anleitungen ausgearbeitet.

B) Am 30. Mai 1990 hat der Verband der Chemischen Industrie dem Bundesumweltministerium eine Selbstbindung der drei *FCKW-Hersteller* (Hoechst, Solvay, Chemiewerk Nünchritz) übergeben. Danach verpflichten sich die Herstellerfirmen, die bei der Entsorgung von Haushaltskältegeräten und von Kälte- und Klimageräten in Industrie und Gewerbe anfallenden FCKW und FCKW-haltigen Kälteöle zurückzunehmen, aufzuarbeiten oder einer ordnungsgemäßen Entsorgung zuzuführen. Außerdem haben sie zugesagt, sofort aus der Produktion auszusteigen, sobald auf der Verwenderseite auf den FCKW – Einsatz verzichtet wird. Die Firma Chemiewerk Nünchritz hat ihre FCKW-Produktion zum Jahreswechsel 1992/1993 eingestellt. Die Firmen Hoechst und Solvay sind gefolgt.

C) Die deutschen Automobilhersteller bieten entsprechend ihrer Zusage seit Herbst 1993 nur noch FCKW – freie Klimaanlagen an.

D) Bei neuen Kälteanlagen im stationären Einsatz wird seit Ende 1993 auf den Einsatz von FCKW verzichtet.

E) Auch bei Haushaltskühlschränken werden seit 1994 nur noch FCKW – freie Geräte hergestellt.

F) Auch im Hochbau wurde bei der Wärmedämmung mit Hartschaumelementen im Laufe des Jahres 1993 auf den Einsatz von vollhalogenierten FCKW verzichtet. Bei den Treibmitteln sind die Zulassungsverfahren für Stoffe ohne vollhalogenierte FCKW fast abgeschlossen.

Im Hinblick auf die Entsorgung ist auch die Regelung für Altanlagen, die Bestandsschutz genießen und damit auch kein festgelegtes Verwendungsverbot haben, wichtig. Nur wenn seitens des Umweltbundesamtes Ersatzstoffe für die Altanlagen bekanntgegeben werden, gelten anlagenspezifische Verwendungsverbote (§ 10 Abs. 2 der FCKW-Halon-Verbots-Verordnung).

Die derzeit häufig praktizierte Entsorgungsform bei FCKW-haltigen Schaumstoffen, daß nämlich Schaumstoffe mit Bauabfällen deponiert werden, ist nach hier vertretener Ansicht langfristig problematisch, da bei der Ablagerung die FCKW ausgasen. Das Ziel der Verordnung, den FCKW-Eintrag in die Athmospäre zu reduzieren, wäre nicht erreicht. Als Entsorgungsmethode böte sich das kontrollierte Ausgasen (Quetschen, Schneiden mit Absaugung) oder das Verbrennen der FCKW-haltigen Schaumstoffe an.

6.3.2 Situation bei Halonen

Von der Verordnung sind die Halone Bromchlordifluormethan (Halon 1211), Bromtrifluormethan (Halon 1301), Dibromtetrafluorethan (Halon 2402) erfaßt. Als Abfallschlüssel für diese typischen Feuerlöschmittel wird der Schlüssel 55 205 empfohlen.

Halon 1011, das nur in der ehemaligen DDR zugelassen war, ist durch die Verordnung nicht verboten. Der Widerruf der Zulassung von Halon 1011 ist durch ein besonderes Verfahren geregelt.

Die Vertreiber der Halone sind ab dem *1.11.1991* verpflichtet, diese Stoffe entweder selbst zurückzunehmen oder die Rücknahme durch Dritte sicherzustellen. Die Rücknahmeverpflichtung gilt dabei auch für die Halone, die zum Zeitpunkt des Inkrafttretens der Verordnung bereits in Verkehr gebracht waren. Seitens der Industrie werden die entsprechenden Maßnahmen durch den Bundesverband Feuerlöschgeräte und -anlagen e.V. (bvfa), Fahrenbecke 18 c, 5800 Hagen koordiniert. Er ist auch der „oberste" Ansprechpartner für Besitzer von Feuerlöschern, die Geräte zur Entsorgung abgeben wollen. Hinzuweisen ist in diesem Zusammenhang auf den Umstand, daß eine Weigerung, der Rücknahmeverpflichtung nachzukommen, ein Verstoß gegen die Vorschriften der Verordnung wäre. Nach § 9 Abs. 4 FCKW-Halon-Verbots-Verordnung i.V.m. § 18 Abs. 1 Nr. 11 AbfG kann hierfür ein Bußgeld von bis zu 100 000,- DM verhängt werden.

Wie bereits ausgeführt, können Halone zur Zeit nur in Sonderabfall-Verbrennungsanlagen sicher entsorgt werden. Soweit mangels Verbrennungskapazitäten eine – auch längere – *Zwischenlagerung* erforderlich sein sollte, kann nach hier vertretener Ansicht über die generelle Ausnahmeziffer 2.4 der TA Abfall, Teil 1 (→ Ziffer 8.3) unter besonderer Würdigung der Umstände bei Wahrung des Wohls der Allgemeinheit eine Ausnahme von Gliederungsnummer 7.1 der TA Abfall, Teil 1 erfolgen. Bei der Abwägung der Belange des Wohls der Allgemeinheit muß beachtet werden, daß Sinn und Zweck der FCKW-Halon-Verbots-Verordnung der Schutz der Atmosphäre vor den ozonabbauenden Halogenkohlenwasserstoffen ist. Nach hier vertretener Ansicht ist der Schutz der Ozonschicht aber bereits dann gewährleistet, wenn die Entsorgung von Halonen zunächst nur bis zu einem sicheren und geordneten Zwischenlager erfolgt. Diese Zwischenlagerung sollte unter Bedingungen erfolgen, die dem besonderen Gefahrenpotential der Halone Rechnung tragen. Dies liefe im Einzelnen auf Folgendes hinaus:

– Die Lagerung soll nur in solchen Behältern erfolgen, in denen die Halone auch in den Löschanlagen vorgehalten werden. Soweit ein Umfüllen (nur als Ausnahme zuzulassen) erforderlich wird, sind Emissionen nach

dem Stand der Technik zu minimieren. Die Lagerung muß nach Halontypen getrennt erfolgen.
- Die Abfallagerung muß nach den für die Produktlagerung geltenden technischen Regeln erfolgen; es sind periodische Kontrollen zu fordern.
- Die Einlagerungsfrist muß vom Entsorgungsnachweis für die weitere Entsorgung abhängig gemacht werden.
- Für die Lagerung sollte ein Belegplan vorliegen, der nach verschiedenen Lagerabschnitten für die unterschiedlichen Behältnistypen differenziert.
- Mindestens die Gliederungsnummern 4, 5.2.3 bis 5.4.4.2, 7.1 bis 7.3.3.1.1 der TA Abfall, Teil 1, wären bei der Einrichtung und beim Betrieb eines solchen Lagers einzuhalten.
- Neben den Anforderungen einer wasserrechtlichen Zulassung nach § 19 g–h WHG sind die Anforderungen der Druckbehälte-Verordnung, des Arbeitsschutzes (Anhang VI GefStoffV bzw. TRGS) und des Gewerberechtes zu beachten.

6.4 Pfandverordnung für Getränkeverpackungen und Verpackungsverordnung

Die *Verordnung über die Rücknahme und Pfanderhebung von Getränkeverpackungen aus Kunststoffen* vom 20.12.1988 [35] war die erste Verordnung, mit der die Bundesregierung in den Verpackungsbereich eingegriffen hat. Die Verordnung regelte, daß Getränke in Kunststoffverpackungen nur in Verkehr gebracht werden dürfen, wenn die leeren Behältnisse vom Handel und Abfüller zurückgenommen und einer Verwertung außerhalb der Abfallentsorgung zugeführt werden. Ein Pfand von 50 Pfennig sollte eine hohe Rücklaufquote gewährleisten.

Mit einer kurzen Übergangsfrist von drei Monaten trat die Verordnung am 1. März 1989 für alle Erzeugnisse in Kraft, die nach dem 1. Dezember 1987 in der 1,5-l-PET-Flasche auf den Markt kamen, wie die Erzeugnisse von Coca-Cola, Pepsi-Cola und anderen Getränke-Abfüllern. Für Unternehmen, die schon vor dem 1. Dezember 1987 Getränke in Verpackungen aus Kunststoffen in bestimmter Art, Form und Größe regelmäßig in Deutschland vertrieben, trat die Verordnung erst am 1. Dezember 1989 in Kraft. Die Übergangsfrist von einem Jahr galt insbesondere für sog. „stille Wässer", die überwiegend aus EG-Staaten importiert werden, aber auch für inländische Erzeugnisse, wie Getränke von Coca-Cola in 2-l-PET-Flaschen (die Coca-Cola-Erzeugnisse in 2-l-PET-Flaschen wurden schon vorher auf Grund einer freiwilligen Pfandregelung zurückgenommen), Mineralwasser, kohlensäurehaltige Erfrischungsgetränke und Fruchtnektare verschiedener deutscher Abfüller.

6.4 Pfandverordnung für Getränkeverpackungen und Verpackungsverordnungen

Mit der *Verpackungsverordnung* vom 12.7.1991 [36] wurde der Anwendungsbereich und die Regelungstiefe der vorgenannten Verordnung erheblich ausgedehnt. Da u.a. mit der Verpackungsverordnung auch die Vorgaben der Pfandverordnung für Getränkeverpackungen aus Kunststoffen übernommen wurden, wurde diese gemäß § 14 VerpackV zum 1.01.1993 außer Kraft gesetzt.

Die Verpackungsverordnung sieht im Wesentlichen folgende Regelungen vor:

- Erzeuger und Vertreiber müssen *Transportverpackungen* seit 01.12.1991 zurücknehmen und stofflich verwerten. Auch der Versandhandel ist an die Rücknahmeverpflichtung gebunden. Eine besondere Situation gilt für kleinere Pakete, die im Rahmen eines „1-Mann-Services" von der Post oder beauftragten Lieferdiensten geliefert werden; diese Verpackungen werden vom Handel als Verkaufsverpackungen angesehen, da der Kunde durch die Art der Bestellung dokumentiert hat, daß er die Produkte **inclusive** Verpackung wünscht. Dies entspräche dem Wunsch eines Endverbrauchers, Ware in der Transportverpackung ausgehändigt zu erhalten. Diese Interpretation wurde von der Bundesregierung in einer Antwort auf eine Kleine Anfrage dargelegt [37].
- Seit dem 01.04.1992 hat der Käufer das Recht, *Umverpackungen* im Laden zurückzulassen (d.h.: zu entpacken) oder der Händler entfernt die Umverpackungen selbst an der Kasse. Hierbei handelt es sich um Verpackungen, die den Ladendiebstahl verhindern sollen oder Werbezwecke erfüllen (z.B. Blister, Folien, Kartonagen etc.). Der Vertreiber muß die Umverpackungen einer Wiederverwendung oder einer stofflichen Verwertung zuführen.
- Der Handel muß seit dem 01.01.1993 gebrauchte *Verkaufsverpackungen* im Laden oder in dessen unmittelbarer Nähe zurücknehmen. Die zurückgenommenen Verpackungen sind wiederzuverwenden oder stofflich zu verwerten.
- Als Anreiz für den Verbraucher, Verpackungen zurückzugeben, kann seit dem 01.01.1993 in folgenden Bereichen zusätzlich ein *Pflichtpfand* eingeführt werden, soweit das Füllvolumen 0,2 l übersteigt:
  - Getränkeeinwegverpackungen bis 1,5 l: 0,50 DM
  - Getränkeeinwegverpackungen ab 1,5 l: 1,00 DM
  - Verpackungen für Wasch- und Reinigungsmittel (ausgenommen Nachfüllverpackungen) bis 1,5 l: 0,50 DM
  - Verpackungen für Wasch- und Reinigungsmittel (ausgenommen Nachfüllverpackungen) ab 1,5 l: 1,00 DM
  - Verpackungen für Dispersionsfarben ab 2 kg: 2,00 DM

Die Verordnung erschöpft sich jedoch nicht in der Vorgabe eines einzigen Weges, um Verpackungen zu reduzieren. Die Wirtschaft erhält vielmehr auch die Möglichkeit, durch eigene verbraucherfreundliche Erfassungssysteme die *Rücknahme- und Pfandpflicht* am Laden zu ersetzen. Hierfür können Systeme aufgebaut werden, die eine regelmäßige Abholung gebrauchter Verpackungen an den Haushaltungen gewährleisten. Dabei können sowohl Hol- als auch Bringsysteme genutzt werden. Die Verordnung fordert für die Einrichtung dieser freiwilligen Erfassungssysteme der Wirtschaft:

– Gewährleistung bestimmter Erfassungs- und Sortierquoten, wobei Recyclingpflicht für alle aussortierten Wertstoffe gilt. Alle aussortierten Wertstoffe müssen stofflich verwertet werden. Die Verbrennung von Verpakungswertstoffen wird ausgeschlossen.

Die entsprechenden Nachweise sind gegenüber der obersten Abfallbehörde der einzelnen Bundesländer zu führen. Werden die Anforderungen nicht erfüllt, so wird die Genehmigung für solche Sammelsysteme nicht erteilt bzw. widerrufen. Im Fall des Widerrufs greift nach einer Übergangsfrist von 6 Monaten wieder die Rücknahme- und Pfandpflicht der Verordnung. Die entsprechenden quantitativen Anforderungen sind in Tabelle 2 zusammengefaßt.

Tabelle 2. Sammel-, Sortier- und Recyclingquoten

Material	ab dem 1.01.1993			ab dem 1.07.1995		
	Sammel-quoten	Sortier-quote	Recycling-quote	Sammel-quote	Sortier-quote	Recycling-quote
Glas	60%	70%	42%	80%	90%	72%
Weißblech	40%	65%	26%	80%	90%	72%
Aluminium	30%	60%	18%	80%	90%	72%
Pappe/Karton	30%	60%	18%	80%	80%	64%
Papier	30%	60%	18%	80%	80%	64%
Kunststoff	30%	30%	9%	80%	80%	64%
Verbunde	20%	30%	6%	80%	80%	64%

Vom 1.01.1993 bis 30.07.1995 gelten die Sammelquoten auch als erfüllt, wenn im Mittel insgesamt 50% aller Verpackungsmaterialien erfaßt werden. Die Sortierquoten gelten für die tatsächlichen Sammelquouten der einzelnen Materialien.

- Integration Kommunaler Systeme:
Die freiwilligen Systeme sind mit bestehenden kommunalen Sammel- und Verwertungssystemen abzustimmen. Die Kommunen können die Übernahme bzw. Mitbenutzung ihrer Systeme gegen ein angemessenes Entgelt verlangen.
- Gewährleistung bestehender Mehrwegquoten bei Getränkeverpackungen:
Der Mehrweganteil darf bei Getränkeverpackungen im gesamten Bundesgebiet nicht unter den Anteil des Jahres 1991 (72%) sinken; dies gilt für Bier, Wässer mit oder ohne Kohlensäure, Erfrischungsgetränke, Säfte und Wein. Bei Milch beträgt der entsprechende Anteil 17%.

Unter der Schirmherrschaft des BDI und des DIHT hatte die deutsche Wirtschaft als freiwilliges Erfassungssystem die „Duales System Deutschland GmbH (DSD) gegründet. Als Finanzierungsinstrument vergibt die DSD im Wege von Lizenzvereinbarungen den *„Grünen Punkt"*. Dieses Lizenzzeichen besagt, das die so gekennzeichnete Verpackung über das Duale System erfaßt und stofflich verwertet werden kann. Über die stoffliche Verwertung sind den Ländern Nachweise vorzulegen, deren Inhalt von den Länderbehörden vorgegeben wird.

Im Dezember 1992 hatten alle Umweltminister der Länder festgestellt, daß in ihrem Bundesland ein Duales System entsprechend den Anforderungen der Verordnung eingerichtet ist. Damit sind ab dem 1.01.1993 Hersteller und Vertreiber, die sich an dem System der DSD beteiligen, davon befreit, Verkaufsverpackungen am Laden zurückzunehmen. Um die in der Verordnung gesetzten Quotenvorgaben überprüfen zu können, hatten die Länder die entsprechenden Nachweise von der DSD zum 1.04.1994 gefordert [38].

Die für die Kontrollen der Länder notwendigen Basisdaten, die sich insbesondere auf die erreichten/erforderlichen Wiederverwendungs-/Verwertungsquoten beziehen, werden von der Bundesregierung vorgelegt. Die erste Erhebung wurde am 18.08.1992 im Bundesanzeiger bekanntgemacht (→ Tabelle 3) [39].

Weiterhin läßt das Umweltbundesamt im Rahmen von zwei Studien die Umsetzungspraxis feststellen und ggf. Optimierungsvorschläge für eine wirksame Kontrolle ableiten [40].

Nicht vergessen werden soll an dieser Stelle der seit September 1993 vorliegende Bericht zum Forschungsvorhaben „Ökobilanzen für Getränkeverpackungen" [41]. Die Ergebnisse des Berichts verdeutlichen, daß die Sachzusammenhänge sehr komplex sind und keine eindeutigen ja/nein-Entscheidungen ermöglichen.

Tabelle 3. Wiederverwendungs- und Verwertungsquoten 1992

Packmaterial	Verbrauch insgesamt	davon schadstoff-haltige Verpackung	davon Mehrweg	verbleib. Verbrauch	davon Umver-packung	davon Transport-verpackung	davon privat+ Laden	Verkaufsverpackung übrige Industrie
				[Angaben in 1000 t]				
Glas	4813,0	6,0	514,5	4292,5	–	–	4292,5	–
Weißblech	749,2	88,3	0,1	660,8	–	–	652,1	8,7
Aluminium	114,3	1,3	–	113,0	–	–	113,0	–
Kunststoff	1509,1	54,3	172,4	1282,4	10,6	221,4	900,9	149,5
Papier,Pappe, Karton	5077,4	21,0	–	5056,4	56,9	2768,6	1560,9	670,0
Verbunde	468,3	3,9	–	464,4	–	0,2	455,9	8,3
Summe I	12731,3	174,8	687,0	11869,5	67,5	2990,2	7975,3	836,5
Feinblech	305,8	99,7	187,3	18,8	–	9,7	1,7	7,4
Holz	2245,7	–	1191,0	1054,7	–	1032,9	18,4	3,4
sonst. Verp.	17,6	–	–	17,6	–	1,3	8,6	7,7
Summe II	2569,1	99,7	1378,3	1091,1	–	1043,9	28,7	18,5
Ges.summe	15300,4	274,5	2065,3	12960,6	67,5	4034,1	8004,0	855,0

6.5 Weitere geplante Verordnungen 71

Wegen der nicht unerheblichen Konzentrationswirkung der Entsorgungsstrukturen durch das Duale System wurde deren Tätigkeit vom Bundeskartellamt überprüft. Danach hält es das Bundeskartellamt im Hinblick auf § 1 GWB für bedenklich, wenn die DSD ihre Tätigkeit auch auf Bereiche der Entsorgung von Transportverpackungen und Verkaufsverpackungen ausdehnt, die bei entsorgungspflichtigen Unternehmen anfallen. Demgegenüber haben einzelne Länder in ihre Feststellungsbescheide eine entsprechende Ausdehnung der Geschäftstätigkeit des DSD verlangt. Das Bundeskartellamt hat diesbezgl. ein Verfahren nach § 1 i.V.m. § 37a Abs.1 GWB eingeleitet [42]. Außerdem soll noch darauf hingewiesen werden, daß der Entwurf einer Kennzeichnungsverordnung vorgelegt wurde [43], um den entsprechenden EG-Regelungen Rechnung zu tragen.

6.5 Weitere geplante Verordnungen

Es gibt weitere Entwürfe und Arbeitspapiere für Regelungen nach § 14 AbfG für andere Abfallgruppppen, die aber unter dem eingangs erläuterten Vorbehalt stehen, daß sie aufgrund der Vorgaben des neuen Gesetzes zur Vermeidung, Verwertung und Beseitigung von Abfällen überarbeitet werden müssen. Hierzu zählen:

6.5.1 Entsorgung schadstoffhaltiger Baustellenabfälle

Das Bundesumweltministerium hatte am 3. Januar 1990 der Wirtschaft und den Ländern den Entwurf einer Verordnung über die Entsorgung schadstoffhaltiger Baustellenabfälle zugeleitet. Die Verordnung sollte eine getrennte Entsorgung schadstoffhaltiger Baustellenabfälle gewährleisten und zugleich die Umsetzung von Zielfestlegungen zur Verwertung von Bauschutt, Straßenaufbruch und Erdaushub flankieren, die vom Bundesumweltministerium ebenfalls am 3. Januar 1990 vorgelegt wurden.

6.5.2 Abfälle gebrauchter elektrischer und elektronischer Geräte

Im Juli 1991 wurde mit einem ersten Entwurf der Verordnung über die Vermeidung, Verringerung und Verwertung von Abfällen gebrauchter elektrischer und elektronischer Geräte ein weiteres Regelwerk in die Anhörung der Beteiligten Kreise gegeben, mit dem der Verkäufer des Produktes für die kostenlose Rücknahme und Entsorgung verantwortlich gemacht werden soll. Die Anhörung der Beteiligten Kreise fand im Oktober 1991 statt. Am 7.12.1992 wurde mit den betroffenen Wirtschaftskreisen ein Fachgespräch zu einem Arbeitspapier „Elektronikschrott" aus Oktober 1992 geführt [44]. Der Verordnungsentwurf sah einen Vorrang der stofflichen Verwertung bzw.

die erneute Verwendung bestimmter Produktteile vor. Nicht mehr verwertbare Geräte und Geräteteile sollten aber unter Beachtung der Anforderungen der TA Abfall, Teil 1 bzw. der TA Siedlungsabfall entsorgt werden.

6.5.3 Batterieentsorgung

Bei den Gerätebatterien sind Batterieindustrie und Handel am 9. September 1988 eine *freiwillige Selbstbindung* zur Reduzierung des Quecksilbergehaltes in Batterien sowie zur Rücknahme und Verwertung als schadstoffhaltig gekennzeichneter Batterien eingegangen, die am 1. April 1989 in Kraft trat (→ Textblock). Die „Selbstbindung" bewirkte eine erhebliche Verringerung des Schwermetallgehalts an der Quelle und führte aufgrund der Rückgabemöglichkeiten zu einer drastischen Senkung des Quecksilbereintrags in den zu entsorgenden Hausmüll. So bieten seit Ende 1988 einige Batteriehersteller bereits quecksilberfreie Zink-Kohle-Batterien und Alkali-Mangan-Batterien mit einem Quecksilbergehalt von 0,025 % an. Für den Verbraucher bedeutet dies, daß er beim Kauf des Artikels bereits erkennt, ob es sich um eine schadstoffhaltige oder um eine schadstoffarme Batterie handelt. Weiterhin konnte mit diesem Schritt die Sonderabfallschiene entlastet werden.

Inhalt der freiwilligen Selbstbindung zu Batterien

Der Quecksilbergehalt in den Alkali-Mangan-Batterien wird in drei Stufen auf unter 0,% gesenkt, und zwar:
- bis 1988 auf 0,1 %,
- bis 1990 auf 0,%,
- bis 1993 weniger als 0,%.
- Mit einem Recyclingsymbol (sog. ISO-Symbol = drei Pfeile im Kreis) werden folgende Batterien gekennzeichnet:
  – Klein-Akkumulatoren,
  – Gasdichte Nickel-Cadmium-Akkumulatoren,
  – Starterbatterien,
  – quecksilberhaltige Knopfzellen,
  – Alkali-Mangan-Batterien, soweit der Quecksilbergehalt 0,1 % des Gesamtgewichts erreicht bzw. überschreitet.

Die so gekennzeichneten Batterien werden seit dem 1. April 1989 nach Gebrauch über den Einzelhandel von den Herstellern zurückgenommen (in der Übergangszeit bis Ende 1989 nahm der Handel auch alle nicht gekennzeichneten Batterien zurück).
- Die Hersteller sorgen im Rahmen des Verwertungsgebotes des Abfallgesetzes für eine Aufarbeitung der gesammelten und gekennzeichneten Batterien.

6.5 Weitere geplante Verordnungen

Allerdings hat sich gezeigt, daß in der Öffentlichkeit sowie beim Handel die Möglichkeiten zur Rückgabe gebrauchter Batterien nicht ausreichend bekannt sind. Das Bundesumweltministerium hatte im Sommer 1992 einen ersten Entwurf einer Verordung nach § 14 AbfG in die Anhörung gegeben, die den Inhalt der freiwilligen Selbstbindung rechtlich verbindlich festschreiben sollte, darüber hinaus aber auch die Richtlinie der EG über gefährliche Stoffe enthaltende Batterien und Akkumulatoren (→ Ziffer 11.7.15) umsetzen sollte. Im Lichte des neuen Kreislaufwirtschafts- und Abfallgesetzes soll ein überarbeiteter Entwurf voraussichtlich in der zweiten Hälfte 1995 in die Anhörung gebracht werden.

6.5.4 Flaschenkapseln aus Blei

Stanniolflaschenkapseln haben einen Anteil von rd. 24% – dies sind etwa 1.100 t pro Jahr – am gesamten jährlichen Eintrag von Blei im Hausmüll (ca. 4.600 t/a). Vor diesem Hintergrund hatte die Bundesregierung bereits 1987 Maßnahmen zur Reduzierung bzw. Substitution von Stanniolflaschenkapseln gefordert. Dem Vorschlag des Bundesumweltministeriums, eine entsprechende Regelung europaweit aus Gründen des Umweltschutzes zu erlassen, kam die Europäische Gemeinschaft insofern entgegen, als durch Verordnung vom 29.7.1991 [45] bleihaltige Flaschenkapseln ab dem 1.1.1993 verboten sind. Dieses Verbot gilt unmittelbar in allen Mitgliedstaaten der Gemeinschaft.

6.5.5 Abfälle aus der Kraftfahrzeugentsorgung

Im September 1990 hatte das Bundesumweltministerium eine Zielfestlegung zur Vermeidung, Verringerung oder Verwertung von Kraftfahrzeugen vorgelegt. Ziel war, eine weitgehende stoffliche Verwertung der Kraftfahrzeuge und der darin enthaltenen Wertstoffe zu erreichen. Als Voraussetzung wurde die fast vollständige Demontage der Kraftfahrzeuge ausgemacht. Diese Maßgabe wäre bereits bei der Produktgestaltung zu beachten. Da sich in vielen Gesprächen mit der betroffenen Industrie abzeichnete, daß die angestrebte Lösung über eine Zielfestsetzung nicht erreicht werden konnte, wurde der Entwurf einer entsprechenden Verordnung erarbeitet, der im Sommer 1992 gemeinsam mit einer ebenfalls geplanten Verwaltungsvorschrift zur Verwertung und sonstigen Entsorgung von Shredderrückständen in die Anhörung der beteiligten Kreise gegeben wurde. Mit der Verordnung sollten Abfälle aus der Kraftfahrzeugentsorgung vermieden oder verringert werden. Die Bundesregierung hat sich in ihrer Antwort auf die Kleine Anfrage „Altautoschrott-Verordnung und Verminderung von Stoffströmen" detailliert mit den geplanten Regelungen auseinandergesetzt [46].

6.5.6 Abfälle aus Druckerzeugnissen sowie aus Büro und Administration

Im September 1992 hat das Bundesumweltministerium den Entwurf der Altpapierverordnung den beteiligten Wirtschaftskreisen, den Ländern und den Ressorts zugeleitet und damit das weitere Abstimmungsverfahren eingeleitet. Der vorgelegte Entwurf der Altpapierverordnung hatte zum Ziel, eine höchstmögliche Verwertungsquote durchsetzen und dabei die vorhandenen Einsatzmöglichkeiten von Altpapieren bei der Papierproduktion weiterentwickeln zu helfen. Weiterhin sollten neue Märkte für Altpapiere außerhalb der Papiererzeugung erschlossen werden. Im Dezember 1994 konnte das Bundesumweltministerium erreichen, daß die beteiligten Wirtschaftskreise eine entsprechende *freiwillige Selbstverpflichtung* eingegangen sind [163].

6.5.7 Bauabfälle

Am 3. Januar 1990 hatte das Bundesumweltministerium der Wirtschaft und den Ländern den Entwurf von Zielfestlegungen zur Verwertung von Bauabfällen (Bauschutt, Baustellenabfälle, Erdaushub und Straßenaufbruch) zugeleitet. *Bauschutt* ist in der Regel eine heterogene Masse, die neben dem eigentlichen Bauschutt in Form von Ziegel- und Betonabbrüchen auch Bestandteile wie Holz, Eisen, NE-Metalle, Glas, Kunststoffe etc, enthält. *Baustellenabfälle* können neben den Resten von Baumaterialien auch Bauchemikalien (z.B. Farb-, Klebe- und Schutzanstrichmittel), Bauhilfsstoffe und Bauzubehör sowie im Zusammenhang mit Baumaßnahmen anfallendes Verpackungsmaterial enthalten. In der Praxis werden Bauschutt und Baustellenabfälle oft vermischt und gemeinsam auf Bauschutt- oder Hausmülldeponien verbracht, wobei aufgrund der enthaltenen Bauchemikalien Umweltgefährdungen, z.B. durch Schadstoffeintrag in Oberflächen- bzw. Grundwasser, nicht auszuschließen sind. Eine Verringerung solcher Umweltgefährdungen wurde mit einer Rechtsverordnung nach § 14 Abs. 1 AbfG angestrebt, die parallel zu diesen Zielfestlegungen vorgelegt worden ist.

Am 3. Januar 1990 hatte das Bundesumweltministerium der Wirtschaft und den Ländern den Entwurf von Zielfestlegungen zur Verwertung von Bauabfällen (Bauschutt, Baustellenabfälle, Erdaushub und Straßenaufbruch) zugeleitet. *Bauschutt* ist in der Regel eine heterogene Masse, die neben dem eigentlichen Bauschutt in Form von Ziegel- und Betonabbrüchen auch Bestandteile wie Holz, Eisen, NE-Metalle, Glas, Kunststoffe etc, enthält. *Baustellenabfälle* können neben den Resten von Baumaterialien auch Bauchemikalien (z.B. Farb-, Klebe- und Schutzanstrichmittel), Bauhilfsstoffe und Bauzubehör sowie im Zusammenhang mit Baumaßnahmen anfallendes Verpackungsmaterial enthalten. In der Praxis werden Bauschutt und Baustellenabfälle oft vermischt und gemeinsam auf Bauschutt- oder Hausmülldeponien verbracht, wobei aufgrund der enthaltenen Bauchemikalien Umweltgefährdungen, z.B. durch Schadstoffeintrag in Oberflächen- bzw. Grundwasser, nicht auszuschließen sind. Eine Verringerung solcher Umweltgefährdungen wurde mit einer Rechtsverordnung nach § 14 Abs. 1 AbfG angestrebt, die parallel zu diesen Zielfestlegungen vorgelegt worden ist.

7 Erste allgemeine Verwaltungsvorschrift über Anforderungen zum Schutz des Grundwassers bei der Lagerung und Ablagerung von Abfällen

Die Grundlagen der Verwaltungsvorschrift gehen auf das Jahr 1979 zurück. Mit der Richtlinie 80/68/EWG vom 17.12.1979 über den Schutz des Grundwassers gegen Verschmutzung durch bestimmte gefährliche Stoffe (→ Ziffer 11.7.8) hatte der Rat die Mitgliedstaaten angehalten, innerhalb eines Zeitraumes von 2 Jahren – d.h. bis zum 19.12.1981 – die in der Richtlinie formulierten Anforderungen in nationales Recht umzusetzen. Hinsichtlich dieser Umsetzung hatten Bund und Länder gemeinsam gegenüber der EG-Kommission die Auffassung vertreten, daß über die materiell – rechtlichen Anforderungen des Wasserhaushaltsgesetzes diese Umsetzung für die Bundesrepublik erfolgt sei. Weiterhin würden durch den Erlaß von Verwaltungsvorschriften, veröffentlichten Runderlassen oder Einzelanweisungen die Bestimmungen zum WHG präzisiert und konkretisiert. Ergänzend wurde auf das Abfallrecht des Bundes und der Länder hingewiesen.

Diese Maßnahmen erschienen der EG-Kommission nicht ausreichend. Insbesondere wurde seitens der Kommission darauf verwiesen, daß das WHG keine Verbote beinhalte, wie dies in der Richtlinie gefordert werde und daß nach der ständigen Rechtssprechung des Europäischen Gerichtshofs Verwaltungsvorschriften nicht ausreichen, um die aus einer Richtlinie resultierenden Verpflichtungen umzusetzen. Die Kommission hatte deshalb ein Vertragsverletzungsverfahren angestrengt und Klage vor dem Europäischen Gerichtshof erhoben.

Aus diesem Grund wurde es erforderlich die Anforderungen der EG-Richtlinie auch für den Abfallbereich als normkonkretisierende Verwaltungsvorschrift umzusetzen.

7.1 Verfahren und Ermächtigungsgrundlage

Die Umsetzung der „Grundwasser-Richtlinie" konnte aufgrund des 1988 bereits eingeleiteten Vertragsverletzungsverfahrens im Abfallrecht nur als normkonkretisierende Verwaltungsvorschrift nach § 4 Abs. 5 AbfG erfolgen; eine Novellierung des Abfallgesetzes mit dem Ziel, eine Ermächtigung zum Erlaß einer Rechtsverordnung zu schaffen, hätte nicht fristgerecht erfolgen können. Auf der Ermächtigungsgrundlage von § 4 Abs. 5 AbfG wurde der Kabinettsentwurf einer allgemeinen Verwaltungsvorschrift dem Bundesrat zur Beschlußfassung zugeleitet. Der Bundesrat hat dem Entwurf nach Maßgabe einer Änderung und Formulierung einer Entschließung am 10.11.1989 zugestimmt [47]. Die Verwaltungsvorschrift wurde am 31.01.1990 veröffentlicht und ist *am 1.02.1990 in Kraft getreten*. Die Verwaltungsvorschrift hat den Titel „Erste allgemeine Verwaltungsvorschrift über Anforderungen zum Schutz des Grundwassers bei der Lagerung und Ablagerung von Abfällen" [22].

Welche *Konsequenzen ergeben sich aus dem neuen Gesetz* zur Vermeidung, Verwertung und Beseitigung von Abfällen für die Verwaltungsvorschrift? Obwohl nach Artikel 13 dieses Gesetzes das Abfallgesetz 1996 außer Kraft tritt, bleibt die bereits erlassene erste allgemeine Verwaltungsvorschrift zum AbfG bestehen. Sie ist im Hinblick auf die neuen gesetzlichen Vorgaben zu überprüfen und gfls. fortzuschreiben. Außerdem muß darauf hingewiesen werden, daß Artikel 1, § 57 des neuen Gesetzes nunmehr eine Ermächtigung enthält, zur Umsetzung von Richtlinien der EU Rechtsverordnungen zu erlassen. Bisher konnten nach § 4 Abs. 5 AbfG „nur" in Verwaltungsvorschriften der Stand der Technik bei der Entsorgung festgelegt werden. Das heißt, daß neben einer Überprüfung der materiellen Anforderungen der Verwaltungsvorschrift auch zu prüfen ist, ob die Anforderungen der „Grundwasser-Richtlinie" in eine Rechtsverordnung gegossen werden müssen.

7.2 Anwendungsbereich

Im Hinblick auf die bereits Mitte der 80iger Jahre begonnen Arbeiten an der TA Abfall mit dem dort angestrebten hohen Detaillierungsgrad für technische und betriebliche Anforderungen wurde der Anwendungsbereich dieser – von der Kommission „aufgezwungenen" – Verwaltungsvorschrift eng an der „Grundwasser-Richtlinie" orientiert. Es wurden ausschließlich Anforderungen zum Schutz des Grundwassers für bestimmte Abfallentsorgungsanlagen formuliert. Im Einzelnen werden deshalb nur Anlagen erfaßt, in denen Abfälle gelagert oder abgelagert werden, die bestimmte Schadstoffe enthalten. Diese Schadstoffe stehen in Liste I oder II des Anhangs der Verwaltungsvorschrift. Hierzu gehören krebserregende und erbgutverändernde Substanzen, chlorierte Kohlenwasserstoffe sowie Schwermetalle wie Quecksilber, Cadmium, Arsen oder Blei.

Weitere Voraussetzung ist, daß diese Schadstoffe *indirekt* in das Grundwasser gelangen können. Nur für diese Anlagen gelten die Anforderungen der Verwaltungsvorschrift.

In Übereinstimmung mit Artikel 2 der Grundwasser-Richtlinie sind diese Anlagen *vom Anwendungsbereich wiederum ausgenommen*, wenn feststeht, daß Stoffe des Anhangs nur in so geringer Menge und Konzentration in den Ableitungen enthalten sind, daß jegliche Gefahr des Grundwassers ausgeschlossen werden kann.

Für alle anderen Anlagen, in denen zwar auch mit den im Anhang genannten Stoffen gearbeitet wird, die aber nicht dem Anwendungsbereich der Verwaltungsvorschrift unterfallen, sind die Vorschriften des Wasserrechtes einschlägig. Insbesondere sind die Vorgaben des § 34 WHG zu beachten.

Indirekte Ableitungen, die aus der nicht dem Abfallrecht unterliegenden Lagerung oder Ablagerung von Abfällen oder aus Altlasten herrühren, sind ebenfalls nicht im Anwendungsbereich erfaßt. Damit sind bspw. *Deponien, die vor Inkrafttreten des AbfG stillgelegt worden sind, vom Anwendungbereich ausgeschlossen.*

7.3 Zulassungsvoraussetzungen

Bei einer Neuzulassung oder einer Änderungsgenehmigung einer Anlage muß geprüft werden, ob der Schutz des Grundwassers gegen eine Verschmutzung durch toxische, langlebige und bioakkumulierbare Stoffe gewährleistet ist und ob sich durch Errichtung einer solchen Anlage die Qualität des Grundwassers nachteilig verändern kann. Dazu muß u.a. die Bodenbeschaffenheit, seine Reinigungskraft geprüft werden. Die Grundwasserverhältnisse und die wasserwirtschaftliche Nutzung sind ebenfalls zu berücksichtigen. Die Anlage darf nach der Verwaltungsvorschrift nur dann zugelassen werden, wenn alle nach dem *Stand der Technik* erforderlichen Maßnahmen zum Schutz des Grundwassers ergriffen werden und die Überwachung der Wasserqualität gewährleistet ist.

Vergleicht man die entsprechenden Formulierungen in der „Grundwasser-Richtlinie" mit denen der Verwaltungsvorschrift, fällt auf, daß die Verwaltungsvorschrift auf den Begriff „Stand der Technik" abstellt; die Richtlinie fordert: „verhindern". Diese Differenzierung ist zum Einen auf den rein formalen Grund zurückzuführen, daß nach § 4 Abs. 5 AbfG der Stand der Technik festgelegt wird und damit in der Verwaltungsvorschrift dieser Standard übernommen werden mußte. Zum Anderen dürfte auch die Europäische Gemeinschaft bei der Verabschiedung der Richtlinie nicht von der Vorstellung ausgegangen sein, daß sog. Nullemissionen technisch möglich sind, sondern daß bei allen Maßnahmen auf den höchstmöglichen technischen Standard abzustellen ist.

7.3 Zulassungsvoraussetzungen

Mit den vorgenannten, relativ allgemein gehaltenen Anforderungen der Verwaltungsvorschrfit sind die Artikel 4, 5 und 7 der „Grundwasser-Richtlinie" formell umgesetzt worden. Eine weitergehende Konkretisierung der Schutz- und Anforderungsprofile wurde auch wegen der erwarteten Technischen Anleitungen Abfall mit ihren Detailregelungen unterlassen.

Im Hinblick auf Neuzulassungen und nachträgliche Ergänzungen oder Änderungen von Anlagenzulassungen wurden damit auch keine neuen oder weitergehenden Verpflichtungen für die Vollzugsbehörden festgelegt, als sie bereits seit Inkrafttreten des AbfG zu beachten sind: bekanntlich muß die Entsorgung von Abfällen gem. § 2 Abs. 1 AbfG so erfolgen, daß das Wohl der Allgemeinheit nicht beeinträchtigt wird.

Auf einen weiteren Punkt sei an dieser Stelle noch hingewiesen: in der Verwaltungsvorschrift mußten die genannten Grundsätze aufgrund der Klageschrift der Kommission auch auf die nach § 4 Abs.e 2 und 4 AbfG zulässigen Ausnahmen (Entsorgung von Abfällen außerhalb zugelassener Anlagen) zur Anwendung gebracht werden. Die Verwaltungsvorschrift richtet sich damit sowohl an die für die Erteilung einer Planfeststellung als auch an die für die Erteilung einer Ausnahmegenehmigung zuständigen Behörden (in der Regel untere Verwaltungsebene) der Länder.

Da die Umsetzungsfrist der Grundwasser-Richtlinie lange überschritten war, die Kommission in ihrer Klageschrift eine weitere Übergangsfrist nicht akzeptierten wollte, wurde die Verwaltungsvorschrift ohne *Übergangsregelungen für Altanlagen* inkraft gesetzt.

8 TA Abfall, Teil 1

2 Jahrzehnte Vollzug des Abfallgesetzes hatten in den für den Vollzug zuständigen Ländern eine z.T. stark voneinander abweichende Praxis entstehen lassen. Dies bezog sich auf alle Phasen der Abfallentsorgung vom Einsammeln über das Lagern bis zum Ablagern, und zwar sowohl auf die Organisation als auch auf die betrieblich/technischen Bedingungen sowie die Festlegung besonderer Nachweispflichten für einzelne Abfälle.

Um wieder zu einer bundeseinheitlichen Praxis zu kommen, wurden mit der TA Abfall, Teil 1 umfassend technische und organisatorisch/administrative Anforderungen an die Verwertung und die sonstige Entsorgung auf einem so hohen Niveau („Stand der Technik") vorgeben, daß Beeinträchtigungen des Wohls der Allgemeinheit soweit wie möglich ausgeschlossen werden. Ziel war: Belastungen der Umwelt durch Abfälle sollen vorsorglich begrenzt werden. Menschen, Tiere, Pflanzen und ihre Lebensgemeinschaften und Lebensräume sowie insbesondere der Boden sollen vor schädlichen Umwelteinwirkungen geschützt werden.

Die am 10.04.1990 veröffentlichte Zweite allgemeine Verwaltungsvorschrift zum Abfallgesetz stellt ein wichtiges Glied in der von der Bundesregierung mit der Novellierung des Abfallgesetzes im Jahr 1986 angestrebten Neuordnung der Abfallentsorgung zu einer umweltgerechteren Konzeption dar. Diese Verwaltungsvorschrift hieß mit Langtitel *„Technische Anleitung zur Lagerung, chemisch/physikalischen, biologischen Behandlung und Verbrennung von besonders überwachungsbedürftigen Abfällen"*. Sie ist *am 1.10.1990 in Kraft getreten*. In dieser Verwaltungsvorschrift wurde der Stand der Technik für Zwischenlager, chemisch/physikalische und biologische Behandlungsanlagen und Verbrennungsanlagen vorgeben. Weiterhin wurden die wesentlichen Kriterien für eine Zuordnung von besonders überwachungsbedürftigen Abfällen zur Verwertung und zur sonstigen Entsorgung sowie Anforderungen an die Überwachung, Kontrolle und Organisation formuliert.

Die *Anforderungen an die oberirdische und untertägige Ablagerung* wurden als Änderungsverwaltungsvorschrift zu dieser Verwaltungsvorschrift am 28.12.1990 veröffentlicht. Dieser Teil ist *am 1.04.1991 in Kraft getreten*.

Die Gesamtfassung wurde aufgrund der Ermächtigung in Artikel 2 der Änderungsverwaltungsvorschrift am 12.3.1991 im Gemeinsamen Ministerialblatt als „TA Abfall (Teil 1): Anleitung zur Lagerung, chemisch/physikalischen, biologischen Behandlung, Verbrennung und Ablagerung von besonders überwachungsbedürftigen Abfällen" veröffentlicht [23].

Welche *Konsequenzen* ergeben sich *aus dem neuen Gesetz* zur Vermeidung, Verwertung und Beseitigung von Abfällen für die TA Abfall, Teil 1? Obwohl nach Artikel 13 dieses Gesetzes das Abfallgesetz 1996 außer Kraft tritt, bleibt die TA Abfall, Teil 1 rechtsgültig. Sie ist im Hinblick auf die neuen gesetzlichen Vorgaben zu überprüfen und gfls. fortzuschreiben. Bei der Fortschreibung sind auch die neueren Vorgaben der Europäischen Union zu beachten. Soweit von dort Rechtsakte erlassen worden sind bzw. erlassen werden, die den Stand der Technik festlegen, enthält Artikel 1, § 57 des neuen Gesetzes nunmehr die Ermächtigung, zu deren Umsetzung auch Rechtsverordnungen zu erlassen. Im Hinblick auf die Deponierichtlinie (→ Ziffer 11.7.7) oder die Richtlinien zur Verbrennung von Abfällen (→ Ziffern 11.7.5, 11.7.6) der Europäischen Union ergibt sich mit dieser neuen Ermächtigung nun die Pflicht und Möglichkeit zu prüfen, welche Elemente der TA Abfall, Teil 1 als Rechtsverordnung „ausgekoppelt" und neu erlassen werden müssen.

8.1 Gliederung der Verwaltungsvorschrift

Die Verwaltungsvorschrift setzt sich aus dem Haupttext und einer Reihe von Anhängen zusammen. Im Haupttext werden zunächst der Anwendungsbereich und allgemeine Vorgaben wie Begriffsbestimmungen, Abkürzungen, Meß- und Analysenverfahren festgelegt (Gliederungsnummern 2,3). Kern der gesamten Verwaltungsvorschrift sind Vorgaben für die Zuordnung der besonders überwachungsbedürftigen Abfälle zu bestimmten Entsorgungswegen (Gliederungsnummer 4). Die darauf folgenden Kapitel regeln übergreifende Anforderungen an Betrieb, Organisation und Technik, die für die unterschiedlichen Entsorgungsanlagen gleichermaßen gelten (Gliederungsnummer 5, 6). Spezifische Anforderungen an Zwischenlager sind in Gliederungsnummer 7 vorgegeben. Anforderungen an chemisch/physikalische und biologische Behandlungsanlagen sowie Verbrennungsanlagen (Gliederungsnummer 8), oberirdische Deponien (Gliederungsnummer 9) und Untertagedeponien (Gliederungsnummer 10) schliessen sich an. Der Haupttext wird durch detaillierte Übergangsvorschriften, Altanlagenreglungen und das Datum des Inkrafttretens abgeschlossen.

In den Anhängen stehen Mindestanforderungen an den Umfang von Planfeststellungsunterlagen, Analysenverfahren, der Abfallartenkatalog nebst Entsorgungshinweisen sowie die Zuordungswerte und eine Reihe von Detailregelungen für die oberirdische Deponie.

8.2 Anwendungsbereich

In der TA Abfall, Teil 1 wurden die Anforderungen für *besonders überwachungsbedürftige Abfälle* formuliert. Diese Abfälle sind im Anhang C aufgelistet, der hinsichtlich Art und Umfang identisch mit dem Abfallkatalog der Abfallbestimmungs-Verordnung ist (→ Ziffer 5.1). Durch die Beschränkung des Anwendungsbereiches auf diese Abfälle sind die entsprechenden Reglungen der Abfallbestimmungs-Verordnung zu beachten. Insbesondere bezieht sich dies auf die dort formulierte „Kleinmengenregelung".

Wichtig erscheint weiterhin der Hinweis, daß die TA Abfall, Teil 1 für die Planung und Bauausführung von Reststoffverwertungsanlagen, also Anlagen, die die in der Reststoffbestimungs-Verordnung aufgelisteten Stoffe verwerten, nicht einschlägig ist.

Weitere Kernpunkte des Anwendungsbereiches sind die Anforderungen zum Anlagenbetrieb und zur Technik, die über §§ 7, 8, 9 AbfG angeordnet werden können, sowie Anforderungen an die Einsammlung, Beförderung und Überwachung der Entsorgungsvorgänge. Die TA Abfall, Teil 1 kann wegen fehlender gesetzlicher Ermächtigung keine Anforderungen an die *Vermeidung* von Abfällen enthalten. Diese Maßnahmen werden – wie bereits ausgeführt – unter Bezug auf die Vorgaben in § 1a AbfG über Regelungen nach § 14 AbfG oder § 5 Abs. 1 Nr. 3 BImSchG bestimmt. Die Verwaltungsvorschrift enthält jedoch Regelungen zur *Verwertung* unter Berücksichtigung des in § 3 Abs. 2 AbfG angesprochenen Vorrangs der Abfallverwertung vor der sonstigen Entsorgung.

Weiterhin wurde der Anwendungsbereich der Verwaltungsvorschrift auch auf *Altanlagen* ausgedehnt. Unter Altanlagen werden Abfallentsorgungsanlagen verstanden, deren Errichtung und Betrieb zum Zeitpunkt des Inkrafttretens der TA Abfall, Teil 1 zugelassen sind. Dies hat zur Konsequenz, daß über die Prüfung der Vorgaben der Verwaltungsvorschrift eine Ermessensentscheidung der Behörde auch zur Untersagung des Betriebes einer Anlage führen kann, wenn eine erhebliche Beeinträchtigung des Wohls der Allgemeinheit durch Auflagen, Bedingungen oder Befristungen nicht verhindert werden kann.

Da sich die Anforderungen der TA Abfall, Teil 1 – insbesondere über die Anforderungen an die Zuordnungskriterien – auch auf den Bedarf an Entsorgungsanlagen und in Konsequenz auf die Bedarfsplanung auswirken, wurde § 6 AbfG ebenfalls unter den Anwendungsbereich gefaßt. Als Konsequenz müssen sich die Länder bei ihren *Entsorgungsplanungen* daran orientieren, welchen Entsorgungswegen die Abfälle in Anhang C zugeordnet sind. Dies steht nicht in Widerspruch zu der Tatsache, daß der einzelne Entsorgungsvorgang anhand der Ergebnisse der Prüfungen i. R. d. Entsorgungsnachweises gem. Abfall- und Reststoffüberwachungs-Verordnung entschieden wird.

Explizit ausgenommen wurden die sogenannten *Versuchsanlagen*, da für diese Anlagen Kraft Definition der Stand der Technik erst noch entwickelt werden soll und die Verpflichtung zur Anwendung der Verwaltungsvorschrift auf diese Anlagen innovationshemmend wirken könnte. Daß auf bestimmte gängige Anlagenteile (z. B. Lagerbereiche oder Eingangsbereiche) die entsprechenden Anforderungen der Verwaltungsvorschrift Anwendung finden sollten, ist nach hier vertretener Ansicht selbstverständlich.

Im „Anwendungsbereich" wird weiterhin darauf verwiesen, daß Anforderungen an die Entsorgung von Abfällen aufgrund anderer als abfallrechtlicher Vorschriften unberührt bleiben. Hierunter sind bspw. die Anforderungen an die Lagerung nach den Verordnungen für Anlagen zur Lagerung wassergefährdender Stoffe oder Anforderungen nach dem Bundesnaturschutzgesetz zu verstehen, die zusätzlich zu einer abfallrechtlichen Zulassung zu beachten wären.

8.3 Allgemeine Vorschriften

In den „allgemeinen Vorschriften" (Gliederungsnummer 2) wird als Grundlage der nachfolgenden Anforderungen der im § 4 Abs. 5 AbfG angesprochene Begriff *„Stand der Technik"* definiert (→ Textblock). Die Definition ist an das BImSchG (§ 3 Abs. 6 BImSchG) angelehnt. Hervorzuheben ist, daß bei der Festlegung des Standes der Technik nicht nur der Entwicklungsstand fortschrittlicher Verfahren, Einrichtungen oder Betriebsweisen von Abfallentsorgungsanlagen als Beurteilungsmaßstab heranzuziehen ist, sondern auch vergleichbare Verfahren aus z. B. der Produktion den Stand der Technik bestimmen können.

Stand der Technik

Stand der Technik im Sinne dieser Technischen Anleitung ist der Entwicklungsstand fortschrittlicher Verfahren, Einrichtungen oder Betriebsweisen, der die praktische Eignung einer Maßnahme für eine umweltverträgliche Abfallbeseitigung gesichert erscheinen läßt. Bei der Bestimmung des Standes der Technik sind insbesondere vergleichbare Verfahren, Einrichtungen oder Betriebsweisen heranzuziehen, die mit Erfolg im Betrieb erprobt worden sind.

Soweit Begriffe mehrfach auftauchen, die für das Verständnis der jeweiligen Anforderungen von Bedeutung sind, sich aber aus dem Text nicht eindeutig selbst erklären, wurden sie in den „*Begriffsbestimmungen*" definiert.

Probennahme, Meß- und Analyseverfahren haben für die Zuordnung von Abfällen zu Entsorgungswegen/-anlagen besondere Bedeutung. Detaillierte Verfahrensvorschriften sind erforderlich, um eine einheitliche Handhabung und Reproduzierbarkeit der Analysenergebnisse zu gewährleisten. Die entsprechenden Anforderungen wurden in einen eigenen Anhang B aufgenommen.

Die Entscheidung, die Analytik wesentlich nach dem Verfahren DEV S4 durchzuführen, orientierte sich daran, daß dieses Verfahren Stand der Technik ist, bereits bei allen ähnlichen Aufgabenstellungen angewandt wurde und damit einen seit längerem akzeptierten Kompromiß unterschiedlicher wissenschaftlicher und fachlicher Richtungen darstellt. Dabei wurde bewußt nicht unterstellt, daß die Analytik nach DEV S4 das Sickerwasser eines abgelagerten Abfalls exakt widerspiegelt; DEV S4 wird vielmehr als Konvention zur reproduzierbaren Beschreibung und Beurteilung eines Abfalls im Hinblick auf die Zuordnung zu den Entsorgungsanlagen angesehen.

Von besonderer Bedeutung ist, daß die Entscheidung über die zulässige Entsorgungsanlage auf der Basis der *Deklarationsanalyse* erfolgt, die im Rahmen des Entsorgungsnachweises gem. Abfall- und Reststoffüberwachungs-Verordnung erbracht werden muß. Die Prüfung, ob der jeweils angelieferte Abfall dem deklarierten entspricht, erfolgt anhand einer *Identitätskontrolle*, deren wichtigstes Element die Identifikationsanalyse ist. Wegen der nicht auszuschließenden Schwankungsbreite der Schadstoffanteile durch Probahme und Analytik wird die Identität des angelieferten Abfalls mit dem deklarierten noch als gegeben angesehen, wenn die Deklarationswerte um bis zum Zweifachen über- oder unterschritten werden. Dies bedeutet bspw., daß ein Abfall an einer oberirdischen Deponie noch angenommen werden kann, wenn der Deklarationswert unter dem Zuordnungswert nach Anhang D liegt, die Identifikationsanalyse beim 1,8 fachen des Deklarationswertes liegt und dabei der Zuordnungswert überschritten wird.

Mit der *Ausnahmeklausel* in Gliederungsnummer 2.4 (→ Textblock) wird der zuständigen Behörde die Möglichkeit gegeben, im begründeten Einzelfall von allen Anforderungen der Verwaltungsvorschrift abzuweichen. Entscheidend ist, daß der Nachweis erbracht werden kann, daß die gewählte Alternativlösung mindestens gleichwertig zu den Standards der TA Abfall, Teil 1 ist.

Ausnahmeklausel

Die zuständige Behörde kann Abweichungen von den Anforderungen dieser Technischen Anleitung zulassen, wenn im Einzelfall der Nachweis erbracht wird, daß durch andere geeignete Maßnahmen das Wohl der Allgemeinheit – gemessen an den Anforderungen dieser Technischen Anleitung – nicht beeinträchtigt wird.

8.4 Zulassung von Abfallentsorgungsanlagen

Die Gliederungsnummer 3 regelt die Neuzulassung von Abfallentsorgungsanlagen. Neuanlagen müssen alle technischen und betrieblichen Anforderungen der TA Abfall, Teil 1 einhalten. Welche Unterlagen für eine Antragstellung vorzulegen sind, richtet sich nach Anhang A. Übergangs- bzw. Ausnahmeregelungen für laufende Zulassungsverfahren wurden nicht aufgenomen: bei 1990/91 laufenden Verfahren mußte grundsätzlich der mit der TA Abfall, Teil 1 festgeschriebene Stand der Technik eingebracht werden. Gfls. wurde eine Nachbesserung der Antragsunterlagen erforderlich.

In diesem Zusammenhang sei nochmals darauf hingewiesen, daß durch das Investitionserleichterungs- und Wohnbaulandgesetz mit Ausnahme von Deponien alle Abfallentsorgungsanlagen, die noch nicht öffentlich bekannt gemacht worden sind, nach den Vorschriften des BImSchG genehmigt werden (→ Ziffer 2.4). Die 9. BImSchV [74] beinhaltet detaillierte Anforderungen, wie die Antragsunterlagen aussehen müssen. Deshalb ist Anhang A der TA Abfall, Teil 1 für alle Entsorgungsanlagen außer Deponien nur noch zur Orientierung heranzuziehen.

8.5 Zuordnung von Abfällen zu Entsorgungsverfahren und -anlagen

Grundansatz der TA Abfall, Teil 1 (Gliederungsnummer 4) ist eine Zuordnung von Abfällen nach ihrer Herkunft und Zusammensetzung zu bestimmten Entsorgungswegen. Bei der Umsetzung dieses Grundsatzes ist oberstes Ziel, daß vor einer sonstigen Entsorgung zuvorderst die Verwertbarkeit des Abfalls zu prüfen ist. Hierzu ist ein Abfall dann vorrangig zu verwerten. Kann ein Abfall nicht verwertet werden, ist er – gfls. nach einer Vorbehandlung – zu deponieren (→ Abbildung 4).

8.5.1 Verwertungsvorrang

Die TA Abfall, Teil 1 hat den in § 3 Abs.2 AbfG formulierten Vorrang der Abfallverwertung vor der sonstigen Entsorgung übernommen. Die Forderungen bedeuten im Einzelnen:

1. *Die Verwertung muß technisch möglich sein*:
Bei dieser Forderung wird darauf abgestellt, daß für den zur Entsorgung anstehenden Abfall ein geeignetes Verfahren zur Verwertung zur Verfügung steht. Nach hier vertretener Ansicht ist es nicht ausreichend, wenn ein Verfahren sich erst in der Entwicklung (Labor- oder Technikumsmaßstab) befindet; der großtechnische Einsatz muß gewährleistet sein. In der Verwaltungsvorschrift wird auch von der Möglichkeit ausgegangen, daß ein Abfall für seine Verwertung einer Behandlung unterzogen werden

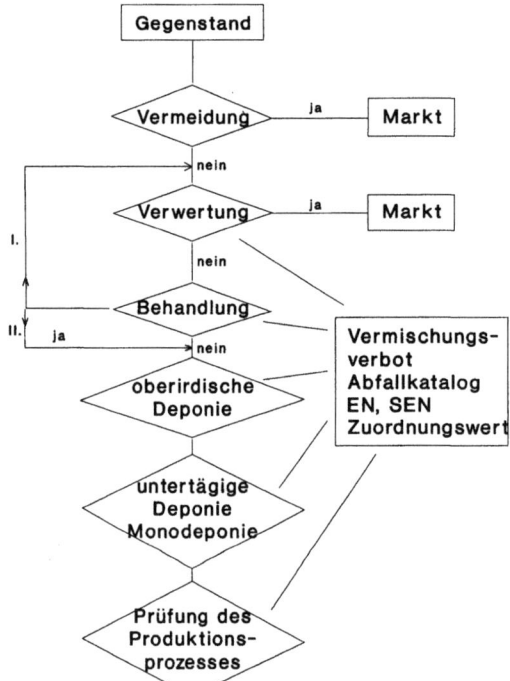

Bild 4. Wahl des Entsorgungsweges

muß, um ihn bspw. von störenden Schadstoffen zu entfrachten oder in eine für die Verwertung erforderliche Konsistenz zu überführen. Entsprechende Schritte wären gfls.von der zuständigen Behörde zu veranlassen. Bei der Prüfung der Verwertbarkeit wird der für den Abfallerzeuger zuständigen Behörde über das Instrument des Entsorgungsnachweises eine wichtige Entscheidungshilfe an die Hand gegeben. Im Entsorgungsnachweis muß der Abfallerzeuger den Nachweis erbringen, daß er alle offensichtlichen Möglichkeiten der Verwertung geprüft hat.

Zur Vollzugserleichterung war vorgesehen, Spezialregelungen für bestimmte Stoffgruppen zu erlassen, die konkrete Vorgaben an die Vermeidung und Verwertung enthalten sollten. Erste Überlegungen waren angestellt worden u.a. für die Verwertung von

– halogenierten Lösemitteln
– Salzschlacken
– Farb- und Lackschlämmen.

Weitere Regelungen zur Vermeidung und Verwertung von Galvanikschlämmen, Gießereialtsanden, anorganischen Säuren, halogenfreien organischen Lösemitteln und Öl- und Schleifemulsionen sollten folgen.

Bis zum Erlaß entsprechender Vorschriften können die einschlägigen Verwerterhandbücher eine Entscheidungshilfe darstellen. Hervorzuheben ist weiterhin das *Handbuch der Verwerterbetriebe* [48].

Mit Erlaß des Kreislaufwirtschafts- und Abfallgesetzes (→ Ziffer 4) haben sich die Ermächtigungsgrundlage und vor allem der Ermächtigungsumfang für die Regelungstiefe der geplanten Regelungen grundlegend geändert. Nach § 12 Abs. 2 KrW-/AbfG ist die Festlegung des Standes der Technik über Verwaltungsvorschriften nur noch für die Beseitigung von Abfällen vorgesehen. Die Vermeidung und Verwertung einzelner Abfallarten soll über Rechtsverordnungen geregelt werden.

2. Die aus der Verwertung resultierenden Mehrkosten sollen im Vergleich zu anderen Verfahren der Entsorgung nicht unzumutbar sein:
In der TA Abfall, Teil 1 werden zwei Aspekte bei der Frage der Zumutbarkeit als besonders wichtig herausgestellt: die gemeinsame Behandlung von Abfällen mehrerer Abfallerzeuger als Voraussetzung für eine anschließende Verwertung und der Vergleich der Umweltauswirkungen, die von einer Verwertung bzw. einer sonstigen Entsorgung ausgehen würden. Diese eher abstrakten Vorgaben werden nicht konkreter gefaßt. Hierfür sind abfallspezifische, ggfls. sogar erzeugerspezifische Regelungen erforderlich. Die Prüfung obliegt der zuständigen Landesbehörde. Auch hier sollten die unter 1. erwähnten Regelungen eine Entscheidungshilfe sein.

3. *Für die bei der Abfallverwertung gewonnenen Stoffe oder Energien muß ein Markt vorhanden sein oder geschaffen werden können*:
Hierzu wird die Möglichkeit aufgezeigt, daß dieser Markt auch durch Beauftragung eines Dritten erst noch geschaffen wird, wie dies bspw. im Bereich von Großfeuerungsanlagen durch die Gründung von Entwicklungs- und Vermarktungsgesellschaften für die anfallenden Reststoffe bereits realisiert worden ist. Auch hier sollten die unter 1. erwähnten Regelungen eine Entscheidungshilfe sein.

In diesem Zusammenhang taucht immer wieder die Frage auf, warum die TA Abfall, Teil 1 keine Anforderungen an die *Vermeidung* von Abfällen enthält. Entsprechende Reglungen in Form von Regelwerken sind aufgrund der entsprechenden Ermächtigungen im Abfallgesetz aber nur nach § 14 AbfG möglich (→ Ziffer 6).

Trotz aller Vermeidungs- und Verwertungsmaßnahmen werden auch zukünftig große Abfallmengen übrig bleiben, die umweltverträglich entsorgt werden müssen. Dies gilt umsomehr, als Umweltschutzmaßnahmen, die von Bund und Ländern in anderen Bereichen initiiert worden sind, zu einem Mengenanstieg bei bestimmten Abfallarten führen. In diesem Zusammenhang sei nur an die Klärschlammmengen erinnert, die durch die Forderung nach einer zweiten und dritten Reinigungsstufe anfallen oder an die Reststoffe, die durch die Anforderungen an eine erheblich verbesserte Luftreinhaltung anfallen. Oder an Produkte – wie Halone –, die infolge von Anwendungsverboten nach dem Stand der Technik kurzfristig entsorgt werden müssen.

8.5.2 Zuordnungskriterien zur Behandlung und Ablagerung

Bei der Erarbeitung der TA Abfall, Teil 1 wurde davon ausgegangen, daß ein hoher Anteil an Abfällen auch zukünftig auf Deponien abgelagert werden muß. Auf absehbare Zeit wird auf Deponien nicht verzichtet werden können. In Deponien werden Abfälle jedoch im Gegensatz zu allen anderen Entsorgungsformen auf Dauer untergebracht. Ihre Einrichtung bedarf insofern auch einer besonderen Sorgfalt, um das Wohl der Allgemeinheit nach dem Stand der Technik bestmöglich vor Beeinträchtigungen zu schützen.

Damit Deponien nicht die Altlasten von morgen werden, sieht die TA Abfall, Teil 1 für die Ablagerung eine neue, zukunftsweisende Konzeption vor. Die Deponie wird nicht mehr nur als technische Anlage betrachtet; in den Vordergrund der Sicherheitsüberlegungen werden die Eigenschaften des Abfalls selbst gestellt. So müssen Abfälle, deren Ablagerung unumgänglich ist, hierfür gegebenenfalls erst in eine ablagerungsfähige Form

8.5 Zuordnung von Abfällen zu Entsorgungsverfahren und -anlagen

gebracht werden. Sie müssen selbst die wirksamste und dauerhafteste Barriere gegen einen Schadstoffeintrag in den Untergrund sein.

Diese Barriere Abfall wird bei der *oberirdischen Ablagerung* durch die Zuordnungswerte im Anhang D bestimmt (→ Tabelle 4). Bei der Festle-

Tabelle 4. Zuordnungskriterien gem. Anhang D

Bei der Zuordnung von Abfällen zur oberirdischen Ablagerung sind folgende Zuordnungswerte einzuhalten:

Nr.	Parameter *)		Zuordnungswert
D1	FESTIGKEIT**)		
D1.01	Flügelscherfestigkeit	≥	25 kN/m^2
D1.02	Axiale Verformung	≤	20 %
D1.03	Einaxiale Druckfestigkeit (Fließwert)	≥	50 kN/m^2
D2	GLÜHVERLUST DES TROCKENRÜCKSTANDES DER ORIGINALSUBSTANZ	≤	10 Gew.-%
D3	EXTRAHIERBARE LIPOPHILE STOFFE	≤	4 Gew.-%
D4	ELUATKRITERIEN		
D4.01	pH-Wert		4–13
D4.02	Leitfähigkeit	≤	100000 µs/cm
D4.03	TOC	≤	200 mg/l
D4.04	Phenole	≤	100 mg/l
D4.05	Arsen	≤	1 mg/l
D4.06	Blei	≤	2 mg/l
D4.07	Cadmium	≤	0,5 mg/l
D4.08	Chrom-VI	≤	0,5 mg/l
D4.09	Kupfer	≤	10 mg/l
D4.10	Nickel	≤	2 mg/l
D4.11	Quecksilber	≤	0,1 mg/l
D4.12	Zink	≤	10 mg/l
D4.13	Fluorid	≤	50 mg/l
D4.14	Ammonium	≤	1000 mg/l
D4.15	Chlorid	≤	10000 mg/l
D4.16	Cyanide, leicht freisetzbar	≤	1 mg/l
D4.17	Sulfat	≤	5000 mg/l
D4.18	Nitrit	≤	30 mg/l
D4.19	AOX	≤	3 mg/l
D4.20	Wasserlöslicher Anteil	≤	10 mg/l

*) Analysevorschriften siehe Anhang B
**) D1.02 kann gemeinsam mit D1.03 gleichwertig zu D1.01 angewandt werden.

gung der Zuordnungswerte wurde insbesondere dem Besorgnisgrundsatz des § 34 WHG [49] Rechnung getragen. Gewählt wurde der Weg einer „*Inputbegrenzung*" über Zuordnungswerte. Eine „Outputbegrenzung", d.h. eine Festlegung von maximal zulässigen Schadstofffrachten bzw. -konzentrationen im Sickerwasser und Hochrechnung der möglichen maximalen Schadstoffgehalte im Abfall wurde noch nicht als Stand der Technik angesehen.

Im Grundsatz geht die TA Abfall, Teil 1 davon aus, daß ein Abfall zur Einhaltung der Zuordnungswerte weder vermischt noch verdünnt werden darf. Auch eine Verfestigung mit z.B. hydraulischen Bindemitteln wird als langfristig wirksame Maßnahme zur Reduzierung des Elutionsverhaltens noch nicht als Stand der Technik akzeptiert. Eine Ausnahme stellt die Zugabe von Zuschlagstoffen oder geeigneten Abfällen zur Erreichung des Festigkeitswertes D2 dar.

In der Regel können alle Abfälle auf einer Deponie abgelagert werden, wenn die Zuordnungswerte nach Anhang D eingehalten werden (SAD). Abweichend hiervon können bei der *Monoablagerung* von bestimmten gleichartigen Abfällen, die aus einem definierten Produktions-, Abwasserbehandlungs-, Abfallbehandlungs-, Abgasreinigungsverfahren oder aus der Altlastensanierung stammen, einzelne Werte des Anhangs D überschritten werden. Es muß sich um Abfälle handeln, die von der Zusammensetzung genaustens bekannt sind und die keinen wesentlichen Schwankungen unterliegen. Weiterhin muß das Sikerwasser nach Art und Menge abschätzbar sein; kurz: es müssen ausreichend Informationen aus bspw. einer bereits praktizierten langjährigen Deponierung dieses Abfalls vorliegen, die eine in der Regel gutachterliche Aussage zulassen, daß sich die Monoablagerung trotz Überschreitens einzelner Zuordnungswerte nicht nachteiliger auf die Umwelt auswirken wird als eine Regeldeponie.

Daneben gibt es 2 generelle Ausschlußkriterien für die oberirdische Ablagerung:

– Abfälle, die bei der Ablagerung zu erheblichen Geruchsbelästigungen für die Nachbarschaft führen, dürfen nicht abgelagert werden. In Konsequenz kommt es also darauf an, Geruchsbelästigungen durch geeignete Maßnahmen soweit zu unterbinden, daß die Nachbarschaft nicht beeinträchtigt wird. Diese Maßnahmen sind sicherlich von der Form der Anlieferung und des Einbaus, aber auch von der Lage der Deponie zur betroffenen Nachbarschaft abhängig. Die Forderung bedeutet nicht, daß Abfälle als solche nicht riechen dürfen. Gesundheit und Wohlbefinden der Beschäftigten auf einer Deponie werden durch die parallel zu beachtenden arbeitsschutzrechtlichen Regelungen geschützt.

8.5 Zuordnung von Abfällen zu Entsorgungsverfahren und -anlagen

- Abfälle, die durch die Ablagerung wegen ihres signifikanten Gehaltes an toxischen, langlebigen oder bioakkumulativen Schadstoffen das Wohl der Allgemeinheit beeinträchtigen können, sind ebenfalls von der oberirdischen Ablagerung ausgeschlossen. Diese Formulierung greift die Anforderungen der ersten allgemeinen Verwaltungsvorschrift zum AbfG über Anforderungen zum Schutz des Grundwassers auf (→ Ziffer 7). Die im Anhang jener Verwaltungsvorschrift aufgeführten Stofflisten geben dabei nur einen ersten Indiz, welche Schadstoffe unter die o.a. Bezeichnungen fallen. Sie sind nicht zuletzt wegen der entsprechenden Vorgaben aus der „EG-Grundwasser-Richtlinie" (→ Ziffer 11.7.8) als äußerst pauschal anzusehen. Letztendlich wird man nicht um eine Einzelfallbetrachtung umhinkommen, die auf der Basis der Angaben, die im Rahmen des Entsorgungsnachweises gemacht werden, durchgeführt werden muß.

Soweit der Abfall die vorgesehenen Zuordnungskriterien für die oberirdische Deponie nicht erfüllt, muß er entweder vorbehandelt oder, falls dies umweltverträglich nicht möglich ist, untertägig abgelagert werden.

Die TA Abfall, Teil 1 faßt sowohl die *chemisch/physikalische* und *biologische* als auch die *thermische Behandlung* als grundsätzlich gleichwertige Entsorgungsformen auf, durch die die umweltgefährdenden Schadstoffe im Abfall in eine umweltverträglichere Form überführt bzw. in ihrer Menge reduziert werden können. Die jeweils umweltverträglichste Form soll gewählt werden. Die Verwaltungsvorschrift enthält hierzu einige grundsätzliche Vorgaben, die in den Gliederungsnummern 4.4.2.1 und 4.4.2.2 angesprochen sind:

- So ist ein Abfall insbesondere dann der chemisch/physikalischen oder biologischen Behandlung zuzuführen, wenn er in mehr als unerheblicher Menge umweltgefährdende Stoffe enthält, die zur weiteren Verwertung oder Entsorgung abgetrennt, umgewandelt oder immobilisiert werden können. Ziel ist dabei, die Stoffe in ihrer Umweltschädlichkeit zu vermindern. Die Forderung wurde so formuliert, daß nicht sämtliche Abfälle mit noch so geringen Mengen umweltgefährdender Stoffe zu behandeln sind. Vielmehr soll die Einstufung zur Behandlung nach der Konzentration erfolgen, die bei der Entsorgung nach dem Stand der Technik eine Beeinträchtigung des Wohl der Allgemeinheit hervorrufen könnte. Bei der Formulierung wurde davon ausgegangen, daß der Begriff „umweltgefährdende Stoffe" über das Gefahrstoffrecht bereits eingeführt ist.
- Auch bei der Wahl der Verbrennung werden Entscheidungsvorgaben gemacht. So ist ein Abfall insbesondere dann der Verbrennung zuzuführen, wenn er signifikante Gehalte an toxischen, langlebigen oder bio-

akkumulativen organischen Stoffen wie organische Halogenverbindungen enthält. Gleiches gilt bei Abfällen, die folgende Zuordnungswerte des Anhangs D überschreiten:

- Glühverlust des Trockenrückstandes der Originalsubstanz
- Extrahierbare lipophile Stoffe
- TOC
- Phenol
- AOX

Auch bei dieser Anforderung wurde klargestellt, daß die Wahl des Entsorgungsweges „Verbrennung" davon abhängig gemacht werden muß, ob organische Schadstoffe nach dem Stand der Technik in einer thermischen Abfallbehandlungsanlage unter gesamtökologischen Gesichtspunkten zerstört werden können. Eine Forderung, Abfälle immer dann zu verbrennen, wenn dies möglich ist, hätte den Ermächtigungsrahmen der TA Abfall, Teil 1 überschritten.

Sonderabfälle, die weder behandelt noch oberirdisch unter Berücksichtigung der Zuordnungskriterien deponiert werden können, können bei entsprechendem Nachweis der Unbedenklichkeit durch *untertägige Ablagerung* im Salz entsorgt werden. Die Ablagerung in untertägigen Hohlräumen im Salzgestein kommt erst dann in Betracht, wenn bestimmte Ausschlußkriterien eingehalten werden:

Grundsätzlich sind von einer untertägigen Ablagerung Abfälle ausgeschlossen, die Erreger übertragbarer Krankheiten enthalten oder hervorbringen können, und die – in Anhängigkeit vom Anlagentyp und den spezifischen Ablagerungsbedingungen – über keine ausreichende Festigkeit zur Ablagerung verfügen bzw. diese auch nicht im Endzustand erreichen können. Von einer Ablagerung in Untertagedeponien ausgeschlossen sind darüberhinaus Abfälle, die

- unter Ablagerungsbedingungen (Temperatur, Feuchtigkeit) selbstentzündlich oder selbstgängig brennbar sind sowie Abfälle, die explosibel sind;
- unter Ablagerungsbedingungen Gas-/Luftgemische bilden, die toxisch oder explosibel sind;
- unter Ablagerungsbedingungen durch Reaktionen untereinander und mit dem Salzgestein zu
  a) Volumenvergrößerungen
  b) Bildung entzündlicher, toxischer oder explosibler Stoffe oder Gase oder
  c) anderen gefährlichen Reaktionen führen, soweit die Betriebssicherheit und die Integrität der Barrieren dadurch infrage gestellt werden.

Sollte keine Möglichkeit bestehen, daß ein Abfall einer umweltverträglichen Entsorgung nach TA Abfall, Teil 1 – Standard zugeführt werden kann, müßte seitens der für den Abfallerzeuger zuständigen Behörde geprüft werden, ob die Produktion wegen zu besorgender Beeinträchtigungen für die Umwelt (keine Entsorgungsmöglichkeit) eingestellt werden muß.

8.5.3 Vermischungsverbot

Um eine sortenreine und ökologisch optimale Entsorgung zu den vorgenannten Entsorgungswegen sicherstellen zu können, sieht die Verwaltungsvorschrift ein grundsätzliches Vermischungsverbot vor. Dadurch soll verhindert werden, daß Abfälle, die einzeln z. B. die Zuordnungswerte zur oberirdischen Deponie überschreiten würden, durch Mischen auf die noch zulässigen Gehalte verdünnt werden. Das Vermischungsverbot stellt weiterhin sicher, daß nicht der einzelne Abfall zwecks Umgehung des Verwertungsgebotes, so vermischt wird, daß eine Verwertung auch unter Berücksichtigung von Vorbehandlungsschritten unmöglich gemacht wird.

Ausnahmen von diesem generellen Vermischungsverbot läßt die TA Abfall, Teil 1 nur zu, wenn der Betreiber der vorgesehenen Entsorgungsanlage damit einverstanden ist und dies auch im Entsorgungsnachweis niedergelegt hat. Beispielsweise wäre hier das gezielte Vermischen von Abfällen zu nennen, durch das die Mobilität einzelner Schadstoffe bei der Ablagerung chemisch/physikalisch reduziert würde. Für Mischungen bspw. aus Elektrofilteraschen, Gipsen und Flüssigabfällen aus der Rauchgasreinigung (REA-Wasser) von Braunkohlekraftwerken liegen entsprechende Erkenntnisse vor.

Die Behörde erhält sowohl über die Anlagenzulassung als auch über die Prüfung des Entsorgungsnachweises die Möglichkeit, Einfluß auf eine beabsichtigte Vermischung zu nehmen bzw. diese zu untersagen.

8.6 Übergreifende Anforderungen an Entsorgungsanlagen

Die in den Gliederungsnummern 5 und 6 der TA Abfall, Teil 1 enthaltenen Anforderungen richten sich an alle Entsorgungsanlagen.

8.6.1 Betriebliche Organisation

Die hohen Anforderungen der TA Abfall, Teil 1 müssen betriebsintern natürlich auch mit der notwendigen Sorgfalt umgesetzt werden. Die TA Abfall, Teil 1 gibt in der Gliederungsnummer 5 eine Reihe von Anforderungen vor,

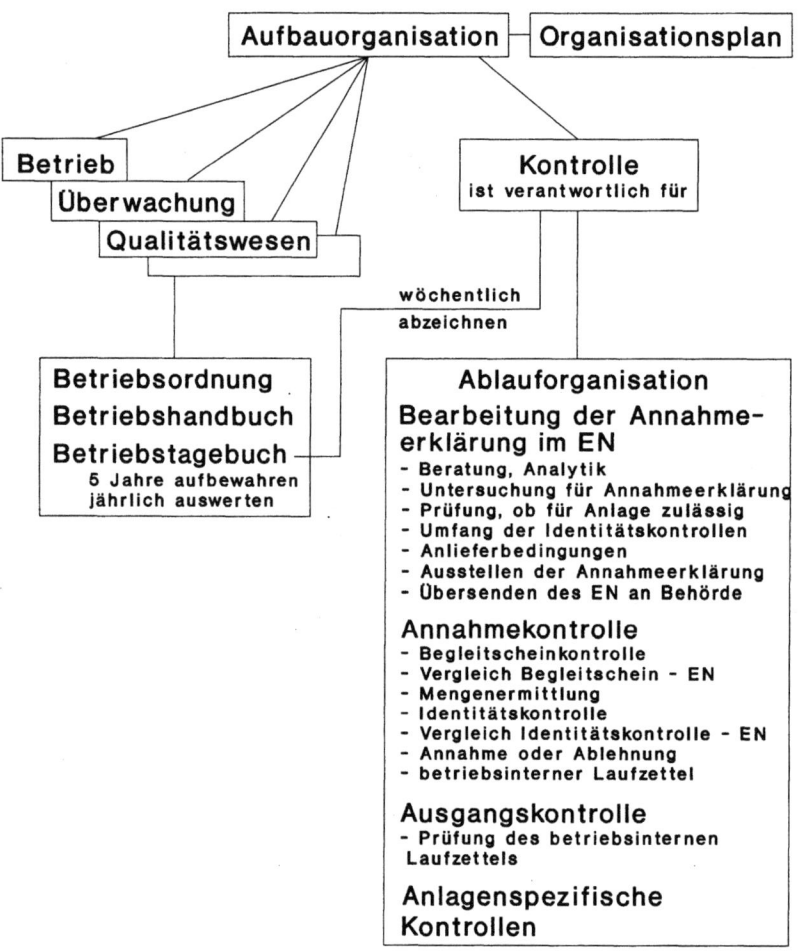

Bild 5. Organisation eines Betriebes

die in die Organisation eines Entsorgungsbetriebes tief eingreifen (→ Bild 5). Beim organisatorischen Aufbau eines Entsorgungsbetriebes wird hierzu die verantwortliche und personelle Trennung der für den laufenden Betrieb erforderlichen Organisatonseinheiten von der *Organisationseinheit „Kontrolle"* gefordert (Aufbauorganisation). Diese Entflechtung der Aufgaben und Verantwortlichkeiten wird zu einem umweltbewußteren Handeln in den betroffenen Betrieben führen.

8.6 Übergreifende Anforderungen an Entsorgungsanlagen

Nicht nur der Betriebsaufbau, auch die Betriebsabläufe müssen transparenter werden. Zu den entsprechenden Regelungen zählt, daß die einzelnen Schritte bei der Bearbeitung der Annahmeerklärung im Entsorgungsnachweis und bei der Annahmekontrolle konkret vorgeschrieben werden, insbesondere:

- die Beratung des Abfallerzeugers im Rahmen des Entsorgungsnachweises; dies kann die Durchführung der erforderlichen Untersuchungen einschließlich Deklarationsanalyse des angedienten Abfalls umfassen;
- die Entscheidung, welche Identitätskontrollen durchzuführen und welche besonderen Anlieferbedingungen festzusetzen sind;
- das Einschalten der Behörde im Zuge des Entsorgungsnachweises;
- die Durchführung der Identitätskontrollen einschließlich Rückstellproben und Entscheidung über die jeweilige Annahme des Abfalls;
- alle Maßnahmen im Zusammenhang mit der Nachweisführung bei Anlieferung des Abfalls.

Die Organisationseinheit „Kontrolle" ist für die aufgeführten Schritte verantwortlich, wobei sie die Durchführung delegieren kann und soll.

Für bestimmte Anlagen (kleine Anlagen, mit Produktionsstätten verbundene Anlagen, gleichartige Anlagen eines Betreibers) werden Ausnahmen zugelassen.

Zur betriebsinternen Information sind eine *Betriebsordnung* und ein *Betriebshandbuch* zu führen. Sie beinhalten die Maßnahmen, die für einen sicheren Betrieb vom Personal zu beachten sind. Insbesondere sind hier die Anforderungen der Anlagenzulassung, die für den betrieblichen Ablauf wichtig sind, in einer für das Personal verständlichen Weise darzustellen. Die Betriebsordnung ist der zuständigen Behörde vorzulegen, die damit Gelegenheit erhält, die entsprechende Umsetzung der Anlagenzulassung zu überprüfen.

Das ebenfalls einzurichtende *Betriebstagebuch* dient dagegen der Dokumentation des Betriebsgeschehens. Es ist wöchentlich von der Kontrolleinheit abzuzeichnen. Es ist mindestens 5 Jahre, bei Deponien mindestens 5 Jahre nach Stillegung aufzubewahren. Die Daten des Betriebstagebuches sind jährlich auszuwerten und in *Jahresübersichten* zusammenzustellen und zu interpretieren. Die Jahresübersichten sind spätestens zum 1. April des folgenden Jahres der Behörde vorzulegen. Insbesondere die Jahresübersichten werden mittelfristig zu einem besseren Verständnis des Anlagenverhaltens führen und können die Grundlagen für spätere Optimierungen des Betriebes liefern.

8.6.2 Abfallanlieferung

Die Gliederungsnummer 6.2 schreibt für die Abfallanlieferung eine Reihe von Anforderungen vor. Auf folgende Forderungen soll insbesondere hingewiesen werden:

– Grundsätzlich sind bei der Anlieferung Wechselbehältnisse vorzusehen, um nicht zusätzlich zum Abfall Gebinde entsorgen zu müssen. Die Forderung trägt dem Gebot zur Abfallvermeidung Rechnung. Sind die Behältnisse beschädigt, müssen sie im Fall der Zwischenlagerung und Untertagedeponierung grundsätzlich in intakte Behältnisse eingesetzt bzw. umgefüllt werden. Bei oberirdischen Deponien ist eine direkte Beschikung der Ablagerungsbereiche zulässig. Wichtig ist, daß Stofffreisetzungen bei der Ablagerung zu keinen Umweltbeeinträchtigungen führen dürfen.
– Bei Einwegbehältnissen sollen verbrennbare Typen verwendet werden, um die zusätzlich zu entsorgende Abfallmenge zu minimieren und die an den Behälterwandungen anhaftenden Schadstoffe thermisch zerstören zu können.
– Die Behältnisse müssen beschriftet sein, um jederzeit eine eindeutige Identifizierung zu ermöglichen.
– Bei oberirdischen Deponien dürfen die Abfälle i.d.R. nicht direkt, sondern nur über Übergabeeinrichtungen auf die Ablagerungsabschnitte transportiert werden; dies läuft auf eine Trennung zwischen Anliefer- und Deponieverkehr hinaus. Neben einer guten Eingangskontrolle beim Übergeben wird dadurch eine „Verschleppung" von Schadstoffen über die Reifen wirkungsvoll verhindert.

8.6.3 Anlagenbereiche

Um Zwischenlager, Behandlungsanlagen und Deponien störungsfrei betreiben zu können, müssen für bestimmte Aufgaben gesonderte Bereiche eingerichtet werden (Gliederungsnummer 6). Es handelt sich um den Eingangsbereich, den Lagerbereich, den Arbeitsbereich und gfls. einen davon getrennten Behandlungsbereich bzw. Ablagerungsbereich.

Eingangs-, Lager- und Arbeitsbereich dienen insbesondere für folgende Aufgaben:

– kurze Stillstandszeiten können gepuffert werden,
– Anlieferungsmengen können auf Behandlungskapazitäten abgestimmt werden,
– Eingangs- und Ausgangskontrollen werden hier durchge- führt.

In Gliederungsnummer 6.3.3.1 werden den einzelnen Entsorgungsanlagen bestimmte Anlagenbereiche zugewiesen:

8.6 Übergreifende Anforderungen an Entsorgungsanlagen

- *Zwischenlager* müssen mindestens über getrennte Lagerbereiche für die jeweiligen nachgeschalteten Entsorgungsanlagen verfügen. Damit läßt sich nicht nur verhindern, daß Abfälle ungeeigneten und dafür nicht geprüften Anlagen zugeführt werden; die Überwachung wird ebenfalls erleichtert (→ Tabelle 5).
- Für chemische, physikalische, biologische *Behandlungsanlagen* und *Verbrennungsanlagen* sind zusätzlich getrennte Eingangs- und Lagerbereiche für jeweils organische und anorganische Abfallgruppen vorgeschrieben (→ Tabelle 6).
- Soweit bei oberirdischen *Deponien* getrennte Ablagerungsabschnitte für einzelne Abfallgruppen eingerichtet sind, müssen diesen zugeordnete Lagerbereiche vorgeschaltet werden. Nur so läßt sich die Entsorgung der einzelnen Abfälle umweltgerecht steuern (→ Tabelle 7).

Tabelle 5. Anlagenbereiche von Zwischenlagern

A) Vorbereitende Behandlung
B) Lagern und Entwässern
C) Zusammenstellen größerer Einheiten
D) Kleinmengen

Eingangsbereich	Lagerbereich	Arbeitsbereich
	Brandbekämpfung, Löschmittel Reinigungseinrichtungen Sorptionsmittel für Abfälle	
Stauraum Waage Labor Probenahmestelle Probenlager	Trennung für Behältnisse je nach Art der nachfolgenden Entsorgungsanlage und Vorgabe seitens des Entsorgers	Einrichtungen zum – Öffnen – Umfüllen – Leeren – Reinigen Sicherheitsbereich

Mindestens getrennte Lagerbereiche für die jeweiligen nachgeschalteten Entsorgungsanlagen.
Damit läßt sich verhindern, daß Abfälle ungeeigneten und dafür nicht geprüften Anlagen zugeführt werden; die Überwachung wird erleichtert.

Tabelle 6. Anlagenbereiche von Behandlungslagern

A) Chemisch/physikalisch (CPB)
B) Biologisch (CPB)
C) Thermisch (SAV)

Eingangsbereich	Lagerbereich	Arbeitsbereich
	getrennte Eingangs- und Lagerbereiche für jeweils organische und anorganische Abfallgruppen Brandbekämpfung, Löschmittel Reinigungseinrichtungen Sorptionsmittel für Abfälle	
Stauraum Waage Labor Probenahmestelle Probenlager	Trennung für Behältnisse je nach Art der nachfolgenden Entsorgungsanlage und Vorgabe seitens des Entsorgers	Einrichtungen zum – Öffnen – Umfüllen – Leeren – Reinigen Sicherheitsbereich

Behandlungsbereich

Detailanforderungen für CPB und SAV (Gliederungsnummer 8) z. B.:
– Sicherstellungsfläche für mindestens 30 cbm,
– geschlossene Reaktoren,
– kontinuierliche Überwachung der Ablaufwerte,
– Verbrennungsplan,
– Entsorgung der Rückstände,
– Verweis auf die 17. BImSchV

Tabelle 7. Anlagenbereiche von Deponien

A) Oberirdische Deponie (SAD)
B) Untertagedeponie (UTD)
C) Monodeponie (MD)

Eingangsbereich	Lagerbereich	Arbeitsbereich
	Brandbekämpfung, Löschmittel Reinigungseinrichtungen Sorptionsmittel für Abfälle	
Stauraum Waage Labor Probenahmestelle Probenlager	getrennte Lagerbereiche für Abfälle, für die gesonderte Ablagerungsbereiche existieren bspw. Trennung nach anorganisch/organisch Sicherheitsstellungsfläche für möglichst viele Abfallschlüssel mit mindestens 300 cbm Fassungsvermögen	Einrichtungen zum – Öffnen – Umfüllen – Leeren – Reinigen Sicherheitsbereich

Ablagerungsbereich

Detailanforderungen für SAD, UTD, MD (Gliederungsnummer 9 + 10) z. B.:
– Übergabeeinrichtungen,
– Dichtungssysteme,
– Abdeckungen,
– Betriebsplan,
– Abfallkataster

8.7 Zwischenlager

Die Praxis hat gezeigt, daß Zwischenlager einen besonderen Stellenwert in der Entsorgungskette einnehmen. Einerseits sind sie ein wichtiges Element, um erzeugernah insbesondere kleinere Abfallmengen zu bündeln und damit die Transportbelastungen zu reduzieren. Außerdem können Zwischenlager externe Pufferkapazitäten für die nachfolgenden Behandlungsanlagen vorhalten. Anderseits sind in der Vergangenheit gerade von Zwischenlagern viele Umweltskandale ausgegangen. Fälle wie illegales Vermischen, Umdeklarieren, Verdünnen haben den Glauben der Öffentlichkeit in eine ordnungsgemäße Entsorgungswirtschaft nachhaltig erschüttert.

Bei der Formulierung der Anforderungen in Gliederungsnummer 7 hat man versucht, dieser Tatsache Rechnung zu tragen. Dabei hat es sich als zweckmäßig erwiesen, die Zwischenlager nach ihrer Funktion einzuteilen in

A. Anlagen, die der *vorbereitenden Behandlung* für eine weitere Entsorgung dienen:
da die Vorbehandlung chemisch/physikalisch, biologisch oder thermisch erfolgt, ist ein solches Zwischenlager wie eine Behandlungsanlage zu bewerten. Die Anforderungen an Behandlungsanlagen gelten analog. Dies bedeutet, daß insbesondere folgende technische Anforderungen zu beachten sind:
   – vorwiegend organisch bzw. vorwiegend anorganisch verunreinigte Abfälle sind getrennt zu behandeln; die getrennte Behandlung wird durch die Forderung nach getrennten Lagerbereichen (Gliederungsnr. 6.3.3) unterstützt;
   – Geräte zur Überwachung und Steuerung des Betriebsablaufes müssen gewissen Mindeststandards genügen;
   – die mindestens erforderlichen Trenn-/Behandlungseinrichtungen werden aufgezählt;
   – es wird vorgegeben, wie die anfallenden Reststoffe in der Regel zu entsorgen sind.
B. Anlagen, die ausschließlich dem Lagern zum Zwecke der späteren Entsorgung dienen:
im Einvernehmen mit dem Entsorger ist ein *Entwässern* als eine Form physikalischer Behandlung zulässig; andere Formen der Behandlung sind dagegen ausgeschlossen.
C. Anlagen, die ausschließlich dem *Zusammenstellen größerer Transporteinheiten* dienen:
die Abfälle dürfen in keiner Weise behandelt werden, insofern dürfen bspw. nur nach Art und Zusammensetzung gleiche flüssige Abfälle in größere Transportbehältnisse zusammengeschüttet werden.
D. Als Sonderfall werden noch Lager angesprochen, in denen Abfälle angenommen werden, die unter die *Kleinmengenregelung* gemäß § 1 Abs. 2 AbfBestV fallen:
es handelt sich regelmäßig um Abfälle, die bei Schadstoffsammlungen aus Haushaltungen anfallen. Bei diesen Sammelstellen für gefährliche Abfälle und Reststoffe aus Haushalten erscheint der Hinweis wichtig, daß besondere Schutzmaßnahmen und Anforderungen für den Betrieb sowohl mobiler als auch stationärer Anlagen in der TRGS 520 [122] geregelt werden.

In der Tabelle 8 sind die Ziffern aufgelistet, die aus den Gliederungsnummern 5ff für die 4 unterschiedlichen Zwischenlagertypen herangezogen werden müssen.

8.7 Zwischenlager

Tabelle 8. Zwischenlagertypen

Überschrift der Gliederungsnummer	Gliederungs-nummer	Typ des Zwischenlagers I	II	III	IV
Aufbauorganisation	5.1	x	x	x	x
Ablauforganisation – Allgemeines	5.2.1	x	x	x	–
Annahmeerklärung im Entsorgungsnachweis	5.2.2	x	x	–	–
Annahmekontrolle	5.2.3	x	x	–	–
Dokumentation	5.2.4	x	x	x	–
Ausgangskontrolle	5.2.5	x	x	x	–
Personal	5.3	x	x	x	x
Betriebsordnung	5.4.1	x	x	x	x
Betriebshandbuch	5.4.2	x	x	x	–
Betriebstagebuch – Inhalt	5.4.3.1	x	x	1	2
Betriebstagebuch – Führung	5.4.3.2	x	x	1	–
Betriebstagebuch – Aufbewahrung	5.4.3.3	x	x	1	–
Meldung besonderer Vorkomnisse	5.4.4.1	x	x	x	x
Jahresübersicht	5.4.4.2	x	x	1	2
Anlagenbereiche	6.1.1	x	x	1	3
Kennzeichnungssystem	6.1.2	x	–	–	–
Wasserversorgung	6.1.3	x	x	x	x
Rohrleitungen	6.1.4	x	x	x	x
Abdichtung	6.1.5	x	x	x	x
Überdachung	6.1.6	x	x	x	x
Abwasserfassung, -entsorgung	6.1.7	x	x	x	x
Abfallanlieferung	6.2.1	x	x	1	x
Anlieferung krankenhausspezifischer Abfälle	6.2.2	x	x	1	–
Eingangsbereich	6.3.1	x	x	x	–
Arbeitsbereich	6.3.2	x	x	x	x
Lagerbereich – Allgemeines	6.3.3.1	x	x	x	x
Lagerbereich für Zwischenlager	6.3.3.1.1	x	x	x	x
Lagerbereich für CPB	6.3.3.1.2	x	–	–	–
Lagerbereich für SAV	6.3.3.1.3	x	–	–	–
Lagerung krankenhausspezifischer Abfälle	6.3.3.2	x	x	x	–
Lagerung in Behältern	6.3.3.3	x	x	–	x
Allgemeine Anforderungen an Zwischenlager	7.1	x	x	x	x
CPB und SAV	8	x	–	–	–

1: Die Anforderungen gelten sinngemäß, wenn das Zwischenlager in engem räumlichen Zusammenhang zu Produktionsanlagen steht und von einer Anlieferung in Behältnissen abgesehen wird.
2: Anforderung modifiziert in Gliederungsnummer 7.6
3: Anforderung gilt sinngemäß

Als wesentlichste Forderung ist festzustellen, daß eine Annahme am Zwischenlager nur zulässig ist, wenn für die weitere Entsorgung ein Entsorgungsnachweis vorgelegt werden kann. Im Fall von Variante A muß der Entsorgungsnachweis vorliegen. Bei Variante C ist nur ein Entsorgungsnachweis vom Abfallerzeuger zum endgültigen Entsorger erforderlich [30]; die Behörde des Entsorgers ist gehalten, eine Kopie des Entsorgungsnachweises der für das Zwischenlager zuständigen Behörde zuzusenden.

In der Konsequenz bedeutet dies, daß der Weg eines Abfalls vom ursprünglichen Anfall über eventuelle Zwischenlager- und Behandlungsstufen bis zur endgültigen „Beseitigung" abgeklärt und durch alle dabei betroffenen Behörden abgesegnet sein muß, ehe mit dem ersten Transport begonnen werden kann.

Abzugrenzen von den abfallrechtlich genehmigungsbedürftigen Zwischenlagern sind die sogenannten *Bereitstellungslager*. Die Bereitstellung, die nicht durch den abfallrechtlichen Anlagenbegriff gekennzeichnet ist, gilt wesentlich für die Vorgänge, die dem Transport bzw. der Vorhaltung für den Transport zuzurechnen sind. Eine klare Abgrenzung zwischen Zwischenlagerung und Bereitstellung kennt das Abfallrecht nicht; der Einzelfall ist zu betrachten. Konkrete Zeitspannen, Entsorgungsintervalle oder Höchstmengen lassen sich nicht nennen.

8.8 Behandlungsanlagen

In der Gliederungsnummer 8 sind die betrieblichen und technischen anlagenspezifischen Anforderungen an chemisch/physikalische Behandlungsanlagen sowie an Verbrennungsanlagen zusammengefaßt. Wie bei den Zwischenlagern wird als wesentliche betriebliche Voraussetzung gefordert, daß die bei der Behandlung anfallenden Rückstände umweltgerecht entsorgt werden können. Hierfür muß vor einer Abfallanlieferung ein Entsorgungsnachweis vorliegen.

Die technischen Anforderungen an *chemisch/physikalische Behandlungsanlagen* beschränken sich im Wesentlichen auf

– Vorgaben zur getrennten Behandlung von vorwiegend organisch bzw. vorwiegend anorganisch verunreinigten Abfällen; die getrennte Behandlung wird durch die Forderung nach getrennten Lagerbereichen (Gliederungsnr. 6.3.3) unterstützt;
– Vorgaben an Geräte zur Überwachung und Steuerung des Betriebsablaufes,

- Aufzählung der mindestens erforderlichen Trenn-/Behandlungseinrichtungen,
- Vorgaben, wie die anfallenden Reststoffe in der Regel zu entsorgen sind.

Das Bundesumweltministerium hat ein Handbuch herausgegeben, in dem der Stand der Technik für chemisch/physikalische Abfallbehandlungsverfahren beschrieben wird [50]. Die dort beschriebenen Verfahren werden zukünftig durch die erhöhten Anforderungen an die Abfallbehandlung wesentlich an Bedeutung gewinnen. Das wichtigste Einsatzgebiet dieser Verfahren ist die Behandlung von Abfällen mit dem Ziel der Schadstoffentfrachtung bzw. Konditionierung. Zunehmend dienen die Verfahren aber auch der Gewinnung von Wertstoffen aus Abfällen.

Zu *Verbrennungsanlagen* werden in Gliederungsnummer 8 ebenfalls nur einige grundsätzliche Anforderungen formuliert. So wird gefordert, daß die organischen Schadstoffe möglichst vollständig zerstört werden, daß ein Verbrennungsplan aufzustellen ist und wie die bei der Verbrennung anfallenden Reststoffe zu entsorgen sind. Im Weiteren wird auf die 17. Verordnung zum BImSchG (17. BImSchV) verwiesen (→ Ziffer 10.1.6). Mit dem Zusammenwirken der TA Abfall, Teil 1 mit der 17. BImSchV werden vorrangig folgende umweltrelevante Ziele verfolgt:

- das schadstoffbezogene Gefährdungspotential des Abfalls soll weitestgehend verringert werden; v.a. sollen die toxisch organischen Verbindungen sicher zerstört werden;
- die Menge und das Volumen der Abfälle sollen deutlich reduziert werden;
- die anfallenden festen Rückstände sollen in eine möglichst verwertbare oder sicher ablagerungsfähige Form umgewandelt werden;
- die anfallenden flüssigen und gasförmigen Rückstände sollen in eine umweltverträglichere Form gebracht werden;
- die freiwerdende Energie soll einer Nutzung zugeführt werden, soweit dies nicht anderen Zielen einer gesicherten Entsorgung engegensteht.

8.9 Deponien

Damit Deponien nicht die Altlasten von morgen werden, sieht die TA Abfall, Teil 1 für die Ablagerung eine neue, zukunftsweisende Konzeption vor. Es werden 2 Entsorgungswege angesprochen, die oberirdische sowie die untertägige Ablagerung. Hierbei wird die oberirdische Deponie zukünftig nicht mehr nur als technische Anlage betrachtet werden können. In den Vordergrund der Sicherheitsüberlegungen werden die Eigenschaften des Abfalls gestellt. Abfälle, die weder behandelt noch oberirdisch unter

Berücksichtigung der Zuordnungswerte deponiert werden können, können unter bestimmten Voraussetzungen in oberirdischen Monodeponien oder durch untertägige Ablagerung entsorgt werden.

8.9.1 oberirdische Deponien

Für die oberirdische Deponie werden mehrere Sicherheitsbarrieren (Multibarrierenkonzept) gefordert, die schematisch in Bild 6 dargestellt sind und nachfolgend diskutiert werden.

8.9.1.1 Abfalleigenschaften

Die wirksamste, dauerhafteste und damit wichtigste Barriere gegen einen Schadstoffeintrag in den Untergrund müssen die Abfälle selber sein. Dies bedeutet, daß der Abfall bestimmten Anforderungen hinsichtlich seines langfristigen Verhaltens unter Ablagerungsbedingungen genügen muß. Erforderlichenfalls sind die abzulagernden Abfälle durch thermische oder sonstige chemisch/physikalische oder biologische Behandlungsverfahren von Schadstoffen zu entfrachten bzw. zu mineralisieren und zu stabilisieren. Die Bedeutung der Barriere Abfall als wesentliches Steuerinstrument für die Wahl des Entsorgungsweges wurde bereits in Ziffer 8.5.2 diskutiert.

In diesem Zusammenhang soll darauf hingewiesen werden, daß im Laufe der Expertendiskussionen über die Mineralisierung der Abfälle auch die Möglichkeiten und Grenzen der Verfestigungsverfahren erörtert wurden.

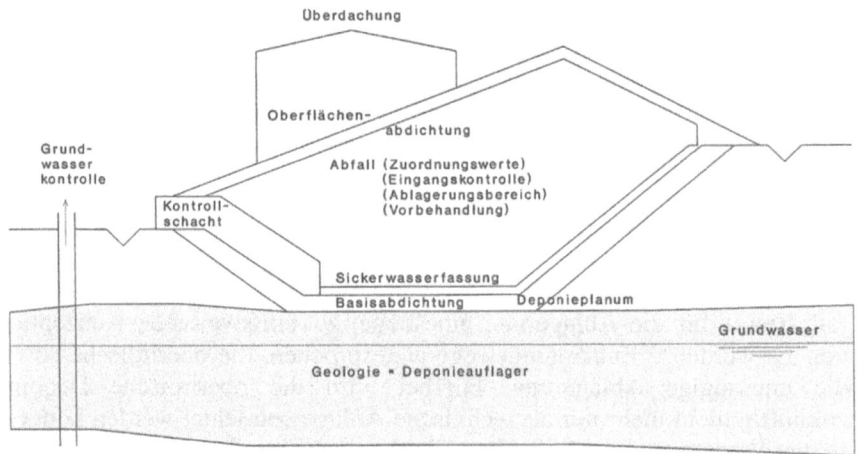

Bild 6. Barrieren einer oberirdischen Deponie

Insbesondere besteht immer noch Unsicherheit über die langfristigen Eigenschaften des verfestigten Produktes unter Ablagerungsbedingungen, sieht man von der Verglasung der Abfälle ab. Deshalb wurde das Verfestigen von Abfällen vorerst auch nur für die in den Gliederungsnummern 11 und 12 vorgegebenen Übergangs- und Altanlagenregelungen zugelassen. Im Zusammenhang steht die Frage, wie verfestigte Ablagerungsprodukte analysiert werden sollen. Um die weitere Entwicklung in bestimmte Wege zu kanalisieren, wurden im Anhang H Vorschläge für Eignungsprüfungen verfestigter Abfälle aufgenommen.

8.9.1.2 Standortvoraussetzungen

Durch die Wahl eines Standortes, der im Untergrund über relativ undurchlässige und adsorptive geologische Schichten verfügt, sollen die Möglichkeiten einer Schadstoffausbreitung minimiert werden.

In der Verwaltungsvorschrift werden bestimmte Standorte von der Einrichtung einer oberirdischen Sonderabfalldeponie grundsätzlich ausgeschlossen. Es handelt sich hierbei um wasserwirtschaftlich besonders schützenswerte Gebiete. Darüberhinaus werden Kriterien formuliert, die bei der Prüfung der Eignung des Standortes in eine Entscheidung einbezogen werden sollen.

Konkret angesprochen wird die Güte des Untergrundes des *Deponieauflagers* (Mindestmächtigkeit einer Schicht relativ geringer Durchlässigkeit von 3 m mit hohem Adsorptionsvermögen und einem Gebirgsdurchlässigkeitsbeiwert $k_f < 1 \times 10^{-7}$ m/s). Sofern diese Voraussetzungen nicht vollständig erfüllt werden, können sie technisch nachgebessert werden.

Das Deponieauflager (Deponieplanum) für die Basisabdichtung muß nach Abklingen der Untergrundsetzungen – auch infolge der Deponieauflast – mindestens 1 m über dem höchsten zu erwartenden Grundwasserstand liegen. Nur soweit im Einzelfall der Nachweis erbracht werden kann, daß das am aktiven Grundwasserkreislauf beteiligte Wasser nicht nachteilig beeinflußt wird, sind auch höhere Grundwasserstände zulässig. Diese Ausnahme bedeutet, daß Grubendeponien – mit abgesenktem oder später ansteigendem Grundwasserstand – grundsätzlich nicht unzulässig sind. Bei der Beurteilung dieser Fragestellung ist z.B. von Bedeutung, daß Tone, die unter hydrostatischem Druck stehen, ständig kapillar durchfeuchtet werden; sie behalten besser ihre dichtenden Eigenschaften. Ihr Austrocknungsrisiko ist gleich Null. Ein höherer Grundwasserstand bedeutet zudem ein Gefälle in die Deponie hinein; dieser Sachverhalt ist bei der Beurteilung der konvektiven und diffusiven Schadstofftransportverhältnisse zu beachten. Relevanz hat diese Möglichkeit bspw. für die niedersächsischen Deponiestandorte mit mächtigen Tonschichten im Peiner Becken, die ansonsten ausgeschlossen wären.

Um die vorhandenen Erkenntnisse zu vertiefen, fördert der Bundesforschungsminister das *Forschungs*verbundvorhaben „Deponieuntergrund". Das Vorhaben wird durch die Bundesanstalt für Geowissenschaften und Rohstoffe in Hannover betreut. In jährlichen Statusseminaren wird über den aktuellen Forschungsstand informiert [51]. Im Rahmen dieses Vorhabens werden folgende koordinierte Einzelvorhaben insbesondere zur Standorterkundung und -beurteilung weiterentwickelt:

- Entwicklung einer Bohr- und Probenahmetechnik in kontaminierten Bereichen
- Entwicklung und Erprobung bohrtechnischer Methoden zur Gewinnung nicht bzw. wenig gestörter Bohrproben im Lockergestein
- Entwicklung einer Entnahmesonde für 3-dimensionale Beprobung von Grund- und Bodenwasser zur Ortung von Schadstoffen
- Bilanzierung von Grundwasserströmen unter Deponien mit Hilfe von umweltisotopen – hydrologischen Analysen im Rahmen hydrogeologischer Untersuchung
- Schadstoffausbreitung unter Deponien – Anpassung des Programmsystems ROCKFLOW an die besondere Problematik
- Ausbreitung von Schadstoffen aus Deponien im Untergrund aus klüftigem Fels unter Berücksichtigung der Verformbarkeit des Felses bei Belastung
- Einsatz geostatischer Verfahren zur optimalen Erkundung und modellhaften Beschreibung des Untergrundes von Deponien und Altlasten
- Analyse und Weiterentwicklung geohydraulischer und geophysikalischer Bohrlochtests für die Untersuchung von Deponie- und Altlastenstandorten
- Entwicklung eines Aufzeichnungs- und Interpretationspaketes auf Kleinrechnerbasis für kleinräumige refraktionsseismische Untersuchungen
- Entwicklung seismischer Methoden zur petrophysikalischen Charakterisierung des Untergrundes bestehender oder geplanter Deponien
- Entwicklung seismischer Methoden zur petrophysikalischen Charakterisierung des Untergrundes bestehender oder geplanter Deponiestandorte.

8.9.1.3 Dichtungssysteme

Um den Sickerwasseranfall gut beherrschen zu können, sind ein Basis- sowie ein Oberflächenabdichtungssystem aufzubauen. Die Verwaltungsvorschrift enthält konkrete Vorgaben über den Aufbau der Abdichtungssysteme, die aus den Komponenten Auflager, Kombinationsdichtung, Schutzschicht, Dränageschicht bestehen. Beim Oberflächenabdichtungssystem

8.9 Deponien

werden außerdem Gasfassung und Rekultivierungsschicht geregelt (→Bild 7). Die Forderung nach einer Kombinationsdichtung, die aus Kunststoffdichtungsbahn und mineralischer Dichtungsschicht besteht, resultiert aus einer intensiven fachlichen Diskussion. Trotz gewisser kritischer Stimmen, die bei einer Kombinationsdichtung die Gefahr des Austrocknens der mineralischen Dichtung und der Rißbildung sahen, wurde dieses System als derzeit hochwertigste, langfristig wirksame Abdichtungsmaßnahme angesehen.

Eine weitere wichtige Anforderung zielt auf Durchdringungen: da Durchdringungen Schwachstellen in einem Dichtungssystem sind, wird gefor-

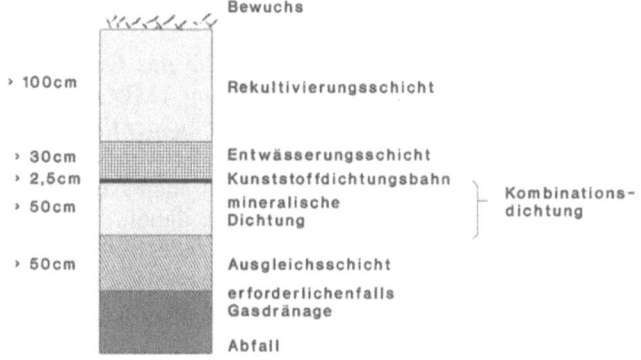

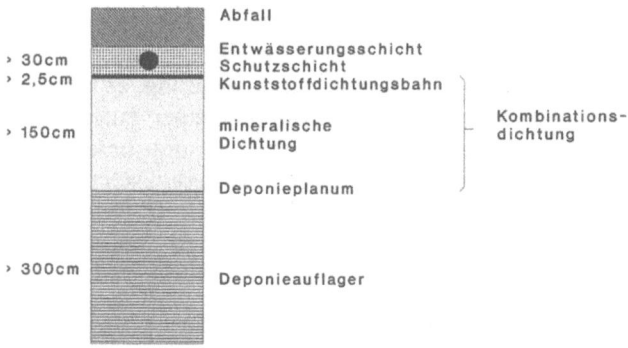

Bild 7. Aufbau der Abdichtungssysteme

dert, daß sie im Böschungsbereich kontrollierbar und reparierbar ausgeführt werden müssen. Durchdringungen der Basisdichtung sind verboten.

Anhang E enthält Details zum Einbau der einzelnen Komponenten der Dichtungssysteme sowie zur Qualitätssicherung, durch die eine einheitlich hohe Güte der Dichtung garantiert wird. Um die Weiterentwicklung des Standes der Technik insbesondere bei den Dichtungselementen nicht zu verhindern, wurde in der Gliederungsnummer 9.4.1.1 eine Ausnahmeklausel aufgenommen, wonach bei Nachweis der Gleichwertigkeit auch andere Dichtungssysteme/-komponenten zur Ausführung kommen können. Diese Ausnahmeklausel spezifiziert die generelle Ausnahmeklausel in der Gliederungsnummer 2.4. In Gliederungsnummer 9.4.1.1 wird auch gefordert, daß die Eignung der eingesetzten Kunststoffdichtungsbahnen in der Regel mit Hilfe eines geeigneten Gutachters festgestellt werden soll. Es wird auf das *Institut für Bautechnik* oder die *Bundesanstalt für Materialforschung und -prüfung* (beide Berlin) hingewiesen.

In diesem Zusammenhang sei darauf hingewiesen, daß das Deutsche Institut für Bautechnik aufgrund der Musterbauordnung (MBO) und des Bauproduktengesetzes (BauPG) u. a. zuständig für *bauaufsichtliche Zulassungen von Bauprodukten* ist, die im Deponiebau verwendet werden. Hierzu zählen nach Ansicht der obersten Baubehörden auch Abdichtungssysteme. Das Deutsche Institut für Bautechnik ist z.Z. dabei, die Arbeitseinheiten einzurichten, um die in verstärktem Maße zu erwartenden Anträge auf Zulassung von Dichtungssystemen bzw. Kunststoffdichtungsbahnen bearbeiten zu können. Für Asphaltdichtungen sind die entsprechenden Arbeiten bereits relativ weit gediehen.

Die Bundesanstalt für Materialforschung und -prüfung, die bei entsprechenden Zulassungsfragestellungen in der Vergangenheit bereits aktiv geworden ist, hat Ende 1992 den Abschlußbericht zu einem *Forschungsvorhaben* vorgelegt, in dem das Permeationsverhalten von Kombinationsdichtungen untersucht worden ist [52]. Die Ergebnisse bestätigen einerseits die gute Barrierenwirkung der Kombinationsdichtung, es werden aber auch einige wesentliche Hinweise zur Herstellung einer guten Dichtung gegeben. Die Forschungsergebnisse sind in den Zulassungsbescheiden, die die Bundesanstalt bereits erteilt hat, weitestgehend berücksichtigt. Weiterhin stellt die Bundesanstalt für Materialforschung und -prüfung eine Liste der von ihr autorisierten Verlegefirmen und der erteilten Zulassungen nach dem „Niedersachsenerlaß zur TA Abfall, Teil 1" zur Verfügung.

Um den Stand der Abdichtungstechnik weiterzuentwickeln, fördert der Bundesforschungsminister das *Forschungs*verbundvorhaben „Weiterentwicklung von Deponieabdichtungssystemen". Im Rahmen dieses Vorha-

8.9 Deponien

bens werden in mehreren koordinierten Einzelvorhaben insbesondere die Anforderungen zur Dichtungsherstellung und -kontrolle weiterentwikelt. Das Vorhaben wird durch die Bundesanstalt für Materialforschung und -prüfung in Berlin betreut. In jährlichen Statusseminaren wird über den aktuellen Forschungsstand informiert [53]. Der zusammenfassende Abschlußbericht soll von der Bundesanstalt Ende 1996 vorgelegt werden. Die einzelnen Forschungsvorhaben wurden nach den von Forschung und Praxis aufgeworfenen Fragestellungen nach folgenden Hauptthemenstellungen gegliedert:

- Dichtwände und innovative Dichtungselemente,
- Entwicklung von Abdichtungskomponenten, die als Alternaivsysteme zum Standard gemäß TA Abfall, Teil 1 zum Ansatz kommen können,
- Frostgefährdung,
- Verhalten mineralischer Dichtungen bei Setzungen,
- Feuchtegehalt minerlischer Dichtungen,
- Wasser- und Schadstofftransport,
- Zusammenwirken von Dichtungskomponenten, Risikoanalyse, Leckdetektion,
- Bauverfahren,
- Schutzschichten für Kunststoffdichtungsbahnen,
- Dränsysteme.

Einzelne Fragestellungen, die erforscht werden, sind u. a.:

- Einfluß von Filtratwachstum und Feststoffverlagerungen auf die Qualität, die Herstellbarkeit und die Kosten von Dichtungsschlitzwänden
- Spannungs-Verformungs-Verhalten feststoffreicher Dichtwandmassen für den Grundwasserschutz bei Deponien und Altlasten, Erarbeitung praxisnaher Prüfmethoden und Bewertungskriterien
- Biochemische Dauerbeständigkeit und Schadstofftransport bei innovativen Baustoffen für die Altlastensanierung: Sorptions- und Diffusionsuntersuchungen sowie Aufbau und Erprobung von Reaktoren für die Bestimmung der biochemischen Beständigkeit
- Durchlässigkeit und Spannungs-Verformungs-Verhalten bewehrter bindiger Böden in Deponieabdichtungssystemen
- Untersuchungen zur Frostempfindlichkeit mineralischer Deponieabdichtungen, möglicher Standsicherheitsprobleme und Schutzmaßnahmen
- Redoxabhängige mineralogische und chemische Stoffumsätze in tonigen Deponieabdichtungen und ihre bodenmechanischen Auswirkungen
- Untersuchungen von Schadensgrenzen mineralischer Dichtungen durch Simulation von Verformungszuständen im Maßstab 1:1
- Einfluß mechanischer Beanspruchungen auf die Funktionsfähigkeit mineralischer Deponieabdichtungen

- Selbstheilungsvermögen mineralischer Dichtmassen hinsichtlich Durchlässigkeit in gestörten Dichtschichten/Dichtungssystemen an Deponien u. v. m.

8.9.1.4 „Hochsicherheitsdeponie"

Mitte der 80`iger Jahre wurde von der Bauindustrie eine weitere Form der Ablagerung in die Beratungen zur TA Abfall, Teil 1 eingebracht: die Hochsicherheitsdeponie, auch als Deponie auf Stelzen oder Behälterdeponie bekannt. Diese Verfahrensvorschläge wurden für eine dauerhafte Ablagerung nicht weiterverfolgt. Die damit verbundene Sicherheitsphilosophie konzentrierte sich ausschließlich auf die Bauwerkssicherheit. Als Hauptnachteil dieser Systeme wurde das Problem der Langzeitsicherheit unter Ablagerungsbedingungen erkannt. Sogar die Anbieter der Industrie sahen sich nicht in der Lage, Gewährleistungsfristen von erheblich mehr als 30 bis 50 Jahren zu garantieren. Eine solche Anlage könnte mithin nie aus der Nachsorge/Überwachung entlassen werden. Man würde neue Altlasten begründen. Dagegen werden durchaus Einsatzmöglichkeiten für diese Systeme für eine zeitliche begrenzte Lagerung gesehen.

Diese Fachmeinung wurde nachhaltig bestätigt durch eine Modellstudie, die die hessische Landesregierung 1985 in Auftrag gegeben hat [54]. Im Rahmen der Studie sollte geprüft werden, ob eine Hochdeponie in Massivbauweise als langzeitsichere Entsorgungsvariante fungieren kann. Die Arbeit weist auf einen bereits weit fortgeschrittenen technischen Standard bei der Lagerung von Sonderabfällen hin, betont aber auch, daß weitere Entwicklungsarbeiten erforderlich sind. Insbesondere wird zu bedenken gegeben, daß alle technischen Maßnahmen zwar -temporär betrachtet- mehr Sicherheit schaffen können, letztlich aber nur eine endliche Lebenszeit haben. Dieser Grundsatz ist auch Grundlage der TA Abfall-Philosophie, wie dargelegt.

8.9.1.5 Betriebliche Anforderungen

Um die Austrocknung der mineralischen Dichtungsschicht zu verhindern, wurde ein maximaler Temperaturgradient durch eine *Temperaturbegrenzung* von 20 Grad an der Basis festgelegt. Die Temperatur kann bspw. über die Sickerwassertemperatur kontrolliert werden. Exotherm reagierende Abfälle dürften insofern nicht in den untersten Metern zur Ablagerung gelangen oder müßten vor einer Ablagerung vorreagieren.

Sickerwasser stellt im Hinblick auf einen effektiven Grundwasser- und damit Umweltschutz ein wesentliches wenn nicht sogar das Hauptproblem bei der Deponierung dar. Der wesentliche Sickerwasseranfall aus Nieder-

8.9 Deponien

schlägen bildet sich während des Deponiebetriebes bei offener Ablagerungstechnik. Bspw. wurde bei der Deponie Rondeshagen festgestellt, daß der Sickerwasseranfall nach Aufbau einer Überdachung von ca. 100 000 cbm/a auf ca. 3000 cbm/a gefallen ist [55].

Konsequenterweise zielt die TA Abfall, Teil 1 darauf ab, bereits beim Aufbau des Deponiekörpers die Sickerwasserbildung zu minimieren. Dazu sind alle Flächen, die mit Abfällen beaufschlagt werden und auf die noch kein Oberflächenabdichtungssystem aufgebracht wurde, zu überdachen oder außerhalb der Betriebszeiten abzudeken. Ausnahmen sind zulässig, wenn eine Anfeuchtung der Abfälle aus technischen oder betrieblichen Gründen erforderlich ist.

Mobile oder stationäre Dachkonstruktionen sind bereits mehrfach zur Ausführung gekommen; sie können insofern als Stand der Technik gelten. Sie dürften in der Regel immer dann vorzuziehen sein, wenn es insbesondere auf einen wetterunabhängigen Einbau der Abfälle ankommt. Außerdem hat sich gezeigt, daß Dachkonstruktionen die Kunststoffdichtungsbahn gegen UV-bedingte Beeinträchtigungen schützen und zu einem besseren Plansitz der Folie auf der mineralischen Dichtung beitragen (Verhinderung der Blasenbildung). Neben einem Gewinn für die Umwelt (drastische Reduzierung der zu behandelnden Sickerwassermengen) ergibt sich mittelfristig auch ein betriebswirtschaftlicher Vorteil, da Sickerwasserbehandlungskosten eingespart werden.

Ein wichtiger Aspekt für einen sicheren Deponiebetrieb ist die *Standsicherheit des Deponiekörpers*. Sie bestimmt die „innere Sicherheit" der Deponie. In der Vergangenheit wurde diese Größe wesentlich über die „Stichfestigkeit" oder den Feststoffgehalt (25 % – 40 %) des abzulagernden Abfalls bestimmt. Die TA Abfall, Teil 1 geht hier einen Schritt weiter und definiert die „Stichfestigkeit" über die Parameter D 1.01 (Flügelscherfestigkeit) bzw. D 1.02 und D 1.03 (axiale Verformung und einaxiale Druckfestigkeit). Mit der Forderung nach einem hohen Mineralisierungsgrad (D 2 < 10 Gew. %) ist die innere Stabilität gewährleistet. Daß die Festigkeit nach 2 unterschiedlichen Verfahren bestimmt werden kann, liegt an der Schwierigkeit, ein für alle Abfallarten konsistenzunabhängiges, aussagekräftiges, schnelles und preiswertes Verfahren zu definieren. Die einaxiale Druckfestigkeit (D1.03) liefert in Verbindung mit der axialen Verformung (D1.02) exaktere Werte; die Ergebnisse lassen sich besser für die Standfestigkeitsberechnung des Deponiekörpers nutzen. Der Flügelscherversuch (D1.01) ist grundsätzlich das schnellere und preiswertere Verfahren. Er ist jedoch für bestimmte Abfälle ungeeignet; er liefert nur bei feinkörnigen, homogenen Abfällen vernünftige Ergebnisse.

Im Rahmen des *Forschung*sverbundvorhabens „Deponiekörperkörper" werden in mehreren koordinierten Einzelvorhaben insbesondere Möglichkeiten untersucht, das Deponieverhalten zu beeinflussen bzw. zu prognostizieren. Die Koordinierung erfolgt beim Umweltbundesamt [56]. Im Einzelnen handelt es sich bisher um folgende Vorhaben:

– Der Einfluß grenzflächenaktiver Stoffe auf die Schadstoffmobilisierung in Deponien und Altablagerungen
– Langfristiges Gefährdungspotential und Deponieverhalten von Ablagerungen
– Emissionsverhalten umweltrelevanter Schadstoffe in Abhängigkeit von der Zusammensetzung des Abfalls und der Standzeit der Deponien

Die TA Abfall, Teil 1 enthält bestimmte *Kontrollanforderungen*, die sicherstellen, daß künftig nur noch die Abfälle zur Ablagerung kommen, die dort auch nach den Genehmigungsvoraussetzungen zulässig sind. Hierzu werden u.a. eine Reihe von Anforderungen für die betrieblichen Kontrollen vorgegeben: in einem Betriebsplan müssen zu allen wesentlichen Regelungen des Deponiebetriebes Vorstellungen entwickelt werden und der Zulassungsbehörde zur Genehmigung vorgelegt werden. Weiterhin ist während des Betriebes ein Abfallkataster zu führen, in dem rastermäßig die abgelagerten Abfälle registriert werden. Auf diese Art und Weise ist auch nach Verfüllung eines Deponieabschnittes jederzeit die genaue Ablagerungsstelle eines spezifischen Abfalls innerhalb der Deponie festzustellen.

Über eine gezielte Eigen- sowie Fremdüberwachung während und nach Abschluß des Betriebes ist zu überprüfen, ob die rechnerischen Ansätze zum Deponieverhalten den tatsächlichen Bedingungen entsprechen. Durch eine kontinuierliche Auswertung der Ergebnisse lassen sich gfls. frühzeitig erforderliche Schritte zum Schutz vor Beeinträchtigungen des Wohls der Allgemeinheit initiieren.

Ein weiteres wichtiges Element stellt die in der Gliederungsnummer 9.6.6.2 geforderte *Erklärung zum Deponieverhalten* dar. Sinn dieser Anforderung ist die laufende Dokumentation des Deponieverhaltens, soweit dies über den zeitlichen Verlauf der Sickerwassermenge und -beschaffenheit, Gasemissionen, die Temperaturentwicklung sowie Setzungen und Verformungen darstellbar ist. Über die Erklärungen zum Deponieverhalten wird im Laufe der Jahre ein so umfangreiches Datenmaterial zur Verfügung stehen, daß zu erwarten ist, daß sich daraus belastbare vergleichende Aussagen über Deponien insgesamt ableiten lassen. Diese Daten werden nicht nur eine wichtige Grundlage für die Aktualisierung der jeweiligen Deponiezulassung sein, sondern auch der Fortschreibung der TA Abfall,

8.9 Deponien   113

Teil 1 und der ergänzenden Merkblätter und Informationsschriften der Länderarbeitsgemeinschaft Abfall dienen. In diesem Zusammenhang wäre es sicherlich hilfreich, wenn die Daten aus den Erklärungen bundesweit zentral erfaßt und ausgewertet werden würden.

Um die Möglichkeiten der Bilanzierung der verschiedenen, eine Deponie bestimmenden Größen zu untersuchen, wird von dem Forschungs- und Entwicklungszentrum Sondermüll (FES) ein mehrjähriges *Forschungsvorhaben "Stoffbilanz und Deponieverhalten am Beispiel der Sonderabfalldeponie Raindorf"* durchgeführt. Hierbei wird insbesondere der Stoffeintrag über die Abfallablagerungen sowie der Stoffaustrag über den Wasser- und den Gaspfad bilanziert. Um Aussagen über die Auswirkungen von offenem und überdachtem Einbau machen zu können, sind entsprechende representantive Deponieabschnitte eingerichtet worden. Erste Ergebnisse des bis 1996 laufenden Vorhabens liegen vor [57].

8.9.2 Untertagedeponien

Die TA Abfall, Teil 1 sieht als möglichen Entsorgungsweg auch eine Ablagerung in untertägigen Hohlräumen vor. Infrage kommen Grubenbaue bestehender Bergwerke oder Kavernen. Sie können grundsätzlich in den verschiedensten Gesteinsformationen wie Salzgestein, Tongestein, Schiefer, Kalkstein oder Granit angelegt sein. Im Zuge der Beratungen wurden 5 mögliche Typen angedacht (→ Bild 8):

– Untertagedeponie im Salzbergwerk,
– Untertagedeponie in einer Salzkaverne,
– Bergwerk in einem Grundwassernichtleiter,
– Bergwerk innerhalb eines Grundwasserleiters als Steinkohlebergwerk im Karbon,
– Bergwerk oberhalb eines Grundwasserleiters als Erzbergwerk.

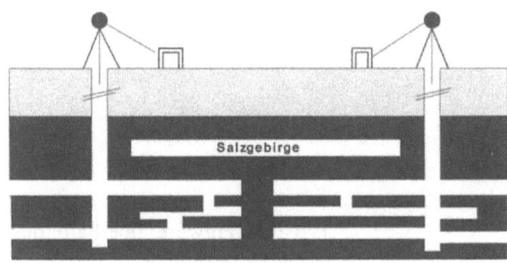

Bild 8. Prinzipielle Typen untertägiger Deponien.
Typ 1: Salzbergwerk

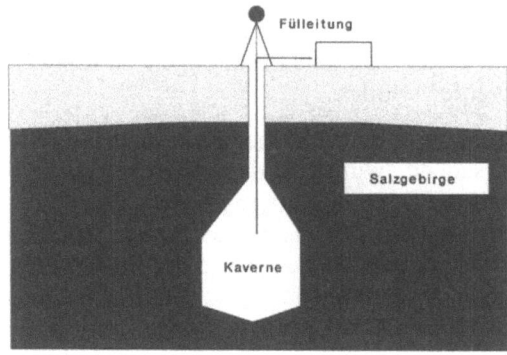

Bild 8. Prinzipielle Typen untertägiger Deponien.
Typ 2: Salzkaverne

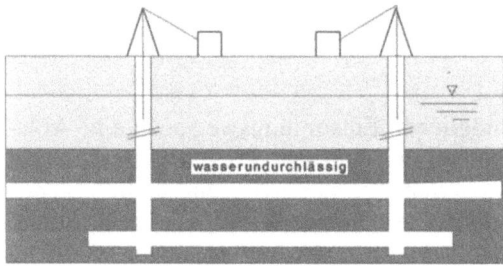

Typ 3: Bergwerk im Grundwassernichtleiter

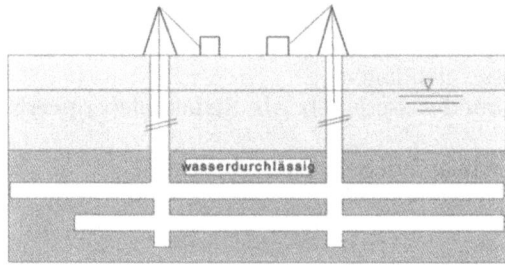

Typ 4: Bergwerk innerhalb des Grundwasserleiters

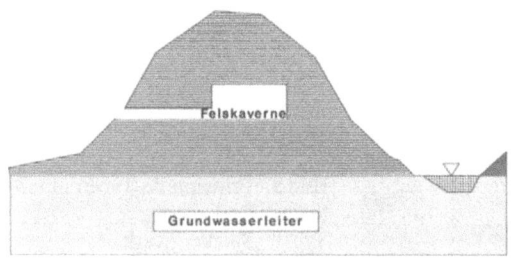

Typ 5: Bergwerk oberhalb des Grundwasserleiters

8.9.2.1 Wahl der Gesteinsformation

Die TA Abfall, Teil 1 befaßt sich zunächst nur mit der Ablagerung im Salzgestein. Untertägige Hohlräume in dem wasser- und luftundurchlässigen plastischen Salzgestein bieten derzeit den höchsten verfügbaren Entsorgungs – Sicherheitsstandard. Grundsätzlich ist jedoch eine Ablagerung von Abfällen auch in anderen Gesteinsformationen denkbar, wenn im Rahmen der standortbezogenen Sicherheitsbeurteilung belegt werden kann, daß die Abfälle von der Biosphäre dauerhaft ferngehalten bzw. immissionsneutral abgelagert werden können. Der Hauptvorteil von Salzformationen besteht darin, daß nicht nur während des kontrollierten Einbaus, sondern insbesondere nach Abschluß des Ablagerungsbetriebes durch die natürliche Konvergenz des Salzgesteins sichergestellt ist, daß die beiden Hauptforderungen

– die Sonderabfälle müssen dauerhaft von der Biosphäre ferngehalten werden,
– die Abfälle oder deren Reaktionsprodukte dürfen das Grundwasser nicht gegenüber seiner geogenen Beschaffenheit verändern (immissionsneutrale Ablagerung)

erfüllt werden.

Bei der Erarbeitung der Anforderungsprofile für die Verwaltungsvorschrift hat eine enge fachliche Abstimmung mit der adhoc Arbeitsgruppe „Kavernen zur Lagerung wassergefährdender Stoffe" des Beirates „Lagerung und Transport wassergefährdender Stoffe" stattgefunden, der beim Bundesumweltministerium eingerichtet ist. Die o.a. Arbeitsgruppe wurde beauftragt, entsprechende wasserwirtschaftliche Anforderungen zu erarbeiten, wobei auch der Komplex der Abfalleinlagerung berücksichtigt werden sollte. Mit der Bekanntmachung der „wasserwirtschaftlichen Anforderungen an Gesteinskavernen zum Lagern wassergefährdender Stoffe" [58] wurden die wasserwirtschaftlich relevanten Anforderungsprofile für eine Kaverneneinlagerung veröffentlicht und den zuständigen Behörden zur Anwendung empfohlen.

Wie eingangs angemerkt, werden in der TA Abfall, Teil 1 zwei Arten von Untertagedeponien geregelt: die *Untertagedeponie im Salzbergwerk* und die *Untertagedeponie in einer Salzkaverne*. Bei beiden Arten wurde der hohe Umweltschutzstandard wie bei den oberirdischen Deponien durch die Vernetzung mehrerer unabhängiger natürlicher und technischer Barrieren erreicht. Diese Mehrfachbarrieren sind

– geologische Barrieren (geologisches Umfeld als geohydraulische Barriere)

- gebirgsmechanische Barrieren (Bohrlochverfüllung/-verschluß, Versatzmaterial, Dämme, Wirtsgestein)
- technische und betriebliche Barrieren (Abfallform, Abfallverpackung, Abfallkataster).

8.9.2.2 Untertägiger Versatz

In der letzten Zeit ist vermehrt die Form der untertägigen Verbringung von Stoffen als einer Maßnahme des bergmännischen Versatzes in die Diskussion gekommen. Diese untertägige Verbringung unterliegt nicht den abfall-, sondern den bergrechtlichen Vorschriften. Da es der TA Abfall, Teil 1 vergleichbare bundeseinheitlich verbindliche Regelungen im Bergrecht für diese Thematik nicht gibt, muß in jedem Einzelfall geprüft werden, ob die Belange des Gemeinwohls, insbesondere des Umweltschutzes, eingehalten werden. In der Antwort auf eine Kleine Anfrage zum Bergversatz [28] kommt auch zum Ausdruck, daß es zur Zeit keine absolut eindeutigen Unterscheidungsmerkmale zwischen der untertägigen Abfalleinlagerung und dem untertägigen Versatz gibt. Mit dieser Frage hat sich auch das Bundesverwaltungsgericht in seinem „Tongrubenurteil" auseinandergesetzt [70]: in dem Urteil wird ausgeführt, daß die Verfüllung der Tongrube von der zuständigen Behörde angeordnet worden war und damit die Verwendung von Aschen, REA-Gipsen und Zement zu diesem Zweck als Verwertungform anzusehen sei.

Zu der Versatz-Thematik wurde beispielsweise in Nordrhein-Westfalen bereits Ende der 80iger Jahre im Auftrag des Landesamtes für Wasser und Abfall NW eine „Studie zur Eignung von Steinkohlebergwerken im rechtsrheinischen Ruhrkohlenbezirk zur Untertageverbringung von Abfall- und Reststoffen" erstellt. Ihr Schwerpunkt war die Untersuchung der Verbringungsmöglichkeiten für Filterstäube und Rauchgasreinigungsmöglichkeiten aus Hausmüllverbrennungsanlagen in die genannten Gesteinsformationen. Im Ergebnis kommen die Gutachter zu der Schlußfolgerung, daß diese Abfälle unter bestimmten Bedingungen ökologisch verträglich als sogenannter Nachversatz in Grubenbaue betriebener Bergwerke eingebracht werden können.

8.9.2.3 Standortbezogene Sicherheitsbeurteilung

Kern der Anforderungen an Untertagedeponien ist die „standortbezogene Sicherheitsbeurteilung". Durch diese Sicherheitsbeurteilung sollen die einzelnen Barrieren getrennt und im Zusammenwirken daraufhin analysiert werden, ob die geplante Untertagedeponie auch für bestimmte theoretisch denkbare Störfälle ausreichend sicher ist.

8.9 Deponien

Die standortbezogene Sicherheitsbeurteilung besteht aus den Einzelnachweisen

– geotechnischer Standsicherheitsnachweis
– Sicherheitsnachweis in der Betriebsphase
– Langzeitsicherheitsnachweis.

Die Führung der geforderten Nachweise läuft auf eine kombinatorische Untersuchung und Berechnug der komplexen Randbedingungen eines untertägigen Hohlraumes hinaus. Basis können ingenieurgeologische Erkundungen, geotechnische Untersuchungen, felsmechanische Messungen sein, die über statische Berechnungen, meßtechnische Überwachungen und bergbauliche Betriebserfahrungen die entsprechende Sicherheitsbeurteilung ermöglichen. Hauptziel der Berechnungen ist der Nachweis, daß die Spannungsumlagerungen infolge des Hohlraumausbruches bruchlos einen Gleichgewichtszustand erreichen, sich keine unzulässigen Konvergenzen während der Betriebszeit einstellen und die Undurchlässigkeit des umgebenden Gebirges auch langfristig nicht eingeschränkt ist; d.h., daß die UTD in allen Bau-, Betriebs- und Nach-Abschlußzuständen standsicher ist und weder durch abfallbedingte Verformungen noch durch Undichtigkeiten des umliegenden Gebirges die Umwelt bzw. das Grundwasser beeinträchtigen [59].

8.9.2.4 Errichtung, Betrieb und Abschlußmaßnahmen

Die weiteren Anforderungen der Verwaltungsvorschrift an Errichtung, Betrieb und Abschlußmaßnahmen wurden weitgehend differenziert nach Bergwerk bzw. Kaverne. Der Grund für die unterschiedliche Betrachtungsweise liegt insbesondere darin begründet, daß Bergwerksdeponien aus wirtschaftlichen Gründen nur in produzierenden Bergwerken unter Nutzung bestehender Infrastrukturen eingerichtet werden, während Kavernen relativ unproblematisch eigens zum Zweck der Ablagerung hergestellt werden können.

Bei den Bergwerksdeponien ist es besonders wichtig, den Ablagerungsbetrieb effektiv vom Gewinnungsbetrieb zu trennen, um jegliche gegenseitigen Einflüsse zu verhindern. Im Untertagebereich erfordert dies bspw. eine strikte räumliche Trennung durch ausreichend dimensionierte Wände aus unverritztem Gebirge – eine sogenannte Sicherheitsfeste. Eventuelle Verbindungswege müssen jederzeit abgeriegelt werden können, um für den Fall eines Wassereinbruchs den Ablagerungsbereich sicher abschotten zu können. Die Trennung der Bereiche ist auch durch eine entsprechende Wetterführung zu realisieren: die Abwetter müssen direkt dem Abwetterschacht zugeführt werden, um ein Ausbreiten von Schadstoffen im Gewinnungsbereich zu verhindern.

Ein weiterer Aspekt des sicheren Betriebs, der aber auch erheblichen Einfluß auf die Langzeitsicherheit der Anlage hat, ist die Form, in der die Abfälle untertage eingelagert werden. Die am weitesten zurückreichenden Erfahrungen hat man mit der Einlagerung von Gebinden in einer untertägigen Kaverne. Die Gebinde übernehmen zumindestens während der betrieblichen Phase die Funktion, die Abfälle emissionsfrei/-arm einzulagern. Bei Kavernen kommt der Einlagerung von monolithisch einbaubaren Massen besondere Bedeutung zu. Hierzu werden vom Bundesforschungsministerium einige *Forschungs*vorhaben gefördert [71]. Die Kernforschungsanlage Karlsruhe koordiniert u.a. die Vorhaben:

– Untersuchung des Langzeitverhaltens in situ-verfestigter Abfallstoffe in untertägigen Hohlräumen
– Untersuchung zum Langzeitverhalten chemisch immobilisierter Abfälle und Reststoffe in untertägigen Hohlräumen
– Verfestigung von Rückständen aus der Rauchgasreinigung von Müllverbrennungsanlagen.

8.10 Altanlagenregelungen

Altanlagen sind Entsorgungsanlagen, die zum Zeitpunkt des Inkrafttretens der Verwaltungsvorschrift zugelassen waren. Bei diesen Anlagen hatte die zuständige Behörde entsprechend Gliederungsnummer 11 durch nachträgliche Anordnungen im Rahmen einer Einzelfallentscheidung sicherzustellen, daß die

– personellen und organisatorischen Anforderungen spätestens zum 1.10.1992
– technischen Anforderungen – mit Ausnahme der an die Ablagerung – spätestens zum 1.10.1995

eingehalten werden.

Die Altanlagenregelungen für zugelassene und noch betriebene oberirdische Deponien (Altdeponien) sehen ebenfalls eine Anpassung an den Stand der Technik vor, wie er mit der Verwaltungsvorschrift festgeschrieben wird. Hierzu zählt, daß eine Altdeponie nach einer Übergangszeit mindestens folgende Anforderungen erfüllen muß:

– Stabilität und Betrieb,
– Oberflächenabdichtungssystem,
– Untergrund und Basisabdichtungssystem bei Abschnitten, auf denen noch keine Abfälle abgelagert werden,
– Sickerwasserbehandlung,

8.11 Übergangsregelungen

– Zwischenabdichtung, soweit daß Eindringen von Sickerwasser in das Grundwasser nach dem Stand der Technik nicht verhindert wird

müssen der TA Abfall, Teil 1 entsprechen. Diese Anforderungen sind innerhalb folgender Fristen zu realisieren, wobei als Basisdatum der 1. April 1991 (Inkrafttreten der Änderungsverwaltungsvorschrift) gilt:

– möglichst schnell – eine konkrete Fristvorgabe wurde im Bundesrat abgelehnt – soll die zuständige Behörde den Betreiber der Deponie auffordern, ein Nachrüstprogramm für o. a. Maßnahmen aufzustellen;
– spätestens 1 Jahr nach vorgenannter Anordnung der Behörde muß der Betreiber genehmigungsfähige Nachrüstpläne vorlegen;
– spätestens 1 Jahr nach Vorlage der Pläne muß die Behörde die Nachrüstmaßnahmen nach § 8 bzw § 9 AbfG anordnen
  oder
  nach § 7 Abs. 2 AbfG genehmigen
  oder
  nach § 7 Abs. 1 AbfG das Planfeststellungsverfahren bis um Ablauf der Einwendungsfrist durchgeführt haben;
– für die Rechtsmittel wurden natürlich keine Fristvorgaben in die TA Abfall aufgenommen!
– die Nachrüstmaßnahmen sind in den entsprechenden Bescheiden so zu befristen, daß sie spätestens 2 Jahre nach rechtskräftigem Bescheid realisiert werden.

8.11 Übergangsregelungen

Mit Inkrafttreten der Verwaltungsvorschrift hätten die hohen Anforderungen von den zuständigen Länderbehörden und von der Industrie umgesetzt werden müssen. Einbeträchtlicher Teil der Abfälle – die Schätzungen gingen von 50% bis 70% aus –, die 1991 noch deponiert wurden, hätten dann nicht in ihrer vorliegenden Beschaffenheit und Form abgelagert werden können. Dies macht deutlich, daß die Ziele und Lösungen der TA Abfall, Teil 1 nicht sofort nach Inkrafttreten hätten realisiert werden können.

In der Gliederungsnummer 12 wurden deshalb Übergangsvorschriften vorgesehen, die sich an die Behörde richten. Sie mußte spätestens bis zum 1.10.1991 nachträgliche Anordnungen erlassen, durch die folgende Vorgaben umzusetzen waren:

– soweit Sonderabfälle nicht verwertet werden können, sollen sie behandelt werden; nur behandelte Abfälle sollen deponiert werden; wegen fehlender Verbrennungs- und Untertagekapazitäten war es erforderlich,

die vorgenannten Ziele während einer Übergangszeit bis spätestens 1999 zu modifizieren.
- Dies voraussetzend dürfen Abfälle auf oberirdischen Deponien längstens bis zum 1.4.1997 abgelagert werden, auch wenn die Zuordnungswerte des Anhangs D überschritten werden. Dabei wird aber vorausgesetzt, daß Altdeponien deponietechnisch an den Stand der Technik herangeführt werden.
- Um möglichst schnell eine Verbesserung des Status Quo zu erreichen, müssen zusätzliche Maßnahmen zu einer verminderten Mobilisierung der in den Abfällen enthaltenen Schadstoffe getroffen werden. Diese Maßnahmen hätten spätestens zum 1. April 1992 erfüllt sein müssen. Beispielhaft wird die Einbindung der Schadstoffe über Verfestigung mit hydraulischen Bindemitteln oder die Einkapselung der Abfälle im Deponiekörper genannt.
- Weiterhin können bestimmte Abfälle, die die Zuordnungswerte überschreiten, auf neuen Mono-Übergangsdeponien abgelagert werden. Diese Möglichkeit wird längstens bis zum 1.4.1999 zugelassen. Voraussetzung ist, daß die Abfälle in der Beschaffenheit gleichartig sind und daß sie aus definierten Verfahren stammen. Bei diesen Deponietypen sind jedoch – wie bei den Altdeponien – zusätzliche Maßnahmen gegen eine Schadstofffreisetzung zu treffen. Neben einer verbesserten technischen Gestaltung der Deponie können auch geologische Randbedingungen in die Entscheidung einbezogen werden.

Nach Ablauf der Übergangsfristen wird davon ausgegangen, daß die Verantwortlichen die notwendigen Schritte realisiert haben, um ausreichend Behandlungs- und untertägige Deponiekapazitäten zur Verfügung zu haben.

9 TA Siedlungsabfall

Die Hausmüllentsorgung ist vielleicht in noch stärkerem Maße in der öffentlichen Diskussion als die Sonderabfallentsorgung. Auch der desinteressierte Bürger merkt spätestens daran, daß ihm nicht mehr nur die „graue" Mülltonne, sondern weitere Müllgefäße vor die Tür gestellt werden, daß bei der Hausmüllentsorgung eine rasante Entwicklung vonstatten gegangen ist. Hintergrund für diese Entwicklung waren abnehmende Anlagenkapazitäten, verbunden mit einer stagnierenden bis steigenden Müllmenge. Der Ruf nach mehr Müllvermeidung bzw. Müllverwertung verstärkte diesen Trend.

Um die Entwicklung unter Berücksichtigung eines hohen Standards zu kanalisieren, wurden mit der TA Siedlungsabfall Anforderungen festgeschrieben, die sich schwerpunktmäßig auf die kommunale Abfallentsorgung auswirken [24]. Über die Verwaltungsvorschrift wird der Stand der Technik definiert, der für die Entsorgung der in den kommunalen Verantwortungsbereich fallenden Bauabfälle, Klärschlämme und hausmüllähnlichen Abfälle bestimmend ist. Weiterhin werden die in den privaten Haushalten erzeugten Abfälle erfaßt.

Das Problemfeld läßt sich dabei mengenmäßig wie folgt beschreiben: von rund 40 Mio. t Hausmüll und hausmüllähnlichen Abfällen müssen auch bei Ausschöpfung weitestgehender Vermeidungs- und Verwertungsstrategien bis zu 20 Mio. t jährlich sicher entsorgt werden. Dabei können theoretisch 9 Mio. t zu Kompost verarbeitet werden [60]. In der TA Siedlungsabfall werden für die Entsorgung dieser großen Menge folgende Eckpunkte gesetzt:

– Bioabfälle sind zu erfassen und zu kompostieren;
– Restabfälle sind vor der Deponierung zu behandeln, wozu insbesondere die Verbrennung zählt;
– Deponien müssen einheitliche hohe Standards erfüllen, die denen der TA Abfall, Teil 1 entsprechen;
– Altdeponien müssen an diese Anforderungen angepaßt werden.

Nach dem ursprünglichen Konzept der Bundesregierung für die TA Siedlungsabfall sollten in einem integrierten Abfallwirtschaftskonzept insbesondere die Gesichtspunkte der Ressourcenschonung, der Entlastung von Entsorgungsanlagen und der Minimierung der Schadstoffbelastungen für die Umwelt optimiert werden. Um die Verwertung zu verbessern, sollte die konsequente Getrennthaltung der unterschiedlichen Abfallgruppen festgeschrieben werden. Insbesondere sollten Schadstoffe und Wertstoffe grundsätzlich getrennt erfaßt werden, um die Verwertung der Wertstoffe zu erleichtern bzw. zu ermöglichen sowie die Behandlung der nicht vermeidbaren Restabfälle zu erleichtern [61].

Unter dieser Prämisse war oberstes Ziel der Verwaltungsvorschrift die Verringerung der zu deponierenden Siedlungsabfälle. Sogenannte „integrierten Entsorgungskonzepte" sollten detaillierte Vorgaben zur Verwertung und Schadstoffentfrachtung vorgeben. Als Grundlage der entsprechenden Planungen sollten umfassende Bestandsaufnahmen durchgeführt werden mit Angaben über die regionale Entsorgungsstruktur, Abfallmengenbilanzen sowie die Zusammensetzung der Abfälle. Weiterhin sollten Art und Menge bereits erfaßter Wertstoffe oder schadstoffhaltiger Produkte sowie Absatzmöglichkeiten dargestellt werden. Auf der Basis dieser Erhebungen sollten Vermeidungsmöglichkeiten und Verwertungspotentiale sowie bestehende und zukünftige Behandlungskapazitäten entwickelt und ausgewiesen werden.

Ein wesentliches, bereits in der TA Abfall, Teil 1 vorgedachtes Kriterium sollte das Gebot zur Getrennthaltung sein. Ziel dieser Forderung war, Schadstoffe im Hausmüll soweit wie möglich zu reduzieren und so die Verwertung zu erleichtern.

Ein weiterer Kernpunkt des Entwurfs war die Vorgabe, in welcher Form nicht weiter vermeid- und verwertbare Abfälle abgelagert werden dürfen. Die Anforderungen an die Deponierung orientierten sich sehr stark an denen der TA Abfall, Teil 1. Es wurde auf die nicht vermeid- und verwertbaren Restabfälle abgestellt. Kern der Zuordnung waren die Anforderungen an die Abfälle, die vor einer Ablagerung weitgehend schadstoffentfrachtet, homogenisiert und mineralisiert sein müssen. Dies läuft in der Regel auf eine Vorbehandlung hinaus, deren Ziel es ist, Reaktionen der Abfälle untereinander und mit dem umgebenden Boden und der Atmosphäre zu minimieren. Um dies sinnvoll und mit verhältnismäßigem Aufwand erreichen zu können, waren zwei Deponietypen vorgegeben: die „Mineralstoffdeponie" und die „Normaldeponie".

Der Bundesrat hat am 12.02.1993 die Verwaltungsvorschrift nach Maßgabe einer Vielzahl von Änderungswünschen beschlossen [62]. Diese Änderungen bezogen sich sowohl auf die Planungsvorgaben der technischen Anleitung als auch auf technische Anforderungsprofile und Fristen.

Die Verwaltungsvorschrift ist am 1.06.1993 in Kraft getreten.

Welche *Konsequenzen* ergeben sich aus dem neuen Gesetz zur Vermeidung, Verwertung und Beseitigung von Abfällen für die TA Siedlungsabfall? Obwohl nach Artikel 13 dieses Gesetzes das Abfallgesetz 1996 außer Kraft tritt, bleibt die TA Siedlungsabfall bestehen. Sie ist im Hinblick auf die neuen gesetzlichen Vorgaben zu überprüfen und gfls. fortzuschreiben. Bei der Fortschreibung sind auch die neueren Vorgaben der Europäischen Union zu beachten. Soweit von dort Rechtsakte erlassen worden sind bzw. erlassen werden, die den Stand der Technik festlegen, enthält Artikel 1, § 57 des neuen Gesetzes nunmehr eine Ermächtigung, zu deren Umsetzung nunmehr Rechtsverordnungen zu erlassen. Im Hinblick auf die Deponierichtlinie oder die Richtlinien zur Verbrennung von Abfällen der Europäischen Union ergibt sich mit dieser neuen Ermächtigung nun die Pflicht und Möglichkeit zu prüfen, welche Elemente der TA Siedlungsabfall als Rechtsverordnung „ausgekoppelt" und neu erlassen werden müssen. Dabei könnte auch daran gedacht werden, bspw. die Anforderungen an die Deponierung aus TA Siedlungsabfall und TA Abfall, Teil 1 zusammenzufassen und in einer Verordnung zu erlassen.

9.1 Anwendungsbereich

Um die weitere Entwicklung unter Berücksichtigung eines hohen Standards zu kanalisieren, werden mit der TA Siedlungsabfall Anforderungen festgeschrieben, die sich schwerpunktmäßig auf die kommunale Abfallentsorgung auswirken. Hierzu werden außer den in den privaten Haushalten erzeugten Abfällen die in den kommunalen Verantwortungsbereich fallenden Bauabfälle, Klärschlämme und hausmüllähnlichen Gewerbeabfälle erfaßt. Für diese Abfälle werden Anforderungen zur Abfallplanung (§ 6 AbfG), zum Anlagenbetrieb und zur Technik, die über §§ 7, 7a, 8, 9, 9a AbfG angeordnet werden können, zur Überwachung der Abfallströme und zu Altanlagen vorgegeben. Vom Anwendungsbereich ausgenommen wurden in Analogie zur TA Abfall, Teil 1 die Planung und Bauausführung von Reststoffverwertungsanlagen und Versuchsanlagen (→ Ziffer 8.2).

Die TA Siedlungsabfall enthält nicht alle zu beachtenden Vorschriften für die Entsorgung von Abfällen. Es wird darauf verwiesen, daß Anforderungen an die Entsorgung von Abfällen aufgrund anderer als abfallrechtlicher Vorschriften unberührt bleiben. Hierunter sind bspw. die Anforderungen an die Lagerung nach den Verordnungen für Anlagen zur Lagerung wassergefährdender Stoffe (VAwS) oder Anforderungen nach dem Bundesnaturschutzgesetz (BNatSchG) zu verstehen, die zusätzlich zu einer abfallrechtlichen Zulassung zu beachten wären.

9.2 Allgemeine Vorschriften

Den Anforderungen der TA Siedlungsabfall wurde in Gliederungsnummer 2.1 der *Stand der Technik* zugrunde gelegt. Der Stand der Technik wird wie in der TA Abfall, Teil 1 definiert. Der Stand der Technik bestimmt sich in der Verwaltungsvorschrift wesentlich über

– die Erfassung der Bioabfälle und deren Kompostierung,
– die anspruchsvolle Vorbehandlung der Restabfälle vor der Deponierung, wozu insbesondere die Verbrennung zählt,
– einheitliche Standards für Deponien, die denen der TA Abfall, Teil 1 entsprechen,
– Nachrüstung der Altanlagen.

Soweit Begriffe mehrfach auftauchen, die für das Verständnis der jeweiligen Anforderungen von Bedeutung sind, sich aber aus dem Text nicht eindeutig selbst erklären, werden sie in den *Begriffsbestimmungen* definiert.

Detaillierte *Probennahme, Meß- und Analyseverfahren* sind erforderlich, um eine einheitliche Handhabung und Reproduzierbarkeit der Analysenergebnisse zu gewährleisten. Sie haben besondere Bedeutung für die Zuordnung zur Deponie. Die entsprechenden Anforderungen wurden in einen eigenen Anhang A aufgenommen. Die Analytik erfolgt analog zur TA Abfall, Teil 1. Das bedeutet, daß auch in der TA Siedlungsabfall die Analytik wesentlich nach dem Verfahren DEV S4 durchzuführen ist. Dieses Verfahren gilt weiterhin als Stand der Technik. Dabei wurde bewußt nicht unterstellt, daß die Analytik nach DEV S4 das Sickerwasser eines abgelagerten Abfalls exakt widerspiegelt; DEV S4 wird vielmehr als Konvention zur reproduzierbaren Beschreibung und Beurteilung eines Abfalls im Hinblick auf die Zuordnung zu den Entsorgungsanlagen angesehen.

Mit der *Ausnahmeklausel* (Gliederungsnummer 2.4) wird der zuständigen Behörde die Möglichkeit gegeben, im begründeten Einzelfall von allen Anforderungen der Verwaltungsvorschrift abzuweichen. Entscheidend ist, daß vom Antragsteller der Nachweis erbracht werden kann, daß die gewählte Alternativlösung mindestens gleichwertig zu den Standards der TA Siedlungsabfall ist.

9.3 Zulassung von Abfallentsorgungsanlagen

Die Gliederungsnummer 3 regelt die Neuzulassung von Abfallentsorgungsanlagen. Neuanlagen müssen alle technischen und betrieblichen Anforderungen der TA Siedlungsabfall einhalten. Welche Unterlagen für eine

Antragstellung vorzulegen sind, richtet sich sinngemäß nach Anhang A der TA Abfall, Teil 1. Übergangs- bzw. Ausnahmeregelungen für laufende Zulassungsverfahren wurden nicht aufgenomen.

In diesem Zusammenhang sei nochmals darauf hingewiesen, daß durch das Inverstitionserleichterungs- und Wohnbaulandgesetz, das seit dem 1.05.1993 in Kraft ist, mit Ausnahme von Deponien alle Abfallentsorgungsanlagen, die noch nicht öffentlicht bekannt gemacht worden sind, nach den Vorschriften des BImSchG genehmigt werden ($\rightarrow$ Ziffer 2.4). Die 9. BImSchV beinhaltet detaillierte Anforderungen, wie die Antragsunterlagen aussehen müssen. Deshalb ist Anhang A der TA Siedlungsabfall für alle Entsorgungsanlagen außer Deponien nur noch zur Orientierung heranzuziehen.

9.4 Zuordnung von Abfällen zu Entsorgungsverfahren

Grundansatz der TA Siedlungsabfall ist eine Zuordnung von Abfällen zu bestimmten Entsorgungswegen. Die TA Siedlungsabfall enthält keine Anforderungen an die Abfallvermeidung. Die Abfallvermeidung war von der Bundesregierung ursprünglich als ein wesentliches Element der Verwaltungsvorschrift vorgesehen [63] Entsprechende Vorgaben der Bundesregierung waren aber vom Bundesrat abgelehnt worden. Dabei wurde auf die eingeschränkte Ermächtigung des § 4 Abs. 5 AbfG, z.T. bestehende oder geplante konkurrierende Landesregelungen und Beeinträchtigungen der kommunalen Selbstverwaltung verwiesen. Die wichtigen Aspekte der Vermeidung wurden aber als wesentlicher Teil der „*Ergänzenden Empfehlungen zur TA Siedlungsabfall*" vom Bundesumweltministerium veröffentlicht ($\rightarrow$ Ziffer 9.10).

9.4.1 Verwertungsvorrang

Ein Abfall ist dann vorrangig zu verwerten, wenn

- dies technisch möglich ist,
- die Mehrkosten nicht unzumutbar sind,
- ein Markt vorhanden ist oder geschaffen werden kann.

Diese Prioritätensetzung entspricht den Vorgaben der TA Abfall, Teil 1 ($\rightarrow$ Ziffer 8.5.1).

Über die Verpackungsverordnung wird bereits eine Hauptkomponente des verwertbaren Hausmülls im Detail angesprochen. Eine weitere große Menge, die Bioabfälle, wird aufgrund der Vorgabe zukünftig verstärkt getrennt erfaßt und zu Kompost verarbeitet werden müssen. Möglicherweise wird zukünftig auch die Vergärung biologisch abbaubarer Abfälle an Bedeutung gewinnen. Für weitere relevante Abfallgruppen gibt es ebenfalls Anforderungen.

9.4.2 Zuordnungskriterien zur Deponie

In Analogie zur TA Abfall, Teil 1 dürfen Siedlungsabfälle nur noch so abgelagert werden, daß auch langfristig keine schädlichen Sickerwässer das Grundwasser gefährden können und daß kein Deponiegas migriert (→ Ziffer 8.5.2). Als Konsequenz dürfen Siedlungsabfälle damit im Grundsatz nur noch in vorbehandelter, weitgehend mineralisierter Form zur Ablagerung kommen. Es kommt die thermische oder die mechanisch-biologische Behandlung infrage. Der Zugang zur oberirdischen Deponie wird durch die Zuordnungswerte im Anhang B bestimmt (→ Tabelle 9). Wie in der TA Abfall, Teil 1 ist eine Verfestigung mit z. B. hydraulischen Bindemitteln nur zur Erreichung des Festigkeitswertes zulässig. Nicht zugelassen für die oberirdische Ablagerung sind Abfälle, die bei einer Ablagerung wegen ihres signifikanten Gehaltes an toxischen, langlebigen oder bioakkumulativen Schadstoffen das Wohl der Allgemeinheit beeinträchtigen können. Auch hierbei folgt die TA Siedlungsabfall der TA Abfall, Teil 1.

Auf *Monodeponien* sollen Abfälle abgelagert werden, bei denen nachteilige Reaktionen bei einer „Mischablagerung" zu befürchten sind (Gliederungsnummer 4.2.4). Im Einzelfall können einzelne Werte des Anhangs B überschritten werden, wenn die Behörde zustimmt. U.a. Asbestabfälle und nicht verwertbarer Bodenaushub sollen/können auf einer Monodeponie abgelagert werden.

9.5 Verwertungsvorgaben

Verwertbare Stoffe im Hausmüll sind getrennt zu erfassen und einer Nutzung zuzuführen (Gliederungsnummer 5.2). In der Verwaltungsvorschrift werden Wertstoffe, Bioabfälle, Sperrmüll, schadstoffbelastete Produkte, Altmedikamente, hausmüllähnliche Gewerbeabfälle, Garten- und Parkabfälle, Marktabfälle, Straßenkehricht, Bauabfälle, Klärschlämme, Fäkalien, Fäkalschlämme, Rückstände aus Abwasseranlagen geregelt. Ziel ist in allen Fällen, die Abfälle so aufzubereiten, daß sie verwertet werden können, soweit dies möglich ist. Soweit hausmüllähnliche Gewerbeabfälle und Bauabfälle nicht an der Anfallstelle getrennt werden können, soll die Trennung in zentralen Sortieranlagen erfolgen (Gliederungsnummer 5.3).

9.5 Verwertungsvorgaben

Tabelle 9. Zuordnungskriterien für Siedlungsabfalldeponien gem. Anhang B
Bei der Zuordnung von Abfällen zu Deponien sind die folgenden Zuordnungswerte, denen die im Anhang A genannten oder gleichwertige Analyseverfahren zugrunde liegen, einzuhalten:

Nummer	Parameter	Zuordungswerte Deponie-klasse I	Zuordnungswerte Deponie-klasse II
1	Festigkeit *)		
1.01	Flügelscherfestigkeit	$\geq$ 25 kN/m^2	$\geq$ 25 kN/m^2
1.02	Axiale Verformung	$\leq$ 20%	$\leq$ 20%
1.03	Einaxiale Druckfestigkeit	$\geq$ 50 kN/m^2	$\geq$ 50 kN/m^2
2	Organischer Anteil der Originalsubstanz **)		***)
2.01	bestimmt als Glühverlust	$\leq$ 3 Masse-%	$\leq$ 5 Masse-%
2.02	bestimmt als TOC	$\leq$ 1 Masse-%	$\leq$ 3 Masse-%
3	Extrahierbare lipophile Stoffe der Originalsubstanz	$\leq$ 0,4 Masse-%	$\leq$ 0,8 Masse-%
4	Eluatkriterien		
4.01	pH-Wert	5,5–13,0	5,5–13,0
4.02	Leitfähigkeit	$\leq$ 10000 µS/cm	$\leq$ 50000 µS/cm
4.03	TOC	$\leq$ 20 mg/l	$\leq$ 100 mg/l
4.04	Phenole	$\leq$ 0,2 mg/l	$\leq$ 50 mg/l
4.05	Arsen	$\leq$ 0,2 mg/l	$\leq$ 0,5 mg/l
4.06	Blei	$\leq$ 0,2 mg/l	$\leq$ 1 mg/l
4.07	Cadmium	$\leq$ 0,05 mg/l	$\leq$ 0,1 mg/l
4.08	Chrom-VI	$\leq$ 0,05 mg/l	$\leq$ 0,1 mg/l
4.09	Kupfe	$\leq$ 1 mg/l	$\leq$ 5 mg/l
4.10	Nickel	$\leq$ 0,2 mg/l	$\leq$ 1 mg/l
4.11	Quecksilber	$\leq$ 0,005 mg/l	$\leq$ 0,02 mg/l
4.12	Zink	$\leq$ 2 mg/l	$\leq$ 5 mg/l
4.13	Fluorid	$\leq$ 5 mg/l	$\leq$ 25 mg/l
4.14	Ammonium-N	$\leq$ 4 mg/l	$\leq$ 200 mg/l
4.15	Cyanide, leicht freisetzbar	$\leq$ 0,1 mg/l	$\leq$ 0,5 mg/l
4.16	AOX	$\leq$ 0,3 mg/l	$\leq$ 1,5 mg/l
4.17	Wasserlöslicher Anteil (Abdampfrückstand)	$\leq$ 3 Masse-%	$\leq$ 6 Masse-%

*) 1.02 kann gemeinsam mit 1.03 gleichwertig zu 1.01 angewandt werden. Die Festigkeit ist entsprechend den statischen Erfordernissen für die Deponiestabilität jeweils gesondert festzulegen. 1.02 in Verbindung mit 1.03 darf dabei insbesondere bei kohäsiven, feinkörnigen Abfällen nicht unterschritten werden.
**) 2.01 kann gleichwertig zu 2.02 angewandt werden; Anforderung gilt nicht für verunreinigten Bodenaushub, der auf einer Monodeponie abgelagert wird.
***) Gilt nicht für Aschen und Stäube aus nicht genehmigungsbedürftigen Kohlefeuerungsanlagen nach dem BImSchG.

9.5.1 Kompostierung und Vergärung

Die biologisch abbaubaren organischen Abfälle müssen zukünftig verstärkt getrennt erfaßt und zu Kompost verarbeitet werden (aerobe Behandlung). In Gliederungsnummer 5.4.1 ist vorgesehen, daß der Kompost im Hinblick auf die Schadstoffseite die Anforderungen des überarbeiteten, in Kürze veröffentlichten LAGA-Merkblattes M 10 [64] erfüllen muß. Im Hinblick auf die Nährstoffseite ist bei der Aufbringung das Düngemittelrecht zu beachten. Das heißt: es darf mit dem Kompost nur so viel Nährstoff der Pflanze zugeführt werden, wie diese für das Wachstum benötigt. Konkretisiert werden wird diese Anforderung mit der Änderung der Düngemittel – Verordnung und der geplanten Dünge – Verordnung, die Regelungen für Sekundärrohstoffdünger wie Kompost aus Abfall enthalten werden. Biologisch abbaubare organische Abfälle können aber auch durch Vergärung (anaerobe Behandlung) behandelt werden (Gliederungsnummer 5.4.2). Ziel ist, diese Mengen von der Deponie fernzuhalten und wieder zu verwenden.

Die Bioabfälle sollten in Gebieten mit dafür geeigneter Struktur der Eigenkompostierung zugeführt werden. Die Eigenkompostierung und der direkte Einsatz des selbst erzeugten Kompostes ist in vielen Bereichen sinnvoll und möglich. Untersuchungen haben gezeigt, daß dieser Kompost den höchsten Reinheitgrad hat. Beispielsweise können Komposte aus Garten- und Parkabfällen in Parkanlagen, auf Grünflächen und Friedhöfen, in Haus-, Schreber- und Kleingärten oder in Gartenbaubetrieben sinnvoll eingesetzt werden.

Das Problem dürfte auch weniger bei der Erfassung und Aufbereitung der Bioabfälle liegen, vielmehr müssen die Absatzmärkte erheblich vergrößert werden. Diesem Sachverhalt trägt die Verwaltungsvorschrift dadurch Rechnung, daß bereits im Planungsstadium einer Kompostierungsanlage eine Absatzanalyse gefordert wird. Diese Analyse kann insoweit von gesicherten Ausgangsdaten ausgehen, als vorliegende Untersuchungen belegen, daß Kompost aus getrennt erfaßten Bioabfällen im Hinblick auf seinen Schadstoffgehalt problemlos zu verwenden ist. Es liegen insofern völlig andere Voraussetzungen vor als beim Kompost, der aus der organischen Fraktion der „grauen Mülltonne" erzeugt worden ist. Noch vorhandene Vorbehalte bei den potentiellen Abnehmern (Landwirtschaft, Private, etc.) müssen durch Öffentlichkeitarbeit der Kommunen und beispielgebenden eigenen Einsatz abgebaut werden. So können die Gebietskörperschaften bspw. Kompost in der eigenen Landschaftspflege einsetzen.

9.5.2 Bodenaushub

Das im Entwurf der Verwaltungsvorschrift enthaltene zwingende Verwertungsgebot für Bodenaushub wurde vom Bundesrat gestrichen. Da aber weiterhin die Forderung enthalten ist, daß Bodenaushub nur abgelagert werden darf, wenn eine Verwertung nicht möglich ist, dürfte die Streichung in der Praxis wenig Auswirkungen haben. D.h. Bodenaushub wird zukünftig verstärkt in die Verwertung verdrängt werden.

9.5.3 Klär- und Fäkalschlämme

Die Verwertung dieser im Hinblick auf die hygienische und Geruchsseite problematischen Abfälle darf nur unter Berücksichtigung der Klärschlammverordnung erfolgen [158].

9.6 Organisatorische Anforderungen

Die in den Gliederungsnummer 6 der TA Siedlungsabfall enthaltenen Anforderungen richten sich an alle Entsorgungsanlagen. Sie sind insofern immer zusammen mit den Anforderungen der Gliederungsnummern 7 bis 12 sehen. Die TA Siedlungsabfall enthält in Gliederungsnummer 6 analoge Anforderungen zur TA Abfall, Teil 1 zur Aufbauorganisation und Ablauforganisation. Dabei haben entsprechend dem geringeren Gefahrenpotential die Annahmekontrollen und Kontrollanalysen einen kleineren Umfang.

Zu Erfüllung der entsprechenden Aufgaben muß im Betrieb jederzeit ausreichend qualifiziertes Personal vorhanden sein.

Zur betriebsinternen Information sind eine Betriebsordnung und ein Betriebshandbuch zu führen. Sie beinhalten die Maßnahmen, die für einen sicheren Betrieb vom Personal zu beachten sind. Es sind insbesondere die Anforderungen der Anlagenzulassung, die für den betrieblichen Ablauf wichtig sind, in einer für das Personal verständlichen Weise darzustellen. Das Betriebstagebuch dient der Dokumentation. Sein Mindestinhalt wird in Gliederungsnummer 6.4.3.1 aufgezählt. Das Betriebstagebuch ist mindestens 5 Jahre, bei Deponien mindestens bis zur Entlassung aus der Nachsorge aufzubewahren.

Die Betriebsordnung ist der zuständigen Behörde vorzulegen, die damit Gelegenheit erhält, die entsprechende Umsetzung der Anlagenzulassung zu überprüfen. Die Behörde ist über gravierende Störungen des Betriebs zu informieren. Jahresübersichten sind spätestens zum 1. April des folgenden Jahres der Behörde vorzulegen. Die Erklärung zum Deponieverhalten ist ebenfalls spätestens zum 1. April des folgenden Jahres der Behörde vorzulegen.

Die zuständige Behörde kann *Ausnahmen* zu allen vorgenannten Anforderungen zulassen, wenn weniger als 10 Abfallarten und weniger als 5000 t/a den Betrieb ausmachen und die Anlage räumlich nah zur Produktionsanlage liegt.

9.7 Betrieblich/technische Anforderungen

Die in der Gliederungsnummer 7 der TA Siedlungsabfall enthaltenen Anforderungen richten sich an alle Entsorgungsanlagen. Sie sind insofern immer zusammen mit den spezielleren Anforderungen der Gliederungsnummern 8 (Zwischenlager), 9 (Behandlungsanlagen), 10 (Deponien) zu beachten. Die Anforderungen entsprechen weitgehend denen der TA Abfall, Teil 1.

9.7.1 Zwischenlager

Zwischenlager bündeln erzeugernah insbesondere kleinere Abfallmengen. Sie reduzieren damit die Transportbelastungen. Sie können extern Pufferkapazitäten für die nachfolgenden Behandlungsanlagen vorhalten. Die TA Siedlungsabfall enthält im Gegensatz zur TA Abfall, Teil 1 nur 2 Vorgaben:

- die Verwertung oder Entsorgung darf nicht erschwert werden,
- der Weitertransport aus dem Zwischenlager muß in einer vorgegebenen Zeit erfolgen.

9.7.2 Behandlungsanlagen

Um den gewollten hohen Mineralisierungsgrad für die Ablagerung zu erreichen, wird zukünftig verstärkt auf die *thermischen Verfahren* zurückgegriffen werden müssen (Gliederungsnummer 9.1). Sie sind die Verfahrenstechnik mit dem höchsten Inertisierungsgrad, die außer einer weitestgehenden Mineralisierung der Abfälle auch die höchste Volumenreduktion bewirken. Die kritischen Aspekte der hochtoxischen Emissionen bei der Verbrennung, die auch im Bundesrat sehr kontrovers diskutiert worden sind, können heute unter Berücksichtigung der Vorgaben der 17. BImSchV als beherrschbar angesehen werden. Die Unbedenklichkeit der Abfallverbrennung wurde durch ein Gutachten der Bundesärztekammer erneut bestätigt [65]. Auch der Sachverständigenrat für Umweltfragen kommt in seinem Sondergutachten „Abfallwirtschaft" [66] zu dem Schluß, daß die Restmüllverbrennung unverzichtbar und unter ökologischen Gründen der reinen Abfallablagerung eindeutig vorzuziehen ist.

Als Alternative zu den thermischen Verfahren werden für Siedlungsabfälle auch die sog. „*kalten Verfahren*" geregelt (Gliederungsnummer 9.2). Zu

9.7 Betrieblich/technische Anforderungen 131

den „kalten Verfahren" zählen Kompostierung und Vergärung. Bei diesen kalten Verfahren entstehen aber immer noch Restabfälle, die unter Gesichtspunkten der Langzeitsicherheit nicht ohne weiteres abgelagert werden können. Dies gilt insbesondere wegen des in den verrotteten Abfällen noch enthaltenen organischen Anteils. Dieser Anteil kann unter Ablagerungsbedingungen langfristig weiter reagieren. Er kann zu einer Gasbildung sowie Sickerwasserbildung beitragen. Die „kalten Verfahren" haben weitere Nachteile: neben einem erheblichen Flächenbedarf haben sie nicht genau vorhersehbare Emissionen. Ihre Abwasserfrage, die Hygieneseite und nicht zuletzt die Kosten, insbesondere die schwer abzuschätzenden Folgekosten für die Restedeponierung bergen Unwägbarkeiten, die bei einer Entscheidungsfindung zu berücksichtigen sind. In einem Entschließungsantrag des Bundesrates wurde die Bundesregierung deshalb aufgefordert, bis 1995 die Maßstäbe für eine ausnahmsweise oder uneingeschränkte Zulassung der Ablagerung nach „kalter Behandlung" festzulegen.

Unabhängig zu der Skepsis gegenüber den kalten Verfahren als Vorbehandlungsstufe zur Ablagerung sind die Verfahren unbestreitbar sinnvoll, wenn getrennt erfaßte biologische Abfälle durch z.B. Kompostierung einer Verwertung zugeführt werden.

Zur Entwicklung geeigneter Verfahren zur biologischen Vorbehandlung von zu deponierenden Abfällen wird ein Verbund*forschungs*vorhaben durchgeführt. Projektträger ist das Umweltbundesamt, Berlin. Das Institut für Umweltwissenschaften, Potsdam, [67] koordiniert das Verbundvorhaben und soll Entscheidungsgrundlagen ableiten. Im Einzelnen werden u.a. folgende Untersuchungsvorhaben durchgeführt:

- Humifizierungsprozesse und Huminstoffhaushalt während der Rotte und Deponierung von Restmüll
- Durchführbarkeitsstudie zur Errichtung einer Logistik-Zentrale für Wertstoffe am Beispiel Kompost
- Lysimeterversuche zur Darstellung des Abbauverhaltens von mechanisch-biologisch vorbehandelten Restmüll-Keimspektrum im Sortierbereich der MBRA Horm
- Biologische Behandlung von Restabfällen durch das 3A-Verfahren als Vorstufe für die Ablagerung
- Optimierung der aeroben Rotte
- Stabilisierung von Restmüll durch pedogene Immobilisierung
- Anforderungen an und Bewertung von biologischen Vorbehandlungen für die Ablagerung
- Untersuchungen zur Ablagerung von biologisch stabilisierten Restmüllabfällen auf einer Trockendeponie.

9.8 Die Deponierung

In Analogie zur TA Abfall, Teil 1, wurde auch bei der TA Siedlungsabfall der Philosophie gefolgt, daß für Deponien ein Mehrbarrierensystem zugrundezulegen ist, dessen wichtigste Barriere der Abfall selbst sein muß. Dies bedeutet – und hier ist der Bundesrat dem Entwurf der Bundesregierung gefolgt –, daß Siedlungsabfälle nur noch so abgelagert werden dürfen, daß auch langfristig keine schädlichen Sickerwässer das Grundwasser gefährden können und daß kein Deponiegas migriert. Als Konsequenz dürfen Siedlungsabfälle damit im Grundsatz nur noch in vorbehandelter weitgehend mineralisierter Form zur Ablagerung kommen.

Um dem unterschiedlichen Charakter der Abfälle Rechnung zu tragen – nicht weiter verwertbarer Bauschutt liegt bereits in weitgehend mineralischer Form vor – wurde zwischen zwei Deponietypen unterschieden (Gliederungsnummer 10):

- Deponietyp I:
  Dieser Deponietyp gilt für Abfälle, die einen sehr geringen organischen Anteil enthalten und bei denen sehr geringe Schadstoffmengen freigesetzt werden können. Diese hohen Anforderungen an den Inertisierungsgrad der Abfälle werden mit relativ geringen Anforderungen an den Deponiestandort und die Deponieabdichtungen verbunden.
- Deponietyp II:
  Dieser Deponietyp gilt für Abfälle mit etwas höheren organischen Anteilen und größeren Schadstoffquoten, die ausgelaugt werden können. Diese geringeren Anforderungen an den Inertisierungsgrad werden mit deutlich höheren Anforderungen an den Deponiestandort und die Dichtungssysteme verbunden.

Unter den meisten Abfallexperten war es unstrittig, daß eine Ablagerung der Restfraktionen mit hohen organischen Anteilen nicht ohne Vorbehandlung erfolgen darf. Ziel ist die Begrenzung der organischen Anteile auf einen Wert, der weitere Umsetzungsprozesse in der Deponie ausschließt. Hierfür wurde in Analogie zur TA Abfall, Teil 1 der Glühverlust der Trockensubstanz begrenzt, und zwar in Abhängigkeit von der Deponieklasse auf max. 3 % für die Deponieklasse I bzw. max. 5 % für die Deponieklasse II. Bei Verdachtsmomenten, daß die Bestimmung des Glühverlusts falsche Ergebnisse liefert, kann alternativ der Gesamt-TOC bestimmt werden.

Der Parameter „Glühverlust" ist aber nur ein Kriterium von insgesamt 20 Zuordnungsgrößen. Weitere Parameter sind die Festigkeit des Abfalls sowie niedrige Auslauggrenzen für eine Reihe von organischen und anorganischen Substanzen.

9.8 Die Deponierung

Als *Deponiestandorte* sollen möglichst nur Gebiete mit naturdichten Böden gewählt werden. Die entsprechenden Anforderungen sind weitgehend der TA Abfall, Teil 1 entnommen.

Basis*abdichtungssysteme* für die Deponieklasse II müssen als Kombinationsdichtungen aus Kunststoffdichtungsbahn und mineralischer Dichtungsschicht erstellt werden. Bei Nachweis der Gleichwertigkeit des Abdichtungssystems sollen aber auch andere als Kombinationsdichtungen möglich sein. Diese Anforderungen wurden aus der TA Abfall, Teil 1 weitestgehend übernommen. Abdichtungssysteme für die Deponieklasse I bestehen nur aus der mineralischen Dichtungsschicht. Nach dem Verfüllen der einzelnen Deponieabschnitte muß als weitere Barriere eine Oberflächenabdichtung eingebaut werden. Kunststoffdichtungsbahnen für Oberflächenabdichtungen können auch aus Recyclaten hergestellt werden (→ Bilder 9, 10).

Deponieoberflächenabdichtungssystem (schematisch)

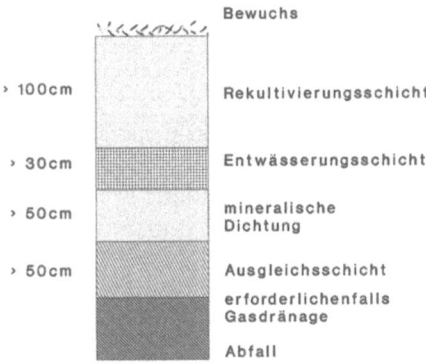

Deponiebasisabdichtungssystem (schematisch)

Bild 9. Aufbau der Abdichtungssysteme Deponietyp I

Deponieoberflächenabdichtungssystem (schematisch)

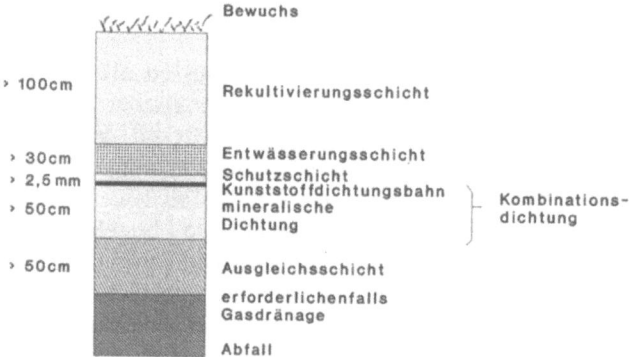

Deponiebasisabdichtungssystem (schematisch)

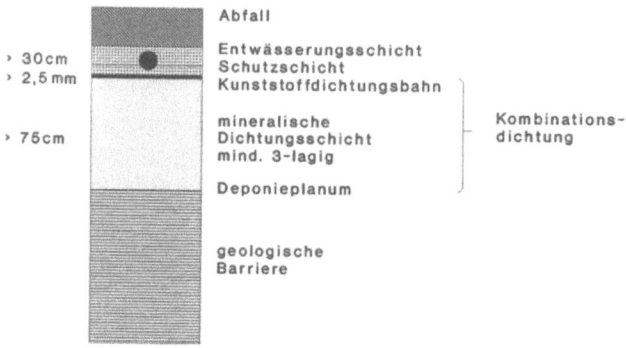

Bild 10. Aufbau der Abdichtungssysteme Deponietyp II

Auch die betrieblichen Anforderungen entsprechen weitgehend denen in der TA Abfall, Teil 1. Im Einzelnen werden Anforderungen an Stabilität, Betriebsplan, Ablagerungsplan, Bestandsplan, Deponiekörper, Sickerwasser, Gas, Kontrollen, Abschluß, Nachsorge vorgegeben.

Neben den *Forschungs*vorhaben, die sich auf geologische und betriebstechnische Fragestellungen einer Deponie beziehen und die in den Erläuterungen zur TA Abfall, Teil 1 aufgeführt sind (→ Ziffer 8.9.1) soll auf die „Deponierisikostudie" [68] hingewiesen werden. Die Studie dokumentiert die Auswirkungen einer Deponie für unbehandelten Hausmüll auf die Umweltmedien Wasser, Boden und Luft. Die Studie beleuchtet sowohl den

„Normalfall" als auch wenig wahrscheinliche „außergewöhnliche Umstände". Die Studie zeigt, daß eine moderne Hausmülldeponie bei geordnetem Betrieb nur geringe Umweltauswirkungen hat. Die unvermeidbaren Restemissionen führen nur zu geringen Belastungen der Medien Luft, Boden, Oberflächengewässer, gemessen an deren jeweiligen Qualitätszielen, und dem Grundwasser.

9.9 Altanlagenregelungen und Übergangsregelungen

Die wesentlichen Übergangsfristen für Altanlagen sowie die Übergangsvorschriften wurden im Vergleich zu den Vorgaben des Regierungsentwurfes durch den Bundesrat um 4 Jahre verlängert. Die Fristen bis zur vollständigen Gültigkeit der TA Siedlungsabfall sind damit auf max. 12 Jahre festgelegt worden. Außerdem sollen die Fristen im Jahr 1995 nochmals auf ihre Durchführbarkeit hin überprüft werden. Im Einzelnen stellen sich den Verwaltungsbehörden und Anlagenbetreibern folgende Aufgaben:

Bei Altanlagen hat die zuständige Behörde bis zum 1.06.1996 durch nachträgliche Anordnungen im Rahmen einer Einzelfallentscheidung sicherzustellen, daß die personellen und organisatorischen Anforderungen spätestens zum 1.06.1999 eingehalten werden und daß die Infrastrukturen der Zwischenlager, Behandlungsanlagen und der Deponien sowie Reststoffbehandlungsanlagen spätestens zum 1.06.2002 nachgerüstet sein müssen.

Hausmülldeponien müssen nach einer Übergangszeit mindestens die in der TA Siedlungsabfall vorgegebenen Anforderungen an Stabilität, Betrieb, Deponiegasverwertung, Oberflächenabdichtungssysten, wobei Ausnahmen bei bereits rekultivierten Deponieabschnitten zugelassen werden, und die Sickerwasserbehandlung erfüllen. Für *„sonstige Deponien"* kann die zuständige Behörde Abweichungen von diesen Mindestforderungen zulassen.

Diese Anforderungen sind innerhalb folgender Fristen zu realisieren, wobei als Basisdatum der 1.06.1993 (Inkrafttreten der Verwaltungsvorschrift) gilt: ausgehend von diesem Datum soll die zuständige Behörde möglichst schnell den Betreiber der Altdeponie auffordern, ein Nachrüstprogramm für o.a. Maßnahmen aufzustellen. Spätestens 2 Jahre nach vorgenannter Anordnung der Behörde muß der Betreiber genehmigungsfähige Nachrüstpläne vorlegen. Die Behörde hat dann maximal 2 Jahre nach Vorlage der Pläne Zeit, um die Nachrüstmaßnahmen nach § 8, § 9 bzw § 9a AbfG anzuordnen oder nach §7 Abs. 2 AbfG zu genehmigen oder nach § 7 Abs. 1 AbfG das Planfeststellungsverfahren bis zum Ablauf der Einwendungsfrist durchzuführen. Die Nachrüstmaßnahmen müssen dann spätestens 6 Jahre nach rechtskräftigem Bescheid realisiert worden sein.

Als Übergangsregelungen wurde weiterhin festgelegt, daß spätestens zum 1.06.1999 die Einbaudichte der Abfälle erhöht und ihr organischer Gehalt reduziert sein muß. Bodenaushub, Bauschutt und andere mineralische Abfälle müssen spätestens zum 1.06.2001 die Zuordnungswerte einhalten. Hausmüll, hausmüllähnliche Gewerbeabfälle, Klärschlamm und andere organische Abfälle müssen spätestens zum 1.06.2005 die Zuordnungswerte einhalten.

Die vorgenannten Fristen sollen im Jahr 1995 nochmals auf ihre Durchführbarkeit hin überprüft werden.

9.10 Empfehlungen zur TA Siedlungsabfall

Die Forderung nach der Aufstellung von integrierten Entsorgungskonzepten sowie die Vorgaben zur Vermeidung und Verwertung und zu einer entsprechenden Öffentlichkeitsarbeit wurden vom Bundesrat in den Beratungen der TA Siedlungsabfall gestrichen. Da aber davon auszugehen war, daß sich in der Praxis viele beseitigungspflichtige Körperschaften dieses Instruments bedienen werden, hat das Bundesumweltministerium im Gemeinsamen Ministerialblatt Empfehlungen [69] veröffentlicht.

Ein ganz wichtiger Punkt der Empfehlungen dürfte Anhang 1 sein: der *„Leitfaden für die Aufstellung eines integrierten Abfallwirtschaftskonzeptes"*. Dieser Leitfaden beinhaltet im wesentlichen die ursprünglich in der Verwaltungsvorschrift formulierten Anforderungen über die Aufstellung eines integriertes Abfallwirtschaftskonzept.

10 Andere Rechtsbereiche

10.1 Immissionsschutzrecht

Dem Bund stehen für die Regelungen des Immissionsschutzes verschiedene Kompetenzgrundlagen zur Verfügung. Zur Regelung der auch für die Abfallentsorgung relevanten Luftreinhaltung und Lärmbekämpfung besitzt der Bund über Artikel 74 Nr. 24 GG wie beim Abfallrecht eine konkurrierende Gesetzgebungszuständigkeit. Für die Regelung sonstiger Immissionen aus Anlagen in gewerblichen oder sonstigen wirtschaftlichen Unternehmungen kann er sich auf Artikel 74 Nr. 11 GG stützen.

Auf diesen Rechtsgrundlagen wurde mit dem Bundes – Immissionsschutzgesetz (BImSchG) vom 15.03.1974 das Immissionsschutzrecht grundlegend neu geregelt. Das Gesetz wurde zwischenzeitlich mehrfach geändert und dadurch den neuen Erkenntnissen angepaßt.

Mit der Novelle 1985 wurden bspw. die rechtlichen Grundlagen für die Altanlagensanierung verstärkt. Hiernach mußten Altanlagen innerhalb festgelegter Fristen auf den hohen Standard von Neuanlagen nachgerüstet oder stillgelegt werden. Außerdem wurden marktwirtschaftlich wirkende Instrumente in das Gesetz aufgenommen.

Mit dem 3. Gesetz zur Änderung des BImSchG vom 11.05.1990 [72], zuläßt geändert durch Artikel 2 des Gesetzes zur Vermeidung, Verwertung und Beseitigung von Abfällen vom 29.9.1994 (→ Ziffer 4.1) wurde das Gesetz umfassend novelliert. Ziel der Novellierung war die Weiterentwicklung der ordnungsrechtlichen Instrumente bis hin zum Ausbau des Gesetzes zu einem umfassenden Anlagensicherheitsgesetz. Zum anderen sollten die marktwirtschaftlichen Ansätze des Gesetzes weiterentwickelt werden, um Kompensationsmaßnahmen attraktiver zu machen. Einige nach hier vertretener Ansicht wichtige Regelungen der Novelle, die im wesentlichen am 1.09.1990 in Kraft getreten ist, sollen nachfolgend skizziert werden:

10.1.1 Überwachung genehmigungsbedürftiger Anlagen

Die wesentlichen Überwachungsanforderungen stellen sich wie folgt dar:
- die Sicherheitstechnik der Anlagen kann auf der Grundlage sicherheitstechnischer Regelwerke festgelegt werden;

- Sachverständige sind verstärkt in die sicherheitstechnische Kontrolle einzubeziehen;
- für Anlagen mit einem besonders hohen Gefährdungspotential ist ein Störfallbeauftragter zu bestellen, dem Entscheidungsbefugnisse für die Beseitigung und Begrenzung der Auswirkungen von Störfällen übertragen werden können;
- die Stellung und Befugnisse des Betriebsbeauftragten für Immissionsschutz werden gestärkt;
- zur Beratung der Bundesregierung wurden die Störfall-Kommission und der Technische Ausschuß für Anlagensicherheit eingerichtet.

10.1.2 Betreiberpflichten nach Betriebseinstellung

Die ausdrückliche Verantwortung des Anlagenbetreibers auch für den Zustand nach Betriebseinstellung wurde festgeschrieben. Wesentlichste Anforderung ist die Sorgetragung für einen dauerhaften umweltverträglichen Zustand auch nach Betriebsende.

10.1.3 Kompensationsregelungen

Um ökologisch wirksame und zugleich kostengünstige Emissionsminderungsmaßnahmen zu initiieren, wurden die Kompensationsmöglichkeiten in bestimmten Fällen auch auf nicht betriebsbereite Anlagen ausgedehnt. Auf der Grundlage entsprechender zwischenstaatlicher Vereinbarungen und Rechtsverordnungen sollen auch Kompensationen mit Nachbarstaaten möglich sein. Ziel ist die Reduzierung der Gesamtemission neuer Anlagen.

10.1.4 Kennzeichnungspflichten

Aufgrund von Rechtsverordnungen können Kennzeichnungs- und Unterrichtungspflichten über die Beschaffenheit von Brenn-, Treib- und Schmierstoffen festgelegt werden, um die Vermarktung der umweltfreundlichsten Produkte zu unterstützen.

10.1.5 Genehmigungsanforderungen

Genehmigungsbedürftige Anlagen sind aufgrund des § 4 Abs. 1 Satz 3 BImSchG in der 4. Verordnung zur Durchführung des BImSchG abschließend festgelegt [73]. Der Katalog der Anlagen ist auf die Anlagenarten mit besonderer Umweltrelevanz konzentriert. Über Artikel 7 des Investitionserleichterungs- und Wohnbaulandgesetzes [9] wurde festgelegt, daß auch ortsfeste Abfallentsorgungsanlagen zur Lagerung und Behandlung nach BImSchG genehmigungspflichtig sind; Teilgenehmigungen können erteilt werden. Damit wurden diese Anlagen zulassungsrechtlich vom

10.1 Immissionsschutzrecht

AbfG in das BImSchG verlagert. Das heißt: ab dem 1.05.1993 werden bis auf Deponien alle Abfallentsorgungsanlagen ausschließlich nach den Vorschriften des BImSchG zugelassen. Durch die in § 7 Abs. 1 AbfG angeordnete entsprechende Anwendung des § 6 AbfG auf die nach dem BImSchG zuzulassenden Anlagen ist deren Einbeziehung in die Abfallentsorgungsplanung weiterhin gewährleistet. Die sich aus dem Investitionserleichterungs- und Wohnbaulandgesetz ergebenden vorgenannten Änderungen haben zu einer Änderung der Ziffer 8 der 4.BImSchV (→ Tabelle 10) geführt:

Tabelle 10. Ziffer 8 der 4. BImSchV

	Spalte 1	Spalte 2
8.1	Anlagen zur teilweisen oder vollständigen Beseitigung von festen, flüssigen oder gasförmigen Stoffen oder Gegenständen durch Verbrennung; für Anlagen zur Beseitigung von Stoffen, die halogenierte Kohlenwasserstoffe enthalten, gilt das Genehmigungserfordernis auch, soweit den Umständen nach zu erwarten ist, daß sie weniger als während der 12 Monate, die auf die Inbetriebnahme folgen, an demselben Ort betrieben werden	–
8.2	Anlagen zur thermischen Zersetzung brennbarer fester oder flüssiger Stoffe unter Sauerstoffmangel (Pyrolyseanlagen)	–
8.3	Anlagen zur Rückgewinnung von einzelnen Bestandteilen aus festen Stoffen durch Verbrennen	Anlagen zur thermischen Behandlung a) edelmetallhaltiger Rückstände einschließlich der Präparation, soweit die Menge der Ausgangsstoffe 10kg oder mehr pro Tag beträgt, oder b) von mit organischen Verbindungen verunreinigten Metallen, wie z.B. Walzzunder, Aluminiumspäne

Tabelle 10 (Fortsetzung)

	Spalte 1	Spalte 2
8.4	Anlagen, in denen feste, flüssige oder gasförmige Abfälle, auf die die Vorschriften des AbfG Anwendung finden, aufbereitet werden, mit einer Leistung von 10t oder mehr je Stunde, ausgenommen Anlagen, in denen Stoffe aus in haushaltungen anfallenden oder aus gleichartigen Abfällen durch Sortieren für den Wirtschaftskreislauf zurückgewonnen werden	Anlagen, in denen a) feste, flüssige oder gasförmige Abfälle, auf die Vorschriften des AbfG Anwendung finden, aufbereitet werden, mit einer Leistung von 1 t bis weniger als 10 t je Stunde oder b) Stoffe aus in Haushaltungen anfallenden oder gleichartigen Abfällen durch Sortieren für den Wirtschaftskreislauf zurückgewonnen werden, mit einer Leistung von 1 t oder mehr je Stunde
8.5	Anlagen zur Kompostierung mit einer Durchsatzleistung von mehr als 10t je Stunde (Kompostwerke)	Anlagen zur Kompostierung mit einer Durchsatzleistung von 0,75 t bis weniger als 10 t je Stunde
8.6	Anlagen zur chemischen Aufbereitung von cyanidhaltigen Konzentraten, Nitriten, Nitraten oder Säuren, soweit hierdurch eine Verwertung als Reststoff oder eine Entsorgung als Abfall ermöglicht werden soll; Nr. *4.1 bleibt unberührt	–
8.7	Anlagen zur Behandlung von verunreinigtem Boden, der nicht ausschließlich am Standort der Anlage entnommen wird	Anlagen zur Behandlung von verunreinigtem Boden, der ausschließlich am Standort der Anlage entnommen wird
8.8	Anlagen zur chemischen Behandlung von Abfällen	–
8.9	–	Anlagen zur Lagerung oder Behandlung von Autowracks; Nr. *3.14 bleibt unberührt
8.10	Abfallentsorgungsanlagen zur Lagerung oder Behandlung von Abfällen im Sinne des § 2 Abs. 2 AbfG	–
8.11	–	Abfallentsorgungsanlagen zur Lagerung oder Behandlung von Abfällen

10.1 Immissionsschutzrecht

Tabelle 10 (Fortsetzung)

Spalte 1	Spalte 2
*4.1 Anlagen zur fabrikmäßigen Herstellung von Stoffen durch hemische Umwandlung, insbesondere a) ... p) hierzu gehören nicht Anlagen zur Erzeugung oder Spaltung von Kernbrennstoffen oder zur Aufbereitung bestrahlter Kernbrennstoffe	
*3.14 Anlagen zum Zerkleinern von Schrott durch Rotormühlen mit einer Nennleistung des Rotorantriebes von 500 kW oder mehr	Anlagen zum Zerkleinern von Schrott durch Rotormühlen mit einer Nennleistung des Rotorantriebes von 100 kW bis weniger als 500 kW

Zeitgleich mit der Novellierung der 4. BImSchV wurde vom Bundeskabinett die Novelle der 9. BImSchV (Verordnung über das immissionsschutzrechtliche Genehmigungsverfahren) verabschiedet, wodurch eine Beschleunigung und Vereinfachung der Zulassungsverfahren angestrebt wird, um das Fachpersonal vermehrt für die Überwachung der Anlagen freistellen zu können [74]. Für Genehmigungsverfahren wurden Regelfristen vorgegeben: Genehmigungsverfahren mit Öffentlichkeitsbeteiligung müssen künftig innerhalb von 7 Monaten, vereinfachte Verfahren binnen 3 Monaten durchgeführt werden; Überschreitungen dieser Fristen sind nur in besonderen Ausnahmefällen zulässig.

Um die Genehmigungsverfahren sachorientiert durchführen zu können, wurde außerdem § 10 Abs. 3 BImSchG dahingehend geändert, daß Einwender ihre Bedenken nur schriftlich vorbringen können.

Als eine weitere wichtige Änderung der Genehmigungsvorgaben könne zukünftig nicht nur die vorzeitige Errichtung, sondern auch der vorzeitige Betrieb zugelassen werden, soweit hieran ein öffentliches Interesse besteht. Außerdem können serienmäßig hergestellte Anlagen, die aufgrund einer Bauartprüfung eine generelle Bauartzulassung erhalten haben, errichtet und betrieben werden, ohne daß es hierzu einer konkreten Genehmigung für den Standort bedarf.

Hervorzuheben ist weiterhin, daß auf eine Genehmigung unter bestimmten, in den §§ 5 Nr. 1, 6 Nr. 2 und 7 BImSchG genannten Voraussetzungen ein Rechtsanspruch besteht. Zu diesen Voraussetzungen zählt das erste konkrete Vermeidungs- und Verwertungsgebot des deutschen Umweltrechtes, daß im § 5 Abs. 1 Nr. 3 BImSchG formuliert worden ist:

10.1.5.1 Vermeidungs- und Verwertungsgebot

§ 5 Abs. 1 Nr. 3 BImSchG fordert vom Betreiber einer nach § 4 BImSchG genehmigungsbedürftigen Anlage, diese so zu errichten und zu betreiben, daß die beim Betrieb der Anlage anfallenden Reststoffe vermieden werden, es sei denn, sie werden ordnungsgemäß und schadlos verwertet oder, soweit sowohl die Vermeidung als auch die Verwertung technisch nicht möglich oder unzumutbar sind, diese als Abfälle zu beseitigen.

Hierbei ist das Wohl der Allgemeinheit zu beachten. Als Reststoffe sind dabei alle Stoffe anzusehen, die bei der Energieumwandlung oder bei der Herstellung, Bearbeitung oder Verarbeitung von Stoffen anfallen, ohne daß der Zweck des Anlagenbetriebes darauf gerichtet ist. Nach dem Gesetzeswortlaut hat die Vermeidung keinen Vorrang vor der Verwertung. Die Formulierung „es sei denn, sie werden ordnungsgemäß und schadlos verwertet" rückt das Verwertungsgebot für Reststoffe an die erste Stelle. Das Vermeidungsgebot ist demgegenüber nach vorherrschender Rechtsauffassung subsidiär. Reststoffe müssen also nur dann nach den gewerberechtlichen Vorschriften vermieden werden, wenn sie nicht bis zur Grenze des technisch Möglichen oder des Zumutbaren ordnungsgemäß und schadlos verwertet werden.

Einschränkend ist anzumerken, daß das Vermeidungs-/Verwertungsgebot des § 5 Abs. 1 Nr. 3 BImSchG sich bisher nur auf die genehmigungsbedürftigen Anlagen und nicht auf sämtliche reststofferzeugenden Anlagen bezog. Hier sieht Artikel 2 Abs. 3 des Gesetzes zur Vermeidung, Verwertung und Beseitigung von Abfällen die Ermächtigung vor, durch Rechtsverordnung das vorgenannte Gebot auch auf nicht genehmigungsbedürftige Anlagen auszudehnen. Außerdem soll nochmals darauf hingewiesen werden, daß es ab Oktober 1996 Reststoffe nicht mehr geben wird, sondern nur noch Abfälle zur Verwertung.

10.1.5.2 Verwaltungsvorschrift zu § 5 Abs. 1 Nr. 3 BImSchG

Um dem Vollzug und der betroffenen Wirtschaft Hilfestellung zu geben, wurde der Entwurf einer „Verwaltungsvorschrift zur Vermeidung, Verwertung und Beseitigung von Reststoffen nach § 5 Abs. 1 Nr. 3 BImSchG" erarbeitet, der vom Länderausschuß für Immissionsschutz (LAI) im Oktober 1988 gebilligt wurde [75].

10.1 Immissionsschutzrecht

Die Verwaltungsvorschrift gilt für alle in der Verordnung über genehmigungsbedürftige Anlagen (4. BImSchV) aufgezählten Anlagen. Neben einer Definition der genehmigungsrelevanten Begriffe „Reststoffe", „Reststoffvermeidung", „Reststoffverwertung", „ordungsgemäß und schadlos" und der gewerberechtlichen Bedeutung der impizierten Inhalte wird auch die Abgrenzung zur Abfallbeseitigung festgelegt.

Ein weiterer Abschnitt der Verwaltungsvorschrift beinhaltet Einzelheiten für das Genehmigungsverfahren sowie die Überwachung. Bspw. wird im Hinblick auf die Aussagekraft der Antragsunterlagen auf die Erfordernis einer Stoffbilanz und die Beschreibung der Reststoffeigenschaften verwiesen. Die Aussagen zur geplanten Verwertung müssen der Behörde eine Beurteilung ermöglichen, ob die Verwertung ordnungsgemäß und schadlos erfolgen kann. Wenn eine Verwertung nicht möglich ist, muß die gesicherte Entsorgung als Abfall für einen mit der Behörde abzustimmenden Zeitraum nachgewiesen werden.

Für die zuständige Behörde sieht die Verwaltungsvorschrift eine Reihe von Prüf- und Kontrollaufgaben vor, die im wesentlichen sicherstellen sollen, daß die Reststoffe ohne Schäden der Umwelt verwertet bzw. beseitigt werden.

Die meisten Bundesländer haben den Entwurf in geeigneter Form an die jeweils zuständigen Genehmigungs- und Überwachungsbehörden weitergegeben, so Baden – Württemberg [76], Hamburg [77], Hessen [78], Niedersachsen [79], Nordrhein-Westfalen [80], Rheinland-Pfalz [81], Sachsen-Anhalt [82].

10.1.5.3 Musterverwaltungsvorschrift zu § 5 Abs. 1 Nr. 3 BImSchG

Aufgrund der o.a. Verwaltungsvorschrift erarbeitet der Länderausschuß Immissionschutz (LAI) Musterverwaltungsvorschriften für die Vermeidung und Verwertung von Reststoffen in bestimmten Anlagen. Die Musterverwaltungsvorschriften benennen und konkretisieren in einheitlicher Form getrennt nach Vermeidung und Verwertung folgende Aspekte:

– Bezeichnung und Anfallort der relevanten Reststoffarten,
– Voraussetzung und Anwendungsbereich der erfaßten technischen möglichen Maßnahmen,
– Zumutbarkeit und Vermeidungrate der technisch möglichen Vermeidungsmaßnahmen,
– Zumutbarkeit und Schadlosigkeit der technisch möglichen Verwertungsmaßnahmen.

Verabschiedet hat der LAI bisher Musterverwaltungsvorschriften für
- Schmelzanlagen für Nichteisenmetalle (Nr. 3.4 der 4. BImSchV),
- Anlagen zur Herstellung von Anstrich- oder Beschichtungsstoffen oder Druckfarben (Nr. 4.10 der 4. BImSchV),
- Lackieranlagen (Nr. 5.1 der 4. BImSchV).

Die weiteren Arbeiten werden wesentlich von der Ausfüllung des neuen Ermächtigungsrahmens des Gesetzes zur Vermeidung, Verwertung und Beseitigung von Abfällen abhängen.

10.1.6 Verbrennungsanlagen

Fortschritte bei der Anwendung und Optimierung von Immissionsminderungstechniken hatten Bund und Länder Ende 1988 veranlaßt, durch Rechtsverordnung die Anforderungen an Errichtung und Betrieb von Abfallverbrennungsanlagen auf der Grundlage des § 7 BImSchG auf einem gegenüber der TA Luft strengeren Niveau neu festzulegen. Übereinstimmendes Ziel war, die Emissionsfrachten aus diesen Anlagen weiter zu vermindern und die Genehmigungsverfahren kalkulierbarer und rechtssicher zu gestalten. Dieses Ziel im Auge, hatte der Bundesrat in seiner Sitzung am 21.9.1990 der *Verordnung über Verbrennungsanlagen für Abfälle und ähnliche brennbare Stoffe* zugestimmt [83]. Die Verordnung ist *am 1.12.1990 in Kraft getreten* [84]. Mit der Verordnung werden auch die sich aus zwischenzeitlich verabschiedeten EG-Richtlinien über Verbrennungsanlagen für Siedlungsabfälle ergebenden Anforderungen in nationales Recht umgesetzt (→ Ziffern 11.7.4, 11.7.5).

Während der Entwurf der Bundesregierung ursprünglich nur bestimmte Feuerungsanlagen in den Anwendungsbereich einbeziehen wollte, hatte der Bundesrat eine Erweiterung des Geltungsbereiches der Verordnung auf alle nach der 4. BImSchV genehmigungsbedürftigen Anlagen beschlossen, in denen feste oder flüssige Abfälle oder ähnliche brennbare Stoffe eingesetzt werden. Das bedeutet: Abfälle dürfen auch in immissionsschutzrechtlich genehmigten Anlagen verbrannt werden, die ursächlich nicht der eigentlichen Abfallentsorgung dienen. Dies gilt beispielsweise für Kraftwerke, in denen Abfälle als Sekundärenergieträger eingesetzt werden sollen. Wichtig ist in diesem Zusammenhang die Mischfeuerungsregelung des § 1 Abs. 2 der 17. BImSchV. Sie besagt, daß in genehmigungsbedürftigen Anlagen, in denen neben „Normalbrennstoffen" auch feste oder flüssige Abfälle oder ähnliche brennbare Stoffe eingesetzt werden und deren Anteil maximal 25 Prozent beträgt, die Verordnung lediglich im Hinblick auf die Emissionsgrenzwerte und die zugehörigen Meß- und Überwachungsvorschriften anzuwenden ist. Ansonsten gelten die Anforderungen der Großfeuerungsanlagen-Verordnung oder der TA Luft.

10.1 Immissionsschutzrecht

Besondere Bedeutung haben Abfallverbrennungsanlagen für die Umwelt durch ihre Emissionen an gasförmigen anorganischen Chlor- und Fluorwasserstoff-Verbindungen sowie wegen der Inhaltsstoffe des Gesamtstaubes. Bei den Staubinhaltsstoffen sind vor allem Schwermetalle und die polyhalogenierten aromatischen Verbindungen bedeutsam. Fortschritte bei der Anwendung und Optimierung von Minderungstechniken haben es ermöglicht, die Tagesmittelwerte der Schadstoffe gegenüber dem Stand von 86 (TA Luft) zum Teil um mehr als 50 Prozent herabzusetzen. Von besonderer Bedeutung ist der außerordentlich anspruchsvolle Immissionsgrenzwert für Dioxine und Furane von 0,1 ng/Ncbm.

Erhöhte feuerungstechnische Anforderungen werden an den Betrieb der Anlagen gestellt, um eine möglichst vollständige Zerstörung aller organischen Verbindungen und damit eine Minimierung von Emissionen dieser Stoffe zu erreichen. Gegenüber der TA Luft 1986 wurden deshalb die Verbrennungsbedingungen durch Absenkung der Werte für Kohlenmonoxid und Gesamt-Kohlenstoff geändert.

In der Verordnung werden weiterhin Meßeinrichtungen zur kontinuierlichen Ermittlung

- von Emissionen an Staub, organischen Stoffen, anorganischen Halogenverbindungen, Schwefeloxiden und Stickoxiden;
- der zur Auswertung und Beurteilung der Emissionsmessungen erforderlichen Bezugsgrößen;
- der zur Beurteilung des ordnungsgemäßen Betriebs erforderlichen Betriebsgrößen

vorgegeben. Um hier einen einheitlichen Vollzug zu gewährleisten, wurden die *Richtlinien über die Auswertung kontinuierlicher Emissionsmessungen nach der Verordnung über Verbrennungsanlagen für Abfälle und ähnliche brennbare Stoffe* [85] veröffentlicht. Die Richtlinien regeln die kontinuierliche Überwachung der Emissionen aus Verbrennungsanlagen, die der 17. BImSchV unterfallen sowie Einzelheiten des Auswerteverfahrens. Meßtechnische Anforderungen werden konkretisiert. Die Richtlinien ergänzen die *Richtlinien über die Auswertung kontinuierlicher Emissionsmessungen* [86] sowie die *Richtlinien über die Eignungsprüfung, den Einbau, die Kalibrierung und Wartung von Meßeinrichtungen für die kontinuierliche Emissionsmessung* [87].

Die Verordnung gilt für neue Anlagen und für im Bau oder im Betrieb befindliche Anlagen (Altanlagen). Hierunter fallen nicht nur die ca. 50 Hausmüllverbrennungsanlagen, 27 Sonderabfallverbrennungsanlagen und 15 Klärschlammverbrennungsanlagen, sondern alle Anlagen, die Reststoffe aus der gewerblichen oder industriellen Produktion verbrennen. Für neue Anlagen gelten die Anforderungen der Verordnung sofort nach Inkrafttreten, für zum 1.12.1990 bereits bestehende Anlagen ist eine Übergangsfrist bis zum 1.3.1996 dann zulässig, wenn die Anlagen bereits der TA Luft 1986 entsprechen. Ansonsten galt als Übergangsfrist der 1.3.1994.

Wichtig erscheint dem Autor der Hinweis, daß gasförmige brennbare Stoffe im Geltungsbereich der Verordnung bewußt ausgenommen sind. Damit unterfällt nach hier vertretener Ansicht die Verbrennung von *Deponiegasen* nicht der 17. BImSchV. Soweit die Gase abgefackelt werden, wäre Nr. 3.3.8.1.1 der TA Luft [123] einschlägig. Bei einem Einsatz in einer Verbrennungsmotoranlage (z.B. Blockheizkraftwerk) wäre Nr. 3.3.1.4 der TA Luft einschlägig.

Neben den vorgenannten Anforderungen werden bestimmte reststoffrelevante Vorgaben gemacht. Dies bezieht sich auf eine Optimierung des Abgasausbrandes und qualitative Vorgaben an die „Güte" der festen Verbrennungsrückstände. Mit den zusätzlich getroffenen Anforderungen an die Behandlung von Reststoffen, insbesondere von Kessel- und Filterstäuben, wurden wichtige Schritte in die 17. BImSchV integriert, die eine bessere Verwertung dieser Reststoffe ermöglichen. An dieser Stelle ist eine direkte und enge Verzahnung mit den Anforderungen, die sich aus der TA Abfall, Teil 1 ergeben, vorhanden.

10.2 Wasserrecht

Da aus einer Abfallentsorgungsanlage grundsätzlich Stoffe austreten können, die den Wasserhaushalt beeinträchtigen können, sind die wasserrechtlichen Vorschriften bei der abfallwirtschaftlichen Entscheidungsfindung ebenfalls von erheblichem Gewicht.

Im Gegensatz zum AbfG und BImSchG handelt es sich beim Wasserhaushaltsgesetz (WHG) um ein Rahmengesetz. Die Gesetzgebungskompetenz des Bundes für den Wasserhaushalt ist aufgrund des Artikel 75 Nr. 4 GG doppelt beschränkt [88]. Der Bund darf nur Rahmenvorschriften erlassen, die die Materie nicht abschließend regeln; und auch hierfür ist er nur dann zuständig, wenn ein Bedarf an einer bundesrechtlichen Regelung besteht. Das WHG unterscheidet für den vorbeugenden Gewässerschutz zwei Bereiche, und zwar

- die „Benutzung des Gewässers" durch Handlungen und Vorgänge, die direkt und unmittelbar auf das Gewässer gerichtet sind und es beeinträchtigen können,

- den „Umgang mit wassergefährdenden Stoffen", der nur mittelbar auf das Gewässer wirken kann.

Für alle Abfallentsorgungsanlagen, in denen mit wassergefährdenden Stoffen umgegangen wird bzw. für deren Anlagenteile gilt der Besorgnisgrundsatz des § 34 WHG, wonach eine Lagerung und Ablagerung nur so erfolgen darf, daß eine Verunreinigung des Wassers oder sonstige nachteilige Veränderungen seiner Eigenschaften nicht zu besorgen sind.

10.2.1 Lagerung wassergefährdender Stoffe

Für das weite Feld der Lagerung waren zur Erfüllung dieser Anforderung in den Ländern die „Lagerbehälter-Verordnungen" erlassen worden. Diese Regelungen wurden mit der 5. Novelle zum WHG über die Spezialvorschriften der §§ 19 g bis 19 l ins Bundesrecht übernommen. Mit dieser Aufnahme wurden insgesamt bundeseinheitliche Anforderungen an Anlagen zum Lagern, Abfüllen und Umschlagen wassergefährdender Stoffe festgelegt.

Zur Verbesserung der Anlagensicherheit wurden sogenannte „Wassergefährdungsklassen" eingeführt, die es ermöglichen, stoffspezifisch abgestufte betriebliche und technische Anforderungsprofile festzusetzen. Die Einstufung in diese Klassen wird von der „Kommission zur Bewertung wassergefährdender Stoffe" des BMU-Beirates „Lagerung und Transport wassergefährdender Stoffe (LTwS)" vorgenommen. Die bewerteten Stoffe werden in einem „Katalog wassergefährdender Stoffe" regelmäßig bekanntgemacht. Der neueste Katalog (1991) ist bei der Geschäftsstelle des Beirats LTwS im Umweltbundesamt [89] zu beziehen. Derzeit wird an einer Überarbeitung gearbeitet. Die Zahl wassergefährdender Stoffe soll dabei von ca. 700 auf ca. 1360 ausgeweitet werden [165].

Von Relevanz ist,

- daß in diesem Katalog grundsätzlich Stoffe nicht aufgenommen werden, die eine unbekannte oder nur vertrauliche Zusammensetzung haben, die nicht eindeutig gekennzeichnet sind sowie Abwasser und Abfälle;
- daß Abfälle im Hinblick auf das Gefährdungspotential aber wie wassergefährdende Stoffe einzuschätzen sind;
- daß die Aufzählung der Stoffe im Katalog nicht abschließend ist. Um die daraus resultierenden Lücken zu schließen, hat die Industrie die Möglichkeit, Stoffe für eine Übergangszeit selbst einzustufen bzw. Stoffgruppen zusammenzufassen, wobei sie sich an den Bewertungsschemata des Katalogs zu orientieren hat [90]. Mittelfristig ist eine Aufnahme in den Katalog nach Prüfung vorgesehen.

Anlagen, in denen wassergefährdende Stoffe gelagert werden, bedürfen zur Einrichtung und zum Betrieb der Eignungsfeststellung oder Bauartzulassung. Auf diese behördliche Form der Vorkontrolle wird verzichtet, wenn es sich um Anlagen einfacher oder herkömmlicher Art handelt. Die materiellen Anforderungen sind dabei an den „allgemein anerkannten Regeln der Technik" auszurichten; es gilt nicht der „Stand der Technik". Allgemein anerkannte Regeln der Technik können insbesondere die „Verordnungen über Anlagen zum Lagern, Abfüllen und Umschlagen wassergefährdender Stoffe (VAwS)" der Länder enthalten. Gestützt auf entsprechende Ermächtigungen in den einzelnen Landeswassergesetzen haben die Länder Bayern [91], Bremen [92], Hamburg [93], Hessen [94], Niedersachsen [95], Nordrhein-Westfalen [96], Rheinland-Pfalz [97], Schleswig-Holstein [98] die entsprechenden Verordnungen und ergänzenden Verwaltungsvorschriften erlassen. Zu ihrem Vollzug gibt es zusätzliche Verwaltungsvorschriften. In den anderen Ländern gelten noch (soweit sie nicht durch die §§ 19 g – 19 l überholt sind), die zur Ausfüllung und Ergänzung der §§ 26 Abs. 2, 34 Abs. 2 erlassenen Lagerbehälterverordnungen.

Weiterhin gelten als allgemein anerkannte Regeln die von den zuständigen obersten Landesbehörden eingeführten technischen Vorschriften und technischen Baubestimmungen.

Zur Vereinheitlichung der Anforderungen hat die Länderarbeitsgemeinschaft Wasser (LAWA) im November 1990 die „Muster-Verordnung über Anlagen zum Umgang mit wassergefährdenden Stoffen und über Fachbetriebe (Muster-VAwS)" novelliert und beschlossen. Die Muster-VAwS wurde bei der EG-Kommission zwischenzeitlich mit geringfügigen Änderungen notifiziert. Die Länder haben zugesagt, ihre „alten" Verordnungen entsprechend umzustellen. In Sachsen, Thüringen, Hessen, Nordrhein-Westfalen ist dies bereits erfolgt.

10.3 Chemikalienrecht

Das Chemikalienrecht, das durch das „Gesetz zum Schutz vor gefährlichen Stoffen" (ChemG) vom 16.09.1980 [166], zuletzt geändert durch Artikel 6 des Gesetzes zur Vermeidung, Verwertung und Beseitigung von Abfällen vom 29.9.1994 (→ Ziffer 4), begründet worden ist, enthält mit seinen untergesetzlichen Normen eine Reihe von Vorschriften, die sich insbesonder über Verbote unmittelbar auf das Abfallaufkommen und damit auf die Entsorgung auswirken. Das wesentlich neue am Chemikalienrecht war der querschnittartige produkt- medien- und schutzzielübergreifende Ansatz,

10.3 Chemikalienrecht

der durch die unmittelbare Betrachtung des Produktes und seiner möglichen Gefährlichkeit für die verschiedenen Aspekte entsteht.

Direkte Verknüpfungen mit dem Abfallrecht ergeben sich u.a. bei den Regelungen zur Stoffeinstufung, -verpackung und -kennzeichnung (3. Abschnitt des Chemikaliengesetzes). So müssen gefährliche Stoffe, Zubereitungen und Erzeugnisse nach einem -EG-weit- standartisierten System gekennzeichnet werden; bildliche Gefahrensymbole und erläuternde Texte (z.B. „enthält ozonabbauende FCKW") charakterisieren den Stoff auf den ersten Blick.

Eng mit dieser Kennzeichnungspflicht verbunden sind die Regelungen über die Einstufung und die Verpackungen. Einstufung bedeutet in diesem Zusammenhang die Zuordnung der gefährlichen Eigenschaften eines Stoffes zu den chemikalienrechtlichen Gefährlichkeitsmerkmalen, die wiederum Voraussetzung für eine ordnungsgemäße Kennzeichnung sind. Diese Kennzeichnung kann dazu herangezogen werden, um eine Einstufung dahingehend vorzunehmen, ob eine Verpackung nach Verwendung des Produktes als besonders überwachungsbedürftiger Abfall eingestuft werden muß.

In einem weiteren Abschnitt werden im Chemikaliengesetz die Ermächtigungen zu Verbots-, Beschränkungs- und sonstigen Regulierungsmaßnahmen durch Verordnung vorgegeben. Der spektakulärste und im Hinblick auf die Abfallwirtschaft bedeutendste Aspekt dürften die konkreten stoffbezogenen Verbote sein, die unmittelbar zu einem Wegfall der bei der Produktion und Verwendung des Stoffes anfallenden Abfälle/Rückstände führen. Bsp.haft soll auf die FCKW-Halon-Verbots-Verordnung oder die PCB-, PCT-, VC-Verbots-Verordnung hingewiesen werden (→ Ziffer 6.3).

10.3.1 Technischen Regeln für Gefahrstoffe

Die Technischen Regeln für Gefahrstoffe (TRGS) geben den Stand der sicherheitstechnischen, arbeitsmedizinischen, hygienischen sowie arbeitswissenschaftlichen Anforderungen an Gefahrstoffe hinsichtlich Inverkehrbringen und Umgang wieder. Sie gelten auch für abfallerzeugende, abfallverwertende und abfallbeseitigende Anlagen. Die TRGS werden vom Ausschuß für Gefahrstoffe aufgestellt und entsprechend der Entwicklung laufend angepaßt. Sie werden vom Bundesministerium für Arbeit und Sozialordnung im Bundesarbeitsblatt oder vom Bundesumweltministerium im Bundesgesundheitsblatt bekanntgegeben.

Im Aufbau folgen die Technischen Regeln folgender Systematik:

001 – 099   Allgemeines, Aufbau und Anwendung
100 – 199   Begriffsbestimmungen

200 – 399 Inverkehrbringen von gefährlichen Stoffen, Zubereitungen und Erzeugnissen
400 – 699 Umgang mit Gefahrstoffen
700 – 799 Gesundheitliche Überwachung
800 – 999 Richtlinien und sonstige Bekanntmachungen des Bundesarbeits- oder Bundesumweltministeriums.

Einige Technische Regeln beschäftigen sich schwerpunktmäßig mit der Abfallentsorgung. So wird in der *TRGS 201* [120] die Kennzeichnung von Abfällen und Reststoffen angesprochen, die nicht direkt in die Entsorgung gehen, sondern einer Behandlung oder Verwertung zugeführt werden. Die *TRGS 519* [121] beschäftigt sich mit Abbruch-, Sanierungs- oder Instandhaltungsmaßnahmen von Asbest und asbesthaltigen Produkten. In der *TRGS 520* [122] werden Anforderungen an die Errichtung und den Betrieb von Sammelstellen für gefährliche Abfälle aus Haushalten, gewerblichen und öffentlichen Einrichtungen vorgegeben.

10.4 Umweltverträglichkeitsprüfung

Gemäß der Richtlinie der Europäischen Gemeinschaften vom 27.6.1985 über die Umweltverträglichkeitsprüfung bei bestimmten öffentlichen und privaten Maßnahmen mußte die UVP in nationales Recht eingeführt werden (→ Ziffer 11.7.19). Das entsprechende Gesetz wurde am 12.2.1990 im Bundesgesetzblatt veröffentlicht [99]. Die UVP als Vorsorgeinstrument ist durch zwei wesentliche Elemente gekennzeichnet: den alle Umweltsektoren übergreifenden, d.h. integrativen Prüfansatz und den Grundsatz der Frühzeitigkeit der Prüfung. Sie stellt insofern auch ein Element dar, mit dem die sektorale Betrachtung der einzelnen Fachgesetze übergreifend miteinander verzahnt werden. Dabei ist die UVP grundsätzlich anlagenbezogen durchzuführen.

Beachtet man, daß es im bis dato geltenden Recht kein Zulassungsverfahren gab, das die Entscheidungszuständigkeit für sämtliche Umweltauswirkungen bei einer Behörde konzentrierte, so boten sich für die Umsetzung der EG-Richtlinie nur drei Lösungswege an [100]:

1. Einführung eines neuen umfassenden Zulassungsverfahrens,
2. Ausbau oder Erweiterung bestehender Zulassungsverfahren zu vorhabenspezifischen oder umfassenden „UVP-Leitverfahren",
3. abgestimmte Einfügung der materiellen und formellen UVPElemente in die bestehenden Zulassungsverfahren.

Das Gesetz hat die dritte Alternative umgesetzt, indem die materiellen und formellen Elemente der UVP in bestehende Zulassungsverfahren integriert

10.4 Umweltverträglichkeitsprüfung

und ablauforganisatorische Vorkehrungen für eine Koordinierung der Entscheidungen getroffen wurden. Das Gesetz „verklammert" die einzelnen Umwelt- und Fachgesetze – wie das AbfG, das BImSchG oder das WHG – auf der Grundlage einheitlicher UVP-Mindestanforderungen. Hierbei folgt es folgenden Rahmenbedingungen:

– Durch die Aufzählung der UVP-pflichtigen Vorhaben wird ein selbständiger Anwendungsbereich festgelegt;
– soweit Umwelt- und Fachgesetze gleiche oder sogar weitergehende UVP-Regelungen beinhalten, gehen diese vor;
– der Zulassung vorgelagerte Verfahren wie Raumordnungsverfahren werden in die UVP einbezogen;
– parallel durchzuführende Zulassungsverfahren werden koordiniert;
– die geltenden gesetzlichen Regelungen werden als materielle Bewertungs- und Entscheidungsmaßstäbe herangezogen.

Welche Konsequenzen ergeben sich aus der Umweltverträglichkeitsprüfung für die betroffenen Vorhaben? Durch die UVP wird im Sinne der Umweltvorsorge dem Entstehen von Umweltbeeinträchtigungen und Umweltschäden entgegengewirkt, indem die überwiegend medial und sektoral ausgerichteten Umwelt- und Fachgesetze verzahnt werden. Damit kann auch der nicht unüblichen Praxis besser begegnet werden, Probleme von einem Umweltbereich in einen anderen Umweltbereich zu verschieben.

Unter Berücksichtigung der Änderungen des Investitionserleichterungs- und Wohnbaulandgesetzes ist für die abfallrechtlich zuzulassenden Deponien im Fall der Planfeststellung und für alle anderen nach BImSchG genehmigungspflichtigen Abfallentsorgungsanlagen eine Umweltverträglichkeitsprüfung durchzuführen.

Im übrigen sind über die Artikel 4 und 5 UVPG in das BImSchG bzw. das WHG die entsprechenden Vorgaben integriert, wonach für Anlagen, die explizit in der Anlage zum UVPG genannt sind, das gewerberechtliche bzw. das wasserrechtliche Zulassungsverfahren den Vorgaben des UVPG entsprechen muß. Wie dies zu erfolgen hat, wird nicht näher konkretisiert.

Damit die Umweltverträglichkeitsprüfung in diesen Fällen nach einheitlichen Kriterien und Verfahren sowie Grundsätzen durchgeführt wird, wird das Bundesumweltministerium gemäß § 20 UVPG eine allgemeine Verwaltungsvorschrift erlassen. Die geplante Verwaltungsvorschrift soll sich auf Genehmigungs-, Planfeststellungs- und sonstige verwaltungsbehördliche Verfahren beziehen, die der Entscheidung über die Zulässigkeit der im UVPG genannten Vorhaben dienen.

Gemäß einer Entschließung des Deutschen Bundestages hat das Bundesumweltministerium im Fj. 1990 ein Planspiel durchgeführt, um die Vollziehbarkeit der Entwurfsfassung der Verwaltungsvorschrift zu testen. Die Ergebnisse dieses Tests sind am 13.5.1991 veröffentlicht worden [101]. Auf der Basis der Erkenntnisse, die das Planspiel geliefert hat, wurde der Entwurf der Verwaltungsvorschrift weiterentwickelt. 1991 wurde er als Referentenentwurf des Bundesumweltministers vorgelegt. Die UVP-Verwaltungsvorschrift dient zum einen der besseren Information über die Umweltauswirkungen von Vorhaben und dadurch der Verbesserung der behördlichen Entscheidungsvorbereitung. Zum anderen können durch die Bewertungskriterien in vielen Fällen Einzelgutachten vermieden werden, weil bei Einhaltung dieser Kriterien von der Umweltverträglichkeit des Vorhabens ausgegangen werden kann. So werden die Planungs- und Genehmigungsverfahren beschleunigt, bei denen eine Umweltverträglichkeitsprüfung vorgeschrieben ist [167].

Wichtig erscheint noch der Hinweis, daß die Richtlinie der EG über die Umweltverträglichkeitsprüfung in Artikel 7 einen *grenzüberschreitenden Informationsaustausch* vorsieht. Da die Auswirkungen einer Anlage nicht an den nationalen Grenzen enden, haben im internationalen Bereich die Vertragsparteien des „ECE Übereinkommens über die Umweltverträglichkeitsprüfung im grenzüberschreitenden Zusammenhang" vom 25.02.1991 in einer Zusatzerklärung beschlossen, sich zu bemühen, das Übereinkommen bis zum Inkrafttreten in größtmöglichem Umfang durchzuführen". Zu den entsprechenden Schritten gehören insbesondere die Beteiligung der Behörden sowie die der Öffentlichkeit des betroffenen Nachbarstaates. Neben dieser allgemeinen Verpflichtung sind von der Bundesregierung und von den Länderregierungen bilaterale Abkommen u.a. zu Fragen der grenzüberschreitenden Abstimmung bei raumordnerisch bedeutsamen Projekten abgeschlossen worden. Sie sehen ebenfalls eine förmliche Beteiligungsmöglichkeit der fachlich zuständigen Behörden und Kommunen bei Projeken mit grenzüberschreitenden Auswirkungen bereits in der Planungsphase vor.

10.5 Umwelthaftungsrecht

Am 1.1.1991 ist eine grundlegende Verschärfung des bestehenden Umwelthaftungsrechtes eingetreten. Mit dem Gesetz über die Umwelthaftung [102] wurde der Ausgleich zivilrechtlicher Ansprüche auf Ersatz von Personen- und Sachschäden, die durch Einwirkungen auf die Medien Boden, Luft oder Wasser hervorgerufen wurden, neu geregelt.

10.5 Umwelthaftungsrecht

Die wichtigsten Eckpunkte des Gesetzes stellen sich folgendermaßen dar:

- Zum Ausgleich von Umweltschäden wird eine medienübergreifende, anlagenbezogene Gefährdungshaftung eingeführt. Diese Gefährdungshaftung dehnt die bisher bestehende umweltspezifische Gefährdungshaftung im Wasserbereich auf die Medien Boden und Luft aus.
- Die Gefährdungshaftung gilt für 96 umweltgefährdende Anlagentypen, die im Anhang I des Gesetzes enumerativ aufgeführt sind. Der Kreis der Anlagen wurde an dem Katalog der nach Bundes-Immissionsschutzgesetz genehmigungspflichtigen Anlagen orientiert. Weiterhin sind Anlagen aufgenommen, die ein vergleichbares Gefährdungspotential enthalten, z.B. bestimmte Abfallentsorgungsanlagen.
- Die Haftung bezieht sich auf Personen- und Sachschäden einschließlich der daraus entstehenden Vermögensfolgeschäden. Ausgenommen sind Schmerzensgeldansprüche. Ebenfalls nicht erfaßt werden unmittelbare Vermögensschäden ohne vorausgegangene Personen- oder Sachschäden. Weiterhin ausgeschlossen von einer Haftung sind die Fälle, in denen die Schäden durch höhere Gewalt verursacht wurden.
- Durch eine widerlegbare Ursachenvermutung wird die Beweissituation des Geschädigten entscheidend verbessert. Und zwar wird die Kausalität widerlegbar vermutet, wenn der Betrieb der Anlage geeignet war, einen Schaden der entstandenen Art zu verursachen. War die Anlage hierzu geeignet, so wird vermutet, daß der Schaden des Betroffenen auch tatsächlich von der konkreten Anlage ausging. Das Kausalitätsprinzip wird dabei nicht verlassen.
- Weitgehende Auskunftsansprüche des Geschädigten sollen ihm den Nachweis der Wirkungsursache erleichtern.
- Der Normalbetrieb der Anlage, also der bestimmungsgemäße Betrieb, wird in die Haftung einbezogen, wobei es auf ein Verschulden des Inhabers nicht ankommt.
- Die Haftung bezieht auch stillgelegte sowie noch nicht fertiggestellte umweltgefährdende Anlagen (Anhang I des Gesetzes) ein, soweit die Schäden durch Umwelteinwirkungen dieser Anlagen herbeigeführt worden sind.
- Für besonders umweltgefährdende Anlagen ist eine gesetzliche Verpflichtung zur Erbringung einer Deckungsvorsorge vorgeschrieben. Damit wird sichergestellt, daß auftretende Ersatzansprüche auch realisiert werden können. Die Anlagen sind in Anhang II aufgeführt. Es handelt sich im wesentlichen um die Anlagen, für die auch nach der 12. Verordnung zur Durchführung des Bundes-Immissionsschutzgesetzes eine Sicherheitsanalyse durchgeführt werden muß.

Auch seitens der Europäischen Gemeinschaften wird die Umwelthaftung forciert. So hat der Ausschuß „Umwelthaftung" die Arbeiten an dem Entwurf der Umwelthaftungs-Konvention intensiviert. Die bisherigen Beratungen haben erkennen lassen, daß das deutsche Umwelthaftungsgesetz viel detaillierter vorgeht als Umwelthaftungs-Bestimmungen anderer Staaten, die in Vergangenheit diskutiert worden sind. Die weiteren Beratungen werden zeigen, in welchem Umfang die deutschen Regelungen in die europäische Umwelthaftungs-Konvention integriert werden können.

10.6 Abfallverbringung

Im Rahmen des Umweltprogramms der Vereinten Nationen (UNEP) wurde 1989 eine weltweite Konvention zur Kontrolle der grenzüberschreitenden Verbringung gefährlicher Abfälle, das sog. *Basler Übereinkommen*, erarbeitet. Das Übereinkommen ist am 6. Mai 1992 in Kraft getreten (→ Ziffer 11.7.11). Mit dem *Zustimmungsgesetz* zum Basler Übereinkommen [104] wurden die verfassungsmäßigen Voraussetzungen für die Ratifizierung des Übereinkommens durch die Bundesrepublik Deutschland geschaffen. Das nachfolgend vorgestellte *Ausführungsgesetz* zum Basler Übereinkommen [105] setzt die materiell-rechtlichen Voraussetzungen zur innerstaatlichen Umsetzung. Gleichzeitig werden die notwendigen Ergänzungen zur seit dem 6.05.1994 geltenden EG-Abfallverbringungsverordnung, die nationales Recht ist, normiert.

10.6.1 Ausführungsgesetz zum Baseler Übereinkommen

Das Bundeskabinett hatte am 28.04.1993 die Entwürfe für das Zustimmungs- und das Ausführungsgesetz zum Baseler Übereinkommen beschlossen. Die Gesetzesentwürfe hatten zum Ziel,

- der Verpflichtung der Bundesrepublik als Zeichnerstaat des Übereinkommens und als Mitglied der Europäischen Gemeinschaften nachzukommen und
- die in neuerer Zeit bekannt gewordenen illegalen Abfallexporte ins insbesondere osteuropäische Ausland zu beenden und die Möglichkeit zur Rückabwicklung dieser Exporte zu schaffen.

Der Bundesrat hatte in seiner Sitzung am 18.06.1993 dem Entwurf des Zustimmungsgesetzes zugestimmt. Der Entwurf des Ausführungsgesetzes wurde abgelehnt mit der Maßgabe, ihn grundlegend zu überarbeiten und im weiteren Gesetzgebungsverfahren insbesondere folgende Punkte zu berücksichtigen [103]:

- Übernahme des EG-Abfallbegriffs,
- Übernahme der Regelungen der EG-Abfallverbringungsverordnung,

10.6 Abfallverbringung

- Einführung eines verursacherbezogenen Haftungsfonds auf Bundesebene,
- Schaffung einer Clearingstelle.

Im Zuge der weiteren Beratungen wurde das Ausführungsgesetz in den Ausschüssen des Bundestages und Bundesrates wesentlich überarbeitet. Am 8.07.1994 hat der Bundesrat mit seiner Zustimmung zum Ausführungsgesetz den Schlußpunkt unter die langwierigen Verhandlungen zwischen Bund und Ländern gesetzt, die sich im Vermittlungsausschuß am 23.06.1994 geeinigt hatten.

Damit konnte

- das Zustimmungsgesetz am 15. Oktober 1994 in Kraft treten;
- das Ausführungsgesetz am 14. Oktober 1994 in Kraft treten.

Seit Inkrafttreten sind die Inhalte des Basler Übereinkommens vollständig in deutsches Recht umgesetzt. Außerdem sind mit dem Ausführungsgesetz die notwendigen Ergänzungen zur EG-Abfallverbringungsverordnung geschaffen worden. Insbesondere im Zusammenwirken mit der EG-Abfallverbringungsverordnung sind künftig Abfallexporte zur Beseitigung in Länder außerhalb der Europäischen Union und der EFTA verboten. Weiterhin sind auch Abfallexporte zur Verwertung in Staaten außerhalb der OECD, die nicht Mitgliedstaaten des Basler Übereinkommens sind und mit denen keine gesonderten bilateralen Vereinbarungen bestehen, verboten. Damit wird auch die gemeinsame Bund/Länder-Erklärung zu Abfallexporten rechtlich verbindlich festgeschrieben.

Das Ausführungsgesetz zum Basler Übereinkommen ist als Artikelgesetz angelegt:

- Artikel 1 beinhaltet das *Abfallverbringungsgesetz* mit seinen materiellrechtlichen Bestimmungen zur Ausführung des Basler Übereinkommens und zur Ausführung der EG-Abfallverbringungsverordnung.
- Artikel 2 ändert das Abfallgesetz:
  - in § 12a wird eine Genehmigungspflicht für Vermittlungsgeschäfte für Verbringungsvorgänge gefordert;
  - die §§ 13 bis 13c werden aufgehoben; sie werden durch die EG-Abfallverbringungsverordnung verdrängt bzw. sind im Abfallverbringungsgesetz aufgegangen; als Folgeänderung werden
  - § 18 Abs. 1 Nrn. 10, 10a gestrichen; und
  - § 19 Abs. 2 geändert.
- Artikel 3 ändert das Strafgesetzbuch: es wird ein Straftatbestand für illegale Abfallexporte mit Freiheitsstrafen von bis zu 10 Jahren eingeführt.
- Artikel 4 ändert die Abfallverbringungs-Verordnung: bis auf einen erweiterten § 17, der Gebühren und Auslagen regelt, werden alle anderen

§§ der Verordnung aufgehoben, Ansonsten würden Doppelregelungen zur EG-Abfallverbringungsverordnung existieren.
- Artikel 5 ändert die Abfall- und Reststoffüberwachungs-Verordnung: über § 7a wird ein zusätzlicher Gebührentatbestand eingeführt.
- Artikel 6 läßt weitere Änderungen der in Artikel 4 und 5 geänderten Verordnungen durch Rechtsverordnung zu.
- Artikel 7 legt das Datum des Inkrafttretens fest.

10.6.1.1 Das Abfallverbringungsgesetz

Das Abfallverbringungsgesetz gilt sowohl für die Verbringung von Abfällen zur Verwertung als auch die von Abfällen zur Beseitigung. Abfälle sind alle beweglichen Sachen, die in Anhang I angesprochen werden und bei denen ein Entledigungswille/-bedarf vorliegt. Damit wurde die Abfalldefinition der EG-Rahmenrichtlinie für die grenzüberschreitende Verbringung übernommen. Beseitigungsverfahren werden in einem Anhang II A, Verwertungsverfahren in einem Anhang II B definiert, die mit den entsprechenden Anhängen der EG-Abfallrahmenrichtlinie identisch sind. Das bedeutet, daß der EG-Abfallbegriff – bezogen auf den Bereich internationaler Abfallverbringungen – unmittelbar und ab Oktober 1994 gilt. Für diese Verbringungen gibt es also seit 1994 und damit 2 Jahre vor Inkrafttreten des Kreislaufwirtschafts- und Abfallgesetzes nicht mehr Reststoffe/Abfälle, sondern nur noch Abfälle zur Verwertung/Beseitigung. Es kann davon ausgegangen werden, daß ein möglicher Begriffs-Wirrwarr, wie er mit Bezeichnungen wie Rückstand, Sekundärrohstoff oder Byprodukt verbunden gewesen wäre, zukünftig im grenzüberschreitenden Verkehr ausgeschlossen sein wird. Außerdem wird eine klare Grenzlinie zwischen legalen und illegalen Vorgängen, die bisher unter dem Deckmantel des „Wirtschaftsgutexportes" liefen, gezogen.

In § 3 AbfVerbrG wird vorgegeben, daß bei Abfallverbringungen zur Beseitigung folgende *Hierarchie* zu beachten ist:

1. Inland
2. Mitgliedstaat der Europäischen Union
3. Anderer Vertragsstaat des Basler Übereinkommens.

Mit diesem Primat werden der Autarkiegedanke der EG-Abfallrahmenrichtlinie umgesetzt und die im Inland vorhandenen hochwertigen Entsorgungsanlagen im wirtschaftlichen Bestand nicht gefährdet.

§ 4 AbfVerbrG enthält nur die Teile des Notifizierungsverfahrens der EG-Abfallverbringungsverordnung, die einer national-rechtlichen Regelung bedürfen. In Abs.1 wird die *zuständige Behörde* für Abfallimporte und Abfallexporte angesprochen. In Abs. 2 wird das Behörden-Notifizierungsver-

10.6 Abfallverbringung

fahren, das nach den Artikeln 3, 6, 15 der EG-Abfallverbringungsverordnung bei Abfallexporten zwingend durchgeführt werden muß, dargestellt. Die Pflichten der notifizierenden Person werden konkretisiert. Abs. 3 dient indirekt der Kontrolle der Einhaltung etwaiger Vereinbarungen im Sinne von Artikel 11 des Basler Übereinkommens. Abs. 4 regelt eine eventuelle Abfallbeprobung und deren Kostentragung. Abs. 5 regelt die Führung der in der EG-Abfallverbringungsverordnung vorgeschriebenen Begleitpapiere. Abs. 6 enthält die Ermächtigung für den Erlaß von Rechtsverordnungen für Notifizierungsunterlagen, Beförderungsmittel und Gebührenregelungen. Abs. 7 regelt die Bekanntgabe der Zollstellen. Abs. 8 regelt die Bekanntgabe der Staaten, die Einfuhrverbote erlassen haben bzw. Vereinbarungen nach Artikel 11 des Basler Übereinkommens abgeschlossen haben. Abs. 9 enthält besondere Bestimmungen für die Abfallbeseitigung auf Hoher See.

§ 5 AbfVerbrG bestimmt, in welchen Fällen das Bundesfinanzministerium und das Bundesverkehrsministerium bei der Überwachung von Verbringungsvorgängen mitwirken.

Als eine der Hauptpflichten des Gesetzes und zur Umsetzung des Artikel 9 Abs. 2 des Basler Übereinkommens konkretisiert § 6 AbfVerbrG die Modalitäten für den Fall einer *Rückführung von unzulässigerweise verbrachten Abfällen*. Pflichtiger kann neben der notifizierenden Person oder demjenigen, der einen illegalen Export veranlaßt hat, auch der Abfallerzeuger, der Vermittler oder der Zwischenhändler sein. Außerdem wird die innerstaatliche Zuweisung etwaiger Wiedereinfuhrpflichten des Staates festgelegt.

Für die Wiedereinfuhr von gescheiterten oder illegalen Abfallexporten haften somit alle am Export Beteiligten. Damit wird jeder, der mit dem Abfall zu tun hat, gezwungen, sich über die Seriosität seiner Entsorgungspartner zu vergewissern.

Daneben wird in § 6 AbfVerbrG der Vollzug der Rückführungspflicht (behördliche Anordnung, Ersatzvornahme, Kosten, Solidarfonds) festgelegt. Für genehmigungspflichtige Abfallexporte ist entsprechend der Art und Menge der Abfälle eine *Sicherheit* in Form von Bürgschaften, Versicherungen oder Garantieerklärungen zu leisten. Weiterhin ist die Beteiligung am *Solidarfonds* nachzuweisen. Aus dem Fonds können zukünftig finanzielle Risiken, die insbesondere aus einer Rückführung herrühren, abgedeckt werden. Mit dem Solidarfonds konnte die überaus schwierige Frage gelöst werden, wie der Rücktransport und die inländische Entsorgung von gescheiterten Exporten oder illegal exportierten Abfällen organisiert und durchgeführt wird, wenn der Verursacher nicht mehr haftbar gemacht werden kann. Geplant ist, daß der Fonds Kosten bis zu 75 Millionen

DM in jeweils 3 Jahren tragen soll. Zur Finanzierung muß jeder Abfallexporteur einen Beitrag an den Fonds abführen, gestaffelt nach Art und Menge des Abfalls.

§ 9 AbfVerbrG ermächtigt die im Genehmigungsverfahren beteiligten öffentlich-rechtlichen Institutionen, bestimmte personenbezogene Daten zu erheben und behördenintern weiterzugeben.

Für die Fahrzeugkennzeichnung wurde § 13 b AbfG als § 10 AbfVerbrG übernommen.

In § 11 AbfVerbrG wurde eine Rechtsverordnungsermächtigung aufgenommen, um auf etwaige besondere Probleme bei bestimmten Abfällen oder bestimmten Zielländern flexibel reagieren zu können.

In § 12 AbfVerbrG wurde eine Rechtsverordnungsermächtigung aufgenommen, um bei etwaigen besonderen Problemen bestimmte Abfälle, die in der EG-Abfallverbringungsverordnung „grün-gelistet" sind, den höheren Kontroll- und Überwachungsmechanismen der „gelb-" oder „rot-gelisteten" Abfälle zu unterziehen.

Beim Umweltbundesamt in Berlin wurde die nach dem Basler Übereinkommen und der EG-Abfallverbringungsverordnung geforderte *Anlaufstelle für „Durchfuhrnotifizierungen"* eingerichtet. Sie arbeitet unmittelbar mit dem Sekretariat des Basler Übereinkommens in Genf zusammen. Das Umweltbundesamt hat außerdem die Aufgaben einer *Clearingstelle* als Serviceeinrichtung der Länder übernommen. Es sammelt und verteilt Informationen, die den zuständigen Bundesländern Genehmigung, Kontrolle und Rückführung erleichtern sollen.

§ 14 AbfVerbrG enthält die Bußgeldvorschriften; § 15 AbfVerbrG regelt die Einziehung von Gegenständen.

11 Recht der Europäischen Union

Mit den Verträgen von Rom und Paris wurden die drei Europäischen Gemeinschaften

- *Europäische Gemeinschaft für Kohle und Stahl* (EGKS-Vertrag von Paris, 1951),
- *Europäische Wirtschaftsgemeinschaft* (EWG-Vertrag von Rom, 1957, „gemeinsamer Markt"),
- *Europäische Atomgemeinschaft* (EURATOM-Vertrag von Rom, 1957)

von den 6 Gründerstaaten Belgien, Bundesrepublik Deutschland, Frankreich, Italien, Luxemburg und den Niederlanden gegründet. 1973 hatten sich dieser Gemeinschaft Dänemark, Irland und das Vereinigte Königreich, 1981 Griechenland und 1986 Spanien und Portugal angeschlossen. Mit dem Beitritt von Österreich, Schweden und Finnland 1995 ist die Gemeinschaft auf 15 Mitgliedstaaten angewachsen. Da die Arbeiten der Europäischen Gemeinschaften von erheblichem Einfluß für die nationale Politik, so auch für die Abfallpolitik sind, werden nachfolgend die Arbeitsweise und die wichtigsten Regelwerke für die Abfallwirtschaft vorgestellt.

11.1 Die Verträge

Der Pariser Vertrag, der am 18.04.1951 unterzeichnet wurde, rief die Gemeinschaft für Kohle und Stahl ins Leben. Ziel der Gemeinschaft war die zügige Entwicklung der durch den zweiten Weltkrieg stark zerstörten Grundindustrien in den Mitgliedstaaten. Er begründete die Wirtschaftsunion.

Mit den am 25.03.1957 in Rom gezeichneten Verträgen über die Gründung der Europäischen Wirtschaftsgemeinschaft und der Europäischen Atomgemeinschaft wurde der Grundstein für die schrittweise Zusammenführung der Volkswirtschaften der 6 Mitgliedstaaten zu einem einheitlichen Wirtschaftsgebiet und dem weitergehenden Ziel einer Wirtschafts- und Währungsunion gelegt. Zugleich sollte mit EURATOM die friedliche Nutzung der Kernenergie unter Sicherstellung der benötigten Grundstoffe gewährleistet werden.

Die Verträge sind in der Vergangenheit mehrfach fortgeschrieben worden. So sind seit dem 01. Juli 1967 die drei genannten Organisationen/Gemeinschaften durch die Verschmelzung ihrer Organe (Fusionsvertrag vom 8.04.1965) zusammengeschmolzen worden, doch gelten der EGKS-Vertrag und der EURATOM-Vertrag auch nach dem Zusammenschluß fort.

Ein weiterer wichtiger Schritt hin zu der von der Gemeinschaft angestrebten Europäischen Union war die am 01. Juli 1987 in Kraft getretene „*Einheitliche Europäische Akte*" [106]. Durch sie wurden die vorgenannten Verträge wesentlich ergänzt und geändert. Befugnisse der Gemeinschaft wurden erweitert und entscheidende Änderungen an der Funktionsweise der Organe und ihren Beziehungen zueinander vorgenommen.

Die Einheitliche Europäische Akte bestätigte die gemeinsame Politik in den Bereichen Außen- und Sozialpolitik. Durch sie erhielt die europäische politische Zusammenarbeit eine völkerrechtlich verbindliche Grundlage. Die Vollendung des europäischen Binnenmarktes als Raum ohne Grenzen wurde bis Ende 1992 vorgegeben. Wirtschaftlicher und sozialer Zusammenhalt wurden betont und der Weg zur Währungsunion festgeschrieben. Die vorgenannten Bestimmungen über den Binnenmarkt wurden durch neue Vertragskapitel über Forschung und Technologie in der Gemeinschaft (Titel VI EWGV) sowie zum Umweltschutz (Titel VII EWGV) ergänzt.

Der vorerst letzte Meilenstein zu einer Europäischen Union ist der *Vertrag von Maastricht*. Dieser Vertrag, der von den Regierungen am 7. Februar 1992 gezeichnet wurde, stellt die bisher unfassendste Änderung und Ergänzung der Gemeinschaftsverträge dar. [107,108].

Der neue Vertrag besteht aus einer Präambel und folgenden 7 Abschnitten:
– gemeinsame Bestimmungen
– Bestimmungen zur Änderung des EWG-Vertrages
– Bestimmungen zur Änderung des EGKS-Vertrages
– Bestimmungen zur Änderung des EURATOM-Vertrages
– Bestimmungen über die gemeinsame Außen- und Sicherheitspolitik
– Bestimmungen über die Zusammenarbeit in den Bereichen Justiz und Inneres
– Schlußbestimmungen

Der neue Vertrag über die Europäische Union wird nach Ansicht des Autors weitreichende Folgen für die Bürger der 15 Mitgliedstaaten haben. Das Abkommen sieht eine gemeinsame Außen- und Sicherheitspolitik, eine Währungsunion und eine gemeinsame europäische Staatsbürgerschaft vor. Hinzu kommt eine engere Zusammenarbeit in der Justiz- und Innenpolitik.

11.1 Die Verträge

Als eine der wichtigen Zielsetzungen ist die Förderung eines dauerhaften und die Umwelt berücksichtigenden Wachstums vorgesehen (Art. 2). Nach Artikel 3 k soll die Umweltpolitik auf ein hohes Schutzniveau ausgerichtet werden. Weiterhin wird festgelegt, daß der Umweltschutz bei der Festlegung und Umsetzung der anderen politischen Ziele der Gemeinschaft stärker berücksichtigt werden muß (Art. 130 r Abs. 2).

Der neue Vertrag betont ferner das Subsidiaritätsprinzip (Art. 3 b) generell; d. h.: die Europäische Union darf nur dann aktiv werden, wenn die Mitgliedstaaten ein in dem Vertrag festgelegtes Ziel der gemeinsamen Politik nicht allein erreichen können. Entscheidungen sollen so bürgernah und egionalspezifisch wie möglich getroffen werden. Nach Ansicht des Autors ist dies ein wichtiger Schritt, um das Mißtrauen der Bevölkerung gegen den „Zentralismus" der EG-Organe zu dämpfen.

Der neue Vertrag mußte zu seinem Inkrafttreten von allen Mitgliedstaaten ratifiziert werden; er sollte ursprünglich am 1.01.1993 in Kraft treten. Nachdem Dänemark im Sommer 1993 in einem Referendum und Groß Britannien sowohl im Ober- als auch im Unterhaus den Verträgen – wenn auch mit einigen von der EG akzeptierten Einschränkungen – zugestimmt hatte und zum Schluß in Deutschland auch das Bundesverfassungsgericht die Beschwerden des FDP-Politikers M. Brunner und einer Gruppe von 4 Grünen-Europa-Abgeordneten verworfen hat, war das Ratifizierungsverfahren mit Übersendung der deutschen Ratifizierungsurkunde am 12.10.1993 abgeschlossen worden. Der Vertrag konnte damit am 1.11.1993 in Kraft treten.

Im Zusammenhang mit der Ratifizierung wurden das Grundgesetz (GG) geändert und die Zusammenarbeit zwischen Bund und Ländern neu geregelt:

A: *Grundgesetzänderung*
In einem neuen Artikel 23 GG werden die künftigen Übertragungen von Hoheitsrechten auf die Gemeinschaft geregelt – und zwar insbesondere aus Gründen der gemeinsamen Sicherheitspolitik und der Währungsunion. Für eine Übertragung solcher Hoheitsrechte auf die Gemeinschaft wird eine Zwei/Drittel-Mehrheit des Parlaments vorgesehen.

B: *Beteiligung des Bundestages*
Auf der Grundlage des neuen Artikel 23 GG wurde die Mitwirkung des Bundestages an der zukünftigen Europapolitik im „Gesetz über die Zusammenarbeit von Bundesregierung und Deutschem Bundestag in Angelegenheiten der Europäischen Union" [109] geregelt. U.a. wurde ein neu einzurichtender „Ausschuß für Angelegenheiten der Europäischen Union" verankert.

C: *Beteiligung des Bundesrates*
Auf der Grundlage des neuen Artikel 23 GG wurde auch die Mitwirkung des Bundesrates an der zukünftigen Europapolitik im „Gesetz über die Zusammenarbeit von Bund und Ländern in Angelegenheiten der Europäischen Union" [110] neu geregelt. Besonders stark wurden die Rechte der Länder auf den Gebieten ausgestaltet, auf denen sie unmittelbar zuständig sind. In diesen Fällen muß die Bundesregierung die Stellungnahme der Länder maßgeblich berücksichtigen. Zur weiteren Verbesserung des Informationsflusses können die Länder eigene Verbindungsbüros in Brüssel unterhalten. Damit wurde die bisherige Praxis legalisiert und ausgebaut.

11.2 Die Institutionen

Die der Union übertragenen Aufgaben werden von den Organen „dem Europäischen Parlament — kurz: Parlament –, dem Rat der Europäischen Union – kurz: Rat –, der Europäischen Kommission – kurz: Kommission –, dem Gerichtshof der Europäischen Gemeinschaft – kurz: Gerichtshof – sowie dem Europäischen Rechnungshof – kurz: Rechnungshof –" ausgeführt.

Als weitere Institutionen wurden mit dem Vertrag über die Europäische Union u.a. der Ausschuß der Regionen und die Europäische Investitionsbank eingerichtet [111].

11.2.1 Das Europäische Parlament

Am 07. und 10. Juni 1979 wurden die Repräsentanten des Europäischen Parlaments zum ersten Male direkt gewählt. Das Parlament ist von seiner Zusammensetzung her ein völlig integriertes, seinem Wesen nach gemeinschaftliches Organ. Es gibt keine nationalen Gruppierungen, sondern nur auf Gemeinschaftsebene zusammengeschlossene Fraktionen.

Das Europäische Parlament umfaßt seit der Europawahl 1994 567 Mitglieder. Deutschland stellt nunmehr 99 Mitglieder (bisher 81).

Das Europäische Parlament übt nur andeutungsweise die Funktionen des z.B. deutschen Parlaments aus. So kann das Parlament keine Regierung, die es als europäische Institution im eigentlichen Sinn auch nicht gibt, wählen. So ist auch nur die Kommission dem Europäischen Parlament verantwortlich. Das Parlament kontrolliert die Arbeit der Kommission, wobei es insbesondere darauf achtet, daß die Kommission ihre Aufgabe als Vertreterin der Gemeinschaftsinteressen wahrnimmt. Hierzu wird bei den turnusmäßigen Tagungen das jeweils zuständige Kommissionsmitglied zu dem behandelten Thema aufgefordert, die Beschlüsse der Kommission sowie die Vorlagen an

11.2 Die Institutionen

Tabelle 11. Sitzverteilung des Europäischen Parlaments bis 1994 -> ab 1995

Österreich	21	Irland	15 → 15
Belgien	24 → 25	Italien	81 → 87
Dänemark	16 → 16	Luxembourg	6 → 6
BR Deutschland	81 → 99	Niederlande	25 → 31
Finnland	16	Portugal	24 → 25
Griechenland	24 → 25	Schweden	22
Spanien	60 → 64	Vereinigtes Königreich	81 → 87
Frankreich	81 → 87		

den Rat oder den Standpunkt, den die Kommission im Rat vertreten hat, zu erläutern. Das Europäische Parlament kann die Kommission zum Rücktritt zwingen, wenn es einen Mißtrauensantrag mit der Mehrheit von 2/3 der abgegebenen Stimmen annimmt, was bisher noch nie erfolgt ist.

Soweit das Europäische Parlament Stellungnahmen zu Vorgängen abgibt, werden diese für das Plenum in Parlamentsausschüssen vorbereitet. Weiterhin werden in den Ausschüssen auch die Stellungnahmen des Parlaments zu den auf eigener Initiative beruhenden Entschließungen vorbereitet. Zu diesem Zweck werden unabhängige Persönlichkeiten oder Vertreter der betroffenen Organisationen oder Wirtschaftskreise angehört.

Eine gewisse Sonderstellung kann das Europäische Parlament im Bereich des Haushaltsverfahrens beanspruchen. Bei der Aufstellung der „nicht obligatorischen Teile" des Haushalts kann es Änderungen auch gegenüber dem Rat durchsetzen. Es hat also hier, und nur hier, die Entscheidungsbefugnis.

11.2.2 Der Rat der Europäischen Union

Der Rat der Europäischen Gemeinschaft hatte am 8.11.1993 (nach Inkrafttreten des Maastrichter Vertrags) beschlossen, sich in den „Rat der Europäischen Union" umzubenennen.

Im Rat sind die Regierungen der 15 Mitgliedstaaten vertreten. Er setzt sich aus Ministern der Mitgliedstaaten zusammen, wobei der Vorsitz in der alphabetischen Reihenfolge der nationalen Schreibweisen alle 6 Monate wechselt. Im 2. Halbjahr 1994 wurde der Vorsitz von Deutschland im 1. Halbjahr 1995 wird er von Frankreich wahrgenommen.

Die personelle Zusammensetzung des Rates ändert sich je nach Tagesordnung; bei Umweltfragen wird i.d.R. der Umweltminister oder Umwelt-Staatssekretär die Position der Gemeinschaft unter Berücksichtigung der Interessen seines Landes vertreten.

Der Rat ist das ranghöhste Rechtsetzungsorgan der Gemeinschaft, wobei er allerdings überwiegend auf Vorschlag der Kommission handelt. Er trifft die wichtigsten politischen Entscheidungen. Nur in der EGKS agiert er ausschließlich als Zustimmungsorgan, das die Kommission bei besonders wichtigen Entscheidungen zu beteiligen hat.

Für eine Beschlußfassung werden im Rat die Stimmen der Mitglieder wie folgt gewichtet:

Tabelle 12. Gewichtung der Stimmen der Mitglieder des Rates

Österreich	4	Irland	3
Belgien	5	Italien	10
Dänemark	3	Luxembourg	2
BR Deutschland	10	Niederlande	5
Finnland	3	Portugal	5
Griechenland	5	Schweden	4
Spanien	8	Vereinigtes Königreich	10
Frankreich	10		

Der Rat wird in seiner Arbeit unterstützt von

– dem Ausschuß der Ständigen Vertreter, der die Vorarbeiten der Arbeitsgruppen koordiniert; die Arbeitsgruppen aus Beamten der Mitgliedstaaten bereiten die Gemeinschaftsentscheidungen fachlich vor;
– dem Ratssekretariat.

Der Rat holt bei Angelegenheiten der EG und der EURATOM die Stellungnahme des Wirtschafts- und Sozialausschusses ein. In EGKS-Fragen wird der Rat von einem Beratenden Ausschuß unterstützt. Wirtschafts- und Sozialausschuß sowie Beratender Ausschuß ermöglichen eine aktive Beteiligung von Wirtschaft und Gewerkschaften an der Entwicklung der Gemeinschaft.

11.2.3 Die Europäische Kommission

Die Kommission der Europäischen Gemeinschaft hat am 17.11.1993 beschlossen, ab dem 1.01.1994 den Namen „Europäische Kommission" zu führen.

Die Kommission besteht aus 20 Mitgliedern, die von den Regierungen einvernehmlich ernannt werden. Die Mitglieder der Kommission handeln während ihrer Amtszeit (vier Jahre) in voller Unabhängigkeit sowohl gegenüber den Regierungen als auch gegenüber dem Rat.

11.2 Die Institutionen

Tabelle 13. Die Europäische Kommission und die Zahl der Mitglieder

Österreich	1	Irland	1
Belgien	1	Italien	2
Dänemark	1	Luxembourg	1
BR Deutschland	2	Niederlande	1
Finnland	1	Portugal	1
Griechenland	1	Schweden	1
Spanien	1	Vereinigtes Königreich	2
Frankreich	2		

In den Verträgen der Europäischen Gemeinschaft werden der Kommission umfassende Aufgaben zugewiesen, die sich wie folgt beschreiben lassen:

– Die Kommission ist Motor der Gemeinschaftspolitik: sie ist die Institution, die dem Rat Vorschläge und Entwürfe für Gemeinschaftsregelungen vorzulegen hat. Dieser Sachverhalt wird auch als das Initiativrecht der Kommission angesprochen. Hierbei muß die Kommission tätig werden, wenn es das Gemeinschaftsinteresse erfordert oder der Rat sie dazu auffordert. Die Gemeinschaftsregelungen als solche werden grundsätzlich vom Rat erlassen.
  Hinzuweisen ist in diesem Zusammenhang auf eine Besonderheit des EGKS-Vertrages: hier erläßt die Kommission Rechtsakte selbst; der Rat hat nur in bestimmten Fällen ein Zustimmungsrecht.
– Die Kommission ist Hüterin der Verträge und muß insofern den Vollzug der gemeinschaftlichen Vorschriften in den Mitgliedstaaten überwachen. Stellt sie Mißstände fest, muß sie dagegen bspw. auf dem Weg von Mahnschreiben reagieren; im Extremfall kann sie eine Klage vor dem Europäischen Gerichtshof anstrengen.
– Die Kommission ist das Exekutivorgan der Gemeinschaft: sie führt den Haushalt der EG, das Wettbewerbsrecht und die vertraglich geregelten Schutzklauseln durch. Daneben setzt sie Ratsentscheidungen in Detailregelungen um.
– Die Kommission vertritt das Gemeinschaftsinteresse im Rat. Zur Erfüllung dieser Aufgabe muß sie im Rat, der durch nationale Interessen geprägt wird, die gemeinschaftlichen Interessen durchsetzen.
– Die Kommission vertritt die Interessen der Gemeinschaft in internationalen Organisationen.
– Letztlich verwaltet sie die Gemeinschaftsmittel und gemeinsame Programme, die den Hauptteil des Gemeinschaftshaushalts ausmachen.

11.2.4 Der Gerichtshof, Gericht Erster Instanz

Der *Gerichtshof* besteht aus 13 Richtern, die von den Regierungen im Einvernehmen für sechs Jahre ernannt werden. Er wird von 6 Generalanwälten unterstützt. Der Gerichtshof sichert die Wahrung des Rechts bei der Anwendung der Verträge. Er kann von Regierungen, Institutionen oder Einzelpersonen angerufen werden.

Tabelle 14. Verfahrensarten des Gerichtshofes

Vertragsverletzungsverfahren (Kommission gegen Mitgliedstaat)
 Klage eines Mitgliedstaates gegen einen anderen Untätigkeitsklage
(Gegen den Europäischen Rat oder die Kommission)
Vorlageverfahren von Gerichten der Mitgliedstaaten zur Klärung der Auslegung und Gültigkeit von Gemeinschaftsrecht
Schadensersatzklage gegen die Europäische Union

Die Verfahrensordnung, die der Gerichtshof bei der Bearbeitung dieser Rechtssachen anwendet, ähnelt in ihren Grundzügen der der höchsten einzelstaatlichen Gerichte. In seinen Urteilen regelt der Gerichtshof nicht nur den jeweiligen Einzelfall, sondern legt strittige Vertragstexte verbindlich aus und ist somit für die einschlägigen Durchführungsvorschriften richtungsweisend.

Die Durchgriffsrechte des Gerichtshofs sind bisher sehr gering, da er keinen „Delinquenten" hinter Gitter bringen kann. Trotzdem ist in der Vergangenheit zumindestens seitens der „verurteilten" Regierungen den Urteilssprüchen zumeist Folge geleistet worden.

Mit Maastricht hat sich dieser Zustand insofern geändert, da der Gerichtshof nunmehr auch Geldstrafen gegen die Mitgliedstaaten festlegen kann.

Gericht Erster Instanz
Daneben kann der Ministerrat auf Antrag des Gerichtshofes nach Anhörung von Kommission und Parlament dem Gerichtshof durch einstimmigen Beschluß ein Gericht Erster Instanz beiordnen. Das Gericht entscheidet in erster Instanz

– bei Streitigkeiten zwischen der Gemeinschaft und ihren Bediensteten,
– bei Klagen von Unternehmen bzw. Verbänden gegen die Kommission bei bestimmten EGKS-Steitigkeiten,
– bei Klagen natürlicher und juristischer Personen gegen eine Institution der Gemeinschaft bei Fragen der Anwendung der Wettbewerbsvorschriften für Unternehmen.

Das Gericht Erster Instanz ist mit 12 Richtern besetzt, die nach Maßgabe der Verfahrensordnung gleichzeitig dazu bestellt werden können, die Tätigkeit eines Generalanwalts auszuüben.

11.2.5 Der Europäische Rechnungshof

Der Rechnungshof hat sich am 17. Januar 1994 in den „Europäischen Rechnungshof umbenannt.

Der Rechnungshof setzt sich aus 12 Mitgliedern zusammen, die vom Rat im Einvernehmen mit dem Parlament für 6 Jahre ernannt werden. Er prüft die Rechnungen der Gemeinschaft und aller von ihr eingesetzten Organe. Er erstattet den Organen der Gemeinschaft Bericht.

Umgekehrt sind die Organe der Gemeinschaften verpflichtet, bei Änderungen der Haushaltsordnung die Stellungnahme des Rechnungshofes einzuholen.

11.2.6 Ausschüsse

Bei dem *Wirtschafts- und Sozialausschuß* (EG, EURATOM) sowie dem *Beratenden Ausschuß* (EGKS) handelt es sich um beratende Gremien, die sich aus verschiedenen sozio-professionellen Kreisen zusammensetzen. Sie sind keine originären Organe der Gemeinschaft.

Trotzdem obliegen ihnen einige wichtige Gemeinschaftsaufgaben. Sie sollen die Kommission und den Rat bei anstehenden Entscheidungsprozessen über die Meinung der vertretenen Institutionen informieren und damit zur Meinungsbildung beitragen. Bei diesen vertretenen Institutionen handelt es sich um die Arbeitgeber- und Arbeitnehmerverbände der Bereiche Landwirtschaft, Handel, Handwerk, freie Berufe, Genossenschaftswesen, Familien, Gesundheitswesen u. v. a. mehr.

Die Ausschüsse sollen jedoch auch in umgekehrter Richtung die Überlegungen der Europäischen Gemeinschaft im Rahmen eines wirtschaftlichen und sozialen Dialogs für ihre Interessensgruppen transparent machen. Sie stellen damit eine wichtige Integrationsebene dar.

In vielen Fällen ist nach den Verträgen der Gemeinschaft die Anhörung der Ausschüsse bei den Rechtsetzungsverfahren vorgesehen. Hierzu zählen insbesondere die Bereiche der Forschung (Art. 130 q EWGV), des Umweltschutzes (Art. 130 s EGV) und des Binnenmarktes (Art. 100 a EGV).

Ein weiterer Ausschuß, der *Ausschuß der Regionen*, soll die lokalen und regionalen Gebietskörperschaften vertreten [Artikel 198 a EGV]. Der Ausschuß wurde durch den Vertrag über die Europäische Union neu eingerichtet. Von den insgesamt 189 Mitgliedern stellt Deutschland 24.

Der Ausschuß soll ein wesentliches Element zur Anwendung des Subsidiaritätsprinzips werden, in dem er das Ziel verfolgt, die regionalen Gremien als die bürgernächsten Institutionen stärker an der Verwirklichung der Europäischen Union zu beteiligen.

Der Ausschuß muß vor einer Annahme von Beschlüssen gehört werden, soweit diese regionale Interessen berühren. Die Abfallentsorgung ist nicht explizit genannt. Er kann weiterhin in allen Fällen von der Kommission oder vom Rat gehört werden, in denen eines dieser Institutionen dies für sinnvoll halten.

11.2.7 Die Europäische Investitionsbank

Die Bank mit Sitz in Luxemburg finanziert im Wesentlichen Investitionen, die der Entwicklung der Gemeinschaft helfen. Weiterhin werden bestimmten Ländern der Dritten Welt und aus Mittel- und Osteuropa Darlehn gewährt.

11.3 Das Handlungsinstrumentarium der EG

Um die Ziele umsetzen zu können, die sich die Europäischen Gemeinschaften gesetzt haben, wurde ein differenziertes Instrumentarium entwickelt, das eine Einwirkung auf die nationalen Rechtssetzungen in unterschiedlichem Maß ermöglicht. Die Variantionen reichen von einer Verdrängung nationaler Reglungen durch Gemeinschaftsrecht über Einwirkregelungen bis hin zu Einzelfallregelungen und unverbindlichen Empfehlungen. Die Grundformen dieser Regelungen finden sich in allen drei Verträgen, wobei allerdings Unterschiede bei der konkreten Ausgestaltung bestehen, die nachfolgend kurz dargestellt werden:

Tabelle 15. Grundformen von Regelungen der EG

EGKS-Vertrag (Paris/Maastricht)	EG-Vertrag (Rom/Maastricht)	EURATOM-Vertrag (Rom/Maastricht)
Artikel 14	Artikel 189	Artikel 161
allg. Entscheidungen	Verordnungen	Verordnungen
Empfehlungen	Richtlinien	Richtlinien
individuelle Entscheidungen		
–	Empfehlungen	Empfehlungen
Stellungnahmen	Stellungnahmen	Stellungnahmen

11.3 Das Handlungsinstrumentarium der EG

Nach dem EGKS-Vertrag kann die Kommission allgemeine Entscheidungen erlassen, Empfehlungen oder individuelle Entscheidungen aussprechen oder Stellungnahmen abgeben.

- Die allgemeinen Entscheidungen sind in allen ihren Teilen in den Mitgliedstaaten verbindlich.
- Die Empfehlungen sind dagegen „nur" hinsichtlich ihres Zieles verbindlich, lassen aber demjenigen, an den sie gerichtet sind, die Wahl der Mittel, um die Ziele zu erreichen.
- Die individuellen Entscheidungen sind die Möglichkeit der Gemeinschaftsorgane, Einzelfälle verbindlich zu regeln.
- Die Stellungnahmen haben orientierenden Charakter. Sie sind mithin weitgehend unverbindlich, entwickeln höchstens moralisch/politischen Umsetzungsdruck.

Nach dem EG-Vertrag und dem EURATOM-Vertrag erlassen Rat oder Kommission Verordnungen, Richtlinien und Entscheidungen und sprechen Empfehlungen aus oder geben Stellungnahmen ab.

- Die Verordnung hat allgemeine Geltung. Sie ist in allen ihren Teilen verbindlich und gilt unmittelbar in jedem Mitgliedstaat.
- Die Richtlinie ist für die Mitgliedstaaten insofern verbindlich, als ihr Ziel erreicht werden muß. Die neuere Rechtsprechung des Europäischen Gerichtshofes, die vom Bundesverfassungsgericht übernommen wurde, räumt dem einzelnen Bürger auch bei einer Richtlinie dann unmittelbar Rechte ein, wenn
  - ein Mitgliedstaat eine Richtlinie noch nicht oder nicht ausreichend in nationales Recht umgesetzt hat,
  - die Richtlinie inhaltlich, hinreichend bestimmt und vollziehbar ist,
  - ihre Anwendung keines weiteren Ausführungsgesetzes bedarf,
  - die Richtlinie zugunsten des Bürgers und zu Lasten des Staates wirkt.
- Entscheidungen können an eine Regierung, an ein Unternehmen oder an eine Privatperson gerichtet werden. Eine Entscheidung ist für den Empfänger, an den sie gerichtet ist, in allen Teilen verbindlich.
- Empfehlungen und Stellungnahmen sind nicht verbindlich.

Die Terminologie unterscheidet sich also: die „Empfehlung" der EGKS entspricht der „Richtlinie" der EG und EURATOM: Es handelt sich um einen verbindlichen Rechtsakt. Damit werden diese Rechtsakte zum wichtigsten Instrument der Rechtsangleichung, mit deren Hilfe zum einen Widersprüche zwischen nationalen Rechts- und Verwaltungsvorschriften beseitigt werden können und zum anderen die Wirtschaftspolitik der Mitgliedstaaten aufeinander abgestimmt werden soll.

11.4 Das Rechtssetzungsverfahren

Jede Maßnahme von allgemeiner Tragweite oder größerer Bedeutung muß vom Rat beschlossen werden. Der Rat kann bis auf wenige Ausnahmen aber nur auf Vorschlag der Kommission entscheiden. Die Kommission hat somit ein ständiges Initiativrecht bzw. eine ständige Initiativpflicht. Durch den Vertrag von Maastricht wurden die einzelnen Möglichkeiten der Rechtsetzung modifiziert.

Hierbei wird in drei verschiedene Abstimmungsverfahren unterschieden: grundsätzlich gilt die Mehrheitsregel mit mindestens 7 Stimmen. In sensiblen Bereichen, die in den entsprechenden Artikeln des Vertrags genannt sind, ist Einstimmigkeit erforderlich. Als dritte Variante gilt die ebenfalls in den betroffenen Artikeln des Vertrags geforderte qualifizierte Mehrheit. Seit dem Beitritt der 3 Staaten Östereich, Schweden und Finnland besteht die Mehrheit der „gewichteten Stimmen" aus 62 von 87 Stimmen, d.h: es gibt eine Sperrminorität von 26 Stimmen. Da die großen Mitgliedstaaten Deutschland, Frankreich, Italien, Vereinigtes Königreich jeweils 10 Stimmen zählen, ist mit der Stimmenrelation zugleich sichergestellt, daß nicht 2 Mitgliedstaaten allein Vorschläge blockieren können!

Bei der Erarbeitung von Rechtsakten sieht der EG-Vertrag folgende 4 Beteiligungsformen vor [112]:

- das Vorschlagsverfahren
- das Verfahren der institutionellen Zusammenarbeit
- das Kodezisionsverfahren
- das Zustimmungsverfahren.

Unter Berücksichtigung der Rechtsangleichung durch die Einheitliche Europäische Akte und die Maastrichter Verträge, die die Umweltpolitik aufgewertet haben, haben die Artikel 100 a EGV in Verbindung mit den Artikeln 7a und 189b EGV und Artikel 130 s EGV in Verbindung mit den Artikeln 130r, 130t und 189c EGV besondere Bedeutung für die *Rechtsetzung von Umweltstandards* erhalten.

Nach dem EG-Vertrag sind Ziel und Inhalt entscheidungsbestimmend für die Wahl der Rechtsgrundlage. Die Grenzlinie zwischen den Artikeln 100a und 130s ist dabei fließend. Entscheidend ist die objektive Sachnähe der beabsichtigten Regelung zum Komplex „Abbau von Handelshemmnissen" oder „Umweltschutz im eigenen, engeren Sinn".

Artikel 100 a EGV kann nur in Anspruch genommen werden, soweit damit die Verwirklichung der Ziele des Artikels 7a EGV verfolgt wird; d.h.: die Gemeinschaft realisiert unbeschadet der sonstigen Bestimmungen des EG-Vertrages den Binnenmarkt.

11.4 Das Rechtssetzungsverfahren

Dabei ist der Anwendungsbereich des Artikels 100 a EGV nicht sachlich, sondern funktional bestimmt. Dies bedeutet, daß die Rechtsgrundlage im wesentlichen für den Bereich des Warenfreiverkehrs, d.h. insbesondere für diejenigen nach dem Vertrag und der laufenden Rechtsprechung noch zulässigen nationalen Bestimmungen gilt, die die Herstellung, Vermarktung oder Einfuhr von Produkten betreffen. Daneben können alle für die Schaffung eines Binnenmarktes notwendigen flankierenden Maßnahmen auf Artikel 100 a EGV gestützt werden.

Nach Artikel 100 a EGV können Rechts- und Verwaltungsvorschriften erlassen werden. Damit sind nicht nur Richtlinien, sondern auch Verordnungen und Entscheidungen angesprochen, wobei die Kommission bei ihren Vorschlägen der Rechtsform der Richtlinie in der Regel dann den Vorzug geben sollte, wenn Einzelheiten auf nationale Bedürfnisse der Mitgliedstaaten norminterpretiert werden sollten.

Artikel 100 a Abs. 3 EGV gibt der Kommission für ihre Vorschläge in den Bereichen Gesundheit, Sicherheit, Umweltschutz und Verbraucherschutz ein hohes Schutzniveau vor. Damit wurde auf die Sorgen einiger Mitgliedstaaten eingegangen, die eine Herabsetzung existierender nationaler Standards durch Richtliniensetzung befürchteten. Die Vorgabe bedeutet aber nicht, daß eine Harmonisierung stets auf eine Anpassung an das höchste (bestehende oder denkbare) Schutzniveau abzielen muß. Bei der entsprechenden Festlegung dürften vielmehr Aspekte der wirtschaftlichen und politischen Zumutbarkeit sowie Anforderungen an einen effektiven Schutz im Vordergrund stehen. Im Gegenzug können Mitgliedstaaten nach Artikel 100 a Abs. 4 EGV auch strengere nationale Bestimmungen erlassen. Diese Bestimmungen sind der Kommission dann zur Notifizierung, d.h. zur Zustimmung, zuzuleiten.

Das Rechtssetzungsverfahren erfolgt analog zum Kodezisionsverfahren.

Artikel 130 s EGV verleiht der Gemeinschaft ausdrücklich die Kompetenz zum Tätigwerden in der Umweltpolitik. Der Inhalt dieses Rechtes wird durch Artikel 130r EGV ausgefüllt, wonach die Gemeinschaft, aber auch einzelne Staaten, die Kompetenz zur Verfolgung der dort genannten Ziele sowie für die Zusammenarbeit und den Abschluß von Abkommen mit Drittstaaten und internationalen Organisationen hat. Diese Zielbestimmungen sind als Aufgabenbeschreibungen ausgeführt, die als Gebote an die Organe der Gemeinschaft zu verstehen sind, die genannten Aufgaben zu erfüllen. Die Zielbestimmungen sind verbindlich und können nur durch Güterabwägung im Rahmen des Prinzips der praktischen Konkordanz hinter anderen Zielen des Vertrages zurücktreten.

Nach Artikel 130r Abs. 2 EGV sind die Umweltschutzerfordernisse Bestandteil der anderen Politiken der Gemeinschaft. Umweltpolitik ist damit keine isolierte Aufgabe; ihre Zielsetzungen sind im Rahmen aller anderen Politiken der Gemeinschaft zu beachten und zu integrieren.

Artikel 130s EGV erfaßt als Kompetenznorm die gesamte Umweltpolitik der Gemeinschaft. Dies schließt jedoch nicht aus, daß gemeinschaftliches Handeln im Umweltschutz auch auf andere Normen des EG-Vertrages, hier insbesondere auf Artikel 100a EGV abgestützt werden kann. Für die Wahl der Rechtsgrundlage ist, wie bereits ausgeführt, der Schwerpunkt, d. h. die Hauptzielsetzung der beabsichtigten Maßnahme entscheidend. Soweit das Hauptziel darin besteht, Umwelt-, Bau- und Betriebsnormen auf einem so hohen Niveau festzulegen, daß darüber ein hoher Umweltschutz von Boden und Grundwasser sowie eine Minimierung der umwelt- und klimarelevanten Emissionen erreicht wird, ist Artikel 130 EGV einschlägig. Dies gilt umso mehr für Maßnahmen, die sich auf Sachen beziehen, die als nicht verkehrsfähig anzusehen sind und als solche nicht am reinen Warenverkehr teilnehmen. Ein Binnenmarktbezug tritt dann in den Hintergrund.

Anders herum unterfallen Regelungen, die in erster Linie dem Verkehr von Waren und Dienstleistungen und damit der Verwirklichung des Binnenmarktes dienen, Artikel 100a EGV. Hierzu zählen i.d.R. die sogenannten Produktnormen. Für produktions- und anlagenbezogene Regelungen ist die Zuordnung zur richtigen Rechtsgrundlage schwieriger, da industrielle Anlagen zwar nicht selbst am freien Warenverkehr teilnehmen, dies jedoch für die in ihnen produzierten Waren oder Anlagenbestandteile gelten kann.

Das Verfahren der Rechtsetzung erfolgt analog dem Verfahren der Zusammenarbeit.

Im Zuge der *Meinungsbildung im Rat* besteht für die Bundesregierung im Rahmen des offiziellen Beteiligungsverfahrens nach Maßgabe des Gesetzes über die Einheitliche Europäische Akte die Möglichkeit zur Stellungnahme. Spätestens zu diesem Zeitpunkt erfolgt auch die nationale Beteiligung der Bundesländer über den Bundesrat. Anzumerken ist in diesem Zusammenhang, daß die offizielle Beteiligung der Bundesländer, die bei Abfallentsorgungsfragen bekanntermaßen für den Vollzug zuständig sind, erst in einem relativ späten Stadium der Erarbeitung erfolgt. Die Arbeitsphase innerhalb der Kommission ist in der Regel bereits abgeschlossen, so daß sich grundlegende oder konzeptionelle Änderungen nur schwer vermitteln lassen. Die Bundesländer haben deshalb in Brüssel eigene Länderbüros etabliert, damit der Informationsfluß bereits zu einem möglichst frühen Zeitpunkt gewährleistet werden kann.

11.5 Umweltpolitik in der Gemeinschaft

Das europäische Umweltrecht geht auf eine Konferenz der Regierungschefs im Oktober 1972 zurück. Bei dieser Tagung wurde die Notwendigkeit einer gemeinschaftlichen Umweltpolitik festgelegt. In den folgenden zwei Jahrzehnten sind zur Konkretisierung dieser Zielkonzeption mehr als 200 Rechtsakte von der Gemeinschaft erlassen worden.

11.5.1 Die Aktionsprogramme

Die Aktivitäten der Europäischen Gemeinschaft werden wesentlich von den Zielvorgaben des Europäischen Umweltrechts geprägt, die maßgebend durch die sogenannten Aktionsprogramme festgestellt worden sind und fortgeschrieben werden.

Bisher wurden fünf Aktionsprogramme verbindlich festgelegt. Diese Programme konkretisieren die Zielvorgaben durch korrespondierende Anforderungen, die die Erhaltung und den Schutz der Umwelt, die Verbesserung der Umweltqualität, den Beitrag zum Schutz der menschlichen Gesundheit und die Gewährleistung einer umsichtigen und rationellen Verwendung der natürlichen Ressourcen beschreiben.

Nach dem Ersten Aktionsprogramm von 1973 [113] sollten die Lebensqualität, der Lebensrahmen, der Lebensraum und die Lebensbedingungen der Bevölkerung der Gemeinschaft verbessert werden. Mit Hilfe der Umweltpolitik sollte die wirtschaftliche Expansion in den Dienst des Menschen gestellt werden. Angestrebt wurden deshalb

- die Verhütung, Verringerung und – soweit möglich – Beseitigung der Umweltbelastungen,
- die Erhaltung eines befriedigenden ökologischen Gleichgewichtes und der Schutz der Biosphäre,
- eine gute Bewirtschaftung der natürlichen Ressourcen,
- die Vermeidung einer wesentlichen Schädigung des ökologischen Gleichgewichts,
- die Verbesserung der Arbeitsbedingungen und des Lebensrahmens,
- die verstärkte Berücksichtigung von Umweltaspekten bei der Strukturplanung und Raumordnung,
- die Suche nach gemeinsamen Lösungen für Umweltprobleme auch innerhalb der internationalen Organisationen.

Diese Ziele wurden im Dritten Aktionsprogramm [114] durch eine Konzeption erweitert, die auf Vorbeugung ausgerichtet war. Die Entstehung von Umweltproblemen sollte durch wirtschaftliche und soziale Entwicklungen vermieden werden. Umweltressourcen wurden sowohl als Grundlage als auch als Begrenzung jeder weiteren wirtschaftlichen und sozialen Entwicklung gesehen. Darüber hinaus sollte angesichts der Interpendenzen zwischen den verschiedenen Ressourcen eine umfassende Umweltstrategie entwickelt werden. Hierzu gehörte insbesondere die Verbesserung und Förderung der umweltbezogenen Ausbildung und des Umweltbewußtseins.

Im Vierten Aktionsprogramm [115], dessen Laufzeit 1992 endete, wurde schließlich das Ziel der Schaffung qualitativ hochwertiger Umweltnormen herausgestellt. Außerdem wurde der Beitrag der Umweltschutzpolitik für ein besseres Wirtschaftswachstum und als Beschäftigungsmöglichkeit betont. Positive Auswirkungen wurden sowohl für bestehende als auch für neue Industrien gesehen. Es wurden positive Änderungen bei der Entwicklung von Nachsorgemaßnahmen/Altlastensanierungen erwartet. Weiterhin wurde unterstellt, daß Investitionen im Umweltbereich sowie neue umweltfreundliche Produkte sich grundsätzlich positiv auf die Beschäftigungspolitik auswirken.

Mit dem Fünften Aktionsprogramm [116] soll die Umweltpolitik der Gemeinschaft umorientiert werden. Als Basis für das neue Programm wurde von der Kommission ein Konzept entwickelt, daß die Aktivitäten an bekannten Umweltbeeinträchtigungen ausrichtet. Zu solchen Beeinträchtigungen zählen insbesondere Maßnahmen, die zum Abbau von Naturschätzen beitragen und Umweltschäden anderer Art hervorrufen und dabei umweltzerstörende Tendenzen und Praktiken verstärken. Weitere Problempunkte sind in einer unzureichenden Datenbasis zu sehen, die für die anstehenden umweltpolitischen Entscheidungen als unerläßlich angesehen werden. Darüberhinaus muß das Programm die Maßnahmen berücksichtigen, die mit der zu erwartenden Intensivierung des internationalen Wettbewerbs zusammenhängen sowie weltweit diskutierte Themen wie Klimaveränderung, Entwaldung, Energiekrise, die durch die Entwicklung im osteuropäischen Raum noch verschärft worden sind. Als besondere Schwerpunkte spricht das Fünfte Aktionsprogramm deshalb die Bereiche Industrie, Energie, Verkehr, Landwirtschaft und Tourismus an.

Während der Laufzeit des Programms, das bis zum Jahr 2000 terminiert ist, sollen die folgenden Tätigkeitsfelder vorrangig behandelt werden:
- die dauerhafte und umweltgerechte Bewirtschaftung der natürlichen Ressourcen Boden, Wasser, Naturlandschaften und Küstengebiete,
- ein integrierter Umweltschutz und Vermeidung von Abfällen,
- die Verringerung des Verbrauchs nicht erneuerbarer Energien,
- ein verbessertes Mobilitätsmanagement mit effizienten Standortbestimmungsverfahren und Transportarten,

11.5 Umweltpolitik in der Gemeinschaft

- die Verbesserung der Umweltqualität in städtischen Gebieten,
- die Verbesserung der Gesundheit und Sicherheit der Bevölkerung in einer hochtechnisierten Welt.

Das Aktionsprogramm verfolgt dabei eine Strategie, die einerseits auf eine kontinuierliche wirtschaftliche und soziale Entwicklung ausgerichtet ist, anderseits Umwelt und natürliche Ressourcen als menschliche Lebensgrundlage schützt. Hierzu sollen

- der Stofffluß so auf Wiederverwendung und Verwertung ausgerichtet werden, daß Rohstoffverbrauch und Abfallentstehung minimiert werden,
- Energieerzeugung und -verbrauch minimiert werden,
- die Verbraucher ihre Verhaltensmuster entsprechend ändern!

Während die ersten 4 Aktionsprogramme wesentlich durch Rechtsvorschriften der EG umgesetzt werden mußten, richtet sich das fünfte Aktionsprogramm auch unmittelbar an die Öffentlichkeit. Es zielt auf Veränderungen im Verhalten der Gesellschaft. Es ist selbstverständlich, daß hierzu die Öffentlichkeit umfassend informiert und „aufgeklärt" werden muß. Diese Aufgabe dürfte am ehesten von nationalen Institutionen erfüllt werden können.

Das Subsidiaritätsprinzip wird bei der Umsetzung dieser Zielvorgaben eine wichtige Rolle spielen: das bedeutet auch, daß die nationalen Organe verstärkt für die zeitnahe Umsetzung der Zielvorgaben verantwortlich sein werden.

Für die „Abfallpolitik" folgt, daß die aktuelle Tendenz steigender Abfallmengen sowohl im Hinblick auf die Mengen als auch auf die gefährlichen Inhaltstoffe gestoppt und umgekehrt werden muß. Unter den möglichen Maßnahmen genießt die Abfallvermeidung die höchste Priorität. Weitere wichtige Aspekte sind Abfallrecycling an der Quelle, Intensivierung der Wiederverwendung und Rückgewinnung von Abfällen, Festlegung von vorrangig zu behandelnden Abfallströmen und der Ausbau eines Anlagennetzes, das dem Stand der Technik entspricht. Weiter zu nennen sind Abfallzyklen-Analysen, die mit den Betroffenen durchgeführt werden müssen. Dem Sonderabfall soll dabei besondere Beachtung beigemessen werden. Hinter diesen Anforderungsprofilen verbergen sich die in der deutschen Umweltpolitik bereits seit längerem favorisierten Ansätze des Verursacherprinzips, des Vorsorgeprinzips und des Kooperationsprinzips [117].

Von der Kommission vorgesehen sind Initiativen insbesondere zur integrierten Überwachung der Umweltverschmutzung und zur Umweltverträglichkeitsprüfung. Die Diskussion über die Haftung für Umweltschäden unter Einbeziehung des Verursacherprinzips soll vertieft werden. Weiterhin soll verstärkt auf die striktere Anwendung des EG-Umweltrechts durch die Mitgliedstaaten geachtet werden.

11.5.2 Abfallpolitik als Teil der Umweltpolitik

Auf Gemeinschaftsebene werden für die Bewirtschaftung der Abfälle 5 Leitziele verfolgt:

- Verhütung der Entstehung von Abfällen durch einen verstärkten Einsatz umweltfreundlicher Technologien und der Herstellung umweltverträglicher Produkte;
- Förderung der Wiederverwertung;
- Verbesserung der Abfallbeseitigung mit Hilfe strenger europäischer Normen nach einer Strategie, wonach die Abfälle möglichst erzeugernah entsorgt werden müssen;
- Verschärfung der Bestimmungen für die Beförderung gefährlicher Stoffe;
- Sanierung kontaminierter Gelände.

Die Abfallentsorgung steht wegen der Mobilität der Abfälle, unterschiedlicher Entsorgungsstandards und Kostenstrukturen in den einzelnen Mitgliedstaaten im Brennpunkt für eine weitere Harmonisierung.

Bereits durch Kommissionsbeschluß wurde 1976 ein *Ausschuß für Abfallwirtschaft* eingerichtet [118]. Er besteht aus hohen Regierungssachverständigen und berät die Kommission in folgenden Fragen:

- Entwicklung einer Abfallwirtschaftspolitik, die der Notwendigkeit einer besseren Nutzung der Rohstoffquellen und der sicheren Abfallbeseitigung Rechnung trägt.
- Maßnahmen zur Verringerung des Abfallaufkommens, zur Abfallverwertung und zur Abfallbeseitigung.
- Anwendung der bereits bestehenden Richtlinien und Ausarbeitung neuer Richtlinienvorschläge.

Die Arbeit des Ausschusses ist zumeist Basis für die Vorschläge der Kommission für wichtige Rechtsakte gewesen.

Als weiterer Auschuß wurde mit Artikel 18 der Abfallrahmenrichtlinie ein *Technischer Ausschuß* installiert, der die Kommission bei der Fortschreibung des in dieser Richtlinie festgelegten Entsorgungsstandards beraten soll (→ Ziffer 11.7.1). Der Ausschuß wurde im Rahmen des Erlasses weiterer Abfallrichtlinien mit zusätzlichen Aufgaben betraut. Hierzu zählte die Erarbeitung des Abfallkataloges und der Liste gefährliche Abfälle (→ Ziffer 11.7.3).

11.5.2.1 Entschließung des Parlaments über Abfallwirtschaft und Altlasten

In seiner Entschließung aus 1987 zu Abfallwirtschaft und Altlasten [164] fordert das Europäische Parlament unter anderem eine Verwaltungseinheit bei der Kommission, die nur für den Bereich Abfälle zuständig ist und personell besser ausgestattet wird als bisher. Außerdem sollen zur ordnungsgemäßen Anwendung des gemeinschaftlichen Umweltrechts in der Praxis Gemeinschaftsinspektoren eingesetzt werden.

Hinsichtlich der Altlasten fordert das Europäische Parlament die Kommission auf, Vorschläge zur allgemeinen Einführung der objektiven Haftung des Erzeugers gefährlicher Abfälle vorzulegen, da die traditionellen Mechanismen der zivilrechtlichen Haftung ungeeignet seien, in bestimmten Fällen die Entschädigung der Opfer und die Wiedergutmachung der Umweltschäden zu garantieren. Der Erzeuger gefährlicher Abfälle soll zum Abschluß einer Versicherung oder zur Leistung einer entsprechenden finanziellen Garantie verpflichtet werden.

11.5.2.2 Entschließung des Rates zur Abfallpolitik

Mit seiner Entschließung aus 1990 hat der Rat wesentliche Zielvorgaben für eine aktuelle, stärker umweltorientierte Abfallpolitik festgelegt, die bei der neuen Richtliniensetzung wesentlichen Einfluß gefunden hat [171]. Insbesondere fordert der Rat in der Entschließung eine umfassende Abfallpolitik in der Gemeinschaft, die sich auf alle Abfälle erstreckt, und zwar unter dem Gesichtspunkt der Wiederverwertung, der Wiederverwendung und der Entsorgung. Hierbei soll die Abfallentstehung so weit wie möglich an der Quelle, insbesondere durch Verwendung von umweltverträglichen oder abfallarmen Verfahren und Produkten, vermieden oder verringert werden. Nicht wiederverwertbare oder nicht wiederverwendbare Abfälle sind möglichst umweltverträglich zu entsorgen.

Weiterhin soll jeder einzelne Mitgliedstaat eine weitgehende Entsorgungsautarkie erreichen.

Die Verbringung von Abfällen soll auf das für eine umweltverträgliche Entsorgung notwendige Mindestmaß verringert und streng kontrolliert werden.

Es wird ausdrücklich begrüßt, daß entsprechende Bemühungen von verschiedenen internationalen Einrichtungen unternommen wurden, um die Abfallbewirtschaftung zu verbessern und die Abfallentsorgung mit größtmöglicher Sicherheit zu gewährleisten. Insbesondere werden Intentionen der OECD und das Umweltprogramm der Vereinten Nationen angesprochen.

Damit diese Ziele erreicht werden, werden die Kommission und die Mitgliedstaaten aufgefordert, die Entwicklung umweltverträglicher Verfahren und umweltverträglicher Produkte weiter zu fördern, um die Abfallentstehung auf ein Mindestmaß zu reduzieren. Hierzu werden eine Reihe von Schritten angesprochen:

- Maßnahmen zur Förderung von Wiederverwendungs- und Wiederverwertungstechnologien.
- Vorlage von Vorschlägen über Verpackungen.
- Entwicklung von Systemen zur Abfallsammlung und -behandlung.
- Anzeigen geeigneter Umweltkontrollmaßnahmen.
- Errichtung eines angemessenen, integrierten Netzes von Entsorgungsanlagen nach den besten derzeit verfügbaren und keine übermäßigen Kosten verursachenden Technologien.
- Zusammenarbeit mit anderen Mitgliedstaaten und der Kommission bei der Abfallplanung, soweit erforderlich.
- Nicht zuletzt wird die Kommission aufgefordert, ihre Vorschläge für Industrieabfall-Verbrennungsanlagen umgehend zu ergänzen, die Aufstellung zusätzlicher Normen für Siedlungsmüll-Verbrennungsanlagen zu erwägen und Kriterien und Normen für die Deponie vorzuschlagen und damit eine Art „europäische TA Abfall" zu konzipieren.

Ein Großteil dieser Ansätze wurde zwischenzeitlich durch entsprechende Regelungen mit Leben ausgefüllt.

11.6 Innerstaatliche Umsetzung von EG-Richtlinien

Eine wichtige Fragestellung zielt auf die Umsetzung der EG-Richtlinien in innerstaatliches Recht ab. Der Europäische Gerichtshof hat sich mit dieser Frage im Hinblick auf die bundesdeutsche Umsetzungspraxis beschäftigt. Er kommt in mehreren Urteilen [168–170] im Wesentlichen zu dem Ergebnis, daß

- zur Umsetzung von EG-Richtlinien in deutsches Recht im Umweltbereich Rechtsvorschriften (Gesetze, Verordnungen) statt Verwaltungsvorschriften zu erlassen sind, wenn die Richtlinien verbindliche Vorgaben wie Grenzwerte enthalten, die gegenüber Dritten wirksam werden,
- aus den EG-Richtlinien zum Schutz der Umwelt unmittelbar einklagbare Rechte des Bürgers hergeleitet werden können, soweit die entsprechenden Vorgaben hinreichend bestimmt sind.

Vor dem Hintergrund dieser Urteile müssen die allgemeinen Konsequenzen für bestehende bundesdeutsche Regelwerke, die EG-Recht umsetzen, wie die TA Luft, die Erste allgemeine Verwaltungsvorschrift zum AbfG oder die VAwS überprüft werden.

Für die Novellierung des Abfallgesetzes hatten diese Entscheidungen ebenfalls Bedeutung, da die Einstellung entsprechender Ermächtigungen erforderlich war ($\rightarrow$ Ziffer 4.2.9).

11.7 Abfallrelevante Regelungen

Nachfolgend sollen die nach hier vertretener Ansicht wichtigsten Regelungen der Europäischen Union zur Abfallwirtschaft vorgestellt werden.

11.7.1 Richtlinie über Abfälle

Mit der *Richtlinie des Rates über Abfälle* vom 15.7.1975 [124] wurde ein neuer Rahmen für die Abfallentsorgung europaweit festgelegt. Insbesondere wurden geregelt

– die Begriffe Abfall und Abfallbeseitigung
– Genehmigungs- und Überwachungspflichten für Anlagen
– die Abfallentsorgungsplanung
– das Verursacherprinzip
– Berichtspflichten.

Dieser Rahmen wurde durch eine Reihe von speziellen Richtlinien zwischenzeitlich ausgefüllt.

Als ein Ergebnis der in Ziffer 11.5.2.2 vorgestellten Entschließung hatte sich der Rat verpflichtet, die Abfallrichtlinie an die neuen Erkenntnisse anzupassen. Die neuen Regelungen wurden mit der *Richtlinie zur Änderung der Abfallrichtlinie* vom 18.3.1991 [125] festgeschrieben. Die Richtlinie wird auch als „Abfallrahmenrichtlinie" angesprochen. Die wesentlichen Regelungen sind folgende:

– Der Begriff „Abfall" wurde eindeutiger definiert: Abfälle sind alle Stoffe oder Gegenstände, die unter die in Anhang I aufgeführten Gruppen fallen und derer sich ihr Besitzer entledigt, entledigen will oder entledigen muß. Über den Abfallbegriff wird eine Entscheidung getroffen, in welchem Umfang Stoffe abfallrechtlichen Vorschriften unterfallen. Wichtig ist, daß auch verwertbare und für die Verwertung bestimmte Stoffe als Abfälle deklariert werden. Dies gilt selbst für den Fall, daß bei der Verwertung ein Verkaufserlös erzielt wird.
Die Abfälle sind in einem Verzeichnis – dem EWC – gelistet, das am 12.10.1993 von der Mehrheit der Mitgliedstaaten verabschiedet worden ist ($\rightarrow$ Ziffer 11.7.3.2).

- Durch geeignete Maßnahmen soll das Entstehen von Abfällen begrenzt werden, und zwar insbesondere durch die Förderung sauberer Technologien und wiederverwertbarer und wiederverwendbarer Erzeugnisse, sowie Förderung der Rückführung und Wiederverwendung von Abfällen als Sekundärrohstoffe.
- Die Gemeinschaft soll Schritte realisieren, um eine Entsorgungsautarkie zu erreichen, die von jedem einzelnen Mitgliedstaat anzustreben ist. Für die Entsorgung wird dabei auf das Prinzip der „Nähe" gesetzt. Das bedeutet, daß Abfälle in der am nächsten gelegenen geeigneten Entsorgungsanlage entsorgt werden sollen. Dies erlaubt nach dem Verständnis des Autors bspw. die Festlegung von verbindlichen Einzugsgebieten. Nach deutschem Abfallrecht ist dies üblich.
- Geeignete Maßnahmen im Rahmen der Abfallentsorgungs-/bewirtschaftungsplanung sollen bewirken, daß das Verbringen von Abfällen vermindert wird.
- In Abfallbewirtschaftungsplänen sollen die vorgenannten Ziele festgelegt werden.
- Um diese Zielvorgaben wirkungsvoll durchsetzen zu können, sind die Kontroll- und Überwachungsmaßnahmen zu verbessern. Weiterhin soll ein Ausschuß gegründet werden, der den Stand der Technik fortentwickelt.

Wegen der vom Rat beschlossenen Rechtsgrundlage – Artikel 130 s EWGV – hatte die Kommission, unterstützt durch das Europäische Parlament, vor dem Europäischen Gerichtshof geklagt. Die Klage wurde durch Urteil vom 17.03.1993 abgewiesen. In der sehr interessanten Begründung wird ausgeführt, daß für die Wahl der Rechtsgrundlage insbesondere Ziel und Inhalt des Rechtsaktes bestimmend seien. Die strittige Richtlinie sei ihrem Ziel und Inhalt nach gerade darauf gerichtet, die Bewirtschaftung von Industrie- und Haushaltsabfällen im Einklang mit den Erfordernissen des Umweltschutzes sicherzustellen. Zwar werde nicht verneint, daß Abfälle als Erzeugnisse anzusehen seien, deren Verkehr grundsätzlich nicht verhindert werden dürfe, gleichwohl rechtfertigten dringende Erfordernisse des Umweltschutzes wie Umweltgefährdungen Ausnahmen vom freien Verkehr von Abfällen. Wie diese Umweltbeeinträchtigungen bekämpft werden, sei in erster Linie regionalspezifisch festzulegen. Die in der Richtlinie formulierten Prinzipien wie Entsorgungsautarkie und Bewirtschaftungsplanung dienten diesem Zweck. Daß nebenbei auch eine Harmonisierung der Marktbedingungen innerhalb der Gemeinschaft durch die Richtlinie bewirkt werde, rechtfertige noch nicht den Rückgriff auf Artikel 100 a EWGV – wie von der Kommission vorgetragen.

Die *Umsetzung* der Richtlinie in nationales Recht hätte bis zum 1.04.1993 erfolgen müssen. Für die Bundesrepublik Deutschland muß nach hier vertre-

11.7 Abfallrelevante Regelungen

tener Auffassung davon ausgegangen werden, daß insbesondere der „Abfallbegriff" der EG im nationalen Recht bisher nicht ausreichend umgesetzt ist. Für die Bundesregierung ergab sich als Konsequenz die Überprüfung des bundesdeutschen Abfallbegriffs, dies u.a. auch deswegen, weil die Bundesrepublik Deutschland wegen dieses Punktes vor dem EuGH verklagt wurde.

Hier ist eine der Knackpunkte des mit dem Kreislaufwirtschafts- und Abfallgesetz" novellierten Abfallgesetzes zu sehen. Das Gesetz (→ Ziffer 4) übernimmt den europäischen Abfallbegriff. Es schafft im Anwendungsbereich „Abfall zur Verwertung" und „Abfall zur Beseitigung". Es ist davon auszugehen, daß damit ab 1996 diese Teile der Richtlinie EG übernommen umgesetzt ist.

11.7.2.2 Richtlinie über gefährliche Abfälle

Mit der Richtlinie über gefährliche Abfälle vom 12.12.1991 [126] werden die Rechtsgrundlagen für diese spezielle Abfallgruppe geschaffen, die „Voraltölrichtlinie" vom 20.03.1978 über giftige und gefährliche Abfälle [127] wurde durch diese Richtlinie ersetzt.

Zu den Neuregelungen zählen die Vorgabe einer Entsorgungsfibermachie und die Definition der „gefährlichen Abfälle" durch ihre abschließende Aufzählung in einem Verzeichnis unter Berücksichtigung der in den Anhängen aufgeführten Charakteristiken:

– Beschaffenheit oder Entstehungsvorgang (Anhang I)
– Bestandteile (Anhang II)
– gefahrenrelevante Eigenschaften (Anhang III)

Zu den weiteren Maßnahmen gehören insbesondere:

– Eine wirksame Bewirtschaftung dieser Abfälle wird gefordert; hierzu zählt auch die Beachtung des Vermischungsverbotes.
– Sowohl die Beseitigung als auch die Verwertung sind möglichst vollständig zu überwachen.
– Es müssen verbindliche Entsorgungspläne aufgestellt werden.
– Die Vorschriften der vorliegenden Richtlinie sind rasch an den wissenschaftlichen und technischen Fortschritt anzupassen. Der über die Abfallrahmenrichtlinie (→ Ziffer 11.7.1) eingesetzte Ausschuß soll daher zur Anpassung der Vorschriften der vorliegenden Richtlinie an den wissenschaftlichen und technischen Fortschritt ermächtigt werden.
– Im übrigen werden Anforderungen der Abfallrahmenrichtlinie übernommen und für gefährliche Abfälle verschärft.

Die *Umsetzung* der Richtlinie in nationales Recht hätte bis zum 12.12.1993 erfolgen müssen. Voraussetzung hierfür wäre aufgrund der

Vorgaben in Artikel 1 die Aufstellung des Verzeichnisses von gefährlichen Abfällen gewesen, das bis zum 12.06.1993 hätte vorgelegt werden müssen. Die Erstellung eines solchen Verzeichnisses war nach Einschätzung der Kommission fristgerecht nicht möglich. Um aus dem Dilemma zu kommen, hat die Kommission am 21.09.1993 eine Änderung der Richtlinie über gefährliche Abfälle vorgeschlagen. Nach diesem Änderungsvorschlag sollte Artikel 1, Abs. 4 dahingehend modifiziert werden, daß jeder Mitgliedstaat für sich bestimmt, welche Abfälle er als gefährlich einstuft und behandelt. Außerdem wurde eine Verlängerung für die nationale Umsetzung auf den 31.12.1994 vorgeschlagen.

Nachdem das Europäische Parlament zu dem Vorschlag seine Stellungnahme abgegeben und der Rat seinen gemeinsamen Standpunkt mit qualifizierter Mehrheit festgelegt hat, wurde die *Richtlinie des Rates 94/31/EG zur Änderung der Richtlinie 91/689/EWG über gefährliche Abfälle* am 27.06.1994 [128] veröffentlicht. Die Änderungsrichtlinie legt fest,

- daß die Mitgliedstaaten die Richtlinie über gefährliche Abfälle spätestens zum 27.06.1995 umsetzen müssen (Art. 10 Abs. 1). Das heißt auch, daß die Liste gefährlicher Abfälle spätestens bis zum 27.12.1994 aufgestellt sein muß; dies ist fristgerecht erfolgt (→ Ziffer 11.7.3.2).
- daß die „Vorläufer-Richtlinie" (78/319/EWG) ab dem 27.06.1995 außer Kraft tritt.

Die *Umsetzung* der Richtlinie über gefährliche Abfälle wird über das Kreislaufwirtschafts- und Abfallgesetz (→ Ziffer 4) erfolgen, soweit nicht das gültige Abfallgesetz bereits die wesentlichen Regelungen enthält.

11.7.3 Die Abfallverzeichnisse

Wie ausgeführt, sind *Abfälle* nach der „Abfallrahmenrichtlinie" alle Stoffe oder Gegenstände, die unter die in Anhang I aufgeführten Gruppen fallen und derer sich ihr Besitzer entledigt, entledigen will oder entledigen muß.

Gefährliche Abfälle sind nach der „Richtlinie über gefährliche Abfälle" Abfälle, die in einem auf den Anhängen I und II beruhenden Verzeichnis aufgeführt sind und die eine oder mehrere der in Anhang III aufgeführten Eigenschaften aufweisen. In diesem Verzeichnis soll dem Ursprung und der Zusammensetzung und gfls. den Konzentrationsgrenzwerten Rechnung getragen werden.

Aufgrund der in einzelnen Mitgliedstaaten etablierten Abfallcharakterisierungen ist es leicht nachzuvollziehen, daß die Arbeiten an den Verzeichnissen zu erheblichen Problemen führen mußten. Die Einstufung der Abfälle in „nicht gefährlich" oder „gefährlich" hat weitreichende Konsequenzen:

11.7 Abfallrelevante Regelungen

nach der Richtlinie für gefährliche Abfälle müssen an die Bewirtschaftung dieser Abfälle wegen ihrer „Gefährlichkeit" gegenüber „normalen Abfällen" zusätzliche Anforderungen gestellt werden, die sich sowohl auf die Überwachung als auch auf die Anlagensicherheit beziehen.

Auf einen weiteren Aspekt soll ebenfalls hingewiesen werden: die Abfallverzeichnisse sollten prinzipiell herkunfts- und verfahrensorientiert sein. Dabei ging die Kommission davon aus, daß aus systematischen Gründen die gleiche Abfallart mehrfach bei den jeweils möglichen Herkunftsbereichen genannt wird. Dies hat zu Mehrfachnennungen in den Verzeichnissen geführt.

11.7.3.1 Der European Waste Catalogue (EWC)

Erst am 12.10.1993 haben die Mitgliedstaaten einen überarbeiteten Vorschlag der Kommission als European Waste Catalogue (EWC) mehrheitlich angenommen.

Dieser Katalog erfaßt sowohl gefährliche als auch sonstige Abfälle. Er ist eine unverbindliche Indikativliste, was bedeutet, daß ein im EWC aufgeführter Stoff nicht automatisch als Abfall einzustufen ist. Vielmehr bleibt entscheidend, ob sich der Besitzer des Stoffes entledigt, entledigen will oder entledigen muß.

Der EWC kann sowohl national als auch auf Ebene der EU erweitert werden.

Die Kommission hat den EWC als „Entscheidung" am 20.12.1993 bekanntgegeben [129]. Die Mitgliedstaaten sind damit verpflichtet, den EWC durch Rechtssatz einzuführen. Der EWC wird somit einheitliche Grundlage für die Bezeichnung von Abfällen innerhalb der Europäischen Union.

In Deutschland soll der EWC aufgrund der nunmehr vorhandenen Rechtsgrundlagen im Kreislaufwirtschafts- und Abfallgesetz eingeführt werden. Zur *Vollzugs*erleichterung wurde im Vorfeld ein „Umsteigekatalog" zwischen der bestehenden LAGA-Abfalliste und dem EWC erarbeitet [130]. Die LAGA hat im März 1994 beschlossen, den Umsteigekatalog vorläufig einzuführen.

11.7.3.2 Das Verzeichnis der gefährlichen Abfälle

Im Gegensatz zu dem unverbindlichen EWC mußte das Verzeichnis der gefährlichen Abfälle aufgrund der Vorgaben der Richtlinie präzise und verbindlich gefaßt werden, damit sichergestellt werden kann, daß die Verwertung und Beseitigung der gefährlichen Abfälle möglichst vollständig und EG-einheitlich überwacht werden kann.

Der von der Kommission vorgelegte erste Listenvorschlag war am 11.03.1994 von der Mehrheit der Mitgliedstaaten im Technischen Ausschuß abgelehnt worden. Dadurch wurde eine Ratsbefassung erforderlich. Am 15.12.1994 hat der Rat mit Zustimmung der Kommission mit der Mehrheit der Mitgliedstaaten das Verzeichnis der gefährlichen Abfälle als „Entscheidung des Rates" erlassen [131]. Diese Entscheidung enthält eine Ausstiegsklausel, wonach in Ausnahmefällen nach einem Nachweis durch den Abfallbesitzer die Behörde zustimmen kann, daß ein Abfall keine der in der Richtlinie in Anhang III aufgeführten Eigenschaften aufweist; dies gilt insbesondere dann, wenn keines der in Artikel 1 der Entscheidung festgelegten Merkmale (es handelt sich um Grenzwerte, die dem Gefahrstoffrecht angelehnt sind) gegeben ist. In einem solchen Fall muß der Stoff zwar als Abfall, nicht jedoch unter den schärferen Bedingungen als gefährlicher Abfall verwertet/beseitigt werden (→ Anhang III).

In Deutschland muß die Entscheidung des Rates als *Rechtsverordnung umgesetzt* werden. Dies wird mit der entsprechenden Rechtsgrundlage im Kreislaufwirtschafts- und Abfallgesetz (→ Ziffer 4.2.7.2) erfolgen.

11.7.4 Richtlinie über die Verhütung der Luftverunreinigung durch neue Verbrennungsanlagen für Siedlungsmüll

Als erste Maßnahme einer „europäischen TA Abfall" wurde die Hausmüllverbrennung durch 2 Richtlinien geregelt.

Mit der Richtlinie über die Verhütung der Luftverunreinigung durch neue Verbrennungsanlagen für Siedlungsmüll vom 8.6.1989 [132] hat der Rat einen wichtigen Schritt zur Vereinheitlichung der in den Mitgliedstaaten bereits existierenden Rechts- und Verwaltungsvorschriften zur Bekämpfung der Luftverunreinigung durch ortsfeste Industrieanlagen gemacht.

Die Richtlinie baut auf der Richtlinie zur Bekämpfung der Luftverunreinigung durch Industrieanlagen vom 28.6.1984 [133] auf und konkretisiert diese. Jene Richtlinie zielt auf die Verhinderung bzw. die Verringerung der Luftverschmutzung insbesondere in den Bereichen Energiewirtschaft, Metallherstellung und -verarbeitung, Industrie der nichtmetallischen Mineralstoffe, chemische Industrie und Abfallbeseitigung. Sie unterwirft den Betrieb von neuen Industrieanlagen einer vorherigen Genehmigung. Diese darf nur erteilt werden, wenn bestimmte Voraussetzungen gegeben sind.

In der Richtlinie über die Verhütung der Luftverunreinigung durch neue Verbrennungsanlagen für Siedlungsmüll werden insbesondere Emissionsgrenzwerte festgelegt, die teilweise hinter bundesdeutschem Standards der TA Luft für Hausmüllverbrennungsanlagen zurückbleiben. Bedingungen

11.7 Abfallrelevante Regelungen

für die Verbrennung werden vorgegeben sowie Meßmethoden und Prüfverfahren gefordert. Die außerdem festgeschriebene Genehmigungspflicht – bzw. die Pflicht zur Durchführung einer Umweltverträglichkeitsprüfung – trägt der Umweltrelevanz von neu zu errichtenden Anlagen Rechnung. Mit der Richtlinie sind gleichzeitig die Mitgliedstaaten, in denen es darüber hinaus Sondervorschriften für Verbrennungsanlagen für Hausmüll gab, gehalten, diese den neueren Standards anzupassen.

Die Richtlinie ist in der Bundesrepublik durch die TA Luft [123] sowie die 17. BImSchV [84] *umgesetzt* und teilweise verschärft worden.

11.7.5 Richtlinie über die Verringerung der Luftverunreinigung durch bestehende Verbrennungsanlagen für Siedlungsmüll

Mit der Richtlinie über die Verringerung der Luftverunreinigung durch bestehende Verbrennungsanlagen für Siedlungsmüll vom 21.6.1989 [134] hat der Rat entsprechende Fristen für die Anpassung bestehender Verbrennungsanlagen an die beste verfügbare Technologie festgelegt, soweit dies keine unvertretbar hohen Kosten verursacht.

Hierzu zählen vor allem die Verpflichtungen, Emissionsgrenzwerte für die bedeutendsten Schadstoffe sowie geeignete Verbrennungsbedingungen einzuhalten. Bei der Festsetzung der Verbrennungsbedingungen ist etwaigen größeren technischen Schwierigkeiten Rechnung zu tragen.

Daneben sollen die Entwicklung und die Verbreitung der Kenntnisse bei der Anwendung sauberer Technologien als Bestandteil der Präventivmaßnahmen zur Bekämpfung der Umweltverschmutzung in der Gemeinschaft intensiv gefördert werden, insbesondere hinsichtlich der Müllentsorgung.

Die vorgenannte „Basisrichtlinie" für Industrieanlagen [133], die selbst keine Schadstoffgrenzwerte festlegt, aber die entsprechende Option dem Rat einräumt, wird insofern durch die beiden Richtlinien über die Verringerung der Luftverunreinigung durch bestehende und neue Müllverbrennungsanlagen in diesem Anwendungsfeld konkretisiert.

Die Richtlinie ist in der Bundesrepublik durch die TA Luft [123] sowie die 17. BImSchV [84] *umgesetzt* und teilweise verschärft worden.

11.7.6 Richtlinie des Rates über die Verbrennung gefährlicher Abfälle

Um die Sonderabfallverbrennung zu regeln, hatte die Kommission im April 1992 den Vorschlag für eine Richtlinie des Rates über die Verbrennung gefährlicher Abfälle vorgelegt. Der Rat hat die Richtlinie im Dezember 1994 auf der Grundlage von Artikel 130 s Abs.1 EGV verabschiedet [135].

Die Richtlinie erfaßt nicht nur die „reinen" Sonderabfallverbrennungsanlagen, sondern auch Anlagen, in denen Sonderabfälle mitverbrannt werden können. Sie orientiert sich nicht nur hierin, sondern auch bei wesentlichen weiteren Anforderungen an der 17. BImSchV, wobei sie über die dort formulierten Anforderungen z. T. hinausgeht. Wichtige Anforderungen der Richtlinie sind:

- Bestimmte brennbare Abfälle, die als Sekundärenergieträger gelten können und geringe organische Schadstoffkonzentrationen enthalten, sowie Hausmüll und Klärschlamm sind vom Anwendungsbereich ausgenommen.
- Die Anlage muß eine Mindesttemperatur von 850 °C – bei mehr als 1% an Halogenkohlenwasserstoffen von 1100 °C und eine Mindestaufenthaltszeit von 2 Sekunden einhalten.
- Es werden Emissionsgrenzwerte für Schwermetalle, Fluorwasserstoff und Kohlenmonoxid entsprechend 17. BImSchV festgelegt. Für Staub, Chlorwasserstoff, Gesamt-Kohlenstoff und Schwefeldioxid werden Grenzwerte gefordert, die unter denen der 17. BImSchV liegen.
- Für Dioxine/Furane wird ein Richtwert von 0,1 ng TE/cbm gefordert.
- Die Überwachung durch Meßgeräte entspricht weitgehend der 17. BImSchV.
- Die Anforderungen bei Überschreitungen von Grenzwerten und Störungen des Betriebes entsprechen ebenfalls weitgehend der 17. BImSchV.
- Wässrige Abfälle aus der Abgasreinigung dürfen erst nach gesonderter Behandlung abgeleitet werden; für Schadstoffe in diesen Flüssigabfällen sind innerhalb von 2 Jahren nach Inkrafttreten der Richtlinie spezielle Emissionsgrenzwerte festzulegen.
- Lagerbereiche sind sicher gegen einen Schadstoffeintrag in den Untergrund zu gestalten.
- Dem Rat sind vor dem 31.12.2000 Vorschläge zur Aktualisierung der Emissionswerte vorzulegen.

Für Neuanlagen sollen die Anforderungen des Vorschlags ab dem 31.12.1996 gelten. Für Altanlagen sollen sie ab dem 30.06.2000 gelten, soweit die Altanlage nicht spätestens zum 30.06.2002 stillgelegt wird, der Betreiber dies der Behörde spätestens zum 30.06.1997 angezeigt hat und die Anlage ab diesem Zeitpunkt weniger als 20000 Stunden in Betrieb sein wird.

Im Hinblick auf die *Umsetzung* wird zu prüfen sein, in welchen Bereichen die 17. BImSchV [84] geändert werden muß.

11.7.7 Richtlinie über Abfalldeponien (Vorschlag)

Die Kommission hatte am 23. April 1991 einen Vorschlag für eine Richtlinie des Rates über Abfalldeponien dem Rat zur weiteren Beratung zuge-

11.7 Abfallrelevante Regelungen

leitet [136]. Die Richtlinie zielt auf eine europaweite Vereinheitlichung der Anforderungen an Bau und Betrieb von Abfalldeponien auf einem hohen Niveau ab. Nach intensiver Beratung hat der Rat im Juni 1994 seinen gemeinsamen Standpunkt festgelegt. Nach erneuter Lesung und abschließene Beschlußfassung im Europäischen Parlament und im Rat ist mit einer Verabschiedung der Richtlinie noch in 1995 zu rechnen.

Der wesentliche Inhalt der Richtlinie läßt sich wie folgt darstellen:

- Die Deponierung von allen Arten von Abfällen, die von der Abfallrahmenrichtlinie [125] erfaßt werden, wird geregelt.
- Deponien werden danach unterteilt, ob
    - Inertabfälle,
    - nicht gefährliche Abfälle oder
    - gefährliche Abfälle
  abgelagert werden.
- Für bestimmte kleine Deponien in dünn besiedelten Inselregionen, Untertagedeponien und Deponien für Baggerschlamm sollen nur bestimmte Anforderungen der Richtlinie gelten. Hierdurch werden insbesondere die Sondersituationen der südlichen Mitgliedstaaten der Europäischen Union berücksichtigt.
- Das sogenannte Co-disposal, die gemeinsame Ablagerung von gefährlichen mit Siedlungsabfällen, wie sie im angelsächsischen Bereich praktiziert wird, war auf massive Bedenken der meisten anderen Mitgliedstaaten gestoßen. Die Richtlinie erlaubt deshalb nur noch den Weiterbetrieb von vorhandenen Anlagen für einen Übergangszeitraum.
- Es werden unterschiedliche Anforderungen an Betrieb und Einrichtung für die einzelnen Deponietypen vorgegeben; insbesondere wird die geologische Barriere *und* die Dichtungschicht gefordert, wie sie im Grundsatz auch in der deutschen TA Abfall festgeschrieben ist.
- Zuordnungswerte wurden von der Mehrheit der Mitgliedstaaten vorerst noch nicht akzeptiert; sie sollen mit den dazugehörenden Analyseverfahren vom Technischen Ausschuß noch erarbeitet werden. Gleichwertig zu Zuordnungswerten sollen Positiv-/Negativlisten von Abfällen zu den einzelnen Deponietypen gelten.
- Es wird nicht gefordert, daß Hausmüll vor einer Ablagerung grundsätzlich stofflich oder thermisch vorbehandelt werden muß. Eine Hauptforderung der TA Siedlungsabfall fehlt damit.
- Es werden Vorgaben zum Genehmigungsverfahren gemacht, die jedoch nicht vorschreiben, welche Form des Beteiligungsverfahrens zu wählen ist. Hier ist die „Richtlinie über die Umweltverträglichkeitsprüfung" (→ Ziffer 11.7.19) zu beachten.

− Für Altdeponien wird gefordert, daß sie binnen 10 Jahren nach Inkrafttreten der Richtlinie an deren Anforderungen anzupassen sind.

In der Bundesrepublik werden die Anforderungen der geplanten Richtlinie materiell bereits durch die TA Sonderabfall und die TA Siedlungsabfall insbesondere im betrieblich-technischen Teil erfüllt bzw. übererfüllt. Im Hinblick auf die Rechtsverbindlichkeit der *Umsetzungs*akte werden nach hier vertretener Ansicht die mit der Richtlinie vorgegebenen Anforderungen durch Rechtsverordnung in bundesdeutsches Recht umgesetzt werden müssen; d. h.: bestimmte Elemente der TA Abfall, Teil 1 und der TA Siedlungsabfall werden als Rechtsverordnung neu erlassen werden müssen.

11.7.8 Richtlinie über den Schutz des Grundwassers gegen Verschmutzung durch bestimmte gefährliche Stoffe

Mit der Richtlinie über den Schutz des Grundwassers gegen Verschmutzung durch bestimmte gefährliche Stoffe vom 17.12.1979 [137] werden die Mitgliedstaaten aufgefordert, jede direkte Ableitung von Stoffen einer Liste I zu verbieten. Die Richtlinie legt insofern das Prinzip der „Nullemission" fest, ohne die Art und Weise, wie dies erreicht werden kann, zu präzisieren. Unter bestimmten Voraussetzungen sind Ausnahmen vom Verbot zugelassen. Indirekte Ableitungen von den Stoffen dieser Liste I sowie direkte und indirekte Ableitungen von Stoffen einer Liste II sind dann zulässig, wenn bestimmte Vorsichtsmaßnahmen beachtet werden. Sie sind hierzu einer Genehmigung zu unterwerfen, deren Erteilung u.a. davon abhängt, daß die mit der Ableitung verbundenen Emissionen weder unmittelbar noch mittelbar eine Verschmutzung von Grundwasser zur Folge haben dürfen.

Wichtig erscheint in diesem Zusammenhang der Hinweis, daß die Richtlinie kein Stoffverbot enthält. Vielmehr sieht sie für Stoffe der Liste I im Hinblick auf das Grundwasser ein Emissionsverbot und für Stoffe der Liste II ein Emissionsbegrenzungsgebot vor. Die Interpretation der Listeneinstufungen ist dabei nicht unproblematisch. Liste I enthält keine Bewertungsvorgaben bis auf die Aussage, daß es sich um toxische, persistente oder bio-akkumulierbare Stoffe handelt und daß sie das Gefährdungspotential der Stoffe in Liste II übersteigen. Die Stoffe der Liste II sind jedoch im Hinblick auf Höchstkonzentrationen ebenfalls nicht genauer begrenzt.

Die Richtlinie knüpft nicht an Anlagen an, sondern ist aktivitätsbezogen und erfaßt damit den gesamten Umgang mit wassergefährdenden Stoffen auch außerhalb von Anlagen. Weiterhin ist der emissionsgeeignete Umgang mit Abfällen in gleicher Weise wie der mit Reinstoffen angesprochen.

11.7 Abfallrelevante Regelungen

Als weiteres Element enthält die Richtlinie eine Unterrichtungs- und Konsultationspflicht für Fälle von Ableitungen in grenzüberschreitende Grundwasserschichten.

Die Richtlinie, die am 19.12.1979 bekanntgegeben wurde, hätte binnen 2 Jahren umgesetzt werden müssen. Diese Frist war am 19.12.1981 abgelaufen. Hinsichtlich der *Umsetzung* hatten die Bundesregierung und die Länder gegenüber der Kommission gemeinsam die Auffassung vertreten, daß die erforderlichen Anforderungen durch die Regelungen des Wasserhaushaltsgesetzes und des Abfallgesetzes (AbfG) vollzogen seien. So kenne das Wasserrecht in den §§ 19 a-l WHG ein Emissionsverbot bezogen auf den dortigen Anwendungsbereich. Konkretisiert werde das Emissionsverbot u.a. durch Verwaltungsvorschriften wie die technischen Anforderungen der VAwS (→ Ziffer 10.2.1).

Diese Auffassung hatte die EG-Kommission nicht geteilt, ein Vertragsverletzungsverfahren angestrengt und schließlich Klage vor dem Europäischen Gerichtshof erhoben. Um die Klage im abfallrechtlichen Teil abzuwenden, hatte die Bundesregierung die erste allgemeine Verwaltungsvorschrift zum Abfallgesetz erlassen (→ Ziffer 7).

Im Hinblick auf die wasserrechtliche Umsetzung der Richtlinie ist das Urteil des EuGH vom 28.2.1991 [138] zu beachten. Danach hat die Bundesrepublik Deutschland dadurch gegen ihre Verpflichtungen aus dem EWG-Vertrag verstoßen, daß sie nicht innerhalb der vorgeschriebenen Frist alle erforderlichen Maßnahmen erlassen hat, um die Richtlinie umzusetzen. Die allgemeinen Konsequenzen aus dieser neueren EuGH-Rechtsprechung werden für die Bundesrepublik geprüft.

11.7.9 Verordnung zur Überwachung und Kontrolle der Verbringung von Abfällen in die und aus der Europäischen Gemeinschaft

Die *Richtlinie über die Überwachung und Kontrolle – in der Gemeinschaft – der grenzüberschreitenden Verbringung gefährlicher Abfälle* vom 6.12.1984 in der Fassung der Berichtigung vom 23.12.1986 [139] schrieb vor, daß die grenzüberschreitende Verbringung gefährlicher Abfälle den zuständigen Behörden der betroffenen Mitgliedstaaten (das sind Versand-, Transit- und Bestimmungsstaat) gemeldet wird. In nationales Recht *umgesetzt* wurde die Richtlinie im Zuge der Novellierung des Abfallgesetzes 1986 durch entsprechende Änderungen des § 13 AbfG und die Abfallverbringungsverordnung (→ Ziffer 3.6.1).

Die neueren Erkenntnisse, die u.a. aus einer Entsorgung von Abfällen in Drittländer resultieren und die die bereits vorgestellte Entschließung zur

Abfallpolitik aus 1990 (→ Ziffer 11.5.2.2) entscheidend geprägt haben, haben die Kommission veranlaßt, die Richtlinie zu novellieren. Auch im Hinblick auf die in Ziffer 11.7.11 vorgestellten Regelungen der Basler Konvention wurde die Novellierung der Richtlinie erforderlich. Diese Novellierung wurde nach langwierigen und schwierigen Verhandlungen als Verordnung konzipiert.

Der Umweltministerrat hat sich am 20.10.1992 auf die politischen Inhalte der neuen Abfallverbringungsverordnung geeinigt. Die *Verordnung zur Überwachung und Kontrolle der Verbringung von Abfällen in die und aus der Europäischen Gemeinschaft* [140], die auf Artikel 130 s EWGV gestützt wurde, ist am 9.02.1993 in Kraft getreten. Sie gilt seit dem 6.05.1994 als Verordnung in jedem Mitgliedstaat der Europäischen Gemeinschaft unmittelbar. Sie hat die vorgenannte Richtlinie über die Überwachung und Kontrolle – in der Gemeinschaft – der grenzüberschreitenden Verbringung gefährlicher Abfälle ersetzt. Sie war zugleich wichtige Voraussetzung für die Ratifizierung der Basler Konvention durch die EG und ihre Mitgliedstaaten.

Als wichtigste Konsequenz der Verordnung können die Mitgliedstaaten der Europäischen Union nunmehr Maßnahmen ergreifen, um die Verbringung bestimmter Abfälle allgemein oder teilweise zu verbieten. Sie können auch Einwände mit dem Ziel erheben, die Entsorgungsautarkie auf gemeinschaftlicher oder nationaler Ebene zu stärken. Umgekehrt finden Kontrollen von Verbingungen nicht mehr als Grenzkontrollen statt, sondern nur noch im Rahmen von Überprüfungen innerhalb eines Staates.

11.7.9.1 Geltungsbereich der Verordnung

Die Verordnung gilt für die Verbringung von Abfällen in der, in die und aus der Gemeinschaft.

Bei einer Beseitigung werden Abfälle entsprechend der Abfallrahmenrichtlinie (→ Ziffer 11.7.1) definiert. Gleiches gilt für die Abfallbeseitigung selbst (alle Verfahren im Sinne von Anhang II A der Abfallrahmenrichtlinie.

Bei einer Verwertung werden die Abfälle in Analogie zur OECD-Klassifizierung (→ Ziffer 11.7.10) eingeteilt in

– Abfälle nach Anhang II (grüne Liste),
– Abfälle nach Anhang III (gelbe Liste),
– Abfälle nach Anhang IV (rote Liste).

Verwertungsverfahren sind dabei alle Verfahren im Sinne von Anhang II B der Abfallrahmenrichtlinie .

Im Hinblick auf die Überwachung von Verbringungen sind Abfälle ausgenommen, für die Sondervorschriften gelten (z.B. Schiffsbetriebsabfälle). Ausgenommen sind ebenfalls Verbringungen von zur Verwertung vorgesehenen Abfällen der grünen Liste (Anhang II), soweit sie nicht wie Abfälle mit gefährlichen Merkmalen zu werten sind (Analogbetrachtung mit den Abfällen gem. Anhang IV); grün gelistete Abfälle enthalten bei sachgemäßer Verwertung im Bestimmungsland normalerweise keine Risiken für die Umwelt.

Für die *Umsetzung* der Verordnung in der Bundesrepublik bedeutet dies, daß bei einer Verbringung der „weite" Abfallbegriff der EU zur Anwendung kommen muß. Damit wird bei Verbringungen sowohl der zu beseitigende Abfall als auch der zu verwertende Reststoff erfaßt! Mit Inkrafttreten des Ausführungsgesetzes zum Basler Übereinkommen am 6.10.1994 (→ Ziffer 10.7.1) wurde bei Verbringungen der EG-Abfallbegriff auch in nationales Recht mit sofortiger Wirkung umgesetzt.

11.7.9.2 Arten von Verbringungsvorgängen

Es werden folgende Verbringungen von Abfällen unterschieden:

a) Verbringungen zwischen den Mitgliedstaaten
   – zur Beseitigung (Art. 3,4,5)
   – zur Verwertung (Art. 6,7,8,9,10,11)
   – zur Beseitigung und zur Verwertung mit Durchfuhr durch Drittländer (Art. 12):
   Abfallverbringungen innerhalb der EG zum Zweck der Beseitigung können verboten werden, um insbesondere die Entsorgungsautarkie zu unterstützen. Die entsprechenden Kontrollen finden aber nicht mehr an der Grenze statt, sondern nur im Rahmen der nationalen Vollzugskontrollen.
   Die Verbringung von Abfällen zwecks Verwertung darf grundsätzlich nur noch innerhalb der EG-Mitgliedstaaten erfolgen.

b) Verbringungen innerhalb eines Mitgliedstaates (Art. 13):
   Abfalltransporte innerhalb eines Staates werden weitestgehend vom Regelungsbereich ausgeklammert, wobei aber geeignete nationale Kontrollen installiert werden müssen, die dem Instrumentarium der EG entsprechen. Die Umsetzung wird im Rahmen einer Fortschreibung der Abfall- und Reststoffüberwachungs-Verordnung unter Berücksichtigung der Vorgaben des Kreislaufwirtschaftsgesetzes erfolgen (→ Ziffer 4.2.7).

c) Ausfuhr aus der Gemeinschaft
   – zur Beseitigung (Art. 14,15)
   – zur Verwertung (Art. 16,17)

– in Staaten, mit denen die EG Abkommen geschlossen hat (Afrika, Karibik, Pazifik gem. 4. Lomé-Abkommen, ABl. Nr. L 229 vom 17.08.1991) (Art. 18):
Abfallexporte nach außerhalb der EG zum Zweck der Beseitigung sind verboten. Eine Ausnahme bilden die EFTA-Staaten, die der Basler Konvention bereits beigetreten sind. Damit werden alle Abfallexporte mit dem Ziel der Beseitigung in Staaten der „Dritten Welt" illegal.
Wie unter a) ausgeführt, ist der Export von Abfällen zwecks Verwertung grundsätzlich ausgeschlossen. Doch es gibt Ausnahmen: OECD-Staaten sowie andere Drittstaaten sind vom Verbot ausgenommen, wenn mit ihnen nach Maßgabe der Basler Konvention Vereinbarungen abgeschlossen worden sind.

d) Einfuhr in die Gemeinschaft
– zur Beseitigung (Art. 19,20)
– zur Verwertung (Art. 21,22).

e) Durchfuhr durch die Gemeinschaft
– zur Beseitigung oder zur Verwertung (Art. 23)
– zur Verwertung zwischen 2 Ländern, für die der OECD-Beschluß vom 30.3.1992 (→ Ziffer 11.7.10) gilt (Art. 24).

11.7.9.3 Überwachung im Fall der Verwertung

Entsprechend den Regelungen der OECD dürfen Abfälle der *grünen Liste* innerhalb der EG mittels einem Begleitpapier verbracht werden, das bei einer Kontrolle Auskunft über den transportierten Abfall, den Zielort, den Empfänger und die geplante Verwertung gibt.

Zur Verwertung bestimmte Abfälle der *gelben Liste* dürfen erst dann ins Empfängerland verbracht werden, wenn der Empfänger zugestimmt und die für im Empfängerland zuständige Behörde schriftlich oder durch „Stillschweigen" zugestimmt hat.

Abfälle der *roten Liste* und *nicht gelistete Stoffe* dürfen nur dann verbracht werden, wenn die schriftliche Zustimmung der Behörde vorliegt.

11.7.9.4 Überwachung im Fall der Beseitigung

Jeder Verbringungsvorgang ist grundsätzlich zu notifizieren; d.h. es ist ein Antrag auf Erteilung einer Genehmigung zu stellen. Die Notifizierung erfolgt mittels eines Begleitscheines, den die notifizierende Person bei der zuständigen Behörde am Versandort erhält (Art. 3 Abs. 3). Der Begleitschein enthält Angaben über Ursprung, Zusammensetzung, Menge des Abfalls, beschreibt Fahrstrecken und Transportsicherheitsmaßnahmen und die vorgesehene Beseitigung (Art. 3 Abs. 5). Eine Genehmigung darf von der zuständigen Behörde am Bestimmungsort nur dann erteilt werden, wenn von keiner der behördlichen Stellen Einwände erhoben worden sind (Art. 4 Abs. 2). Insbesondere können Einwände erhoben werden, wenn das Autarkieprinzip national durchgesetzt werden soll oder Abfallentsorgungspläne der vorgesehenen Beseitigung widersprechen (Art. 4 Abs. 3).

11.7.10 Entschließung der OECD C(92)39

Bereits in den frühen 80iger Jahren hatte sich die OECD mit grenzüberschreitenden Abfalltransporten beschäftigt und in ersten Schritten bestimmte Informationenspflichten festgelegt. 1986 wurden die Regulungen um Beschlüsse ergänzt, wonach die OECD-Mitgliedstaaten Exporte von gefährlichen Abfällen in nicht Mitgliedstaaten verbieten oder strengen Kontrollen unterziehen sollten. 1988 wurden in einer Kernliste die besonders gefährlichen Abfälle aufgelistet. 1991 wurde in einem weiteren Beschluß festgelegt, daß Länder, in deren Gebiet keine Entsorgungsmöglichkeiten existieren und die deswegen exportieren, geeignete umweltkonforme Anlagenkonzeptionen und die Anlagen selbst entwickeln und umsetzen müssen.

> Das OECD – Gebiet umfaßt die Mitgliedstaaten (Stand August 1992) Australien, Belgien, Canada, Dänemark, Deutschland, Finnland, Frankreich, Griechenland, Groß Britanien, Island, Irland, Italien, Japan (Enthaltung bei OECD C (92)39), Luxemburg, Niederlande, Neu Seeland, Norwegen, Österreich, Portugal, Spanien, Schweden, Schweiz, Türkei, Vereinigte Staaten von Amerika.

Mit der Entschließung der OECD C(92)39 [141], die am 30.03.1992 angenommen worden ist, haben die Mitgliedstaaten in einem weiteren Schritt für alle grenzüberschreitenden Abfalltransporte, die mit dem Ziel der Verwertung durchgeführt werden, ein Kontroll- und Überwachungssystem eingeführt. Die Entschließung bezieht sich dabei nur auf Transporte innerhalb des „OECD-Gebietes".

Für verwertbare Abfälle sind abgestufte Kontrollen vorgesehen, die sich an der Gefährlichkeit der verwertbaren Abfälle aus- richten, die in 3 Listen erfaßt werden:

- *Grüne Liste*: Abfälle, die in der grünen Liste der OECD-Vereinbarung enthalten sind, unterliegen keinerlei Kontrollen. Hierzu zählen z.B. Schrott, Stahl, NE-Metalle, Kunststoffe, Papier, Glas, Textilien, Holz.
- *Gelbe Liste*: Diese Abfälle unterliegen einer eingeschränkten Kontrolle. In diesen Fällen ist die Zustimmung des Empfängerstaates erforderlich, die nach erfolgter Notifikation aber auch stillschweigend erteilt werden

kann. In diese Gruppe fallen z. B. Aschen, Schlämme und Stäube von NE-Metallen, arsen-, quecksilber-, ölhaltige Abfälle, Siedlungsabfälle oder Abfälle mit weniger als 50 mg/kg PCB/PCT/PBB.

– *Rote Liste*: Die in dieser Gruppe genannten Abfälle sind wie Abfälle zu behandeln, die der endgültigen Beseitigung zugeführt werden sollen. Eine Verbringung ist nur zulässig, wenn sowohl Absende- als auch Empfangsstaat einverstanden sind und dies schriftlich erklärt haben. Zu diesen Abfällen zählen insbesondere PCB/PCT-haltige Abfälle mit Gehalten über 50 mg/kg, Abfälle mit Dioxinen, Furanen, Zyaniden, Asbest o. ä. Schadstoffen.

Die Zuordnung zu den Listen wird laufend durch OECD-Ausschüsse aktualisiert. Der OECD-Rat hat im Rahmen des Überprüfungsverfahrens 2 Änderungen der Listen beschlossen [142].

Das in der Entschließung vorgeschriebene System muß natürlich von den OECD-Mitgliedstaaten eingeführt werden. Als Hilfestellung wurde von der OECD zwischenzeitlich ein „Handbuch" mit Anwendungshinweisen als Beschluß vorgelegt [143]. In der Europäischen Union wurde das System im Rahmen der Abfallverbringungsverordnung eingeführt (→ Ziffer 11.7.9).

11.7.11 Baseler Konvention zur Kontrolle der grenzüberschreitenden Verbringung gefährlicher Abfälle

Auf der Basis der von der OECD geleisteten Vorarbeiten wurde im Rahmen des Umweltprogramms der Vereinten Nationen (UNEP) eine weltweite Konvention zur Kontrolle der grenzüberschreitenden Verbringung gefährlicher Abfälle erarbeitet. Die Beratung der Konvention wurde in Basel im März 1989 mit einer Ministerkonferenz abgeschlossen. Auf dieser Konferenz hatten bereits 35 Staaten die sogenannte „Baseler Konvention" gezeichnet. 3 Monate nach Hinterlegung der zwanzigsten Ratifizierungsurkunde durch Australien ist das Übereinkommen am 6. Mai 1992 in Kraft getreten. Die Europäische Gemeinschaft hat ihre Ratifizierungsurkunde am 6.02.1994 hinterlegt.

Kernbereich des Basler Übereinkommens, das weltweite Geltung hat, bilden insbesondere folgende Regelungen:

– Import, Export und Transit von Abfällen sind nur zulässig, wenn zuvor alle beteiligten Staaten informiert wurden und der Verbringung zugestimmt haben.
– Verbringungen in „Nichtvertragsstaaten" sind unzulässig, es sei denn, es bestehen bi- oder multilaterale Regelungen, die inhaltlich den Anforderungen der Konvention entsprechen.

- Der Exporteur und hilfsweise der Staat, aus dem die Abfälle stammen, ist für die Einhaltung der Konvention verantwortlich und bei gescheiterten Verbringungen zur Rücknahme der Abfälle verpflichtet; diese Verpflichtung gilt insbesondere für „illegale Verbringungen" von Abfällen.
- Exporte dürfen nur bewilligt werden, wenn eine Entsorgung im Inland nicht möglich ist bzw. die Abfälle für Recyclingzwecke im Ausland benötigt werden und die umweltadäquate Entsorgung sichergestellt ist.

Die Bundesrepublik Deutschland hat die Konvention nach Durchführung der erforderlichen Abstimmungen am 23. Oktober 1989 gezeichnet. Zur Vorbereitung der Ratifizierung und praktischen Einführung in den Vollzug hat die Bundesregierung im Mai 1993 die Entwürfe zu einem

- Zustimmungsgesetz zum Basler Übereinkommen
- Ausführungsgesetz zum Basler Übereinkommen

vorgelegt. Das *Zustimmungsgesetz* ist am 15. Oktober 1994 in Kraft getreten. Das *Ausführungsgesetz* (→ Ziffer 10.7.1) ist am 14. Oktober 1994 in Kraft getreten.

11.7.12 Richtlinie über die Altölbeseitigung

Die Richtlinie des Rates über die Altölbeseitigung [144], die 1986 geändert/aktualisiert wurde, enthält im Wesentlichen ein Verbot des Ableitens von Altölen in Gewässer, des Lagerns und/oder Ableitens mit schädlichen Auswirkungen auf den Boden sowie des Behandelns mit luftgefährdenden Wirkungen. Jedes Unternehmen, das Altöl beseitigt, bedarf hierfür einer Genehmigung. Der Stand der Technik muß berücksichtigt werden. In den Mitgliedstaaten sind die erforderlichen Maßnahmen dafür zu treffen, daß ein oder mehrere Unternehmen die ihnen von den Besitzern angebotenen Erzeugnisse sammeln und/oder beseitigen, falls die schadlose Sammlung und Beseitigung von Altölen nicht anders erreicht werden kann. Beseitigungsunternehmen können als Ausgleich für die ihnen auferlegten Sammel- und Beseitigungspflichten und die hierzu erbrachten Dienstleistungen Zuschüsse erhalten. Diese Zuschüsse dürfen weder zu nennenswerten Wettbewerbsverzerrungen führen noch künstliche Handelsströme schaffen. Die Mittel für die Zuschüsse können u.a. durch eine Abgabe auf Produktöle oder auf Altöle aufgebracht werden, wobei das Verursacherprinzip zu beachten ist.

Die Richtlinie wurde in der Bundesrepublik im Zuge der Novellierung des Abfallgesetzes von 1986 in den §§ 5a und 5b sowie über die Altöl-Verordnung (→ Ziffer 6.1) *umgesetzt*.

11.7.13 Richtlinie über die Beseitigung polychlorierter Biphenyle und Terphenyle (PCB, PCT)

Die Richtlinie des Rates über die Beseitigung polychlorierter Biphenyle und Terphenyle (PCB, PCT) [145] vom 6.4.1976 regelt die Beseitigung von Gegenständen und Geräten, die PCB enthalten.

PCB ist eine wasserunlösliche, aber fettlösliche chlorierte Verbindung. Durch die Bindung an Fette geht PCB in den Nahrungskreislauf ein und lagert sich im Fettgewebe, im Nervensystem und in den Keimdrüsen ab. In der Leber können Stoffwechselstörungen die Folge sein. Im Tierversuch wurden bei hohen Dosierungen erhöhte Tumorraten festgestellt. Neben der ökologischen Bedenklichkeit von PCB steht die Gefahr, daß in einem Brandfall eine thermische Zersetzung der PCB erfolgt. Unter ungünstigen Bedingungen können hierbei die hochgiftigen Dibenzodioxine und Dibenzofurane gebildet werden. Aus diesem Grund sah bereits die „Altrichtlinie" vor, daß die Beseitigung von PCB nur in dafür zugelassenen Anlagen, Einrichtungen oder Unternehmen möglich sein darf. Für Besitzer von PCB, die keine Zulassung zur Beseitigung von PCB haben, bestand Ablieferungszwang.

Wegen der Verbesserung der technischen Methoden wurde von der Kommission am 17.10.1988 der Vorschlag für eine neue Richtlinie über die Beseitigung polychlorierter Biphenyle und Terphenyle vorgelegt, mit der die Grundrichtlinie ersetzt werden sollte. Der Vorschlag zielte auf eine Verminderung der Risiken ab, die die PCB für die menschliche Gesundheit und die Umwelt darstellen, indem er insbesondere die kontrollierte Entsorgung dieser Stoffe und der durch sie verseuchten Geräte bis zu einem Enddatum fordert. Unter der deutschen Präsidentschaft konnte im Dezember 1994 auf der Rechtsgrundlage Artikel 130 s Abs. 1 EGV ein gemeinsamer Standpunkt verabschiedet werden.

Die Hauptpunkte des Vorschlages sind:

- als PCB werden PCB, PCT, gefährliche PCB-Ersatzstoffe und alle PCB-Mischungen mit mehr als 50 ppm PCB bezeichnet;
- als Beseitigungsenddatum soll der 31.12.2010 für alle PCB gelten, deren Bestand erfaßt worden ist;
- der Bestand soll auf der Basis 5 dm^3 PCB-Inhalt erfaßt werden;
- gering belastete Transformatoren (50–500 ppm PCB) dürfen bis zum Ende ihrer Laufzeit betrieben werden;
- die Handhabung der PCB darf nur durch zugelassene Unternehmen erfolgen.

In Deutschland wurde in *Umsetzung* der „Altrichtlinie" mit der PCB-, PCT-, VC-Verbotsverordnung vom 18.07.1989 [146] die Herstellung, das

Inverkehrbringen und die Verwendung von Stoffen, Zubereitungen und Erzeugnissen mit PCB-Gehalten von mehr als 50 mg/kg untersagt. Ausgenommen von dem Verbot ist nur die Verwendung von

- Kondensatoren mit mehr als 1 Liter PCB-haltiger Flüssigkeit, und zwar bis zum 31.12.1993;
- bestimmten Erzeugnissen bis zu ihrer Außerbetriebnahme, längstens bis zum 31.12.1999.

Damit wird in Deutschland die Beseitigung von PCB Ende 1999 abgeschlossen sein. Deutschland und die Mitgliedstaaten Belgien, Dänemark, Niederlande, Groß-Britannien, Österreich, Finland, Luxemburg und Schweden, die ebenfalls einen erheblich früheren Ausstieg als bis zum Jahr 2010 aus der PCB-Verwendung anstreben, haben deshalb bei dem gemeinsamen Standpunkt eine entsprechende politische Erklärung abgegeben.

11.7.14 Richtlinie zur Verhütung und Verringerung der Umweltverschmutzung durch Asbest

Die Richtlinie des Rates zur Verhütung und Verringerung der Umweltverschmutzung durch Asbest vom 19.3.1987 [147] will den gesamten Verwendungszyklus von Asbest (von seiner Förderung bis zur Beseitigung der asbesthaltigen Abfälle) und alle Umweltbereiche abdecken. Es sollen insbesondere Asbestemissionen in die Luft, die Einleitung von asbesthaltigen Abwässern in Gewässer und Verschmutzungen durch Asbestabfälle nach Möglichkeit an der Quelle eingeschränkt und verhindert werden.

Weitere Grundsätze werden durch das auf der 72. Internationalen Arbeitskonferenz am 24. Juni 1986 angenommene *Übereinkommen Nr. 162 für die Verhütung und Begrenzung von Gesundheitsgefahren infolge der beruflichen Exposition gegenüber Asbest* aufgestellt [148]. Die Anforderungen des Übereinkommens werden in der Bundesrepublik Deutschland durch verschiedene Richtlinien und Merkblätter sowie durch die Gefahrstoffverordnung erfüllt.

Zur *Umsetzung* der Ziele der Richtlinie in der Bundesrepublik hat die Länderarbeitsgemeinschaft Abfall in einem Merkblatt, das seit Juni 1989 vorliegt, Regeln zu den Punkten:

- Bereitstellung, Behandlung und Beladen,
- Transport,
- Entsorgung und Ablagerung

zusammengestellt. Weiterhin sind folgende Vorschriften zu beachten:

- Technische Richtlinie „Asbest-Abbruch-, Sanierungs- oder Instandhaltungsarbeiten" [149]

- „Richtlinien für die Bewertung und Sanierung schwach gebundener Asbestprodukte in Gebäuden" [150]
- Merkblatt „Asbest in Elektro-Speicherheizgeräten" [151]

11.7.15 Richtlinie über gefährliche Stoffe enthaltende Batterien und Akkumulatoren

Die Richtlinie über gefährliche Stoffe enthaltende Batterien und Akkumulatoren vom 18.3.1991 [152] hat zum Ziel, eine umweltfreundliche Beseitigung der von der Richtlinie erfaßten Produkte zu gewährleisten bzw. eine weitgehende Wiederverwendung zu garantieren. Sekundärziel wird damit auch eine sinnvolle Bewirtschaftung von Rohstoffquellen.

In der Richtlinie sind eine Reihe von Maßnahmen vorgesehen, die spätestens bis zum 18.9.1992 in nationales Recht umzusetzen waren. Wesentliche Vorgaben sind:

- Alkali-Mangan-Batterien mit mehr als 0,025 Gew.% Quecksilber sind ab dem 1.1.1993 verboten; nur bei bestimmten Anwendungen wie z.B. bei extremem Temperatureinsatz sind max. 0,05 Gew.% erlaubt.
- Batterien und Akumulatoren, die mehr als 0,025 Gew.% Cadmium, mehr als 0,4 Gew.% Blei und mehr als 0,025 Gew.% Quecksilber bzw. 25 mg je Zelle enthalten, müssen gekennzeichnet werden.
- Batterien und Akumulatoren dürfen nur dann in Geräte eingebaut werden, wenn sie nach dem Ende ihrer Lebensdauer vom Nutzer mühelos ausgebaut werden können.
- Es sind Programme aufzustellen, durch die die Schwermetallgehalte in den Batterien reduziert, die in den Hausmüll gelangenden Anteile minimiert sowie besondere Vorgaben zur gesonderten Entsorgung von schadstoffhaltigen Batterien gemacht werden.
- Sammel- und Verwertungssysteme sind gfls. unter Einbeziehung von Pfandfestlegungen zu organisieren.
- Die Öffentlichkeit ist über die Gefahren einer ungeordneten und unkontrollierten Beseitigung zu informieren; weiterhin über Kennzeichnung und Art und Weise, wie Batterien aus Geräten entfernt werden können.

Die Richtlinie enthält keine Anforderungen über die mengenmäßig relevanten schadstoffarmen Zink-Kohle- und Alkali-Mangan-Batterien!

Die Wahl der Mittel zur Erreichung der festgelegten Ziele bleibt im wesentlichen den Mitgliedstaaten überlassen, die zur Erreichung der Ziele Programme aufstellen sollen.

Die Batterierichtlinie wurde am 4.10.1993 durch die *Richtlinie der Kommission zur Anpassung der Richtlinie über gefährliche Stoffe enthaltende*

Batterien und Akkumulatoren an den technischen Fortschritt [153] ergänzt, in der eine europaweite Kennzeichnung für die unter die Batterierichtlinie fallenden Batterien vorgeschrieben wird.

Das Bundesumweltministerium hat zur *Umsetzung* der EG-Richtlinie im Sommer 1992 einen ersten Entwurf einer Verordnung nach § 14 AbfG in die Anhörung gegeben, der zur Zeit in überarbeiteter Fassung erneut beraten wird (→ Ziffer 6.5.3). Die Umsetzung der in der Richtlinie geforderten Informationen und Programme kann nur durch entsprechende Förderprogramme und Öffentlichkeitsarbeit erfolgen. Hier sind Bund und Länder ebenfalls aktiv.

11.7.16 Richtlinie über die Wiederverwendung von Altpapier und die Verwendung von Recyclingpapier

Mit der Richtlinie über die Wiederverwendung von Altpapier und die Verwendung von Recyclingpapier vom 3.12.1981 [154] werden wesentliche Vorgaben für den Einsatz von Altpapier anstelle von Zellstoffen und Holzschliff vorgegeben. Ein Ziel der Richtlinie ist insbesondere die Einsparung von Energie und Wasser sowie die Reduzierung von Abwasser-, Abluft- und Abfallbelastungen. Hierzu wird von den Mitgliedstaaten der EG gefordert, daß sie ihre Wirtschaftspolitik so ausrichten, daß

- die Öffentliche Hand beispielgebend Altpapier verwendet,
- Recyclingpapier einen hohen Anteil an (minderwertigem) gemischten Altpapier enthält,
- Produktnormen darauf überprüft werden, daß vermehrt Altpapier zum Einsatz kommen kann,
- die Verbraucher über die Vorteile des Gebrauchs von Altpapier informiert werden,
- insbesondere die Forschung und Entwicklung sich auch um einen möglichen anderweitigen Einsatz von Altpapier kümmert.

In der Bundesrepublik wird die Richtlinie durch die Verpackungs-Verordnung *umgesetzt* (→ Ziffer 6.4). Im Hinblick auf die in der Richtlinie vorgesehene Verbraucherinformation wurde auch bei Papierprodukten das Umweltzeichen eingeführt (Blauer Engel). Papierprodukte aus Altpapier erhalten dieses Zeichen aber nur noch, wenn auf halogenierte Bleichstoffe und Ethylendiaminetraessigsäure (EDTA) verzichtet wird.

11.7.17 Richtlinie über Verpackungen und Verpackungsabfälle

Die EG-Kommission hatte im April 1991 einen ersten Entwurf für einen Vorschlag für eine Richtlinie über Verpackungen und Verpackungsabfälle vorgelegt, mittels der die Vorläufer-Richtlinie den neueren Entwicklungen angepaßt und fortgeschrieben werden sollte. Die Erörterungen mit Sachverständigen und Verbänden hatten zu einer Überarbeitung geführt. Nach umfangreichen Beratungen wurde die *Richtlinie 94/62/EG des Europäischen Parlaments und des Rates vom 20.12.1994 über Verpackungen und Verpackungsabfälle* endgültig verabschiedet [155]. Rechtsgrundlage ist Artikel 100a EGV.

Hintergrund für die Aktivitäten der EG waren die unterschiedlichen Entwicklungen, die in den einzelnen Mitgliedstaaten der EG initiiert wurden, um das Problem der immer weiter anwachsenden Berge an Verpackungsabfällen zu lösen. Diese Maßnahmen hatten nach Ansicht nicht nur der Kommission zu einer Behinderung des freien Warenverkehrs geführt und eine Situation hervorgerufen, die der Entwicklung eines gemeinsamen Binnenmarktes entgegenstehen kann.

Wesentlichste Ziele der Richtlinie sind die mengenmäßige Beschränkung des Aufkommens an Verpackungsabfällen, die Schadstoffentfrachtung bei den Verpackungen sowie deren weitestgehende Verwertung. Hierzu wird ein Zielrahmen für die einzelstaatlichen Maßnahmen vorgegeben, der nur unter bestimmten Bedingungen ausgeweitet werden kann: die Mitgliedstaaten haben sicherzustellen, daß 5 Jahre nach dem Umsetzungsdatum 50 – 65 Gew.% der Verpackungsabfälle verwertet werden; von dieser Menge sollen 25–45% stofflich verwertet werden, bei einem materialspezifischen Minimum von 15%. Dabei läßt die Richtlinie zu, daß Mitgliedstaaten über die Zielvorgaben hinausgehen können, wenn sie entsprechende nationale Programme aufgestellt haben oder aufstellen – wie bspw. die Bundesrepublik mit der Verpackungs – Verordnung. Voraussetzung ist dann nur, daß die Maßnahmen nicht zu Verzerrungen des Binnenmarktes führen und de anderen Mitgliedstaaten nicht daran hindern, der Richtlinie nachzukommen.

Als Frist für die *Umsetzung* ist in der Richtlinie der 30.06.1996 festgeschrieben. Die deutsche Verpackungs-Verordnung ist vor diesem Hintergrund zu novellieren. Hinzuweisen ist in diesem Zusammenhang darauf, daß die Kommission prüft, ob die deutsche Verpackungsverordnung mit Gemeinschaftsrecht vereinbar ist. Zu der Frage, ob die entsorgungspflichtigen Körperschaften oder das Duale System mit ihren rechtlich zulässigen Finanzierungsinstrumenten eine – unzulässige – Subventionierung von Verpackungsrecycling (im Ausland) betreiben, hat sich die Kommission bereits dahingehend festgelegt, daß „die Förderung der Sammlung und des Recyclings von Altpapier durch die Behörden deer Mitgliedstaaten keine staatliche Beihilfe im Sinne von Artikel 92 Abs.1 EWGV darstellt, vorausgesetzt, das gesammelte Papier wird anschließend der Papierwirtschaft zu den gängigen Marktpreisen als Sekundärrohstoff zur Verfügung gestellt" [156].

11.7.18 Richtlinie über den Schutz der Umwelt und insbesondere der Böden bei der Verwendung von Klärschlamm in der Landwirtschaft

Durch die Richtlinie über den Schutz der Umwelt und insbesondere der Böden bei der Verwendung von Klärschlamm in der Landwirtschaft vom 12.06.1986 [157] wurden zum Schutz von Boden, Vegetation, Tieren und Menschen vor Klärschlämmen besondere Anforderungen festgelegt. Zugleich soll mit der Richtlinie die ordnungsgemäße Verwertung gefördert werden. Die Richtlinie wurde auf Artikel 100 a EWGV gestützt.

Da Klärschlämme je nach ihren Inhaltsstoffen und Konzentrationen der Abfallrahmenrichtlinie bzw. der Richtlinie über giftige und gefährliche Abfälle unterfallen, wird bei einer Verwertung der Klärschlämme in landwirtschaftlichen Betrieben die Geltung der Abfallrahmenrichtlinie bewußt ausgenommen; für diesen Fall ist die Klärschlammrichtlinie einschlägig.

Aus der Erkenntnis, daß insbesondere bestimmte Schwermetalle über die Nahrungsmittelkette zuletzt auch den Menschen schädigen können, wurde das Hauptaugenmerk der Richtlinie auf die Grenzwertsetzung für diese Elemente im KLärschlamm sowie im Boden gelegt. Im Einzelnen handelt es sich um die Elemente Cadmium, Kupfer, Nickel, Blei, Zink, Quecksilber und Chrom, für die in den Anhängen die Grenzwerte festgelegt sowie die Probenahme- und Analysenverfahren bestimmt werden. Die Grenzwerte bestimmen sich aber nicht nur aus dem Aspekt der Nahrungsmittelkette, sondern auch aus den Aspekten des Oberflächen- und Grundwasserschutzes.

Um zu vermeiden, daß bei einer Aufbringung auf Böden die Bodengrenzwerte überschritten werden, sind entweder jährliche Höchstmengen zu beachten oder die Boden – Schwermetallkonzentrationen sind – bezogen auf einen 10-Jahres – Durchschnitt laufend zu kontrollieren. Für die Aufbringung sind darüberhinaus bestimmte Fristen zwischen Aufbringung und Beweidung bei Wiesen bzw. Ernte zu beachten. So sind Vegetationszeiten bei Obst- und Gemüsekulturen grundsätzlich für eine Aufbringung ausgeschlossen.

Für kleinere Kläranlagen (< 300 kg BSB_5 pro Tag; dies entspricht ca. 5000 Einwohnergleichwerten), die im Wesentlichen Abwasser aus Haushaltungen reinigen, werden Ausnahmen zugelassen. Für die Anpassung der Richtlinie an den Fortschritt wurde ein Ausschuß eingesetzt.

In der Bundesrepublik ist die Richtlinie durch die Klärschlammverordnung [158] *umgesetzt* worden. Die Verordnung ist am 1.07.1992 in Kraft getreten. Neben den bereits bis dato geltenden Grenzwerten für das Aufbringen der organischen Substanz und der Schwermetallkonzentrationen, die teilweise verschärft wurden, wurden Vorsorgewerte für die organischen Schadstoffgruppen Dioxine/Furane (PCDD/-F) und polychlorierte Biphenyle (PCB) sowie adsorbierbare organisch gebundene Halogene (AOX) eingeführt.

11.7.19 Richtlinie über die Umweltverträglichkeitsprüfung bei bestimmten öffentlichen und privaten Projekten

Durch die Richtlinie über die Umweltverträglichkeitsprüfung (UVP) bei bestimmten öffentlichen und privaten Projekten vom 27.6.1985 [159] wurde das Vorsorgeprinzip stärker im Umweltschutz verankert, um bei allen technischen Planungs- und Entscheidungsprozessen die Auswirkungen auf die Umwelt so früh wie möglich abschätzen zu können.

Die Richtlinie differenziert im Verbindlichkeitsgrad zwischen den umweltrelevanten Vorhaben. Soweit Vorhaben wegen ihrer Art, Größe und Bedeutung im Anhang I der Richtlinie aufgeführt sind, ist eine UVP zwingend vorzusehen. Die in Anhang II aufgezählten Vorhaben (z. B. Flurbereinigungsprojekte, Kokereien, Anlagen zur Erzeugung oder Anreicherung von Kernbrennstoffen, Schiffswerften, Speicherung und Lagerung von Erdöl, Anlagen zum Schlachten von Tieren, Faserfärbereien, Städtebauprojekte, Feriendörfer), die nicht unbedingt, sondern nur unter bestimmten Umständen bedeutende Auswirkungen auf die Umwelt mit sich bringen, werden einer UVP nur unterzogen, wenn ihre Merkmale nach Auffassung des Mitgliedstaates dies erfordern. Projekte der Landesverteidigung und Projekte, die durch einen besonderen einzelstaatlichen Gesetzgebungsakt genehmigt werden, fallen nicht unter die Richtlinie.

Zwar bestimmt die Richtlinie die anzuwendenden Verfahren nicht, doch soll die UVP die unmittelbaren und mittelbaren Effekte eines Projektes auf Mensch, Fauna und Flora; Boden, Wasser, Luft, Klima und Landschaft; die Wechselwirkungen zwischen diesen Faktoren; Sachgüter und das kulturelle Erbe identifizieren, beschreiben und bewerten.

Der Projektträger hat zusammen mit dem Antrag auf Genehmigung eine Reihe von Angaben, die Anhang III auflistet, vorzulegen. Die Genehmigungsbehörden müssen bei ihren abschließenden Entscheidungen die eingeholten Angaben und Stellungnahmen berücksichtigen.

Die Richtlinie forderte die Mitgliedstaaten auf, die erforderlichen Rechtsvorschriften so zügig zu erlassen, daß die Richtlinie spätestens seit dem 3.07.1988 national umgesetzt ist.

In der Bundesrepublik wurde die Richtlinie – wenn auch verspätet – durch das Gesetz zur Umweltverträglichkeitsprüfung *umgesetzt* (→ Ziffer 10.5).

Der Europäische Gerichtshof hat am 9.08.1994 gegen die Bundesrepublik Deutschland entschieden, daß bereits ab dem 3.07.1988 die Verfahrensvorschriften der UVP Richtlinie hätten angewandt werden müssen [160]. Die Übergangsvorschrift der o.a. Gesetzes (§ 22 UVPG) dürfte deshalb fehlerhaft sein. Die Bundesregierung prüft z.Z., welche Auswirkungen das Urteil auf Zulassungsverfahren hat, die vor dem 12.02.1990 (Inkrafttreten des UVPG), aber nach dem 3.07.1988 (Umsetzungsfrist der Richtlinie) eingeleitet worden sind.

11.7.20 Richtlinie über den freien Zugang von Informationen über die Umwelt

Der Rat hat mit der Richtlinie über den freien Zugang von Informationen über die Umwelt vom 7.6.1990 [161] eine wichtige Rechtsakte erlassen, um der Öffentlichkeit einen verbesserten Zugang zu umweltbezogenen Informationen zu öffnen. Zukünftig sollen Behörden nur noch in begründeten, ganz bestimmten, genau bezeichneten Fällen erbetene umweltbezogene Informationen verweigern dürfen.

Der Zugang zu umweltbezogenen Informationen im Besitz staatlich überwachter Stellen, welche öffentliche Aufgaben im Bereich der Umweltpflege wahrnehmen, ist ebenfalls zu gewährleisten. Für die Behörden bedeutet dies, daß sie zukünftig jedem Einsicht in umweltrelevante Daten gewährenmüssen, ohne daß dieser seine Betroffenheit oder sonstige Gründe für die Einsichtnahme darlegen muß. Damit wird sich eine deutliche Verschiebung zwischen den Interessen der Geheimhaltung – auch von Betriebsgeheimnissen – und der Informationsfreigabe ergeben.

Die Richtlinie fordert die Mitgliedstaaten auf, die erforderlichen Rechtsvorschriften so zügig zu erlassen, daß die Richtlinie spätestens ab dem 31.12.1992 national umgesetzt ist.

Zur *Umsetzung* in nationales Recht wurde das Umweltinformationsgesetzes erlassen [162]. Das Gesetz, das am 16.07.1994 in Kraft getreten ist, sieht im Wesentlichen vor, daß Jedermann Anspruch auf freien Zugang zu Informationen über die Umwelt hat, die bei einer Behörde oder einer Person des Privatrechts, die öffentlich-rechtliche Aufgaben im Bereich des Umweltschutzes wahrnimmt und die der Aufsicht von Behörden unterstellt sind, vorliegen.

12 Literatur

1) Daten zur Umwelt 1992/93, Veröffentlichung des Umweltbundesamtes, Erich Schmidt Verlag, Berlin, 1994, S. 535 ff,

2) Abfallbeseitigungsgesetz vom 7.6.1972, BGBl. I, S. 873

3) Änderung des Abfallbeseitigungsgesetzes vom 21.6.1976, BGBl. I, S. 1601

4) Änderung des Abfallbeseitigungsgesetzes vom 4.3.1982, BGBl. I, S. 281

5) Änderung des Abfallbeseitigungsgesetzes vom 31.1.1985, BGBl. I, S. 204

6) Gesetz über die Vermeidung und Entsorgung von Abfällen (Abfallgesetz – AbfG) vom 27.8.1986, BGBl. I, S. 1410, 1501)

7) Altölgesetz vom 23.12.1969, BGBl. I, S. 2113

8) Gesetz über die Verwaltungshilfe, BGBl. I, 1992, S. 1161

9) Investitionserleichterungs- und Wohnbaulandgesetz vom 22.04.1993, BGBl. I, S. 466

10) Gesetz zur Aufhebung der Tarife im Güterkraftverkehr vom 13.08.1993, BGBl. I, S. 1489

11) Artikel 5 des Gesetzes vom 27.06.1994, BGBl. I, S. 1444

12) Ausführungsgesetz zum Basler Übereinkommen vom 30.9.1994, BGBl. I, S. 2771

13) Entscheidung des Bundesverwaltungsgerichts vom 24.06.1993 (Bauschutt) 7C 11.92, ZUR 1993, S. 219 ff

14) Verordnung zur Bestimmung von Abfällen nach § 2 Abs. 2 des Abfallgesetzes (Abfallbestimmungs-Verordnung; AbfBestV) vom 03.04.1990, BGBl. I, S. 614

15) Verordnung zur Bestimmung von Reststoffen nach § 2 Abs. 3 des Abfallgesetzes (Reststoffbestimmmungs-Verordnung; RestBestV)

12 Literatur

vom 03.04.1990, BGBl. I, S. 631 i.V.m. der Berichtigung der Rest-BestV vom 23.04.1990, BGBl. I, S. 862

16) Allgemeine Verwaltungsvorschriften zum Abfallgesetz, Technische Anleitungen Abfall, K.Wagner, Kapitel II-0, in Handbuch der Abfallentsorgung, Müller-Schmitt-Gleser, Ecomed-Verlag, Postfach 1752, 86887 Landsberg

17) Leitfaden zur Erstellung von Antragsunterlagen und Durchführung des Zulassungsverfahrens bei Abfallentsorgungsanlagen, Texte des Umweltbundesamtes Nr. 40/92, DM 15; Verlag Werbung und Vertrieb, Ahornstr. 1-2, W-1000 Berlin 30; Ktonr.: 4832 7655-1094, Postgiro Berlin BLZ 100 100 107

18) Planfeststellung und Plangenehmigung im Abfallrecht, Texte des Umweltbundesamtes, Nr. 27/90, DM 10; Verlag Werbung und Vertrieb, Ahornstr. 1-2, W-1000 Berlin 30; Ktonr.: 4832 7655-1094, Postgiro Berlin BLZ 100 100 107

19) Verordnung über Betriebsbeauftragte für Abfall, AbfBetrbV, vom 26.10.1977, BGBl. I, S. 1913

20) Abfallverbringungs-Verordnung vom 18.11.1988, BGBl. I, S. 2126, berichtigt BGBl. I, S.2418

21) BMU – Pressemitteilung Nr. 81/92 vom 15.09.1992, Referat Öffentlichkeitsarbeit des Bundesumweltministeriums, Postfach 120629, 53048 Bonn

22) Erste allgemeine Verwaltungsvorschrift über Anforderungen zum Schutz des Grundwassers bei der Lagerung und Ablagerung von Abfällen vom 30.01.1990, GMBl. I, 1990, S.74, geändert durch Art. 4 der Änderungsverwaltungsvorschrift zur TA Abfall, Teil 1, GMBl. 1990, S. 866

23) Zweite Allgemeine Verwaltungsvorschrift zum Abfallgesetz, TA Abfall (Teil 1): Technische Anleitung zur Lagerung, chemisch/physikalischen, biologischen Behandlung, Verbrennung und Ablagerung von besonders überwachungsbedürftigen Abfällen vom 12.03.1991, GMBl. 1991, S.139, geändert am 23.05.1991, GMBl. 1991, S. 469

24) Dritte Allgemeine Verwaltungsvorschrift zum Abfallgesetz, TA Siedlungsabfall: Technische Anleitung zur Verwertung, Behandlung und sonstigen Entsorgung von Siedlungsabfällen vom 14.05.1993, Bundesanzeiger Nr. 99a, ISSN 0720-6100

25) Drittes Gesetz zur Änderung des Bundes-Immissionsschutzgesetzes vom 11.05.1990, BGBl. I, S. 870

26) Verordnung über das Einsammeln und Befördern sowie über die Überwachung von Abfällen und Reststoffen (Abfall- und Reststoffüberwachungs-Verordnung; AbfRestüberwV) vom 03.04.1990, BGBl. I, S.648, zuletzt geändert durch Artikel 5 des Ausführungsgesetzes zum Basler Übereinkommen vom 30.09.1994, BGBl. I, S. 2778

27) BMU – Pressemitteilung vom 31.03.1993, Nr. 26/93, Referat Öffentlichkeitsarbeit des Bundesumweltministeriums, Postfach 120629, 53048 Bonn//BR-Drs. 245/93

28) Ablagerung von Abfällen als untertägiger Versatz im Bergbau, Antwort der Bundesregierung auf die Kleine Anfrage der SPD, BT-Drs 13/258 vom 19.01.1995

29) LAGA-Informationsschrift Abfallarten, 3. neubearbeitete Auflage, 1991, Band 41, Erich Schmidt Verlag, Berlin

30) Musterverwaltungsvorschrift zur Durchführung von §§ 11 und 12 AbfG und der Abfall- und Reststoffüberwachungs-Verordnung, weitere Informationen zur Einführung bei den Landesumweltministerien

31) Altölverordnung, BGBl. I, 1987, S. 2335

32) Musterverwaltungsvorschrift zur Altölverordnung, weitere Informationen zur Einführung bei den Landesumweltministerien

33) Verordnung zur Rücknahme und Verwertung gebrauchter halogenierter Lösemittel (HKWAbfV), BGBl. I, 1989, S. 1918

34) Verordnung zum Verbot von bestimmten, die Ozonschicht abbauenden Halogenkohlenwasserstoffen (FCKW-Halon-Verbots-Verordnung), BGBl. I, 1991, S. 1090

35) Verordnung über die Rücknahme und Pfanderhebung von Getränkeverpackungen aus Kunststoffen, BGBl. I, 1988, S. 2455

36) Verordnung zur Vermeidung von Verpackungsabfällen (Verpackungsverordnung), BGBl. I, 1991, S. 1234

37) „Antwort auf die Kleine Anfrage", BT-Drs. 12/3194, Nr. 39

38) Antwort der Bundesregierung vom 14.01.1993, BT-Drs. 12/4115

39) Bundesanzeiger Nr.160 vom 27.08.1992, S. 7290

12 Literatur

40) Antwort der Bundesregierung zur Einführung des DSD vom 27.05.1992; BT-Drs. 12/2682

41) Bericht zum Forschungsvorhaben Ökobilanzen für Getränkeverpackungen, BMU-61/93, 1993, Referat Öffentlichkeitsarbeit des Bundesumweltministeriums, Postfach 120629, 53048 Bonn

42) Verfahren nach § 1 i.V.m. § 37a Abs. 1 GWB, BT-Drs. 12/4115

43) Information des Bundesumweltministeriums über den Entwurf einer Kennzeichnungsverordnung, BMU-Umwelt Nr.2/1994, S. 67f

44) Fachgespräch zu einem Arbeitspapier Elektronikschrott, Oktober 1992, BT-Drsn. 12/4562 und 12/4951

45) Änderungs-Verordnung des Rates 2356/91/EWG über bleihaltige Flaschenkapseln vom 29.7.1991, ABl. L 216/1

46) Antwort der Bundesregierung auf die Kleine Anfrage Altautoschrott-Verordnung und Verminderung von Stoffströmen, BT-Drs. 12/5583 vom 24.08.1993

47) Entschließung des Bundesrates zur ersten allgemeine Verwaltungsvorschrift über Anforderungen zum Schutz des Grundwassers bei der Lagerung und Ablagerung von Abfällen, BR-Drs. 283/89 (Beschluß)

48) Handbuch der Verwerterbetriebe, 3. überarbeitete Auflage des Umweltbundesamtes – Stand Mai 1992 –, Berlin, Erich Schmidt Verlag, ISBN 3-503-03 393-9

49) Wasserhaushaltsgesetz (WHG) vom 23.9.1986, BGBl. I, S. 1529 ber. S. 1654, geändert durch Gesetz vom 27.6.1994, BGBl. I, S. 1440

50) Stand der Technik bei chemisch/physikalischen Verfahren in der Abfallbehandlung, Forschungsbericht der Firma Lahmeyer International, veröffentlicht als UBA-Texte, UBA-FB 91-044, Umweltbundesamt, Bismarckplatz 1, 10191 Berlin

51) Forschungsverbundvorhaben Deponieuntergrund, weitere Informationen über Bundesanstalt für Geowissenschaften und Rohstoffe, Stilleweg 2, 30655 Hannover

52) Permeationsverhalten von Kombinationsdichtungen, Abschlußbericht kann über die Bundesanstalt für Materialforschung und -prüfung, Fachgruppe 8.30, Unter den Eichen 87, 12205 Berlin oder des Umweltbundesamt, Bismarckplatz 1, 14193 Berlin bezogen bzw. ausgeliehen werden

53) Forschungsverbundvorhaben – Weiterentwicklung von Deponieabdichtungssystemen –, weitere Informationen über die Bundesanstalt für Materialforschung und -prüfung, Unter den Eichen 87, 12205 Berlin

54) Hochsicherheitsdeponie – Konzepte, Entwicklung und Planung eines Modellvorhabens für eine Hochsicherheitsdeponie als Sonderabfalllager, Erich Schmidt Verlag, Berlin 1992, Band 38, ISBN 3503030283355

55) Stellenwert der Deponie und Deponiekonzepte im Vergleich, Zubiller in Handbuch der Abfallentsorgung, Ecomed Verlag, Postfach 1752, 86887 Landsberg, Kapitel III-1.3.3, SS 200).

56) Forschungsverbundvorhaben Deponiekörperkörper, weitere Informationen über das Umweltbundesamt Berlin, Bismarckplatz 1, 14191 Berlin

57) Forschungsvorhaben Stoffbilanz und Deponieverhalten am Beispiel der Sonderabfalldeponie Raindorf, Zweckverband Sondermüll-Entsorgung Mittelfranken, Siemensstr. 3-5, 91126 Rednitzhembach-Igelsdorf

58) Wasserwirtschaftlichen Anforderungen an Gesteinskavernen zum Lagern wassergefährdender Stoffe, GMBl. 1989, S. 394

59) Geotechnische Bewertung geologischer Barrieren bei Untertagedeponien, M. Langer, 1988, Springer Produktions-Ges., 1000 Berlin 33, S. 428, ISBN 3-926031-60-3

60) Auswirkungen der TA Siedlungsabfall auf die kommunale Abfallentsorgung, C.-G. Bergs, VDI Berichte 1033, 1993

61) Antwort der Bundesregierung auf die Kleine Anfrage TA Siedlungsabfall, BT-Drs. 12/3152

62) Beschluß des Bundesrates TA Siedlungsabfall, BR-Drs. 594/92 (Beschluß)

63) TA Siedlungsabfall, K. Wagner, im Handbuch der Abfallentsorgung, Müller/Schmitt-Gleser, Kapitel III-3.1, Nr. 5, Ecomed-Verlag, Postfach 1752, 86887 Landsberg

64) Überarbeitetes LAGA-Merkblatt Qualitätskriterien und Anwendungsempfehlungen für Kompost (M 10), wird noch im 1.HJ 1995 beim Erich Schmidt Verlag, Berlin veröffentlicht werden

65) Gutachten zur Verbrennung, Bundesärztekammer, Deutsches Ärzteblatt 90, Heft 1/2 vom 11.01.1993

66) Sondergutachten Abfallwirtschaft, Sachverständigenrat für Umweltfragen (SRU), 11.1990, Metzler-Poeschel-Verlag, Verlagsauslieferung H. Leins GmbH & Co., Holzwiesenstr. 2 7408 Kusterdingen

67) Verbundforschungsvorhaben zu Verfahren zur biologischen Vorbehandlung von zu deponierenden Abfällen, weitere Informationen über das Institut für Umweltwissenschaften der Uni Potsdam, Am Neuen Palais 10, Potsdam

68) Deponierisikostudie, Dr.-Ing. Steffen mbH und Colenco Power Consulting AG, im Auftrag des Bayerischen Staatsministeriums für Landesentwicklung und Umweltfragen, Postfach 810140, 81901 München, Materialien 98, Umwelt & Entwicklung Bayern

69) Empfehlungen zur TA Siedlungsabfall vom 29.5.1993, Bundesumweltministerium, GMBl., S. 4968

70) Urteil zur Frage der Verfüllung einer Tongrube mit einem Stabilisat aus Steinkohlenfeuerungsaschen, REA-Gips und Zement als Verwertung, BVerwG, 7 C 14.93 7 A 1153/92.OVG vom 26.05.1994

71) Eignung chemisch/toxischer Abfälle für die Verbringung nach Untertage, weitere Informationen über die Kernforschungsanlage Karlsruhe, Postfach 3640, 76021 Karlsruhe

72) 3. Gesetz zur Änderung des BImSchG vom 11.05.1990, BGBl. I, S. 870

73) 4. Verordnung zur Durchführung des BImSchG, novelliert am 22.04.1993, BGBl. I, 1993, S. 466

74) Novelle der Verordnung über das immissionsschutzrechtliche Genehmigungsverfahren (9. BImSchV), BGBl. I, 1993, S. 494

75) Verwaltungsvorschrift zur Vermeidung, Verwertung und Beseitigung von Reststoffen nach § 5 Abs.1 Nr. 3 BImSchG, NVwZ 1989, S. 130

76) Baden – Württemberg: Bekanntmachung vom 4.11.1989, GABl. S. 1315

77) Hamburg: Verwaltungsvorschrift vom 1.12.1989, Amtl. Anz. 1990 S. 17

78) Hessen: Verwaltungsvorschrift vom 22.08.1990, StAnz. S. 193

79) Niedersachsen: Runderlaß vom 27.11.1989, NdsMBl. S. 1217

80) Nordrhein-Westfalen: Gemeinsamer Runderlaß vom 4.1.1990, MinBl. S. 227

81) Rheinland-Pfalz: Erlaß vom 6.12.1988, MinBl. Nr. 22 S. 546

82) Sachsen-Anhalt: Runderlaß vom 25.02.1992, MinBl. S. 386

83) BR-Drs. Nr. 303/90 (Beschluß)

84) 17. Verordnung zur Durchführung des Bundes-Immisionsschutzgesetzes (Verordnung über Verbrennungsanlagen für Abfälle und ähnliche brennbare Stoffe), BGBl I, S. 2545

85) Richtlinien über die Auswertung kontinuierlicher Emissionsmessungen nach der Verordnung über Verbrennungsanlagen für Abfälle und ähnliche brennbare Stoffe, RdSchr. d. BMU vom 26.10.1992, GMBl. 1992, S. 1138

86) Richtlinien über die Auswertung kontinuierlicher Emissionsmessungen, RdSchr. d. BMU vom 26.07.1988, GMBl. 1988, S. 426

87) Richtlinien über die Eignungsprüfung, den Einbau, die Kalibrierung und Wartung von Meßeinrichtungen für die kontinuierliche Emissionsmessung", RdSchr. d. BMU vom 1.03.1990, GMBl. 1990, S. 226

88) Kommentar zum Wasserhaushaltsgesetz, Gieseke, Wiedemann, Czychowski, C.H. Beck'sche Buchdruckerei, München, 1989

89) Katalog wassergefährdender Stoffe, LTwS, Schrift Nr. 12, Umweltbundesamt, 10121 Berlin

90) Entschließung des Bundesrates vom 21.12.1989, BR-Drs. 490/89 (Beschluß)

91) Bayern: Verordnung über Anlagen zum Lagern, Abfüllen und Umschlagen wassergefährdender Stoffe und Zulassung von Fachbetrieben (Anlagen- und Fachbetriebsverordnung – VAwSF) vom 13.2.1984, GVBl. S. 66

92) Bremen: Verordnung zum Lagern, Abfüllen und Umschlagen wassergefährdender Stoffe (Anlagenverordnung – VAwS) vom 16.12.1986, GVBl. S. 403

93) Hamburg: Verordnung über Anlagen zum Umgang mit wassergefährdenden Stoffen (Anlagenverordnung – VAwS) vom 11.8.1987, GVBl. S. 165

94) Hessen: Verordnung über Anlagen zum Lagern, Abfüllen und Umschlagen wassergefährdender Stoffe und die Zulassung von Fachbetrieben (Anlagenverordnung – VAwS) vom 23.3.1982, GVBl. S. 74

12 Literatur 211

95) Niedersachsen: Verordnung über Anlagen zum Lagern, Abfüllen und Umschlagen wassergefährdender Stoffe (Anlagenverordnung – VAwS) vom 17.4.1985, GVBl. S. 83

96) Nordrhein-Westfalen: Verordnung über Anlagen zum Lagern, Abfüllen und Umschlagen wassergefährdender Stoffe (Anlagenverordnung – VAwS) vom 31.7.1981, GVBl. S. 490

97) Rheinland-Pfalz: Landesverordnung über Anlagen zum Lagern, Abfüllen und Umschlagen wassergefährdender Stoffe (Anlagenverordnung – VAwS) vom 15.11.1983, GVBl. S. 351

98) Schleswig-Holstein: Landesverordnung über Anlagen zum Lagern, Abfüllen und Umschlagen wassergefährdender Stoffe (Anlagenverordnung – VAwS) vom 24.6.1986, GVBl. S. 153

99) Gesetz über die Umweltverträglichkeitsprüfung bei bestimmten öffentlichen und privaten Maßnahmen vom 12.2.1990, BGBl. I, S. 205, geändert durch Artikel 3 des Gesetzes zur Vermeidung, Verwertung und Beseitigung von Abfällen, BGBl. I, S.2725

100) Stellungnahme zur Umsetzung der EG-Richtlinie über die Umweltverträglichkeitsprüfung in das nationale Recht, Rat von Sachverständigen für Umweltfragen, Dezember 1987, Referat Öffentlichkeitsarbeit des Bundesumweltministeriums, Postfach 120629, 53048 Bonn Bundesumweltministerium,

101) Ergebnisse eines Planspiels über die Vollziehbarkeit der Verwaltungsvorschrift zum UVPG, BT-Drs. 12/584

102) Gesetz über die Umwelthaftung" vom 10.12.1990, BGBl. I, S. 2634

103) Bundesratsbeschluß zum Zustimmungs- und das Ausführungsgesetz zum Baseler Übereinkommen, BR-Drs. 304/93 (Beschluß)

104) Zustimmungsgesetz zum Baseler Übereinkommen vom 14. Oktober 1994, BGBl. II S. 2703

105) Ausführungsgesetz zum Baseler Übereinkommen vom 11. Oktober 1994, BGBl. I, S. 2771

106) Einheitliche Europäische Akte vom 28. Februar 1986, BGBl. II, 1986, S. 1104

107) Vertrag über die Europäische Union vom 7. Februar 1992, Bulletin Nr. 16/S. 113 des Presse- und Informationsamtes der Bundesregierung vom 12.2.1992

108) Europäische Gemeinschaft, Europäische Union, Die Vertragstexte von Maastricht, Th. Läufer, Lizenzausgabe für die Bundeszentrale für politische Bildung, Europa Union Verlag GmbH, Bonn 1992

109) Gesetz über die Zusammenarbeit von Bundesregierung und Deutschem Bundestag in Angelegenheiten der Europäischen Union vom 12.03.1993, BGBl. I S. 311

110) Gesetz über die Zusammenarbeit von Bund und Ländern in Angelegenheiten der Europäischen Union vom 12.03.1993, BGBl. I S. 313

111) Die Organe der EG, E. Noel, Amt für amtliche Veröffentlichungen der EG, 1988, ISBN 92-825-8524-7, Luxemburg

112) Arbeitsweise der EU, K. Wagner, Kapitel I-5.1, in Handbuch der Abfallentsorgung, Müller-Schmitt-Gleser, Ecomed-Verlag, Postfach 1752, 86887 Landsberg

113) Erstes Aktionsprogramm von 1973, ABl. C 112/1

114) Drittes Aktionsprogramm von 1983, ABl. C 40/1

115) Viertes Aktionsprogramm von 1987, ABl. C 328/2

116) Fünftes Aktionsprogramm von 1993, ABl. C 138/1

117) BMU – Pressemitteilung vom 31.03.1993, Nr. 26/93, Pressereferat des Bundesumweltministeriums, Postfach 120629, 53048 Bonn

118) Kommissionsbeschluß 76/431/EWG zur Einrichtung eines Ausschusses für Abfallwirtschaft vom 21.4.1976, ABl. L 115/73

119) Gesetz zur Vermeidung, Verwertung und Beseitigung von Abfällen vom 27.09.1994, BGBl. I, S. 2705

120) TRGS 201 – Kennzeichnung von Abfällen beim Umgang von Okt. 1989, BArbBl. Nr. 10/1989, S. 48

121) TRGS 519 – Asbest-, Abbruch-, Sanierungs- oder Instandhaltungsarbeiten von Sept. 1991, BArbBl. Nr. 9/1991, S. 66, zuletzt geändert Dez. 1991, BArbBl. Nr. 12/1991, S. 53

122) TRGS 520 – Errichtung und Betrieb von Sammelstellen für gefährliche Abfälle aus Haushalten, gewerblichen oder öffentlichen Einrichtungen von Sept. 1993, BArbBl. Nr. 9/1993; S. 45

123) Technische Anleitung zur Reinhaltung der Luft (TA Luft) vom 27.2.1986, GMBl. S. 95, 202

124) Richtlinie des Rates über Abfälle (75/442/EWG) vom 15.7.1975, ABl. L 194/47

125) Richtlinie zur Änderung der Abfallrichtlinie (91/156/EWG) vom 18.3.1991, ABl. L 78/32

126) Richtlinie über gefährliche Abfälle (91/689/EWG) vom 12.12.1991, ABl. Nr. L 377/20

127) Richtlinie über giftige und gefährliche Abfälle (78/319/EWG) vom 20.3.1978, ABl. L 84/43

128) Richtlinie des Rates (94/31/EG) zur Änderung der Richtlinie (91/689/EWG) über gefährliche Abfälle vom 27.06.1994, ABl. Nr. L 168/28

129) Entscheidung (94/3/EG) der Kommission zum European Waste Catalogue (EWC) vom 20.12.1993, ABl. L 78/32

130) Handbuch der Abfallkataloge, Gaggia..., Werner Verlag GmbH, Düsseldorf, 1994, ISBN 3-8041-4570-1

131) Entscheidung des Rates über ein Verzeichnis gefährlicher Abfälle (94/904/EG) vom 22.12.1994, ABl. Nr. L 356/14

132) Richtlinie über die Verhütung der Luftverunreinigung durch neue Verbrennungsanlagen für Siedlungsmüll (89/369/EWG) vom 8.6.1989, ABl. Nr. L 163/32

133) Richtlinie zur Bekämpfung der Luftverunreinigung durch Industrieanlagen (84/360/EWG) vom 28.6.1984, ABl. Nr. L 188/20

134) Richtlinie über die Verringerung der Luftverunreinigung durch bestehende Verbrennungsanlagen für Siedlungsmüll (89/429/EWG) vom 21.6.1989, ABl. Nr. L 203/50

135) Richtlinie des Rates über die Verbrennung gefährlicher Abfälle (94/67/EG) vom 20.12.1994, ABl. Nr. L 365/34

136) Vorschlag für eine Richtlinie des Rates über Abfalldeponien, BR-Drs. 378/91 in Verbindung mit BT-Drs. 12/6577 vom 13.1.1994

137) Richtlinie über den Schutz des Grundwassers gegen Verschmutzung durch bestimmte gefährliche Stoffe (80/68/EWG) vom 17.12.1979, ABl. Nr. L 20/43

138) Urteil des EuGH vom 28.2.1991, Urteil C-131/88

139) „Richtlinie über die Überwachung und Kontrolle – in der Gemeinschaft – der grenzüberschreitenden Verbringung gefährlicher Abfäl-

le (84/631/EWG) vom 6.12.1984, ABl. Nr. L 326/31, geändert durch die Richtlinie (85/469/EWG), ABl. Nr. L 272/1 in der Fassung der Berichtigung vom 12.10.1985, geändert durch die Richtlinie (86/279/EWG) vom 12.6.1986, ABl. Nr. 181/13 und die Richtlinie (87/112/EWG) vom 23.12.1986, ABl. Nr. L 48/31

140) Verordnung zur Überwachung und Kontrolle der Verbringung von Abfällen in die und aus der Europäischen Gemeinschaft (259/93 EWG) vom 1.02.1993, ABl. L 30/1, geändert durch Entscheidung der Kommission vom 21.10.1994 (94/721/EG), ABl. Nr. L 288/36

141) Entschließung der OECD C (92) 39 vom 30.03.1992

142) OECD-Rats-Beschluß zur Änderung der Listen vom 23.07.1993 Dok.Ref. C(93) 74 und vom 28.07.1994, Dok.Ref. C(94) 153

143) Handbuch mit Anwendungshinweisen zur Listeneinstufung, OECD-Beschluß aus 1992, OECD C(92)39 Final

144) Richtlinie des Rates über die Altölbeseitigung (75/439/EWG) vom 16.6.1975, ABl. Nr. L 194/31, geändert durch Richtlinie des Rates (87/101/EWG) vom 22.12.1986, ABl. Nr. L 42/43

145) Richtlinie des Rates über die Beseitigung polychlorierter Biphenyle und Terphenyle (PCB, PCT) (76/403/EWG) vom 6.4.1976, ABl. Nr. L 108/41

146) PCB-, PCT-, VC – Verbotsverordnung vom 18.07.1989, BGBl. I, S.1482

147) Richtlinie des Rates zur Verhütung und Verringerung der Umweltverschmutzung durch Asbest (87/217/EWG) vom 19.3.1987, ABl.L 85/40

148) Übereinkommen Nr. 162 für die Verhütung und Begrenzung von Gesundheitsgefahren infolge der beruflichen Exposition gegenüber Asbest, 72. Internationalen Arbeitskonferenz vom 24. Juni 1986

149) TRGS 519 – Asbest-Abbruch-, Sanierungs- oder Instandhaltungsarbeiten; BArbBl. Heft 9/1990, S. 54

150) Richtlinien für die Bewertung und Sanierung schwach gebundener Asbestprodukte in Gebäuden, – Fassung Mai 1989 -; Mitteilungen IfBt, Berlin, Nr. 6/1989, S. 186

151) Merkblatt Asbest in Elektro-Speicherheizgeräten von der Arbeitsgruppe „Asbest" der ZWEI, ZVEH, VDEW, Verlags- und Wirtschaftsgesellschaft der Elektrizitätswerke -VWEW-, Stresemannallee 30, 60596 Frankfurt a.M., ISBN 3-8022-0391-7

12 *Literatur* 215

152) Richtlinie über gefährliche Stoffe enthaltende Batterien und Akkumulatoren (91/157/EWG) vom 18.3.1991, ABl. Nr. L 78/38

153) Richtlinie (93/86/EWG) der Kommission zur Anpassung der Richtlinie (91/157/EWG) über gefährliche Stoffe enthaltende Batterien und Akkumulatoren an den technischen Fortschritt vom 4.10.1993, ABl. Nr. L 264/51

154) Richtlinie über die Wiederverwendung von Altpapier und die Verwendung von Recyclingpapier (81/972/EWG) vom 3.12.1981, ABl. Nr. L 355/56

155) Richtlinie (94/62/EG) des Europäischen Parlaments und des Rates vom 20.12.1994 über Verpackungen und Verpackungsabfälle" vom 31.12.1994, ABl. Nr.L 365/10

156) Antwort i.N.d. Kommission" vom 30.10.92, ABl. Nr. 47/14 vom 18.02.93

157) Richtlinie über den Schutz der Umwelt und insbesondere der Böden bei der Verwendung von Klärschlamm in der Landwirtschaft (86/278/EWG) vom 12.06.1986, ABl. Nr. L 181/6

158) Klärschlammverordnung vom 15.04.1992, BGBl. I, S. 912

159) Richtlinie über die Umweltverträglichkeitsprüfung (UVP) bei bestimmten öffentlichen und privaten Projekten (85/337/EWG) vom 27.6.1985, ABl. Nr. L 175/40

160) Urteil des Europäischen Gerichtshofes zur Umsetzung der UVP-Richtlinie vom 9.08.1994, Rechtssache C 396/92 B 15

161) Richtlinie über den freien Zugang von Informationen über die Umwelt (90/313/EWG) vom 7.6.1990, ABl. Nr. L 158/56

162) Umweltinformationsgesetzes vom 8.7.1994, BGBl. I, S. 1490

163) Freiwillige Selbstverpflichtung über Altpapier, BMU-Pressemitteilung Nr. 206/94 vom 14.10.1994, Referat Öffentlichkeitsarbeit des Bundesumweltministeriums, Postfach 120 629, 53048 Bonn

164) Entschließung des Europäischen Parlaments vom 19.6.1987 zu Abfallwirtschaft und Altlasten, ABl. C 190/154

165) Allgemeine Verwaltungsvorschrift über die Einstufung wassergefährdender Stoffe in Wassergefährdungsklassen – VwV wassergefährdende Stoffe (VwVwS), 1995, BR-Drs. 115/95

166) Gesetz zum Schutz vor gefährlichen Stoffen" (ChemG) vom 16.09.1980 (BGBl. I,oi9t4 S. 1718) i.d.F. vom 14.03.1990 (BGBl. I, S. 521)

167) Allgemeine Verwaltungsvorschrift zur Ausführung des Gesetzes über die Umweltverträglichkeitsprüfung (UVPVwV), 1994, BR-Drs. 904/94

168) Urteil des EuGH vom 28. Februar 1991 zum Grundwasserschutz/ WHG/AbfG-Vorschriften, Urteil C-131/88

169) Urteil des EuGH vom 30. Mai 1991 zur TA Luft-Blei-Grenzwert, Urteil C-59/89

170) Urteil des EuGH zu Oberflächenwasser für die Trinkwassergewinnung, Urteil C-58/89

171) Entschließung des Rates zur Abfallpolitik vom 7.5.1990 ABl. C 122/02

Anhang I

Gesetz über die Vermeidung und Entsorgung von Abfällen
(Abfallgesetz – AbfG)

Vom 27. August 1986 (BGBl. I S. 1410, 1501)
(BGBl. III 2129–15)

Änderungen

Artikel	Art der Änderung	Geändert durch	Datum	Fundstelle BGBl.
1 § 7	geändert	Gesetz zur Umsetzung der Richtlinie des Rates vom 27. Juni 1985 über die Umweltverträglichkeitsprüfung bei bestimmten öffentlichen und privaten Projekten (85/337/EWG)	12.2.1990	I S. 205
1 § 4	geändert	Drittes Gesetz zur Änderung des Bundes-Immissionsschutzgesetzes	11.5.1990	I S. 870
1 §§ 8a, 9a 10a, 32	eingefügt	Einigungsvertrag	23.9.1990	II S. 885, 1117
1 §§ 8a, 32 1 § 8b	geändert eingefügt	Gesetz zur Verlängerung der Verwaltungshilfe	26.6.1992	I S. 1161
1 § 29a	geändert	Sechstes Überleitungsgesetz	25.9.1990	I S. 2106
1 § 29, 31, Art. 3	aufgehoben			
1 §§ 7, 7a, 8, 8a	geändert	Investitionserleichterungs- und Wohnbaugesetz	22.4.1993	I S. 466, 482
1 § 7b	eingefügt			

Änderungen (Fortsetzung)

Artikel	Art der Änderung	Geändert durch	Datum	Fundstelle BGBl.
1 § 19	geändert	Tarifaufhebungsgesetz	13.8.1993	I S. 1489
1 § 18	geändert	Einunddreißigstes Strafrechtsänderungsgesetz – Zweites Gesetz zur Bekämpfung der Umweltkriminalität	27.6.1994	I S. 1440
1 §§ 18, 19 1 § 12a 1 §§ 13–13c	geändert eingefügt aufgehoben	Ausführungsgesetz zum Basler Übereinkommen	30.9.1994	I S. 2771

Der Bundestag hat mit Zustimmung des Bundesrates das folgende Gesetz beschlossen:

Artikel 1
Abfallgesetz

§ 1 Begriffsbestimmungen und sachlicher Geltungsbereich

(1) Abfälle im Sinne dieses Gesetzes sind bewegliche Sachen, deren sich der Besitzer entledigen will oder deren geordnete Entsorgung zur Wahrung des Wohls der Allgemeinheit, insbesondere des Schutzes der Umwelt, geboten ist. Bewegliche Sachen, die der Besitzer der entsorgungspflichtigen Körperschaft oder dem von dieser beauftragten Dritten überläßt, sind auch im Falle der Verwertung Abfälle, bis sie oder die aus ihnen gewonnenen Stoffe oder erzeugte Energie dem Wirtschaftskreislauf zugeführt werden.

(2) Die Abfallentsorgung umfaßt das Gewinnen von Stoffen oder Energie aus Abfällen (Abfallverwertung) und das Ablagern von Abfällen sowie die hierzu erforderlichen Maßnahmen des Einsammelns, Beförderns, Behandelns und Lagerns.

(3) Die Vorschriften dieses Gesetzes gelten nicht für
1. die nach dem Tierkörperbeseitigungsgesetz,
    nach dem Fleischbeschaugesetz,
    nach dem Tierseuchengesetz,
    nach dem Pflanzenschutzgesetz
    und

nach den auf Grund dieser Gesetze erlassenen Rechtsverordnungen zu beseitigenden Stoffe,
2. Kernbrennstoffe und sonstige radioaktive Stoffe im Sinne des Atomgesetzes,
3. Abfälle, die beim Aufsuchen, Gewinnen, Aufbereiten und Weiterverarbeiten von Bodenschätzen in den der Bergaufsicht unterstehenden Betrieben anfallen, mit Ausnahme der §§ 5a, 12, 14 Abs. 1 in Verbindung mit § 5a und der sich hierauf beziehenden Bußgeldvorschriften,
4. nicht gefaßte gasförmige Stoffe,
5. Stoffe, die in Gewässer oder Abwasseranlagen eingeleitet oder eingebracht werden,
6. Stoffe, ausgenommen die von den §§ 2 Abs. 2 und 3, 5, 5a und 15 erfaßten, die durch gemeinnützige Sammlung einer ordnungsgemäßen Verwertung zugeführt werden,
7. Stoffe, ausgenommen die von den §§ 2 Abs. 2 und 3, 5, 5a und 15 erfaßten, die durch gewerbliche Sammlung einer ordnungsgemäßen Verwertung zugeführt werden, sofern dies den entsorgungspflichtigen Körperschaften nachgewiesen wird und nicht überwiegende öffentliche Interessen entgegenstehen,
8. das Aufsuchen, Bergen, Befördern, Lagern, Behandeln und Vernichten von Kampfmitteln.

§ 1a Abfallvermeidung und Abfallverwertung

(1) Abfälle sind nach Maßgabe von Rechtsverordnungen auf Grund des § 14 Abs. 1 Nr. 3, 4 und Abs. 2 Satz 3 Nr. 2 bis 5 zu vermeiden. Die Pflichten der Betreiber genehmigungsbedürftiger Anlagen, Abfälle nach den Regelungen des Bundes-Immissionsschutzgesetzes durch den Einsatz reststoffarmer Verfahren oder durch Verwertung von Reststoffen zu vermeiden, bleiben unberührt.

(2) Abfälle sind nach Maßgabe des § 3 Abs. 2 Satz 3 oder, soweit dies Rechtsverordnungen nach § 14 Abs. 1 Nr. 2, 9 und Abs. 2 Satz 3 Nr. 2–4 vorschreiben, zu verwerten.

§ 2 Grundsatz

(1) Abfälle, die im Geltungsbereich dieses Gesetztes anfallen, sind dort zu entsorgen, soweit § 13 nichts anderes zuläßt. Sie sind so zu entsorgen, daß das Wohl der Allgemeinheit nicht beeinträchtigt wird, insbesondere nicht dadurch, daß
1. die Gesundheit der Menschen gefährdet und ihr Wohlbefinden beeinträchtigt,
2. Nutztiere, Vögel, Wild und Fische gefährdet,

3. Gewässer, Boden und Nutzpflanzen schädlich beeinflußt,
4. schädliche Umwelteinwirkungen durch Luftverunreinigungen oder Lärm herbeigeführt,
5. die Belange des Naturschutzes und der Landschaftspflege sowie des Städtebaus nicht gewahrt oder
6. sonst die öffentliche Sicherheit und Ordnung gefährdet oder gestört werden.

Die Ziele und Erfordernisse der Raumordnung und Landesplanung sind zu beachten.

(2) An die Entsorgung von Abfällen aus gewerblichen oder sonstigen wirtschaftlichen Unternehmen oder öffentlichen Einrichtungen, die nach Art, Beschaffenheit oder Menge in besonderem Maße gesundheits-, luft- oder wassergefährdend, explosibel oder brennbar sind oder Erreger übertragbarer Krankheiten enthalten oder hervorbringen können, sind nach Maßgabe dieses Gesetzes zusätzliche Anforderungen zu stellen. Abfälle im Sinne von Satz 1 werden von der Bundesregierung durch Rechtsverordnung mit Zustimmung des Bundesrates bestimmt.

(3) Die Bundesregierung wird ermächtigt, durch Rechtsverordnung mit Zustimmung des Bundesrates für bestimmte, in einer Rechtsverordnung nach Absatz 2 aufgeführte Stoffe, die keine Abfälle im Sinne dieses Gesetzes sind, sondern als Reststoffe verwertet werden sollen, die Überwachung, Genehmigungs- und Kennzeichnungspflicht in entsprechender Anwendung des § 11 Abs. 1, Satz 1, Abs. 2, 4 und 5, der §§ 12, 13 Abs. 1, Nr. 1, 2, 4 Buchstabe b und c und Nr. 5, Abs. 3 bis 6 sowie der §§ 13a und 13b anzuordnen, wenn von ihnen bei einem unsachgemäßen Befördern, Behandeln oder Lagern eine erhebliche Beeinträchtigung des Wohls der Allgemeinheit ausgehen kann. Die Genehmigung in entsprechender Anwendung des § 13 ist zu erteilen, wenn die Voraussetzungen des § 13 Abs. 1 Nr. 1 und 2, 4 Buchstabe b und c, Nr. 5 vorliegen; sie soll in der Regel für einen Zeitraum von zwei Jahren erteilt werden. § 12 Abs. 1 Satz 4 und 5 ist entsprechend anwendbar.

§ 3 Verpflichtung zur Entsorgung

(1) Der Besitzer hat Abfälle dem Entsorgungspflichtigen zu überlassen.

(2) Die nach Landesrecht zuständigen Körperschaften des öffentlichen Rechts haben die in ihrem Gebiet angefallenen Abfälle zu entsorgen. Sie können sich zur Erfüllung dieser Pflicht Dritter bedienen. Die Abfallverwertung hat Vorrang vor der sonstigen Entsorgung, wenn sie technisch möglich ist, die hierbei entstehenden Mehrkosten im Vergleich zu anderen Verfahren der Entsorgung nicht unzumutbar sind und für die gewonnenen Stoffe oder Energie ein Markt vorhanden ist oder insbesondere durch Be-

auftragung Dritter geschaffen werden kann. Abfälle sind so einzusammeln, zu befördern, zu behandeln und zu lagern, daß die Möglichkeiten zur Abfallverwertung genutzt werden können.

(3) Die in Absatz 2 genannten Körperschaften können mit Zustimmung der zuständigen Behörde Abfälle von der Entsorgung nur ausschließen, soweit sie diese nach ihrer Art oder Menge nicht mit den in Haushaltungen anfallenden Abfällen entsorgen können

(4) Im Falle des Absatzes 3 ist der Besitzer zur Entsorgung der Abfälle verpflichtet. Absatz 2 Satz 2 bis 4 gilt entsprechend.

(5) Der Inhaber einer Abfallentsorgungsanlage kann durch die zuständige Behörde verpflichtet werden, einem nach Absatz 2 oder 4 zur Abfallentsorgung Verpflichteten die Mitbenutzung der Abfallentsorgungsanlage gegen angemessenes Entgelt zu gestatten, soweit dieser die Abfälle anders nicht zweckmäßig oder nur mit erheblichen Mehrkosten entsorgen kann und die Mitbenutzung für den Inhaber zumutbar ist. Kommt eine Einigung über das Entgelt nicht zustande, so wird es durch die zuständige Behörde festgesetzt.

(6) Die zuständige Behörde kann dem Inhaber einer Abfallentsorgungsanlage, der Abfälle wirtschaftlicher entsorgen kann als eine in Absatz 2 genannte Körperschaft, die Entsorgung dieser Abfälle auf seinen Antrag übertragen. Die Übertragung kann mit der Auflage verbunden werden, daß der Antragsteller alle in dem Gebiet dieser Körperschaft angefallenen Abfälle gegen Erstattung der Kosten entsorgt, wenn die Körperschaft die verbleibenden Abfälle nicht oder nur mit unverhältnismäßigem Aufwand entsorgen kann: das gilt nicht, wenn der Antragsteller darlegt, daß die Übernahme der Entsorgung unzumutbar ist.

(7) Der Abbauberechtigte oder Unternehmer eines Mineralgewinnungsbetriebes sowie der Eigentümer, Besitzer oder in sonstiger Weise Verfügungsberechtigte eines zur Mineralgewinnung genutzten Grundstücks kann von der zuständigen Behörde verpflichtet werden, die Entsorgung von Abfällen in freigelegten Bauen in seiner Anlage oder innerhalb seines Grundstücks zu dulden, den Zugang zu ermöglichen und dabei, soweit dies unumgänglich ist, vorhandene Betriebsanlagen oder Einrichtungen oder Teile derselben zur Verfügung zu stellen. Die ihm dadurch entstehenden Kosten hat der Entsorgungspflichtige zu erstatten. Die zuständige Behörde bestimmt den Inhalt dieser Verpflichtung. Der Vorrang der Mineralgewinnung gegenüber der Abfallentsorgung darf nicht beeinträchtigt werden. Für die aus der Abfallentsorgung entstehenden Schäden haftet der Duldungspflichtige nicht.

§ 4 Ordnung der Entsorgung

(1) Abfälle dürfen nur in den dafür zugelassenen Anlagen oder Einrichtungen (Abfallentsorgungsanlagen) behandelt, gelagert und abgelagert werden. Daneben ist die Verwertung oder Behandlung von Abfällen in Anlagen zulässig, die überwiegend einem anderen Zweck als der Abfallentsorgung dienen und die einer Genehmigung in einem Verfahren unter Einbeziehung der Öffentlichkeit nach § 4 des Bundes-lmmissionsschutzgesetzes bedürfen: in diesen Fällen finden die §§ 6 und 11 Abs. 3 sowie § 13 entsprechende Anwendung.

(2) Die zuständige Behörde kann im Einzelfall widerruflich Ausnahmen zulassen, wenn dadurch das Wohl der Allgemeinheit nicht beeinträchtigt wird.

(3) Abfälle im Sinne des § 2 Abs. 2 dürfen zum Einsammeln oder Befördern nur den nach § 12 hierzu Befugten und diesen nur dann überlassen werden, wenn eine Bescheinigung des Betreibers einer Abfallentsorgungsanlage vorliegt, aus der dessen Bereitschaft zur Annahme derartiger Abfälle hervorgeht; die Bescheinigung muß auch dann vorliegen, wenn der Besitzer diese Abfälle selbst befördert und dem Betreiber einer Abfallentsorgungsanlage zum Entsorgen überläßt.

(4) Die Landesregierungen können durch Rechtsverordnung die Entsorgung bestimmter Abfälle oder bestimmter Mengen dieser Abfälle, sofern ein Bedürfnis besteht und eine Beeinträchtigung des Wohls der Allgemeinheit nicht zu befürchten ist, außerhalb von Entsorgungsanlagen zulassen und die Voraussetzungen und die Art und Weise der Entsorgung festlegen. Die Landesregierungen können die Ermächtigung durch Rechtsverordnung ganz oder teilweise auf andere Behörden übertragen.

(5) Die Bundesregierung erläßt nach Anhörung der beteiligten Kreise mit Zustimmung des Bundesrates allgemeine Verwaltungsvorschriften über Anforderungen an die Entsorgung von Abfällen nach dem Stand der Technik, vor allem solcher im Sinne des § 2 Abs. 2. Hierzu sind auch Verfahren der Sammlung, Behandlung, Lagerung und Ablagerung festzulegen, die in der Regel eine umweltverträgliche Abfallentsorgung gewährleisten.

§ 4 a Auskunftspflicht

Die zuständige Behörde hat dem nach § 3 Abs. 2 oder 4 zur Entsorgung Verpflichteten auf Anfrage Auskunft über vorhandene geeignete Abfallsorgungsanlagen zu erteilen.

§ 5 Autowracks

(1) Auf Anlagen, die der Lagerung oder Behandlung von Autowracks dienen, finden die Vorschriften über Abfallentsorgungsanlagen Anwendung.

(2) Kraftfahrzeuge oder Anhänger ohne gültige amtliche Kennzeichen, die auf öffentlichen Flächen oder außerhalb im Zusammenhang bebauter Ortsteile abgestellt sind, gelten als Abfall, wenn keine Anhaltspunkte dafür sprechen. daß sie noch bestimmungsgemäß genutzt werden oder daß sie entwendet wurden, und wenn sie nicht innerhalb eines Monats nach einer am Fahrzeug angebrachten, deutlich sichtbaren Aufforderung entfernt worden sind.

§ 5 a Altöle

(1) Auf Altöle finden die Vorschriften dieses Gesetzes auch Anwendung, wenn sie keine Abfälle im Sinne des § 1 Abs. 1 sind. Altöle sind gebrauchte halbflüssige oder flüssige Stoffe, die ganz oder teilweise aus Mineralöl oder synthetischem Öl bestehen, einschließlich ölhaltiger Rückstände aus Behältern, Emulsionen und Wasser-Öl-Gemische.

(2) Soweit Altöle der Verwertung in hierfür genehmigten Anlagen im Sinne des § 4 des Bundes-lmmissionsschutzgesetzes zugeführt werden, finden nur die §§ 11, 11 a bis 11 f, 12 und § 14 Abs. 1 Anwendung. Die Bundesregierung bestimmt nach Anhörung der beteiligten Kreise durch Rechtsverordnung mit Zustimmung des Bundesrates bis zum 1. November 1987
1. die nach Ausgangsprodukt und Anfallstelle für eine Aufarbeitung geeigneten Altölarten und den darin zulässigen Anteil an einzelnen Stoffen oder Stoffgruppen, die eine Aufarbeitung erschweren oder sich in Produkten der Aufarbeitung anreichern können,
2. die Entnahme von Proben, den Verbleib und die Aufbewahrung von Rückstellungsproben und die hierfür anzuwendenden Verfahren,
3. die zur Bestimmung von einzelnen Stoffen oder Stoffgruppen erforderlichen Analysenverfahren.

(3) Wegen der Anforderungen nach Absatz 2 Satz 2 Nr. 2 und 3 kann auf jedermann zugängliche Bekanntmachungen sachverständiger Stellen verwiesen werden; hierbei ist
1. in der Rechtsverordnung das Datum der Bekanntmachung anzugeben und die Bezugsquelle genau zu bezeichnen,
2. die Bekanntmachung bei dem Deutschen Patentamt archivmäßig gesichert niederzulegen und in der Rechtsverordnung darauf hinzuweisen.

§ 5 b Informations- und Rücknahmepflicht

Wer gewerbsmäßig Verbrennungsmotoren- oder Getriebeöle an Endverbraucher abgibt, ist ab 1. Juli 1987 verpflichtet, auf den von ihm abgegebenen Gebinden, am Ort des Verkaufs oder in sonstiger geeigneter Weise auf die Pflicht zur geordneten Entsorgung gebrauchter Verbrennungsmotoren- oder Getriebeöle hinzuweisen sowie am Verkaufsort oder in dessen

Nähe eine Annahmestelle für solche gebrauchten Öle einzurichten oder nachzuweisen. Die Annahmestelle muß gebrauchte Verbrennungsmotoren- oder Getriebeteile bis zur Menge der im Einzelfall abgegebenen Verbrennungsmotoren- und Getriebeöle kostenlos annehmen. Sie muß über eine Einrichtung verfügen, die es ermöglicht, den Ölwechsel fachgerecht durchzuführen. Art und Umfang der Hinweis-, Nachweis- und Annahmepflicht kann die Bundesregierung nach § 14 Abs. 1 Nr. 1, 2 und 3 durch Rechtsverordnung bestimmen.

§ 6 Abfallentsorgungspläne

(1) Die Länder stellen für ihren Bereich Pläne zur Abfallentsorgung nach überörtlichen Gesichtspunkten auf. In diesen Abfallentsorgungsplänen sind geeignete Standorte für die Abfallentsorgungsanlagen festzulegen. Die Abfallentsorgungspläne der Länder sollen aufeinander abgestimmt werden. Abfälle im Sinne des § 2 Abs. 2 sind in den Abfallentsorgungsplänen besonders zu berücksichtigen. Ferner kann in den Plänen bestimmt werden, welcher Träger vorgesehen ist und welcher Abfallentsorgungsanlage sich die Entsorgungspflichtigen zu bedienen haben. Die Festlegungen in den Abfallentsorgungsplänen können für die Entsorgungspflichtigen für verbindlich erklärt werden.

(2) Die Länder regeln das Verfahren zur Aufstellung der Pläne.

(3) Solange ein Abfallentsorgungsplan noch nicht aufgestellt ist, sind bestehende Abfallentsorgungsanlagen, die zum Behandeln, Lagern und Ablagern von Abfällen im Sinne des § 2 Abs. 2 geeignet sind, in einen vorläufigen Plan aufzunehmen. Die Absätze 1 und 2 finden keine Anwendung.

§ 7 Zulassung von Abfallentsorgungsanlagen[1]

(1) Die Errichtung und der Betrieb von ortsfesten Abfallentsorgungsanlagen zur Lagerung oder Behandlung von Abfällen sowie die wesentliche Änderung einer solchen Anlage oder ihres Betriebes bedürfen der Genehmigung nach den Vorschriften des Bundes-Immissionsschutzgesetzes; einer weiteren Zulassung nach diesem Gesetz bedarf es nicht. § 6 findet Anwendung.

---

[1] Gemäß Artikel 7 des Investitionserleichterungs- und Wohnbaulandgesetzes vom 22.4.1993 (BGBl. I S. 466) sind bereits begonnene Verfahren zur Zulassung von Abfallentsorgungsanlagen nach den Vorschriften des Abfallgesetzes und den auf das Abfallgesetz gestützten Rechtsverordnungen zu Ende zu führen, wenn das Vorhaben bei Inkrafttreten dieses Gesetzes (1.5.1993) öffentlich bekanntgemacht worden ist.

(2) Die Errichtung und der Betrieb von Anlagen zur Ablagerung von Abfällen (Deponien) sowie die wesentliche Änderung einer solchen Anlage oder ihres Betriebes bedürfen der Planfeststellung durch die zuständige Behörde. In dem Planfeststellungsverfahren ist eine Umweltverträglichkeitsprüfung nach den Vorschriften des Gesetzes über die Umweltverträglichkeitsprüfung durchzuführen.

(3) Die zuständige Behörde kann an Stelle eines Planfeststellungsverfahrens auf Antrag oder von Amts wegen ein Genehmigungsverfahren durchführen, wenn
1. die Errichtung und der Betrieb einer unbedeutenden Deponie oder
2. die wesentliche Änderung einer Deponie oder ihres Betriebes beantragt wird, soweit die Änderung keine erheblichen nachteiligen Auswirkungen auf ein in § 2 Abs. 1 Satz 2 des Gesetzes über die Umweltverträglichkeitsprüfung genannten Schutzgutes haben kann, oder
3. die Errichtung und der Betrieb einer Deponie beantragt wird, die ausschließlich oder überwiegend der Entwicklung und Erprobung neuer Verfahren dient und die Genehmigung für einen Zeitraum von höchstens zwei Jahren nach Inbetriebnahme der Anlage erteilt werden soll; dieser Zeitraum kann auf Antrag bis zu einem weiteren Jahr verlängert werden.

Satz 1 Nr. 1 und 2 gilt nicht für die Errichtung und den Betrieb von Anlagen zur Ablagerung von besonders überwachungsbedürftigen Abfällen, wenn hiervon erhebliche Auswirkungen auf die Umwelt ausgehen können; für diese Anlagen kann die Genehmigung nach Satz 1 Nr. 3 höchstens für einen Zeitraum von einem Jahr erteilt werden. Die zuständige Behörde soll in der Regel ein Genehmigungsverfahren durchführen, wenn die Änderung keine erheblichen nachteiligen Auswirkungen auf ein in § 2 Abs. 1 Satz 2 des Gesetzes über die Umweltverträglichkeitsprüfung genanntes Schutzgut hat und den Zweck verfolgt, eine wesentliche Verbesserung für diese Schutzgüter herbeizuführen.

§ 7a Zulassung vorzeitigen Beginns

(1) In einem Planfeststellungs- oder Genehmigungsverfahren kann die für die Feststellung des Planes oder Erteilung der Genehmigung zuständige Behörde unter dem Vorbehalt des Widerrufs für einen Zeitraum von sechs Monaten zulassen, daß bereits vor Feststellung des Planes oder Erteilung der Genehmigung mit der Errichtung und dem Betrieb des Vorhabens begonnen wird, wenn
1. mit einer Entscheidung zugunsten des Trägers des Vorhabens gerechnet werden kann,
2. an dem vorzeitigen Beginn ein öffentliches Interesse besteht und

3. der Träger des Vorhabens sich verpflichtet, alle bis zur Entscheidung durch die Ausführung verursachten Schäden zu ersetzen und, falls das Vorhaben nicht planfestgestellt oder genehmigt wird, den früheren Zustand wiederherzustellen. Diese Frist kann auf Antrag um weitere sechs Monate verlängert werden.

(2) Die zuständige Behörde kann die Leistung einer Sicherheit verlangen, soweit dies erforderlich ist, um die Erfüllung der Verpflichtungen des Trägers des Vorhabens zu sichern.

§ 7 b Planfeststellungsverfahren

Für das Planfeststellungsverfahren gelten die §§ 72 bis 78 des Verwaltungsverfahrensgesetzes. Die Bundesregierung wird ermächtigt, durch Rechtsverordnung mit Zustimmung des Bundesrates weitere Einzelheiten des Planfeststellungsverfahrens, insbesondere Art und Umfang der Antragsunterlagen, zu regeln.

§ 8 Nebenbestimmungen, Sicherheitsleistung, Versagung

(1) Der Planfeststellungsbeschluß nach § 7 Abs. 2 und die Genehmigung nach § 7 Abs. 3 können unter Bedingungen erteilt und mit Auflagen verbunden werden, soweit dies zur Wahrung des Wohls der Allgemeinheit erforderlich ist. Sie können befristet werden. Die Aufnahme, Änderung oder Ergänzung von Auflagen über Anforderungen an die Deponien oder ihren Betrieb ist auch nach dem Ergehen des Planfeststellungsbeschlusses oder nach der Erteilung der Genehmigung zulässig.

(2) Die zuständige Behörde kann in der Planfeststellung oder in der Genehmigung verlangen, daß der Inhaber einer Deponie für die Rekultivierung sowie zur Verhinderung oder Beseitigung von Beeinträchtigungen des Wohls der Allgemeinheit nach Stillegung der Anlage Sicherheit leistet.

(3) Der Planfeststellungsbeschluß oder die Genehmigung ist zu versagen, wenn das Vorhaben den für verbindlich erklärten Feststellungen eines Abfallentsorgungsplans zuwiderläuft. Sie sind ferner zu versagen, wenn
1. von dem Vorhaben Beeinträchtigungen des Wohls der Allgemeinheit zu erwarten sind, die durch Auflagen und Bedingungen nicht verhütet oder ausgeglichen werden können, oder
2. Tatsachen vorliegen, aus denen sich Bedenken gegen die Zuverlässigkeit der für die Einrichtung, Leitung oder Beaufsichtigung des Betriebes der Deponie verantwortlichen Personen ergeben, oder
3. nachteilige Wirkungen auf das Recht eines anderen zu erwarten sind, die durch Auflagen oder Bedingungen weder verhütet noch ausgeglichen werden können, und der Betroffene widerspricht.

(4) Absatz 3 Satz 2 Nr. 3 gilt nicht, wenn das Vorhaben dem Wohl der Allgemeinheit dient. Wird in diesem Fall die Planfeststellung erteilt, ist der Betroffene für den dadurch eintretenden Vermögensnachteil in Geld zu entschädigen.

§ 8 a Prüfung der Zulassungsvoraussetzungen

(1) In dem in Artikel 3 des Einigungsvertrages genannten Gebiet soll bei Anlagen, die der Planfeststellung nach § 7 Abs. 2 bedürfen, die zuständige Planfeststellungsbehörde, nachdem sie geprüft hat, ob die geplante Anlage auf Grund der bestehenden Grundstücks- und Planungssituation realisierbar erscheint, dem Antragsteller aufgeben, eine Stellungnahme einer von ihr benannten Behörde zur Erfüllung der Zulassungsvoraussetzungen durch die geplante Anlage beizubringen; die Behörde muß im bisherigen Geltungsbereich des Grundgesetzes liegen. Die Planfeststellungsbehörde hat die Stellungnahme bei der Prüfung der Zulassungsvoraussetzungen zu berücksichtigen.

(2) Bei anderen genehmigungsbedürftigen Anlagen nach § 7 Abs. 3 kann eine Stellungnahme nach Absatz 1 gefordert werden, wenn dies wegen der Art, Menge und Gefährlichkeit der von der geplanten Anlage ausgehenden Emissionen oder wegen der technischen Besonderheiten dieser Anlage erforderlich ist.

(3) Von der Beibringung einer Stellungnahme nach Absatz 1 kann abgesehen werden, wenn dies wegen der Umstände des Einzelfalls, insbesondere wegen der technischen Auslegung der geplanten Anlage oder des Umfangs der Einzelprüfungen, nicht erforderlich ist.

(4) Soweit dies zur Durchführung von Prüfungen erforderlich ist, kann vom Antragsteller die Vorlage von Sachverständigengutachten verlangt werden.

(5) (aufgehoben)

§ 8 b Einwendungen im Rahmen des Zulassungsverfahrens

In dem in Artikel 3 des Einigungsvertrages genannten Gebiet können Einwendungen im Rahmen des Zulassungsverfahrens nach § 7 nur schriftlich erhoben werden. Die Zustellung des Zulassungsbescheides nach § 7 Abs. 1 erfolgt durch öffentliche Bekanntmachung.

§ 9 Bestehende Abfallentsorgungsanlagen

Die zuständige Behörde kann für ortsfeste Abfallentsorgungsanlagen, die vor dem 11. Juni 1972 betrieben wurden oder mit deren Einrichtung begonnen war, und für deren Betrieb Befristungen, Bedingungen und Auflagen anordnen. Sie kann den Betrieb dieser Anlagen ganz oder teilweise untersagen, wenn eine erhebliche Beeinträchtigung des Wohls der Allgemeinheit durch Auflagen, Bedingungen oder Befristungen nicht verhindert werden kann.

§ 9 a Nachträgliche Anordnungen

(1) In dem in Artikel 3 des Einigungsvertrages genannten Gebiet kann die zuständige Behörde für ortsfeste Abfallentsorgungsanlagen, die vor dem 1. Juli 1990 betrieben wurden oder mit deren Errichtung begonnen war, Befristungen, Bedingungen und Auflagen für deren Einrichtung und Betrieb anordnen. § 9 Satz 2 gilt entsprechend.

(2) Bestehende Anlagen nach Absatz 1 Satz 1 sind bis zum 31. Dezember 1990 der zuständigen Behörde anzuzeigen. Soweit ein Betreiber nicht ermittelt werden kann, ist die zuständige Behörde erfassungs- und anzeigepflichtig. Der Anzeige sind Unterlagen über Art, Umfang und Betriebsweise beizufügen.

§ 10 Stillegung

(1) Der Inhaber einer ortsfesten Abfallentsorgungsanlage hat ihre beabsichtigte Stillegung der zuständigen Behörde unverzüglich anzuzeigen.

(2) Die zuständige Behörde soll den Inhaber verpflichten, auf seine Kosten das Gelände, das für die Abfallentsorgung verwandt worden ist, zu rekultivieren und sonstige Vorkehrungen zu treffen, die erforderlich sind, Beeinträchtigungen des Wohls der Allgemeinheit zu verhüten.

(3) Die Verpflichtung nach Absatz 1 besteht auch für Inhaber von Anlagen, in denen Abfälle im Sinne des § 2 Abs. 2 anfallen.

§ 10 a Stillegung bestehender Abfallentsorgungsanlagen

(1) In dem in Artikel 3 des Einigungsvertrages genannten Gebiet hat der Inhaber einer bestehenden Abfallentsorgungsanlage nach § 9 a ihre beabsichtigte Stillegung der zuständigen Behörde unverzüglich anzuzeigen. § 9 a Abs. 2 gilt entsprechend.

(2) Der Anzeige nach Absatz 1 sind Unterlagen über Art, Umfang und Betriebsweise sowie beabsichtigte Rekultivierung sowie sonstige Vorkehrungen zum Schutz des Wohls der Allgemeinheit beizufügen.

(3) § 10 Abs. 2 und 3 gelten entsprechend.

(4) Für Abfallentsorgungsanlagen, die vor dem 1. Juli 1990 stillgelegt wurden, gilt § 9 a Abs. 2 entsprechend. Satz 1 gilt für Anlagen nach § 10 Abs. 3 entsprechend.

§ 11 Anzeigepflicht und Überwachung

(1) Die Entsorgung von Abfällen unterliegt der Überwachung durch die zuständige Behörde. Diese kann die Überwachung auch auf stillgelegte Abfallentsorgungsanlagen und auf Grundstücke erstrecken, auf denen vor dem 11. Juni 1972 Abfälle angefallen sind, behandelt, gelagert oder abgelagert worden sind, wenn dies zur Wahrung des Wohls der Allgemeinheit erforderlich ist.

(2) Die zuständige Behörde kann von Besitzern solcher Abfälle, die nicht mit den in Haushaltungen anfallenden Abfällen entsorgt werden, Nachweis über deren Art, Menge und Entsorgung sowie die Führung von Nachweisbüchern, das Einbehalten von Belegen und deren Aufbewahrung verlangen. Nachweisbücher und Belege sind der zuständigen Behörde auf Verlangen zur Prüfung vorzulegen. Das Nähere über die Einrichtung. Führung und Vorlage der Nachweisbücher und das Einbehalten von Belegen sowie über die Aufbewahrungsfristen regelt der Bundesminister für Umwelt, Naturschutz und Reaktorsicherheit mit Zustimmung des Bundesrates durch Rechtsverordnung.

(3) Auch ohne besonderes Verlangen der zuständigen Behörde sind zur Führung eines Nachweisbuches nach Absatz 2 und zur Vorlage der für die zuständige Behörde bestimmten Belege, jedoch beschränkt auf Abfälle im Sinne des § 2 Abs. 2, verpflichtet
1. der Betreiber einer Anlage, in der Abfälle dieser Art anfallen,
2. jeder, der Abfälle dieser Art einsammelt oder befördert, sowie
3. der Betreiber einer Abfallentsorgungsanlage.
Wer eine der in den Nummern 1 bis 3 genannten Voraussetzungen erfüllt, hat dies der zuständigen Behörde anzuzeigen. Im übrigen bleibt Absatz 2 unberührt. Der Bundesminister für Umwelt, Naturschutz und Reaktorsicherheit bestimmt durch Rechtsverordnung mit Zustimmung des Bundesrates die unter Satz 1 Nr. 1 fallenden Anlagen und die Form der Anzeige nach Satz 2. Die zuständige Behörde kann auf Antrag oder von Amts wegen einen nach Satz 1 Verpflichteten von der Führung eines Nachweisbuches oder der Vorlage der Belege ganz oder für einzelne Abfallarten widerruflich freistellen, sofern dadurch eine Beeinträchtigung des Wohls der Allgemeinheit nicht zu befürchten ist. Sie soll bei freiwilliger oder durch Rechtsverordnung nach § 14 Abs. 1 Nr. 3 vorgeschriebener Rücknahme bestimmter Erzeugnisse durch den Vertreiber die Verwendung anderer, geeigneter Nachweise zulassen.

(4) Auskunft über Betrieb, Anlagen, Einrichtungen und sonstige der Überwachung unterliegende Gegenstände haben den Beauftragten der Überwachungsbehörde zu erteilen

1. Besitzer von Abfällen,
2. Entsorgungspflichtige,
3. Inhaber von Abfallentsorgungsanlagen, auch wenn diese stillgelegt sind,
4. frühere Inhaber von Abfallentsorgungsanlagen, auch wenn diese stillgelegt sind,
5. Eigentümer und Nutzungsberechtigte von in Absatz 1 Satz 2 bezeichneten Grundstücken,
6. frühere Eigentümer und Nutzungsberechtigte von in Absatz 1 Satz 2 bezeichneten Grundstücken.

Die in Satz 1 bezeichneten Auskunftspflichtigen haben von der zuständigen Behörde dazu beauftragten Personen zur Prüfung ihrer Verpflichtungen nach diesem Gesetz das Betreten der Grundstücke, Geschäfts- und Betriebsräume, die Einsicht in Unterlagen und die Vornahme von technischen Ermittlungen und Prüfungen zu gestatten. Die Wohnräume der Auskunftspflichtigen dürfen zu diesen Zwecken betreten werden, soweit dies zur Verhütung einer dringenden Gefahr für die öffentliche Sicherheit oder Ordnung erforderlich ist; das Grundrecht auf Unverletzlichkeit der Wohnung (Artikel 13 des Grundgesetzes) wird insoweit eingeschränkt. Soweit die Überwachungsbehörde prüft, ob in einer Anlage Abfälle anfallen, steht der Betreiber der Anlage dem Besitzer von Abfällen gleich. Betreiber von Abfallentsorgungsanlagen haben ferner die Anlagen zugänglich zu machen, die zur Überwachung erforderlichen Arbeitskräfte, Werkzeuge und Unterlagen zur Verfügung zu stellen sowie nach Anordnung der zuständigen Behörde Zustand und Betrieb der Anlage auf ihre Kosten prüfen zu lassen.

(5) Der zur Erteilung einer Auskunft Verpflichtete kann die Auskunft auf solche Fragen verweigern, deren Beantwortung ihn selbst oder einen der in § 383 Abs. 1 Nr. 1 bis 3 der Zivilprozeßordnung bezeichneten Angehörigen der Gefahr strafgerichtlicher Verfolgung oder eines Verfahrens nach dem Gesetz über Ordnungswidrigkeiten aussetzen würde.

§ 11a Bestellung eines Betriebsbeauftragten für Abfall

(1) Betreiber ortsfester Abfallentsorgungsanlagen haben einen oder mehrere Betriebsbeauftragte für Abfall zu bestellen. Das gleiche gilt für Betreiber von Anlagen, in denen regelmäßig Abfälle im Sinne des § 2 Abs. 2 anfallen. Der Bundesminister für Umwelt, Naturschutz und Reaktorsicherheit bestimmt durch Rechtsverordnung mit Zustimmung des Bundesrates die Anlagen, deren Betreiber Betriebsbeauftragte für Abfall zu bestellen haben.

(2) Die zuständige Behörde kann anordnen, daß Betreiber von Anlagen nach Absatz 1, für die die Bestellung eines Betriebsbeauftragten für Abfall nicht durch Rechtsverordnung vorgeschrieben ist, einen oder mehrere Betriebsbeauftragte für Abfall zu bestellen haben, soweit sich im Einzelfall

die Notwendigkeit der Bestellung aus den besonderen Schwierigkeiten bei der Entsorgung der Abfälle ergibt.

§ 11 b Aufgaben und Befugnisse

(1) Der Betriebsbeauftragte für Abfall ist berechtigt und verpflichtet,
1. den Weg der Abfälle von ihrer Entstehung oder Anlieferung bis zu ihrer Entsorgung zu überwachen,
2. die Einhaltung der für die Entsorgung von Abfällen geltenden Gesetze und Rechtsverordnungen sowie der auf Grund dieser Vorschriften erlassenen Anordnungen, Bedingungen und Auflagen zu überwachen, insbesondere durch Kontrolle der Betriebsstätte in regelmäßigen Abständen, Mitteilung festgestellter Mängel und Vorschläge über Maßnahmen zur Beseitigung dieser Mängel,
3. die Betriebsangehörigen über schädliche Umwelteinwirkungen aufzuklären, die von den Abfällen ausgehen können, welche in der Anlage anfallen oder entsorgt werden, sowie über Einrichtungen und Maßnahmen zu ihrer Verhinderung unter Berücksichtigung der für die Entsorgung von Abfällen geltenden Gesetze und Rechtsverordnungen,
4. in Betrieben nach § 11 a Abs. 1 Satz 2
   a) auf die Entwicklung und Einführung umweltfreundlicher Verfahren zur Reduzierung der Abfälle,
   b) auf die ordnungsgemäße und schadlose Verwertung der im Betrieb entstehenden Reststoffe oder,
   c) soweit dies technisch nicht möglich oder unzumutbar ist, auf die ordnungsgemäße Entsorgung dieser Reststoffe als Abfälle hinzuwirken,
5. bei Abfallentsorgungsanlagen auf Verbesserungen des Verfahrens der Abfallentsorgung einschließlich einer Verwertung von Abfällen hinzuwirken.

(2) Der Betriebsbeauftragte für Abfall erstattet dem Betreiber der Anlage jährlich einen Bericht über die nach Absatz 1 Nr. 1 bis 5 getroffenen und beabsichtigten Maßnahmen.

§ 11 c Pflichten des Betreibers

(1) Der Betreiber hat den Betriebsbeauftragten für Abfall schriftlich zu bestellen: werden mehrere Betriebsbeauftragte für Abfall bestellt. sind die dem einzelnen Betriebsbeauftragten obliegenden Aufgaben genau zu bezeichnen. Die Bestellung ist der zuständigen Behörde anzuzeigen.

(2) Zum Betriebsbeauftragten für Abfall darf nur bestellt werden, wer die zur Erfüllung seiner Aufgaben erforderliche Sachkunde und Zuverlässigkeit besitzt. Werden der zuständigen Behörde Tatsachen bekannt, aus denen sich ergibt, daß der Betriebsbeauftragte nicht die zur Erfüllung seiner

Aufgaben erforderliche Sachkunde oder Zuverlässigkeit besitzt, kann sie verlangen, daß der Betreiber einen anderen Betriebsbeauftragten bestellt.

(3) Werden mehrere Betriebsbeauftragte für Abfall bestellt, so hat der Betreiber für die erforderliche Koordinierung in der Wahrnehmung der Aufgaben zu sorgen. Entsprechendes gilt, wenn neben einem oder mehreren Betriebsbeauftragten für Abfall Betriebsbeauftragte nach anderen gesetzlichen Vorschriften bestellt werden. Der Betriebsbeauftragte für Abfall kann zugleich Betriebsbeauftragter nach anderen gesetzlichen Vorschriften sein, wenn sich die jeweils zuständigen Behörden im Hinblick auf die Umstände des Einzelfalles, insbesondere die Art und Größe des Betriebes, damit einverstanden erklären.

(4) Der Betreiber hat den Betriebsbeauftragten für Abfall bei der Erfüllung seiner Aufgaben zu unterstützen und ihm insbesondere, soweit dies zur Erfüllung seiner Aufgaben erforderlich ist, Hilfspersonal sowie Räume, Einrichtungen, Geräte und Mittel zur Verfügung zu stellen.

§ 11 d Stellungnahme zu Investitionsentscheidungen

(1) Der Betreiber hat vor Investitionsentscheidungen, die für die Abfallentsorgung bedeutsam sein können, eine Stellungnahme des Betriebsbeauftragten für Abfall einzuholen.

(2) Die Stellungnahme ist so rechtzeitig einzuholen, daß sie bei der Investitionsentscheidung angemessen berücksichtigt werden kann; sie ist derjenigen Stelle vorzulegen, die über die Investition entscheidet.

§ 11 e Vortragsrecht

Der Betreiber hat dafür zu sorgen, daß der Betriebsbeauftragte für Abfall seine Vorschläge und Bedenken unmittelbar der entscheidenden Stelle vortragen kann, wenn er sich mit dem zuständigen Betriebsleiter nicht einigen konnte und er wegen der besonderen Bedeutung der Sache eine Entscheidung dieser Stelle für erforderlich hält.

§ 11 f Benachteiligungsverbot

Der Betriebsbeauftragte für Abfall darf wegen der Erfüllung der ihm übertragenen Aufgaben nicht benachteiligt werden.

§ 12 Einsammlungs- und Beförderungsgenehmigung

(1) Abfälle dürfen gewerbsmäßig oder im Rahmen wirtschaftlicher Unternehmen nur mit Genehmigung der zuständigen Behörde eingesammelt oder befördert werden. Dies gilt nicht

1. für die in § 3 Abs. 2 genannten Körperschaften sowie für die von diesen beauftragten Dritten,
2. für die Einsammlung oder Beförderung von Erdaushub, Straßenaufbruch und Bauschutt, soweit diese nicht durch Schadstoffe verunreinigt sind, sowie für Autowracks und Altreifen,
3. für die Einsammlung oder Beförderung geringfügiger Abfallmengen im Rahmen wirtschaftlicher Unternehmen, soweit die zuständige Behörde auf Antrag oder von Amts wegen diese von der Genehmigungspflicht nach Satz 1 freigestellt hat.

Die Genehmigung ist zu erteilen, wenn gewährleistet ist, daß eine Beeinträchtigung des Wohls der Allgemeinheit nicht zu besorgen ist, insbesondere keine Tatsachen bekannt sind, aus denen sich Bedenken gegen die Zuverlässigkeit des Antragstellers oder der für die Leitung und Beaufsichtigung des Betriebes verantwortlichen Personen ergeben, und die geordnete Entsorgung im übrigen sichergestellt ist. Werden Abfälle in eine Anlage zur vorbereitenden Behandlung oder Lagerung von Abfällen (Zwischenlager) befördert, hat der Antragsteller eine Bescheinigung des Betreibers vorzulegen, aus der hervorgeht, daß das Zwischenlager für diese Abfälle zugelassen ist und keine Vermischung mit solchen Abfällen erfolgen wird, die auf Grund von Nebenbestimmungen nach § 8 Abs. 1, Anordnungen nach § 9 oder auf Grund einer Rechtsverordnung nach § 14 Abs. 1 Nr. 2 getrennt gehalten werden müssen. Die Genehmigung kann unter Bedingungen erteilt und mit Auflagen verbunden werden, soweit dies zur Wahrung des Wohls der Allgemeinheit erforderlich ist. Sie kann befristet und unter dem Vorbehalt des Widerrufs erteilt werden.

(2) Zuständig ist die Behörde des Landes, in dessen Bereich die Abfälle eingesammelt werden oder die Beförderung beginnt. Bei freiwilliger oder durch Rechtsverordnung nach § 14 Abs. 1 Nr. 3 vorgeschriebener Rücknahme bestimmter Erzeugnisse durch den Vertreiber sowie im Falle des § 5a ist für die Erteilung der Genehmigung die Behörde des Landes zuständig, in dem das Unternehmen seine Hauptniederlassung hat. Die Genehmigung gilt für den Geltungsbereich dieses Gesetzes.

(3) Die Bundesregierung wird ermächtigt, durch Rechtsverordnung mit Zustimmung des Bundesrates Vorschriften zu erlassen über
1. die Antragsunterlagen und die Form der Genehmigung,
2. die Festlegung der gebührenpflichtigen Tatbestände im einzelnen, die Gebührensätze sowie die Auslagenerstattung. Die Gebühr beträgt mindestens zehn Deutsche Mark: sie darf im Einzelfall zehntausend Deutsche Mark nicht übersteigen. Die Vorschriften des Verwaltungskostengesetzes sind anzuwenden.

(4) Rechtsvorschriften, die aus Gründen der Sicherheit im Zusammenhang mit der Beförderung gefährlicher Güter erlassen sind, bleiben unberührt.

§ 12a Genehmigungspflicht für Vermittlungsgeschäfte

Wer, ohne im Besitz der Abfälle oder der Stoffe im Sinne des § 2 Abs. 3 zu sein, für Dritte Verbringungen gewerbsmäßig vermitteln will, bedarf der Genehmigung der zuständigen Behörde. Die Genehmigung ist zu erteilen, wenn nicht Tatsachen die Annahme der Unzuverlässigkeit des Antragstellers oder einer mit der Leitung oder Beaufsichtigung des Betriebes (oder einer Zweigniederlassung) beauftragten Person rechtfertigen. Die Genehmigung kann inhaltlich beschränkt und mit Auflagen verbunden werden, soweit dies zum Schutze der Allgemeinheit oder der Umwelt erforderlich ist; unter denselben Voraussetzungen ist auch die nachträgliche Aufnahme, Änderung und Ergänzung von Auflagen zulässig. Sind der Genehmigungsbehörde entsprechende Tatsachen bekannt, obliegt es dem Antragsteller, dies zu widerlegen. Die Genehmigung ist zu widerrufen, wenn entsprechende Tatsachen nachträglich bekannt werden. Widerspruch und Anfechtungsklage haben keine aufschiebende Wirkung.

§§ 13 bis 13c (aufgehoben)

§ 14 Kennzeichnung, getrennte Entsorgung, Rückgabe- und Rücknahmepflichten

(1) Die Bundesregierung wird ermächtigt, zur Vermeidung oder Verringerung schädlicher Stoffe in Abfällen oder zu ihrer umweltverträglichen Entsorgung nach Anhörung der beteiligten Kreise durch Rechtsverordnung mit Zustimmung des Bundesrates zu bestimmen, daß
1. Erzeugnisse wegen des Schadstoffgehalts der aus ihnen nach bestimmungsgemäßem Gebrauch in der Regel entstehenden Abfälle nur mit einer Kennzeichnung in Verkehr gebracht werden dürfen, die insbesondere auf die Notwendigkeit einer Rückgabe an Hersteller, Vertreiber oder an bestimmte Dritte hinweist, mit der die erforderliche besondere Abfallentsorgung sichergestellt wird (Kennzeichnungspflicht),
2. Abfälle mit besonderem Schadstoffgehalt, deren ordnungsgemäße Verwertung oder sonstige Entsorgung eine besondere Behandlung erfordern, von anderen Abfällen getrennt werden müssen und entsprechende Nachweise hierüber zu erbringen sind (Pflicht zu getrennter Entsorgung),
3. Vertreiber bestimmter Erzeugnisse verpflichtet sind, diese nur bei Eröffnung einer Rückgabemöglichkeit oder Erhebung eines Pfandes in den Verkehr zu bringen (Rücknahme- und Pfandpflicht),
4. bestimmte Erzeugnisse nur in bestimmter Beschaffenheit, für bestimmte Verwendungen, bei denen eine ordnungsgemäße Entsorgung der anfallenden Abfälle gewährleistet ist, oder überhaupt nicht in Verkehr ge-

Gesetz über die Vermeidung und Entsorgung von Abfällen

bracht werden dürfen, wenn bei ihrer Entsorgung die Freisetzung schädlicher Stoffe nicht oder nur mit unverhältnismäßig hohem Aufwand verhindert werden könnte.

(2) Die Bundesregierung legt zur Vermeidung oder Verringerung von Abfallmengen nach Anhörung der beteiligten Kreise binnen angemessener Frist zu erreichende Ziele für Vermeidung, Verringerung oder Verwertung von Abfällen aus bestimmten Erzeugnissen fest. Sie veröffentlicht die Festlegungen im Bundesanzeiger. Soweit zur Vermeidung oder Verringerung von Abfallmengen oder zur umweltverträglichen Entsorgung erforderlich, insbesondere soweit dies durch Zielfestlegungen nach Satz 1 nicht erreichbar ist, kann die Bundesregierung nach Anhörung der beteiligten Kreise durch Rechtsverordnung mit Zustimmung des Bundesrates bestimmen, daß bestimmte Erzeugnisse, insbesondere Verpackungen und Behältnisse,
1. in bestimmter Weise zu kennzeichnen sind,
2. nur in bestimmter, die Abfallentsorgung spürbar entlastender Weise, insbesondere in einer die mehrfache Verwendung oder die Verwertung erleichternden Form, in Verkehr gebracht werden dürfen,
3. nach Gebrauch zu umweltschonender Wiederverwendung, Verwertung oder sonstiger Entsorgung durch Hersteller, Vertreiber oder von diesen bestimmte Dritte zurückgenommen werden müssen und daß die Rückgabe durch geeignete Rücknahme- und Pfandsysteme sichergestellt werden muß,
4. nach Gebrauch vom Besitzer in einer bestimmten Weise, insbesondere getrennt von sonstigen Abfällen, überlassen werden müssen, um ihre Verwertung oder sonstige umweltverträgliche Entsorgung als Abfall zu ermöglichen oder zu erleichtern,
5. nur für bestimmte Zwecke in Verkehr gebracht werden dürfen.

§ 15 Aufbringen von Abwasser und ähnlichen Stoffen auf landwirtschaftlich genutzte Böden

(1) Die Vorschriften des § 2 Abs. 1 und des § 11 gelten entsprechend, wenn Abwasser, Klärschlamm, Fäkalien oder ähnliche Stoffe auch aus anderen als den in § 1 Abs. 1 genannten Gründen auf landwirtschaftlich, forstwirtschaftlich oder gärtnerisch genutzte Böden aufgebracht oder zu diesem Zweck abgegeben werden. Dies gilt für Jauche, Gülle oder Stallmist insoweit, als das übliche Maß der landwirtschaftlichen Düngung überschritten wird.

(2) Der Bundesminister für Umwelt, Naturschutz und Reaktorsicherheit wird ermächtigt, im Einvernehmen mit dem Bundesminister für Ernährung, Landwirtschaft und Forsten und mit dem Bundesminister für Jugend, Familie, Frauen und Gesundheit durch Rechtsverordnung mit Zu-

stimmung des Bundesrates zur Wahrung des Wohls der Allgemeinheit, insbesondere bei der Erzeugung von Lebens- oder Futtermitteln, Vorschriften über die Abgabe und das Aufbringen der in Absatz 1 genannten Stoffe zu erlassen. Er kann hierbei die Abgabe und das Aufbringen
1. bestimmter Stoffe nach Maßgabe von Merkmalen wie Schadstoffgehalt im Stoff und im Boden, Betriebsgröße, Viehbestand, verfügbaren Flächen und ihrer Nutzung, Aufbringungsart und -zeit und natürlichen Standortverhältnissen beschränken oder verbieten,
2. von einer Untersuchung, Desinfektion oder Entgiftung dieser Stoffe, von der Einhaltung bestimmter Qualitätsanforderungen, von einer Untersuchung des Bodens oder einer anderen geeigneten Maßnahme abhängig machen.

(3) Die Landesregierungen können Rechtsverordnungen nach Absatz 2 über die Abgabe und das Aufbringen von Jauche, Gülle oder Stallmist erlassen, soweit der Bundesminister für Umwelt, Naturschutz und Reaktorsicherheit von der Ermächtigung keinen Gebrauch macht; sie können die Ermächtigung durch Rechtsverordnung ganz oder teilweise auf andere Behörden übertragen.

(4) Wegen der Anforderungen nach Absatz 2 Satz 2 Nr. 1 und 2 und Absatz 3 kann auf jedermann zugängliche Bekanntmachungen sachverständiger Stellen verwiesen werden; § 5 a Abs. 3 Nr. 1 und 2 ist anzuwenden.

(5) Die zuständige Behörde kann im Einzelfall das Aufbringen von Abwasser, Klärschlamm, Fäkalien oder ähnlichen Stoffen auf landwirtschaftlich, forstwirtschaftlich oder gärtnerisch genutzte Böden und die Abgabe zu diesem Zweck verbieten oder beschränken, soweit durch die aufzubringenden Stoffe oder durch Schadstoffkonzentrationen im Boden eine Beeinträchtigung des Wohls der Allgemeinheit zu besorgen ist. Entsprechendes gilt für das Aufbringen von Jauche, Gülle oder Stallmist, wenn das übliche Maß der landwirtschaftlichen Düngung überschritten wird und dadurch insbesondere eine schädliche Beeinflussung von Gewässern zu besorgen ist.

(6) Die Vorschriften des Wasserrechts bleiben unberührt.

§ 16 Anhörung beteiligter Kreise

Soweit Ermächtigungen zum Erlaß von Rechtsverordnungen und allgemeinen Verwaltungsvorschriften die Anhörung der beteiligten Kreise vorschreiben, ist ein jeweils auszuwählender Kreis von Vertretern der Wissenschaft, der Betroffenen, der beteiligten Wirtschaft, des beteiligten Verkehrswesens und der für die Abfallentsorgung zuständigen obersten Landesbehörden zu hören.

§ 17 (aufgehoben)

§ 18 Ordnungswidrigkeiten

(1) Ordnungswidrig handelt, wer vorsätzlich oder fahrlässig
1. entgegen § 4 Abs. 1 Abfälle außerhalb einer dafür zugelassenen Abfallentsorgungsanlage behandelt, lagert oder ablagert oder einer Rechtsverordnung nach § 4 Abs. 4 zuwiderhandelt, soweit sie für einen bestimmten Tatbestand auf diese Bußgeldvorschrift verweist,
2. entgegen § 4 Abs. 3 Abfälle im Sinne des § 2 Abs. 2 zum Einsammeln, Befördern oder Entsorgen überläßt,
2a. entgegen § 5 b Satz 1 keine Annahmestelle einrichtet oder seiner Hinweis- oder Nachweispflicht nicht nachkommt,
3. entgegen § 7 Abs. 1 oder 2 Satz 1 ohne die erforderliche Planfeststellung oder Genehmigung eine Abfallentsorgungsanlage errichtet oder die Anlage oder ihren Betrieb wesentlich ändert,
4. einer vollziehbaren Auflage nach § 8 Abs. 1 Satz 1 oder einer vollziehbaren Anordnung nach § 15 Abs. 5 zuwiderhandelt,
5. einer Anzeigepflicht nach § 10 Abs. 1 oder § 11 Abs. 3 Satz 2, auch in Verbindung mit § 10 Abs. 3 oder § 15 Abs. 1, zuwiderhandelt,
6. entgegen § 11 Abs. 2 Satz 1 oder 2, auch in Verbindung mit § 15 Abs. 1, Nachweise über Art, Menge oder Entsorgung von Abfällen nicht erbringt, Nachweisbücher nicht führt oder der zuständigen Behörde nicht zur Prüfung vorlegt oder Belege nicht einbehält, aufbewahrt oder zur Prüfung vorlegt, obwohl die zuständige Behörde dies verlangt,
7. entgegen § 11 Abs. 3 Satz 1, auch in Verbindung mit § 15 Abs. 1, über Abfälle im Sinne des § 2 Abs. 2 ein Nachweisbuch nicht führt oder Belege der zuständigen Behörde nicht zur Prüfung vorlegt,
8. entgegen § 11 Abs. 4, auch in Verbindung mit § 15 Abs. 1, das Betreten eines Grundstücks oder einer Wohnung nicht gestattet, eine Auskunft nicht, nicht rechtzeitig, unvollständig oder nicht richtig erteilt, Abfallentsorgungsanlagen nicht zugänglich macht, Arbeitskräfte oder Werkzeuge oder Unterlagen nicht zur Verfügung stellt oder eine angeordnete Prüfung nicht vornehmen läßt,
8a. entgegen § 11 a Abs. 1 Satz 1 oder 2 oder entgegen einer vollziehbaren Anordnung nach § 11 a Abs. 2 einen Betriebsbeauftragten für Abfall nicht bestellt,
9. entgegen § 12 Abs. 1 Satz 1 Abfälle ohne Genehmigung gewerbsmäßig oder im Rahmen wirtschaftlicher Unternehmen einsammelt oder befördert oder einer vollziehbaren Auflage nach § 12 Abs. 1 Satz 5 zuwiderhandelt,
10. und 10a. (aufgehoben)

11. einer Rechtsverordnung nach § 2 Abs. 3 Satz 1, § 5a Abs. 2 Satz 2 Nr. 1, § 11 Abs. 2 Satz 3, nach dieser Vorschrift auch in Verbindung mit § 15 Abs. 1, oder nach § 13 Abs. 5 Nr. 2, § 14 Abs. 1 oder Abs. 2 Satz 3, § 15 Abs. 2 oder 3 zuwiderhandelt, soweit sie für einen bestimmten Tatbestand auf diese Bußgeldvorschrift verweist.

(2) Die Ordnungswidrigkeit kann in den Fällen des Absatzes 1 Nr. 1 bis 5, Nr. 8a bis 10 und Nr. 11 mit einer Geldbuße bis zu hunderttausend Deutsche Mark, in den Fällen des Absatzes 1 Nr. 6 bis 8 und Nr. 10a mit einer Geldbuße bis zu zwanzigtausend Deutsche Mark geahndet werden.

§ 18a Einziehung

Ist eine Ordnungswidrigkeit nach § 18 Abs. 1 Nr. 1, 9, 10 oder 11 begangen worden, so können Gegenstände,
1. auf die sich die Ordnungswidrigkeit bezieht oder
2. die zur Begehung oder Vorbereitung gebraucht wurden oder bestimmt gewesen sind, eingezogen werden. § 23 des Gesetzes über Ordnungswidrigkeiten ist anzuwenden.

§ 19 Zuständige Behörden

(1) Die Landesregierungen oder die von ihnen bestimmten Stellen bestimmen die für die Ausführung dieses Gesetzes zuständigen Behörden, soweit die Regelung nicht durch Landesgesetz erfolgt.

(2) Verwaltungsbehörde im Sinne des § 36 Abs. 1 Nr. 1 des Gesetzes über Ordnungswidrigkeiten ist das Bundesamt für Güterverkehr, soweit es sich um Ordnungswidrigkeiten nach § 18 Abs. 1 Nr. 9 dieses Gesetzes oder nach § 27 Nr. 1, 2c oder 2d der Abfall- und Reststoffüberwachungs-Verordnung vom 3. April 1990 (BGBl. I S. 648) handelt und die Zuwiderhandlung in einem Unternehmen begangen wird, das im Inland weder seinen Sitz noch eine geschäftliche Niederlassung hat, und der Betroffene im Inland keinen Wohnsitz hat.

§§ 20 bis 29 (aufgehoben)

§ 29a Vollzug im Bereich der Bundeswehr

(1) Soweit es Gründe der Verteidigung zwingend erfordern, ist der Bund für einzelne Abfälle aus dem Bereich der Bundeswehr entsorgungspflichtig. Der Bundesminister der Verteidigung oder die von ihm bestimmte Stelle ist insoweit die für die Ausführung dieses Gesetzes zuständige Behörde.

(2) Der Bundesminister der Verteidigung wird ermächtigt, aus zwingenden Gründen der Verteidigung und zur Erfüllung zwischenstaatlicher Verpflichtungen für die Entsorgung von Abfällen im Sinne des Absatzes 1 aus dem Bereich der Bundeswehr Ausnahmen von diesem Gesetz und den auf dieses Gesetz gestützten Rechtsverordnungen zuzulassen.

(3) (aufgehoben)

§ 30 Aufhebung des Altölgesetzes, Überleitungsbestimmungen

(1) Das Altölgesetz in der Fassung der Bekanntmachung vom 11. Dezember 1979 (BGBl. I S. 2113) mit seinen Ausführungsbestimmungen wird nach Maßgabe des Absatzes 2 aufgehoben.

(2) Bis zum Auslaufen der Kostenzuschüsse am 31. Dezember 1989 bleiben die §§ 1, 2 Abs. 1 und 2, § 3 Abs. 4 Satz 2 sowie die §§ 4 und 5 des Altölgesetzes, die Erste Verordnung zur Durchführung des Altölgesetzes in der Fassung vom 28. Mai 1982 (BGBl. I S. 653) sowie die Richtlinien über die Gewährung von Zuschüssen nach dem Altölgesetz in Kraft. Der Betrag der Ausgleichsabgabe wird auf zwanzig Deutsche Mark für 100 kg abgabepflichtige Waren festgesetzt. Der Ermittlung der beseitigten Altölmengen wird der Altölbegriff des § 5 a dieses Gesetzes zugrunde gelegt.

(3) Die nach Auslaufen der Kostenzuschüsse verbleibenden Mittel des Rückstellungsfonds werden in den Bundeshaushalt übernommen.

(4) Bis zum 31. Dezember 1989 gelten die mit dem Bundesamt für gewerbliche Wirtschaft abgeschlossenen Verträge über die Abholung von Altölen als Genehmigung nach § 12 dieses Gesetztes. Wer gewerbsmäßig oder im Rahmen wirtschaftlicher Unternehmen Altöle einsammelt oder befördert, hat dies der zuständigen Behörde unter Vorlage des mit dem Bundesamt für gewerbliche Wirtschaft abgeschlossenen Vertrages innerhalb von drei Monaten nach Inkrafttreten dieses Gesetzes anzuzeigen.

§ 31 Berlin-Klausel
(gegenstandslos)

§ 32 Außerkrafttreten

§ 8 a Abs. 1 bis 4 treten am 30. Juni 1994 außer Kraft.

Artikel 2 Änderung des Strafgesetzbuches
(Die Änderung ist hier nicht abgedruckt)

Artikel 3 Berlin-Klausel
(gegenstandslos)

Artikel 4 Inkrafttreten, Außerkrafttreten

Dieses Gesetz tritt am ersten Tage des auf die Verkündigung folgenden dritten Kalendermonats in Kraft.[1)] Gleichzeitig tritt das Abfallbeseitigungsgesetz in der Fassung der Bekanntmachung vom 5. Januar 1977 (BGBl. I S. 41, 288), zuletzt geändert durch Gesetz vom 18. Februar 1986 (BGBl. I S. 265), außer Kraft.

Das vorstehende Gesetz wird hiermit ausgefertigt und wird im Bundesgesetzblatt verkündet.

Der Bundespräsident
Der Bundeskanzler
Der Bundesminister für Umwelt, Naturschutz und Reaktorsicherheit
Für den Bundesminister der Justiz
Der Bundesminister für innerdeutsche Beziehungen
Der Bundesminister für Wirtschaft

[1)] Verkündet am 30.8.1986.

Anhang II

**Gesetz
zur Vermeidung, Verwertung und Beseitigung von Abfällen**[1]
vom 27. September 1994

Der Bundestag hat mit Zustimmung des Bundesrates das folgende Gesetz beschlossen:

Artikel 1

Gesetz zur Förderung der Kreislaufwirtschaft und Sicherung der umweltverträglichen Beseitigung von Abfällen
(Kreislaufwirtschafts- und Abfallgesetz -KrW-/AbfG)

Erster Teil
Allgemeine Vorschriften

§ 1 Zweck des Gesetzes

Zweck des Gesetzes ist die Förderung der Kreislaufwirtschaft zur Schonung der natürlichen Ressourcen und die Sicherung der umweltverträglichen Beseitigung von Abfällen.

§ 2 Geltungsbereich

(1) Die Vorschriften dieses Gesetzes gelten für
1. die Vermeidung,
2. die Verwertung und
3. die Beseitigung von Abfällen.

(2) Die Vorschriften dieses Gesetzes gelten nicht für
1. die nach dem Tierkörperbeseitigungsgesetz,
   nach dem Fleischhygiene- und dem Geflügelfleischhygienegesetz,

---

[1] Dieses Gesetz dient der Umsetzung der Richtlinie 91/156/EWG des Rates vom 18. März 1991 zur Änderung der Richtlinie 75/442/EWG über Abfälle (ABl. EG Nr. L 78 S. 32) und der Richtlinie 94/31/EG des Rates vom 27. Juni 1994 zur Änderung der Richtlinie 91/689/EWG über gefährliche Abfälle (ABl. EG Nr. L 168 S. 28).

nach dem Lebensmittel- und Bedarfsgegenständegesetz,
nach dem Milch- und Margarinegesetz,
nach dem Tierseuchengesetz,
nach dem Pflanzenschutzgesetz
und
nach den aufgrund dieser Gesetze erlassenen Rechtsverordnungen zu beseitigenden Stoffe,
2. Kernbrennstoffe und sonstige radioaktive Stoffe im Sinne des Atomgesetzes,
3. Stoffe, deren Beseitigung in einer aufgrund des Strahlenschutzvorsorgegesetzes erlassenen Rechtsverordnung geregelt ist,
4. Abfälle, die beim Aufsuchen, Gewinnen, Aufbereiten und Weiterverarbeiten von Bodenschätzen in den der Bergaufsicht unterstehenden Betrieben anfallen, ausgenommen Abfälle, die nicht unmittelbar und nicht üblicherweise nur bei den im 1. Halbsatz genannten Tätigkeiten anfallen,
5. nicht in Behälter gefaßte gasförmige Stoffe,
6. Stoffe, sobald diese in Gewässer oder Abwasseranlagen eingeleitet oder eingebracht werden,
7. das Aufsuchen, Bergen, Befördern, Lagern, Behandeln und Vernichten von Kampfmitteln.

§ 3 Begriffsbestimmungen

(1) Abfälle im Sinne dieses Gesetzes sind alle beweglichen Sachen, die unter die in Anhang I aufgeführten Gruppen fallen und deren sich ihr Besitzer entledigt, entledigen will oder entledigen muß. Abfälle zur Verwertung sind Abfälle, die verwertet werden; Abfälle, die nicht verwertet werden, sind Abfälle zur Beseitigung.

(2) Die Entledigung im Sinne des Absatzes 1 liegt vor, wenn der Besitzer bewegliche Sachen einer Verwertung im Sinne des Anhangs II B oder einer Beseitigung im Sinne des Anhangs II A zuführt oder die tatsächliche Sachherrschaft über sie unter Wegfall jeder weiteren Zweckbestimmung aufgibt.

(3) Der Wille zur Entledigung im Sinne des Absatzes 1 ist hinsichtlich solcher beweglicher Sachen anzunehmen,
1. die bei der Energieumwandlung, Herstellung, Behandlung oder Nutzung von Stoffen oder Erzeugnissen oder bei Dienstleistungen anfallen, ohne daß der Zweck der jeweiligen Handlung hierauf gerichtet ist, oder
2. deren ursprüngliche Zweckbestimmung entfällt oder aufgegeben wird, ohne daß ein neuer Verwendungszweck unmittelbar an deren Stelle tritt.

Für die Beurteilung der Zweckbestimmung ist die Auffassung des Erzeugers oder Besitzers unter Berücksichtigung der Verkehrsanschauung zugrunde zu legen.

(4) Der Besitzer muß sich beweglicher Sachen im Sinne des Absatzes 1 entledigen, wenn diese entsprechend ihrer ursprünglichen Zweckbestimmung nicht mehr verwendet werden, aufgrund ihres konkreten Zustandes geeignet sind, gegenwärtig oder künftig das Wohl der Allgemeinheit, insbesondere die Umwelt zu gefährden und deren Gefährdungspotential nur durch eine ordnungsgemäße und schadlose Verwertung oder gemeinwohlverträgliche Beseitigung nach den Vorschriften dieses Gesetzes und der auf Grund dieses Gesetzes erlassenen Rechtsverordnungen ausgeschlossen werden kann.

(5) Erzeuger von Abfällen im Sinne dieses Gesetzes ist jede natürliche oder juristische Person, durch deren Tätigkeit Abfälle angefallen sind, oder jede Person, die Vorbehandlungen, Mischungen oder sonstige Behandlungen vorgenommen hat, die eine Veränderung der Natur oder der Zusammensetzung dieser Abfälle bewirken.

(6) Besitzer von Abfällen im Sinne dieses Gesetzes ist jede natürliche oder juristische Person, die die tatsächliche Sachherrschaft über Abfälle hat.

(7) Abfallentsorgung umfaßt die Verwertung und Beseitigung von Abfällen.

(8) Besonders überwachungsbedürftig sind die Abfälle, die durch eine Rechtsverordnung nach § 41 Abs. 1 oder § 41 Abs. 3 Nr. 1 bestimmt worden sind. Überwachungsbedürftig sind alle übrigen Abfälle, wenn sie beseitigt werden sollen, sowie die verwertbaren Abfälle, die durch eine Rechtsverordnung nach § 41 Abs. 3 Nr. 2 bestimmt sind.

Zweiter Teil
Grundsätze und Pflichten der Erzeuger und Besitzer von Abfällen sowie der Entsorgungsträger

§ 4 Grundsätze der Kreislaufwirtschaft

(1) Abfälle sind
1. in erster Linie zu vermeiden, insbesondere durch die Verminderung ihrer Menge und Schädlichkeit,
2. in zweiter Linie
   a) stofflich zu verwerten oder
   b) zur Gewinnung von Energie zu nutzen (energetische Verwertung).

(2) Maßnahmen zur Vermeidung von Abfällen sind insbesondere die anlageninterne Kreislaufführung von Stoffen, die abfallarme Produktgestal-

tung sowie ein auf den Erwerb abfall- und schadstoffarmer Produkte gerichtetes Konsumverhalten.

(3) Die stoffliche Verwertung beinhaltet die Substitution von Rohstoffen durch das Gewinnen von Stoffen aus Abfällen (sekundäre Rohstoffe) oder die Nutzung der stofflichen Eigenschaften der Abfälle für den ursprünglichen Zweck oder für andere Zwecke mit Ausnahme der unmittelbaren Energierückgewinnung. Eine stoffliche Verwertung liegt vor, wenn nach einer wirtschaftlichen Betrachtungsweise, unter Berücksichtigung der im einzelnen Abfall bestehenden Verunreinigungen, der Hauptzweck der Maßnahme in der Nutzung des Abfalls und nicht in der Beseitigung des Schadstoffpotentials liegt.

(4) Die energetische Verwertung beinhaltet den Einsatz von Abfällen als Ersatzbrennstoff; vom Vorrang der energetischen Verwertung unberührt bleibt die thermische Behandlung von Abfällen zur Beseitigung, insbesondere von Hausmüll. Für die Abgrenzung ist auf den Hauptzweck der Maßnahme abzustellen. Ausgehend vom einzelnen Abfall, ohne Vermischung mit anderen Stoffen, bestimmen Art und Ausmaß seiner Verunreinigungen sowie die durch seine Behandlung anfallenden weiteren Abfälle und entstehenden Emissionen, ob der Hauptzweck auf die Verwertung oder die Behandlung gerichtet ist.

(5) Die Kreislaufwirtschaft umfaßt auch das Bereitstellen, Überlassen, Sammeln, Einsammeln durch Hol- und Bringsysteme, Befördern, Lagern und Behandeln von Abfällen zur Verwertung.

§ 5 Grundpflichten der Kreislaufwirtschaft

(1) Die Pflichten zur Abfallvermeidung richten sich nach § 9 sowie den auf Grund der §§ 23 und 24 erlassenen Rechtsverordnungen.

(2) Die Erzeuger oder Besitzer von Abfällen sind verpflichtet, diese nach Maßgabe von § 6 zu verwerten. Soweit sich aus diesem Gesetz nichts anderes ergibt, hat die Verwertung von Abfällen Vorrang vor deren Beseitigung. Eine der Art und Beschaffenheit des Abfalls entsprechende hochwertige Verwertung ist anzustreben. Soweit dies zur Erfüllung der Anforderungen nach den §§ 4 und 5 erforderlich ist, sind Abfälle zur Verwertung getrennt zu halten und zu behandeln.

(3) Die Verwertung von Abfällen, insbesondere durch ihre Einbindung in Erzeugnisse, hat ordnungsgemäß und schadlos zu erfolgen. Die Verwertung erfolgt ordnungsgemäß, wenn sie im Einklang mit den Vorschriften dieses Gesetzes und anderen öffentlich-rechtlichen Vorschriften steht. Sie erfolgt schadlos, wenn nach der Beschaffenheit der Abfälle, dem Ausmaß der Verunreinigungen und der Art der Verwertung Beeinträchtigungen des

Wohls der Allgemeinheit nicht zu erwarten sind, insbesondere keine Schadstoffanreicherung im Wertstoffkreislauf erfolgt.

(4) Die Pflicht zur Verwertung von Abfällen ist einzuhalten, soweit dies technisch möglich und wirtschaftlich zumutbar ist, insbesondere für einen gewonnenen Stoff oder gewonnene Energie ein Markt vorhanden ist oder geschaffen werden kann. Die Verwertung von Abfällen ist auch dann technisch möglich, wenn hierzu eine Vorbehandlung erforderlich ist. Die wirtschaftliche Zumutbarkeit ist gegeben, wenn die mit der Verwertung verbundenen Kosten nicht außer Verhältnis zu den Kosten stehen, die für eine Abfallbeseitigung zu tragen wären.

(5) Der in Absatz 2 festgelegte Vorrang der Verwertung von Abfällen entfällt, wenn deren Beseitigung die umweltverträglichere Lösung darstellt. Dabei sind insbesondere zu berücksichtigen
1. die zu erwartenden Emissionen,
2. das Ziel der Schonung der natürlichen Ressourcen,
3. die einzusetzende oder zu gewinnende Energie und
4. die Anreicherung von Schadstoffen in Erzeugnissen, Abfällen zur Verwertung oder daraus gewonnenen Erzeugnissen.

(6) Der Vorrang der Verwertung gilt nicht für Abfälle, die unmittelbar und üblicherweise durch Maßnahmen der Forschung und Entwicklung anfallen.

§ 6 Stoffliche und energetische Verwertung

(1) Abfälle können
a) stofflich verwertet werden oder
b) zur Gewinnung von Energie genutzt werden.
Vorrang hat die besser umweltverträgliche Verwertungsart. § 5 Abs. 4 gilt entsprechend. Die Bundesregierung wird ermächtigt, nach Anhörung der beteiligten Kreise (§ 60) durch Rechtsverordnung mit Zustimmung des Bundesrates für bestimmte Abfallarten aufgrund der in § 5 Abs. 5 festgelegten Kriterien unter Berücksichtigung der in Absatz 2 genannten Anforderungen den Vorrang der stofflichen oder energetischen Verwertung zu bestimmen.

(2) Soweit der Vorrang einer Verwertungsart nicht in einer Rechtsverordnung nach Absatz 1 festgelegt ist, ist eine energetische Verwertung im Sinne des § 4 Abs. 4 nur zulässig, wenn
1. der Heizwert des einzelnen Abfalls, ohne Vermischung mit anderen Stoffen, mindestens 11.000 kj/kg beträgt,
2. ein Feuerungswirkungsgrad von mindestens 75 % erzielt wird,
3. entstehende Wärme selbst genutzt oder an Dritte abgegeben wird und

4. die im Rahmen der Verwertung anfallenden weiteren Abfälle möglichst ohne weitere Behandlung abgelagert werden können.

Abfälle aus nachwachsenden Rohstoffen können energetisch verwertet werden, wenn die in Satz 1 Nr. 2 bis 4 genannten Voraussetzungen vorliegen.

§ 7 Anforderungen an die Kreislaufwirtschaft

(1) Die Bundesregierung wird ermächtigt, nach Anhörung der beteiligten Kreise (§ 60) durch Rechtsverordnung mit Zustimmung des Bundesrates, soweit es zur Erfüllung der Pflichten nach § 5, insbesondere zur Sicherung der schadlosen Verwertung, erforderlich ist,
1. die Einbindung oder das Verbleiben von bestimmten Abfällen in Erzeugnissen nach Art, Beschaffenheit und Inhaltsstoffen zu beschränken,
2. Anforderungen an die Getrennthaltung, Beförderung und Lagerung von Abfällen festzulegen,
3. Anforderungen an das Bereitstellen, Überlassen, Sammeln und Einsammeln von Abfällen durch Hol- und Bringsysteme festzulegen,
4. für bestimmte Abfälle, deren Verwertung aufgrund ihrer Art, Beschaffenheit oder Menge in besonderer Weise geeignet ist, Beeinträchtigungen des Wohls der Allgemeinheit, insbesondere der in § 10 Abs. 4 genannten Schutzgüter, herbeizuführen, nach Herkunftsbereich, Anfallstelle oder Ausgangsprodukt festzulegen,
   a) daß diese nur in bestimmter Menge oder Beschaffenheit oder für bestimmte Zwecke in den Verkehr gebracht oder verwertet werden dürfen,
   b) daß diese mit bestimmter Beschaffenheit nicht in den Verkehr gebracht werden dürfen,
5. Hinweispflichten des jeweiligen Besitzers von Abfällen bezüglich der aus diesen Rechtsverordnungen sich ergebenden Anforderungen festzulegen, die dieser bei der Abgabe an Dritte zu beachten hat,
6. Kennzeichnungspflichten für Abfälle festzulegen.

(2) Durch Rechtsverordnung nach Absatz 1 können stoffliche Anforderungen festgelegt werden, wenn Kraftwerksabfälle, REA-Gipse oder sonstige Abfälle in der Bergaufsicht unterstehenden Betrieben aus bergtechnischen, bergsicherheitlichen Gründen oder zur Wiedernutzbarmachung eingesetzt werden.

(3) Durch Rechtsverordnung nach Absatz 1 können Verfahren zur Überprüfung der dort festgelegten Anforderungen festgelegt werden, insbesondere
1. die Entnahme von Proben, der Verbleib und die Aufbewahrung von Rückstellproben und die hierfür anzuwendenden Verfahren,

2. die zur Bestimmung von einzelnen Stoffen oder Stoffgruppen erforderlichen Analyseverfahren.

Wegen der Anforderungen nach Satz 1 kann auf jedermann zugängliche Bekanntmachungen sachverständiger Stellen verwiesen werden; hierbei ist
1. in der Rechtsverordnung das Datum der Bekanntmachung anzugeben und die Bezugsquelle genau zu bezeichnen,
2. die Bekanntmachung bei dem Deutschen Patentamt archivmäßig gesichert niederzulegen und in der Rechtsverordnung darauf hinzuweisen.

§ 8 Anforderungen an die Kreislaufwirtschaft im Bereich der landwirtschaftlichen Düngung

(1) Das Bundesministerium für Umwelt, Naturschutz und Reaktorsicherheit wird ermächtigt, im Einvernehmen mit dem Bundesministerium für Ernährung, Landwirtschaft und Forsten und dem Bundesministerium für Gesundheit nach Anhörung der beteiligten Kreise (§ 60) durch Rechtsverordnung mit Zustimmung des Bundesrates für den Bereich der Landwirtschaft Anforderungen zur Sicherung der ordnungsgemäßen und schadlosen Verwertung nach Maßgabe des Absatzes 2 festzulegen.

(2) Werden Abfälle zur Verwertung als Sekundärrohstoffdünger oder Wirtschaftsdünger im Sinne des § 1 des Düngemittelgesetzes auf landwirtschaftlich, forstwirtschaftlich oder gärtnerisch genutzte Böden aufgebracht, können in Rechtsverordnungen nach Absatz 1 für die Abgabe und die Aufbringung hinsichtlich der Schadstoffe insbesondere
1. Verbote oder Beschränkungen nach Maßgabe von Merkmalen wie Art und Beschaffenheit des Bodens, Aufbringungsort und -zeit und natürliche Standortverhältnisse sowie
2. Untersuchungen der Abfälle oder Wirtschaftsdünger oder des Bodens, Maßnahmen zur Vorbehandlung dieser Stoffe oder geeignete andere Maßnahmen

bestimmt werden. Dies gilt für Wirtschaftsdünger insoweit, als das Maß der guten fachlichen Praxis im Sinne des § 1a des Düngemittelgesetzes überschritten wird.

(3) Die Landesregierungen können Rechtsverordnungen nach Absatz 2 erlassen, soweit das Bundesministerium für Umwelt, Naturschutz und Reaktorsicherheit von der Ermächtigung keinen Gebrauch macht; sie können die Ermächtigung durch Rechtsverordnung ganz oder teilweise auf andere Behörden übertragen.

§ 9 Pflichten der Anlagenbetreiber

Die Pflichten der Betreiber von genehmigungsbedürftigen und nicht genehmigungsbedürftigen Anlagen nach dem Bundes-Immissionsschutzgesetz, diese so zu errichten und zu betreiben, daß Abfälle vermieden, verwertet oder beseitigt werden, richten sich nach den Vorschriften des Bundes-Immissionsschutzgesetzes. Stoffbezogene Anforderungen an die Art und Weise der Verwertung und Beseitigung von Abfällen nach diesem Gesetz bleiben unberührt. Stoffbezogene Anforderungen an die anlageninterne Verwertung sind durch Rechtsverordnung nach § 6 Abs. 1 und § 7 festzulegen.

§ 10 Grundsätze der gemeinwohlverträglichen Abfallbeseitigung

(1) Abfälle, die nicht verwertet werden, sind dauerhaft von der Kreislaufwirtschaft auszuschließen und zur Wahrung des Wohls der Allgemeinheit zu beseitigen.

(2) Die Abfallbeseitigung umfaßt das Bereitstellen, Überlassen, Einsammeln, die Beförderung, die Behandlung, die Lagerung und die Ablagerung von Abfällen zur Beseitigung. Durch die Behandlung von Abfällen sind deren Menge und Schädlichkeit zu vermindern. Bei der Behandlung und Ablagerung anfallende Energie oder Abfälle sind so weit wie möglich zu nutzen. Die Behandlung und Ablagerung ist auch dann als Abfallbeseitigung anzusehen, wenn dabei anfallende Energie oder Abfälle genutzt werden können und diese Nutzung nur untergeordneter Nebenzweck der Beseitigung ist.

(3) Abfälle sind im Inland zu beseitigen. Die Vorschriften der Verordnung (EWG) Nr. 259/93 des Rates vom 1. Februar 1993 zur Überwachung und Kontrolle der Verbringung von Abfällen in der, in die und aus der Europäischen Gemeinschaft (ABl. EG Nr. L 30, S. 1) und des Ausführungsgesetzes zu dem Basler Übereinkommen vom 22. März 1989 über die Kontrolle der grenzüberschreitenden Verbringung gefährlicher Abfälle und ihrer Entsorgung vom 30. September 1994 (BGBl. I, S. 2771) bleiben unberührt.

(4) Abfälle sind so zu beseitigen, daß das Wohl der Allgemeinheit nicht beeinträchtigt wird. Eine Beeinträchtigung liegt insbesondere vor, wenn
1. die Gesundheit der Menschen beeinträchtigt,
2. Tiere und Pflanzen gefährdet,
3. Gewässer und Boden schädlich beeinflußt,
4. schädliche Umwelteinwirkungen durch Luftverunreinigungen oder Lärm herbeigeführt,
5. die Belange der Raumordnung und der Landesplanung, des Naturschutzes und der Landschaftspflege sowie des Städtebaus nicht gewahrt oder
6. sonst die öffentliche Sicherheit und Ordnung gefährdet oder gestört werden.

§ 11 Grundpflichten der Abfallbeseitigung

(1) Die Erzeuger oder Besitzer von Abfällen, die nicht verwertet werden, sind verpflichtet, diese nach den Grundsätzen der gemeinwohlverträglichen Abfallbeseitigung gemäß § 10 zu beseitigen, soweit in den §§ 13 bis 18 nichts anderes bestimmt ist.

(2) Soweit dies zur Erfüllung der Anforderungen nach § 10 erforderlich ist, sind Abfälle zur Beseitigung getrennt zu halten und zu behandeln.

§ 12 Anforderungen an die Abfallbeseitigung

(1) Die Bundesregierung wird ermächtigt, nach Anhörung der beteiligten Kreise (§ 60) durch Rechtsverordnung mit Zustimmung des Bundesrates zur Erfüllung der Pflichten nach § 11 entsprechend dem Stand der Technik Anforderungen an die Beseitigung von Abfällen nach Herkunftsbereich, Anfallstelle sowie nach Art, Menge und Beschaffenheit festzulegen, insbesondere
1. Anforderungen an die Getrennthaltung und die Behandlung von Abfällen,
2. Anforderungen an das Bereitstellen, Überlassen, das Einsammeln, die Beförderung, Lagerung und die Ablagerung von Abfällen und
3. Verfahren zur Überprüfung der Anforderungen entsprechend § 7 Abs. 3.

(2) Die Bundesregierung erläßt nach Anhörung der beteiligten Kreise (§ 60) mit Zustimmung des Bundesrates zur Durchführung dieses Gesetzes und der aufgrund dieses Gesetzes erlassenen Rechtsverordnungen des Bundes allgemeine Verwaltungsvorschriften über Anforderungen an die umweltverträgliche Beseitigung von Abfällen nach dem Stand der Technik. Hierzu sind auch Verfahren der Sammlung, Behandlung, Lagerung und Ablagerung festzulegen, die in der Regel eine umweltverträgliche Abfallbeseitigung gewährleisten.

(3) Stand der Technik im Sinne dieses Gesetzes ist der Entwicklungsstand fortschrittlicher Verfahren, Einrichtungen oder Betriebsweisen, der die praktische Eignung einer Maßnahme für eine umweltverträgliche Abfallbeseitigung gesichert erscheinen läßt. Bei der Bestimmung des Standes der Technik sind insbesondere vergleichbare Verfahren, Einrichtungen oder Betriebsweisen heranzuziehen, die mit Erfolg im Betrieb erprobt worden sind.

§ 13 Überlassungspflichten

(1) Abweichend von § 5 Abs. 2 und § 11 Abs. 1 sind Erzeuger oder Besitzer von Abfällen aus privaten Haushaltungen verpflichtet, diese den nach Landesrecht zur Entsorgung verpflichteten juristischen Personen (öffentlich-rechtliche Entsorgungsträger) zu überlassen, soweit sie zu einer Ver-

wertung nicht in der Lage sind oder diese nicht beabsichtigen. Satz 1 gilt auch für Erzeuger und Besitzer von Abfällen zur Beseitigung aus anderen Herkunftsbereichen, soweit sie diese nicht in eigenen Anlagen beseitigen oder überwiegende öffentliche Interessen eine Überlassung erfordern.

(2) Die Überlassungspflicht gegenüber den öffentlich-rechtlichen Entsorgungsträgern besteht nicht, soweit Dritten oder privaten Entsorgungsträgern Pflichten zur Verwertung und Beseitigung nach den §§ 16, 17 oder 18 übertragen worden sind.

(3) Die Überlassungspflicht besteht nicht für Abfälle,
1. die einer Rücknahme- oder Rückgabepflicht aufgrund einer Rechtsverordnung nach § 24 unterliegen, soweit nicht die öffentlich-rechtlichen Entsorgungsträger aufgrund einer Bestimmung nach § 24 Abs. 2 Nr. 4 an der Rücknahme mitwirken,
2. die durch gemeinnützige Sammlung einer ordnungsgemäßen und schadlosen Verwertung zugeführt werden,
3. die durch gewerbliche Sammlung einer ordnungsgemäßen und schadlosen Verwertung zugeführt werden, soweit dies den öffentlich-rechtlichen Entsorgungsträgern nachgewiesen wird und nicht überwiegende öffentliche Interessen entgegenstehen.

Die Nummern 2 und 3 gelten nicht für besonders überwachungsbedürftige Abfälle. Sonderregelungen der Überlassungspflicht durch Rechtsverordnungen nach den §§ 7 und 24 bleiben unberührt.

(4) Die Länder können zur Sicherstellung der umweltverträglichen Beseitigung Andienungs- und Überlassungspflichten für besonders überwachungsbedürftige Abfälle zur Beseitigung bestimmen. Sie können zur Sicherstellung der umweltverträglichen Abfallentsorgung Andienungs- und Überlassungspflichten für besonders überwachungsbedürftige Abfälle zur Verwertung bestimmen, soweit eine ordnungsgemäße Verwertung nicht anderweitig gewährleistet werden kann. Die in Satz 2 genannten Abfälle zur Verwertung werden von der Bundesregierung durch Rechtsverordnung mit Zustimmung des Bundesrates bestimmt. Andienungspflichten für besonders überwachungsbedürftige Abfälle zur Verwertung, die die Länder bis zum Inkrafttreten dieses Gesetzes bestimmt haben, bleiben unberührt. Soweit Dritten oder privaten Entsorgungsträgern Pflichten zur Entsorgung nach §§ 16, 17 oder 18 übertragen worden sind, unterliegen diese nicht der Andienungs- oder Überlassungspflicht.

§ 14 Duldungspflichten bei Grundstücken

(1) Die Eigentümer und Besitzer von Grundstücken, auf denen überlassungspflichtige Abfälle anfallen, sind verpflichtet, das Aufstellen zur Er-

fassung notwendiger Behältnisse sowie das Betreten des Grundstücks zum Zwecke des Einsammelns und zur Überwachung der Getrennthaltung und Verwertung von Abfällen zu dulden.

(2) Absatz 1 gilt entsprechend für Rücknahme- und Sammelsysteme, die zur Durchführung von Rücknahmepflichten aufgrund einer Rechtsverordnung nach § 24 erforderlich sind.

§ 15 Pflichten der öffentlich-rechtlichen Entsorgungsträger

(1) Die öffentlich-rechtlichen Entsorgungsträger haben die in ihrem Gebiet angefallenen und überlassenen Abfälle aus privaten Haushaltungen und Abfälle zur Beseitigung aus anderen Herkunftsbereichen nach Maßgabe der §§ 4 bis 7 zu verwerten oder nach Maßgabe der §§ 10 bis 12 zu beseitigen. Werden Abfälle aus den in § 5 Abs. 4 genannten Gründen zur Beseitigung überlassen, sind die öffentlich-rechtlichen Entsorgungsträger zur Verwertung verpflichtet, soweit bei ihnen diese Gründe nicht vorliegen.

(2) Die öffentlich-rechtlichen Entsorgungsträger sind von ihren Pflichten zur Entsorgung von Abfällen aus anderen Herkunftsbereichen als privaten Haushaltungen befreit, soweit Dritten oder privaten Entsorgungsträgern Pflichten zur Entsorgung nach den §§ 16, 17 oder 18 übertragen worden sind.

(3) Die öffentlich-rechtlichen Entsorgungsträger können mit Zustimmung der zuständigen Behörde Abfälle von der Entsorgung ausschließen, soweit diese der Rücknahmepflicht aufgrund einer nach § 24 erlassenen Rechtsverordnung unterliegen und entsprechende Rücknahmeeinrichtungen tatsächlich zur Verfügung stehen. Satz 1 gilt auch für Abfälle zur Beseitigung aus anderen Herkunftsbereichen als privaten Haushaltungen, soweit diese nach Art, Menge oder Beschaffenheit nicht mit den in Haushaltungen anfallenden Abfällen beseitigt werden können oder die Sicherheit der umweltverträglichen Beseitigung im Einklang mit den Abfallwirtschaftsplänen der Länder durch einen anderen Entsorgungsträger oder Dritten gewährleistet ist. Die öffentlich-rechtlichen Entsorgungsträger können den Ausschluß von der Entsorgung nach Satz 1 und 2 mit Zustimmung der zuständigen Behörde widerrufen, soweit die dort genannten Voraussetzungen für einen Ausschluß nicht mehr vorliegen.

(4) Die Pflichten nach Absatz 1 gelten auch für Kraftfahrzeuge oder Anhänger ohne gültige amtliche Kennzeichen, wenn diese auf öffentlichen Flächen oder außerhalb im Zusammenhang bebauter Ortsteile abgestellt sind, keine Anhaltspunkte für deren Entwendung oder bestimmungsgemäße Nutzung bestehen und sie nicht innerhalb eines Monats nach einer am Fahrzeug angebrachten, deutlich sichtbaren Aufforderung entfernt worden sind.

§ 16 Beauftragung Dritter

(1) Die zur Verwertung und Beseitigung Verpflichteten können Dritte mit der Erfüllung ihrer Pflichten beauftragen. Ihre Verantwortlichkeit für die Erfüllung der Pflichten bleibt hiervon unberührt. Die beauftragten Dritten müssen über die erforderliche Zuverlässigkeit verfügen.

(2) Die zuständige Behörde kann auf Antrag mit Zustimmung der Entsorgungsträger im Sinne der §§ 15, 17 und 18 deren Pflichten auf einen Dritten ganz oder teilweise übertragen, wenn,
1. der Dritte sach- und fachkundig und zuverlässig ist,
2. die Erfüllung der übertragenen Pflichten sichergestellt ist und
3. keine überwiegenden öffentlichen Interessen entgegenstehen.

Die Pflichtenübertragung der privaten Entsorgungsträger auf Dritte bedarf der Zustimmung der öffentlich-rechtlichen Entsorgungsträger im Sinne des § 15.

(3) Zur Darlegung der Voraussetzungen nach Absatz 2 hat der Dritte insbesondere ein Abfallwirtschaftskonzept vorzulegen. Das Abfallwirtschaftskonzept hat zu enthalten
1. Angaben über Art, Menge und Verbleib der zu verwertenden oder zu beseitigenden Abfälle,
2. Darstellung der getroffenen und geplanten Maßnahmen zur Verwertung oder zur Beseitigung der Abfälle,
3. Darlegung der vorgesehenen Entsorgungswege für die nächsten fünf Jahre einschließlich der Angaben zur notwendigen Standort- und Anlagenplanung sowie ihrer zeitlichen Abfolge,
4. gesonderte Darstellung der unter Nr. 1 genannten Abfälle bei der Verwertung oder Beseitigung außerhalb der Bundesrepublik Deutschland.

Bei der Erstellung des Abfallwirtschaftskonzepts sind die Vorgaben der Abfallwirtschaftsplanung nach § 29 zu berücksichtigen. Das Abfallwirtschaftskonzept ist entsprechend § 19 Abs. 3 zu erstellen und fortzuschreiben. Nach Ablauf eines Jahres nach der Übertragung der Pflichten ist darüber hinaus entsprechend § 20 Abs. 1 eine Abfallbilanz zu erstellen und vorzulegen.

(4) Die Übertragung ist zu befristen. Sie kann mit Nebenbestimmungen versehen werden, insbesondere unter Bedingungen erteilt und mit Auflagen oder dem Vorbehalt eines Widerrufs verbunden werden.

§ 17 Wahrnehmung von Aufgaben durch Verbände

(1) Die Erzeuger und Besitzer von Abfällen aus gewerblichen sowie sonstigen wirtschaftlichen Unternehmen oder öffentlichen Einrichtungen können Verbände bilden, die von den Erzeugern oder Besitzern von Abfällen

mit der Erfüllung ihrer Verwertungs- und Beseitigungspflichten beauftragt werden können. § 16 Abs. 1 Satz 2 und 3 gilt entsprechend.

(2) Die öffentlich-rechtlichen Entsorgungsträger und die Selbstverwaltungskörperschaften der Wirtschaft können auf die Bildung der Verbände hinwirken und sich an ihnen beteiligen.

(3) Die zuständige Behörde kann mit Zustimmung der öffentlich-rechtlichen Entsorgungsträger im Sinne des § 15 den Verbänden auf deren Antrag die Erzeuger- und Besitzerpflichten ganz oder teilweise übertragen, wenn
1. auf andere Weise der Verbandszweck nicht erfüllt werden kann,
2. die Erfüllung der übertragenen Pflichten sichergestellt ist, insbesondere die Sicherheit der Abfallbeseitigung für den übertragenen Aufgabenbereich im Einklang mit den Abfallwirtschaftsplänen der Länder (§ 29) gewährleistet ist und
3. keine überwiegenden öffentlichen Interessen entgegenstehen.
§ 16 Abs. 3 und 4 gilt entsprechend.

(4) Die zuständige Behörde kann den Verband im Rahmen des übertragenen Aufgabenbereichs und Verbandszwecks in einem ausgewiesenen Gebiet zur Beseitigung aller Abfälle, insbesondere von Abfällen zur Beseitigung weiterer Erzeuger und Besitzer verpflichten, soweit
1. dies zur Wahrung der Belange des Wohles der Allgemeinheit geboten ist und
2. die Erzeuger und Besitzer ihre Pflichten nicht selbst wahrnehmen.

(5) Die Verbände können Gebühren erheben. Die Gebührensatzung bedarf der Genehmigung der zuständigen Behörde.

(6) Für die übertragenen Verwertungs- und Beseitigungspflichten gilt § 15 Abs. 1 und 3 entsprechend. Soweit es zur Erfüllung der übertragenen Pflichten erforderlich ist, bestehen die Überlassungs- und Duldungspflichten gegenüber den Verbänden; § 13 Abs. 1 und 3 und § 14 gelten entsprechend. Zur Erfüllung der übertragenen Pflichten können die Verbände von den Erzeugern und Besitzern verlangen, die Abfälle getrennt zu halten und zu bestimmten Sammelstellen oder Behandlungsanlagen zu bringen. Die Befugnis des Erzeugers und Besitzers, die Abfälle selbst zu entsorgen, bleibt unberührt.

§ 18 Wahrnehmung von Aufgaben durch Selbstverwaltungskörperschaften der Wirtschaft

(1) Die Industrie- und Handelskammern, Handwerkskammern und Landwirtschaftskammern (Selbstverwaltungskörperschaften der Wirtschaft) können Einrichtungen bilden, die von den Erzeugern und Besit-

zern von Abfällen mit der Erfüllung ihrer Verwertungs- und Beseitigungspflichten beauftragt werden können. § 16 Abs. 1 Satz 2 und 3 gilt entsprechend.

(2) Auf Antrag der Selbstverwaltungskörperschaften der Wirtschaft kann die zuständige Behörde den Einrichtungen in einem ausgewiesenen Gebiet die Pflichten der Erzeuger und Besitzer von Abfällen ganz oder teilweise übertragen. § 17 Abs. 3 bis 6 gilt entsprechend.

§ 19 Abfallwirtschaftskonzepte

(1) Erzeuger, bei denen jährlich mehr als insgesamt 2000 kg besonders überwachungsbedürftige Abfälle oder jährlich mehr als 2000 Tonnen überwachungsbedürftige Abfälle je Abfallschlüssel anfallen, haben ein Abfallwirtschaftskonzept über die Vermeidung, Verwertung und Beseitigung der anfallenden Abfälle zu erstellen. Das Abfallwirtschaftskonzept dient als internes Planungsinstrument und ist auf Verlangen der zuständigen Behörde zur Auswertung für die Abfallwirtschaftsplanung vorzulegen. Das Abfallwirtschaftskonzept hat zu enthalten:
1. Angaben über Art, Menge und Verbleib der besonders überwachungsbedürftigen Abfälle, überwachungsbedürftigen Abfälle zur Verwertung sowie der Abfälle zur Beseitigung,
2. Darstellung der getroffenen und geplanten Maßnahmen zur Vermeidung, zur Verwertung und zur Beseitigung von Abfällen,
3. Begründung der Notwendigkeit der Abfallbeseitigung, insbesondere Angaben zur mangelnden Verwertbarkeit aus den in § 5 Abs. 4 genannten Gründen,
4. Darlegung der vorgesehenen Entsorgungswege für die nächsten fünf Jahre; bei Eigenentsorgern Angaben zur notwendigen Standort- und Anlagenplanung sowie ihrer zeitlichen Abfolge,
5. gesonderte Darstellung des Verbleibs der unter Nr. 1 genannten Abfälle bei der Verwertung oder Beseitigung außerhalb der Bundesrepublik Deutschland.

(2) Bei Erstellung des Abfallwirtschaftskonzepts sind die Vorgaben der Abfallwirtschaftsplanung nach § 29 zu berücksichtigen.

(3) Das Abfallwirtschaftskonzept ist erstmalig bis zum 31. Dezember 1999 für die nächsten fünf Jahre zu erstellen und alle fünf Jahre fortzuschreiben, soweit die Länder bis zum Inkrafttreten dieses Gesetzes nichts anderes bestimmt haben. Die zuständige Behörde kann die Vorlage zu einem früheren Zeitpunkt verlangen.

(4) Die Bundesregierung bestimmt nach Anhörung der beteiligten Kreise (§ 60) durch Rechtsverordnung mit Zustimmung des Bundesrates
1. nähere Anforderungen an Form und Inhalt der nach Absatz 1 vorzulegenden Unterlagen,
2. Ausnahmen für bestimmte Abfallarten von den in den Absätzen 1 bis 3 genannten Pflichten,
3. einzelne nicht überwachungsbedürftige Abfälle zur Verwertung, welche in das Abfallwirtschaftskonzept einzubeziehen sind.

(5) Die öffentlich-rechtlichen Entsorgungsträger im Sinne des § 15 haben Abfallwirtschaftskonzepte über die Verwertung und die Beseitigung der in ihrem Gebiet anfallenden und ihnen zu überlassenden Abfälle zu erstellen. Die Anforderungen an die Abfallwirtschaftskonzepte regeln die Länder.

§ 20 Abfallbilanzen

(1) Verpflichtete im Sinne des § 19 Abs. 1 haben jährlich, erstmalig zum 1. April 1998, jeweils für das vorhergehende Jahr eine Bilanz über Art, Menge und Verbleib der verwerteten oder beseitigten besonders überwachungsbedürftigen und überwachungsbedürftigen Abfälle (Abfallbilanz) zu erstellen und auf Verlangen der zuständigen Behörde vorzulegen. § 19 Abs. 1 Satz 3 Nr. 1, 3, 5, Abs. 3 Satz 1, 2. Halbsatz und Abs. 4 findet entsprechende Anwendung.

(2) Die Besitzer von Abfällen aus gewerblichen oder sonstigen wirtschaftlichen Unternehmen oder öffentlichen Einrichtungen sind den Verpflichteten im Sinne des Absatzes 1 Satz 1 zur Auskunft verpflichtet, soweit sie diesen Abfälle zu überlassen haben.

(3) Die öffentlich-rechtlichen Entsorgungsträger im Sinne des § 15 haben Abfallbilanzen entsprechend Absatz 1 zu erstellen. Die Anforderungen an die Abfallbilanzen regeln die Länder.

§ 21 Anordnungen im Einzelfall

(1) Die zuständige Behörde kann im Einzelfall die erforderlichen Anordnungen zur Durchführung dieses Gesetzes und der auf Grund dieses Gesetzes erlassenen Rechtsverordnungen treffen.

(2) Die zuständige Behörde kann anordnen, daß Verpflichtete im Sinne des § 19 Abs. 1 einen von der zuständigen Obersten Landesbehörde bekanntgegebenen Sachverständigen mit der Prüfung von Abfallwirtschaftskonzepten und Abfallbilanzen nach den §§ 19 und 20 beauftragen.

(3) Werden Abfallwirtschaftskonzepte oder Abfallbilanzen nicht, nicht den Anforderungen entsprechend oder nicht rechtzeitig erstellt, kann die

zuständige Behörde dies beanstanden und dem Verpflichteten eine angemessene Frist zur Nachbesserung einräumen.

Dritter Teil
Produktverantwortung

§ 22 Produktverantwortung

(1) Wer Erzeugnisse entwickelt, herstellt, be- und verarbeitet oder vertreibt, trägt zur Erfüllung der Ziele der Kreislaufwirtschaft die Produktverantwortung. Zur Erfüllung der Produktverantwortung sind Erzeugnisse möglichst so zu gestalten, daß bei deren Herstellung und Gebrauch das Entstehen von Abfällen vermindert wird und die umweltverträgliche Verwertung und Beseitigung der nach deren Gebrauch entstandenen Abfälle sichergestellt ist.

(2) Die Produktverantwortung umfaßt insbesondere
1. die Entwicklung, Herstellung und das Inverkehrbringen von Erzeugnissen, die mehrfach verwendbar, technisch langlebig und nach Gebrauch zur ordnungsgemäßen und schadlosen Verwertung und umweltverträglichen Beseitigung geeignet sind,
2. den vorrangigen Einsatz von verwertbaren Abfällen oder sekundären Rohstoffen bei der Herstellung von Erzeugnissen,
3. die Kennzeichnung von schadstoffhaltigen Erzeugnissen, um die umweltverträgliche Verwertung oder Beseitigung der nach Gebrauch verbleibenden Abfälle sicherzustellen,
4. den Hinweis auf Rückgabe-, Wiederverwendungs- und Verwertungsmöglichkeiten oder -pflichten und Pfandregelungen durch Kennzeichnung der Erzeugnisse und
5. die Rücknahme der Erzeugnisse und der nach Gebrauch der Erzeugnisse verbleibenden Abfälle sowie deren nachfolgende Verwertung oder Beseitigung.

(3) Im Rahmen der Produktverantwortung nach Absatz 1 und 2 sind neben der Verhältnismäßigkeit der Anforderungen entsprechend § 5 Abs. 4, die sich aus anderen Rechtsvorschriften ergebenden Regelungen zur Produktverantwortung und zum Schutz der Umwelt sowie die Festlegungen des Gemeinschaftsrechts über den freien Warenverkehr zu berücksichtigen.

(4) Die Bundesregierung bestimmt durch Rechtsverordnungen auf Grund der §§ 23 und 24, welche Verpflichteten die Produktverantwortung nach Absatz 1 und 2 zu erfüllen haben. Sie legt zugleich fest, für welche Erzeugnisse und in welcher Art und Weise die Produktverantwortung wahrzunehmen ist.

§ 23 Verbote, Beschränkungen und Kennzeichnungen

Zur Festlegung von Anforderungen nach § 22 wird die Bundesregierung ermächtigt, nach Anhörung der beteiligten Kreise (§ 60) durch Rechtsverordnung mit Zustimmung des Bundesrates zu bestimmen, daß
1. bestimmte Erzeugnisse, insbesondere Verpackungen und Behältnisse nur in bestimmter Beschaffenheit oder für bestimmte Verwendungen, bei denen eine ordnungsgemäße Verwertung oder Beseitigung der anfallenden Abfälle gewährleistet ist, in Verkehr gebracht werden dürfen,
2. bestimmte Erzeugnisse überhaupt nicht in Verkehr gebracht werden dürfen, wenn bei ihrer Entsorgung die Freisetzung schädlicher Stoffe nicht oder nur mit unverhältnismäßig hohem Aufwand verhindert werden könnte oder die umweltverträgliche Entsorgung nicht auf andere Weise sichergestellt werden kann,
3. bestimmte Erzeugnisse nur in bestimmter, die Abfallentsorgung spürbar entlastender Weise, insbesondere in einer die mehrfache Verwendung oder die Verwertung erleichternden Form in Verkehr gebracht werden dürfen,
4. bestimmte Erzeugnisse in bestimmter Weise zu kennzeichnen sind, um insbesondere die Erfüllung der Grundpflichten nach § 5 nach Rücknahme zu sichern (Kennzeichnungspflicht),
5. bestimmte Erzeugnisse wegen des Schadstoffgehaltes der nach bestimmungsgemäßem Gebrauch in der Regel verbleibenden Abfälle nur mit einer Kennzeichnung in den Verkehr gebracht werden dürfen, die insbesondere auf die Notwendigkeit einer Rückgabe an Hersteller, Vertreiber oder bestimmte Dritte hinweist, mit der die erforderliche besondere Verwertung oder Beseitigung sichergestellt wird,
6. für bestimmte Erzeugnisse, für die eine Rücknahme- oder Rückgabepflicht nach § 24 verordnet wurde, an der Stelle der Abgabe oder des Inverkehrbringens auf die Rückgabemöglichkeit hinzuweisen ist oder die Erzeugnisse entsprechend zu kennzeichnen sind,
7. bestimmte Erzeugnisse, für die die Erhebung eines Pfandes nach § 24 verordnet wurde, entsprechend zu kennzeichnen sind, gegebenenfalls mit Angabe der Höhe des Pfandes.

§ 24 Rücknahme- und Rückgabepflichten

(1) Zur Festlegung von Anforderungen nach § 22 wird die Bundesregierung ermächtigt, nach Anhörung der beteiligten Kreise (§ 60) durch Rechtsverordnung mit Zustimmung des Bundesrates zu bestimmen, daß Hersteller oder Vertreiber
1. bestimmte Erzeugnisse nur bei Eröffnung einer Rückgabemöglichkeit abgeben oder in Verkehr bringen dürfen,

2. bestimmte Erzeugnisse zurückzunehmen und die Rückgabe durch geeignete Maßnahmen, insbesondere durch Rücknahmesysteme oder durch Erhebung eines Pfandes, sicherzustellen haben,
3. bestimmte Erzeugnisse an der Abgabe- oder Anfallstelle zurückzunehmen haben,
4. gegenüber dem Land, der zuständigen Behörde oder den Entsorgungsträgern im Sinne der §§ 15, 17 oder 18 Nachweis zu führen über Art, Menge, Verwertung und Beseitigung der zurückgenommenen Abfälle, Belege einzubehalten und aufzubewahren und auf Verlangen vorzuzeigen haben.

(2) In einer Rechtsverordnung nach Absatz 1 kann zur Festlegung von Anforderungen nach § 22 sowie zur ergänzenden Festlegung von Pflichten der Erzeuger und Besitzer von Abfällen und der Entsorgungsträger im Sinne der §§ 15, 17 und 18 im Rahmen der Kreislaufwirtschaft weiter bestimmt werden,
1. wer die Kosten für die Rücknahme, Verwertung und Beseitigung der zurückzunehmenden Erzeugnisse zu tragen hat,
2. daß die Besitzer von Abfällen diese dem nach Absatz 1 verpflichteten Hersteller oder Vertreiber zu überlassen haben,
3. die Art und Weise der Überlassung, einschließlich der Maßnahmen im Sinne des § 4 Abs. 5 zum Bereitstellen, Sammeln und Befördern sowie Bringpflichten der unter Nr. 1 genannten Besitzer,
4. daß die Entsorgungsträger im Sinne der §§ 15, 17 und 18 durch Erfassung der Abfälle als ihnen übertragene Aufgabe bei der Rücknahme mitzuwirken und die erfaßten Abfälle dem nach Absatz 1 Verpflichteten zu überlassen haben.

§ 25 Freiwillige Rücknahme

(1) Die Bundesregierung kann für die freiwillige Rücknahme von Abfällen nach Anhörung der beteiligten Kreise (§ 60) Zielfestlegungen treffen, die innerhalb einer angemessenen Frist zu erreichen sind. Sie veröffentlicht die Festlegungen im Bundesanzeiger.

(2) Hersteller und Vertreiber, die Abfälle zur Beseitigung, überwachungs- oder besonders überwachungsbedürftige Abfälle zur Verwertung freiwillig zurücknehmen, haben dies der zuständigen Behörde anzuzeigen. Die für die Entgegennahme der Anzeige zuständige Behörde soll von Verpflichtungen nach § 49 sowie Nachweispflichten nach den §§ 43 und 46 Befreiungen erteilen, soweit durch die freiwillige Rücknahme die Ziele der Kreislaufwirtschaft nach den §§ 4 und 5 gefördert werden und die ordnungsgemäße Verwertung und Beseitigung der zurückgenommenen Abfälle in anderer geeigneter Weise nachgewiesen wird.

§ 26 Besitzerpflichten nach Rücknahme

Hersteller und Vertreiber, die Abfälle aufgrund einer Rechtsverordnung nach § 24 oder freiwillig zurücknehmen, unterliegen den Pflichten eines Besitzers von Abfällen nach den §§ 5 und 11.

Vierter Teil
Planungsverantwortung
1. Abschnitt: Ordnung und Planung

§ 27 Ordnung der Beseitigung

(1) Abfälle dürfen zum Zwecke der Beseitigung nur in den dafür zugelassenen Anlagen oder Einrichtungen (Abfallbeseitigungsanlagen) behandelt, gelagert oder abgelagert werden. Darüber hinaus ist die Behandlung von Abfällen zur Beseitigung in Anlagen zulässig, die überwiegend einem anderen Zweck als der Abfallbeseitigung dienen und die einer Genehmigung nach § 4 des Bundes-Immissionsschutzgesetzes bedürfen. Die Lagerung oder Behandlung von Abfällen zur Beseitigung in den diesen Zwecken dienenden Abfallbeseitigungsanlagen ist auch zulässig, soweit diese als unbedeutende Anlagen nach dem Bundes-Immissionsschutzgesetz keiner Genehmigung bedürfen und in Rechtsverordnungen nach § 12 Abs. 1 oder nach § 23 des Bundes-Immissionsschutzgesetzes oder in allgemeinen Verwaltungsvorschriften nach § 12 Abs. 2 nichts anderes bestimmt ist.

(2) Die zuständige Behörde kann im Einzelfall unter dem Vorbehalt des Widerrufs Ausnahmen von Absatz 1 Satz 1 zulassen, wenn dadurch das Wohl der Allgemeinheit nicht beeinträchtigt wird.

(3) Die Landesregierungen können durch Rechtsverordnung die Beseitigung bestimmter Abfälle oder bestimmter Mengen dieser Abfälle außerhalb von Anlagen im Sinne des Absatzes 1 Satz 1 zulassen, soweit hierfür ein Bedürfnis besteht und eine Beeinträchtigung des Wohles der Allgemeinheit nicht zu besorgen ist. Sie können in diesem Fall auch die Voraussetzungen und die Art und Weise der Beseitigung durch Rechtsverordnung bestimmen. Die Landesregierungen können die Ermächtigung durch Rechtsverordnung ganz oder teilweise auf andere Behörden übertragen.

§ 28 Durchführung der Beseitigung

(1) Die zuständige Behörde kann den Betreiber einer Abfallbeseitigungsanlage verpflichten, einem Beseitigungspflichtigen nach § 11 sowie den

Entsorgungsträgern im Sinne der § 15, 17 und 18 die Mitbenutzung der Abfallbeseitigungsanlage gegen angemessenes Entgelt zu gestatten, soweit dieser auf eine andere Weise den Abfall nicht zweckmäßig oder nur mit erheblichen Mehrkosten beseitigen kann und die Mitbenutzung für den Betreiber zumutbar ist. Kommt eine Einigung über das Entgelt nicht zustande, wird es durch die zuständige Behörde festgesetzt. Die Zuweisung darf nur erfolgen, wenn Rechtsvorschriften dieses Gesetzes nicht entgegenstehen; die Erfüllung der Grundpflicht gemäß § 11 muß sichergestellt sein. Die zuständige Behörde hat die Vorlage der Abfallwirtschaftskonzepte des durch die Zuweisung Begünstigten zu verlangen und ihrer Entscheidung zugrundezulegen. Auf Antrag des nach Satz 1 Verpflichteten kann der durch die Zuweisung Begünstigte verpflichtet werden, Abfälle gleicher Art und Menge nach Fortfall der Gründe für die Zuweisung zu übernehmen.

(2) Die zuständige Behörde kann dem Betreiber einer Abfallbeseitigungsanlage, der Abfälle wirtschaftlicher als die Entsorgungsträger im Sinne der §§ 15, 17 und 18 beseitigen kann, die Beseitigung dieser Abfälle auf seinen Antrag übertragen. Die Übertragung kann mit der Auflage verbunden werden, daß der Antragsteller alle in dem von den Entsorgungsträgern erfaßten Gebiet angefallenen Abfälle gegen Erstattung der Kosten beseitigt, wenn die Entsorgungsträger die verbleibenden Abfälle nicht oder nur mit unverhältnismäßigem Aufwand beseitigen können; dies gilt nicht, wenn der Antragsteller darlegt, daß die Übernahme der Beseitigung unzumutbar ist.

(3) Der Abbauberechtigte oder Unternehmer eines Mineralgewinnungsbetriebes sowie der Eigentümer, Besitzer oder in sonstiger Weise Verfügungsberechtigte eines zur Mineralgewinnung genutzten Grundstückes kann von der zuständigen Behörde verpflichtet werden, die Beseitigung von Abfällen in freigelegten Bauen in seiner Anlage oder innerhalb seines Grundstückes zu dulden, den Zugang zu ermöglichen und dabei, soweit dies unumgänglich ist, vorhandene Betriebsanlagen oder Einrichtungen oder Teile derselben zur Verfügung zu stellen. Die ihm dadurch entstehenden Kosten hat der Beseitigungspflichtige zu erstatten. Die zuständige Behörde bestimmt den Inhalt dieser Verpflichtung. Der Vorrang der Mineralgewinnung gegenüber der Abfallbeseitigung darf nicht beeinträchtigt werden. Für die aus der Abfallbeseitigung entstehenden Schäden haftet der Duldungspflichtige nicht.

(4) Das Einbringen oder Einleiten von Abfällen zur Beseitigung in die Hohe See ist verboten. Das Einbringen oder Einleiten von Baggergut in die Hohe See darf unter Berücksichtigung der jeweiligen Inhaltsstoffe nur nach Maßgabe des in Satz 3 genannten Gesetzes erfolgen. Artikel 3 des Gesetzes vom 11. Februar 1977 zu den Übereinkommen vom 15. Februar 1972 und

29. Dezember 1972 zur Verhütung der Meeresverschmutzung durch das Einbringen von Abfällen durch Schiffe und Luftfahrzeuge (BGBl. 1977 II S. 165), zuletzt geändert durch die Fünfte Zuständigkeitsanpassungsverordnung vom 26. Februar 1993 (BGBl I S. 278), bleibt unberührt.

§ 29 Abfallwirtschaftsplanung

(1) Die Länder stellen für ihren Bereich Abfallwirtschaftspläne nach überörtlichen Gesichtspunkten auf. Die Abfallwirtschaftspläne stellen dar
1. die Ziele der Abfallvermeidung und -verwertung sowie
2. die zur Sicherung der Inlandsbeseitigung erforderlichen Abfallbeseitigungsanlagen.

Die Abfallwirtschaftspläne weisen aus
1. zugelassene Abfallbeseitigungsanlagen und
2. geeignete Flächen für Abfallbeseitigungsanlagen zur Endablagerung von Abfällen (Deponien) sowie für sonstige Abfallbeseitigungsanlagen.

Die Pläne können ferner bestimmen, welcher Entsorgungsträger vorgesehen ist und welcher Abfallbeseitigungsanlage sich die Beseitigungspflichtigen zu bedienen haben.

(2) Bei der Darstellung des Bedarfs sind zukünftige, innerhalb eines Zeitraumes von mindestens zehn Jahren zu erwartende Entwicklungen zu berücksichtigen. Soweit dies zur Darstellung des Bedarfs erforderlich ist, sind Abfallwirtschaftskonzepte und Abfallbilanzen auszuwerten.

(3) Eine Fläche kann als geeignet im Sinne des Absatzes 1 Satz 3 Nr. 2 angesehen werden, wenn ihre Lage, Größe und Beschaffenheit im Hinblick auf die vorgesehene Nutzung in Übereinstimmung mit den abfallwirtschaftlichen Zielsetzungen im Plangebiet steht und Belange des Wohles der Allgemeinheit nicht offensichtlich entgegenstehen. Die Flächenausweisung nach Absatz 1 ist nicht Voraussetzung für die Planfeststellung oder Genehmigung der in § 31 aufgeführten Abfallbeseitigungsanlagen.

(4) Die Ausweisungen im Sinne des Absatzes 1 Satz 3 Nr. 2 und Satz 4 können für die Beseitigungspflichtigen für verbindlich erklärt werden.

(5) Bei der Abfallwirtschaftsplanung sind die Ziele und Erfordernisse der Raumordnung und Landesplanung zu berücksichtigen. § 5 Abs. 4 und § 4 Abs. 5 des Raumordnungsgesetzes bleiben unberührt. Die raumbedeutsamen Erfordernisse und Maßnahmen der Abfallwirtschaftsplanung können in die Programme und Pläne im Sinne des § 5 des Raumordnungsgesetzes aufgenommen werden.

(6) Die Länder sollen ihre Abfallwirtschaftsplanungen aufeinander und untereinander abstimmen. Ist eine die Grenze eines Landes überschreitende Planung erforderlich, sollen die betroffenen Länder bei der Aufstellung der Abfallwirtschaftspläne die Erfordernisse und Maßnahmen im Benehmen miteinander festlegen.

(7) Bei der Aufstellung der Abfallwirtschaftspläne sind die Gemeinden oder deren Zusammenschlüsse und die Entsorgungsträger im Sinne der §§ 15, 17 und 18 zu beteiligen.

(8) Die Länder regeln das Verfahren zur Aufstellung der Pläne und zu deren Verbindlicherklärung.

(9) Die Pläne sind erstmalig zum 31. Dezember 1999 zu erstellen und alle fünf Jahre fortzuschreiben.

2. Abschnitt:
Zulassung von Abfallbeseitigungsanlagen

§ 30 Erkundung geeigneter Standorte

(1) Eigentümer und Nutzungsberechtigte von Grundstücken haben zu dulden, daß Beauftragte der zuständigen Behörde oder der Entsorgungsträger im Sinne der §§ 15, 17 und 18 zur Erkundung geeigneter Standorte für Deponien und öffentlich zugängliche Abfallbeseitigungsanlagen Grundstücke mit Ausnahme von Wohnungen betreten und Vermessungen, Boden- und Grundwasseruntersuchungen oder ähnliche Arbeiten ausführen. Die Absicht, Grundstücke zu betreten und solche Arbeiten durchzuführen, ist den Eigentümern und Nutzungsberechtigten der Grundstücke vorher bekanntzugeben.

(2) Die zuständige Behörde und die Entsorgungsträger im Sinne der §§ 15, 17 oder 18 haben nach Abschluß der Arbeiten den vorherigen Zustand unverzüglich wiederherzustellen. Sie können verlangen, daß bei der Erkundung geschaffene Einrichtungen aufrechtzuerhalten sind. Die Einrichtungen sind zu beseitigen, wenn sie für die Erkundung nicht mehr benötigt werden oder wenn eine Entscheidung darüber nicht binnen zwei Jahren nach Schaffung der Einrichtung getroffen ist und der Eigentümer oder Nutzungsberechtigte dem weiteren Verbleib der Einrichtung gegenüber der Behörde widersprochen hat.

(3) Eigentümer und Nutzungsberechtigte von Grundstücken können von der zuständigen Behörde für Vermögensnachteile, die durch eine nach Absatz 2 zulässige Maßnahme entstehen, Ersatz in Geld verlangen.

§ 31 Planfeststellung und Genehmigung

(1) Die Errichtung und der Betrieb von ortsfesten Abfallbeseitigungsanlagen zur Lagerung oder Behandlung von Abfällen zur Beseitigung sowie die wesentliche Änderung einer solchen Anlage oder ihres Betriebes bedürfen der Genehmigung nach den Vorschriften des Bundes-Immissionsschutzgesetzes; einer weiteren Zulassung nach diesem Gesetz bedarf es nicht.

(2) Die Errichtung und der Betrieb von Deponien sowie die wesentliche Änderung einer solchen Anlage oder ihres Betriebes bedürfen der Planfeststellung durch die zuständige Behörde. In dem Planfeststellungsverfahren ist eine Umweltverträglichkeitsprüfung nach den Vorschriften des Gesetzes über die Umweltverträglichkeitsprüfung durchzuführen.

(3) Die zuständige Behörde kann an Stelle eines Planfeststellungsverfahrens auf Antrag oder von Amts wegen ein Genehmigungsverfahren durchführen, wenn
1. die Errichtung und der Betrieb einer unbedeutenden Deponie oder
2. die wesentliche Änderung einer Deponie oder ihres Betriebes beantragt wird, soweit die Änderung keine erheblichen nachteiligen Auswirkungen auf ein in § 2 Abs. 1 Satz 2 des Gesetzes über die Umweltverträglichkeitsprüfung genanntes Schutzgut haben kann, oder
3. die Errichtung und der Betrieb einer Deponie beantragt wird, die ausschließlich oder überwiegend der Entwicklung und Erprobung neuer Verfahren dient, und die Genehmigung für einen Zeitraum von höchstens zwei Jahren nach Inbetriebnahme der Anlage erteilt werden soll; dieser Zeitraum kann auf Antrag bis zu einem weiteren Jahr verlängert werden.

Satz 1 Nr. 1 und 2 gilt nicht für die Errichtung und den Betrieb von Anlagen zur Ablagerung von besonders überwachungsbedürftigen Abfällen, wenn hiervon erhebliche Auswirkungen auf die Umwelt ausgehen können; für diese Anlagen kann die Genehmigung nach Satz 1 Nr. 3 höchstens für einen Zeitraum von einem Jahr erteilt werden. Die zuständige Behörde soll ein Genehmigungsverfahren durchführen, wenn die Änderung keine erheblichen nachteiligen Auswirkungen auf ein in § 2 Abs. 1 Satz 2 des Gesetzes über die Umweltverträglichkeitsprüfung genanntes Schutzgut hat und den Zweck verfolgt, eine wesentliche Verbesserung für diese Schutzgüter herbeiführen.

§ 32 Erteilung, Sicherheitsleistung, Nebenbestimmungen

(1) Der Planfeststellungsbeschluß nach § 31 Abs. 2 oder die Genehmigung nach § 31 Abs. 3 dürfen nur erteilt werden, wenn
1. sichergestellt ist, daß das Wohl der Allgemeinheit nicht beeinträchtigt wird, insbesondere

a) Gefahren für die in § 10 Abs. 4 genannten Schutzgüter nicht hervorgerufen werden können und
b) Vorsorge gegen die Beeinträchtigungen der Schutzgüter, insbesondere durch bauliche, betriebliche oder organisatorische Maßnahmen entsprechend dem Stand der Technik getroffen wird,
2. keine Tatsachen vorliegen, aus denen sich Bedenken gegen die Zuverlässigkeit der für die Errichtung, Leitung oder Beaufsichtigung des Betriebes der Deponie verantwortlichen Personen ergeben,
3. keine nachteiligen Wirkungen auf das Recht eines anderen zu erwarten sind und
4. die für verbindlich erklärten Feststellungen eines Abfallwirtschaftsplanes dem Vorhaben nicht entgegenstehen.

(2) Der Erteilung einer Planfeststellung oder Genehmigung stehen die in Absatz 1 Nr. 3 genannten nachteiligen Wirkungen auf das Recht eines anderen nicht entgegen, wenn sie durch Auflagen oder Bedingungen verhütet oder ausgeglichen werden können oder der Betroffene ihnen nicht widerspricht. Absatz 1 Nr. 3 gilt nicht, wenn das Vorhaben dem Wohl der Allgemeinheit dient. Wird in diesem Fall die Planfeststellung erteilt, ist der Betroffene für den dadurch eingetretenen Vermögensnachteil in Geld zu entschädigen.

(3) Die zuständige Behörde kann verlangen, daß der Inhaber einer Deponie für die Rekultivierung sowie zur Verhinderung oder Beseitigung von Beeinträchtigungen des Wohles der Allgemeinheit nach Stillegung der Anlage Sicherheit leistet.

(4) Der Planfeststellungsbeschluß und die Genehmigung nach Absatz 1 können unter Bedingungen erteilt, mit Auflagen verbunden und befristet werden, soweit dies zur Wahrung des Wohles der Allgemeinheit erforderlich ist. Die Aufnahme, Änderung oder Ergänzung von Auflagen über Anforderungen an die Deponie oder ihren Betrieb ist auch nach dem Ergehen des Planfeststellungsbeschlusses oder nach der Erteilung der Genehmigung zulässig.

§ 33 Zulassung vorzeitigen Beginns

(1) In einem Planfeststellungs- oder Genehmigungsverfahren kann die für die Feststellung des Planes oder Erteilung der Genehmigung zuständige Behörde unter dem Vorbehalt des Widerrufes für einen Zeitraum von sechs Monaten zulassen, daß bereits vor Feststellung des Planes oder der Erteilung der Genehmigung mit der Errichtung und dem Betrieb des Vorhabens begonnen wird, wenn
1. mit einer Entscheidung zugunsten des Trägers des Vorhabens gerechnet werden kann,

2. an dem vorzeitigen Beginn ein öffentliches Interesse besteht und
3. der Träger des Vorhabens sich verpflichtet, alle bis zur Entscheidung durch die Ausführung verursachten Schäden zu ersetzen und, falls das Vorhaben nicht planfestgestellt oder genehmigt wird, den früheren Zustand wiederherzustellen.
Diese Frist kann auf Antrag um weitere sechs Monate verlängert werden.

(2) Die zuständige Behörde hat die Leistung einer Sicherheit zu verlangen, soweit dies erforderlich ist, um die Erfüllung der Verpflichtungen des Trägers des Vorhabens zu sichern.

§ 34 Planfeststellungsverfahren

(1) Für das Planfeststellungsverfahren gelten die §§ 72 bis 78 des Verwaltungsverfahrensgesetzes. Die Bundesregierung wird ermächtigt, durch Rechtsverordnung mit Zustimmung des Bundesrates weitere Einzelheiten des Planfeststellungsverfahrens, insbesondere Art und Umfang der Antragsunterlagen zu regeln.

(2) Einwendungen im Rahmen des Zulassungsverfahrens können innerhalb der gesetzlich festgelegten Frist nur schriftlich erhoben werden.

§ 35 Bestehende Abfallbeseitigungsanlagen

(1) Die zuständige Behörde kann für Deponien, die vor dem 11. Juni 1972 betrieben wurden oder mit deren Errichtung begonnen war, für deren Betrieb Befristungen, Bedingungen und Auflagen anordnen. Sie kann den Betrieb dieser Anlagen ganz oder teilweise untersagen, wenn eine erhebliche Beeinträchtigung des Wohles der Allgemeinheit durch Auflagen, Bedingungen oder Befristungen nicht verhindert werden kann.

(2) In dem in Artikel 3 des Einigungsvertrages genannten Gebiet kann die zuständige Behörde für Deponien, die vor dem 1. Juli 1990 betrieben wurden oder mit deren Errichtung begonnen war, Befristungen, Bedingungen und Auflagen für deren Errichtung und Betrieb anordnen. Absatz 1 Satz 2 gilt entsprechend.

§ 36 Stillegung

(1) Der Inhaber einer Deponie hat ihre beabsichtigte Stillegung der zuständigen Behörde unverzüglich anzuzeigen. Der Anzeige sind Unterlagen über Art, Umfang und Betriebsweise sowie die beabsichtigte Rekultivierung und sonstige Vorkehrungen zum Schutz des Wohles der Allgemeinheit beizufügen.

(2) Die zuständige Behörde soll den Inhaber verpflichten, auf seine Kosten das Gelände, das für eine Deponie nach Absatz 1 verwandt worden ist, zu rekultivieren und sonstige Vorkehrungen zu treffen, die erforderlich sind, Beeinträchtigungen des Wohles der Allgemeinheit zu verhüten.

(3) Die Verpflichtung nach Absatz 1 besteht auch für Inhaber von Anlagen, in denen besonders überwachungsbedürftige Abfälle anfallen.

Fünfter Teil
Absatzförderung

§ 37 Pflichten der öffentlichen Hand

(1) Die Behörden des Bundes sowie die der Aufsicht des Bundes unterstehenden juristischen Personen des öffentlichen Rechts, Sondervermögen und sonstigen Stellen sind verpflichtet, durch ihr Verhalten zur Erfüllung des Zweckes des § 1 beizutragen. Insbesondere haben sie unter Berücksichtigung der §§ 4 und 5 bei der Gestaltung von Arbeitsabläufen, der Beschaffung oder Verwendung von Material und Gebrauchsgütern, bei Bauvorhaben und sonstigen Aufträgen zu prüfen, ob und und in welchem Umfang Erzeugnisse eingesetzt werden können, die sich durch Langlebigkeit, Reparaturfreundlichkeit und Wiederverwendbarkeit oder Verwertbarkeit auszeichnen, im Vergleich zu anderen Erzeugnissen zu weniger oder zu schadstoffärmeren Abfällen führen oder aus Abfällen zur Verwertung hergestellt worden sind.

(2) Die in Absatz 1 genannten Stellen wirken im Rahmen ihrer Möglichkeiten darauf hin, daß die Gesellschaften des privaten Rechts, an denen sie beteiligt sind, die Verpflichtungen nach Absatz 1 beachten.

(3) Besondere Anforderungen, die sich für die Verwendung von Erzeugnissen oder Materialien aus Rechtsvorschriften oder aus Gründen des Umweltschutzes ergeben, bleiben unberührt.

Sechster Teil.
Informationspflichten

§ 38 Abfallberatungspflicht

(1) Die Entsorgungsträger im Sinne der §§ 15, 17 und 18 sind im Rahmen der ihnen übertragenen Aufgaben in Selbstverwaltung zur Information und Beratung über Möglichkeiten der Vermeidung, Verwertung und Beseitigung von Abfällen verpflichtet. Zur Beratung verpflichtet sind auch die

Selbstverwaltungskörperschaften der Wirtschaft. Die Verpflichteten können mit dieser Aufgabe Dritte nach § 16 Abs. 1 beauftragen.

(2) Die zuständige Behörde hat den zur Beseitigung nach diesem Gesetz Verpflichteten auf Anfrage Auskunft über vorhandene geeignete Abfallbeseitigungsanlagen zu erteilen.

§ 39 Unterrichtung der Öffentlichkeit

Die Länder unterrichten die Öffentlichkeit über den erreichten Stand der Vermeidung und Verwertung von Abfällen sowie die Sicherung der Abfallbeseitigung. Die Unterrichtung enthält unter Beachtung der bestehenden Geheimhaltungsvorschriften eine zusammenfassende Darstellung und Bewertung der Abfallwirtschaftspläne, einen Vergleich zum vorangehenden sowie eine Prognose für den folgenden Unterrichtungszeitraum.

Siebenter Teil
Überwachung

§ 40 Allgemeine Überwachung

(1) Die Vermeidung nach Maßgabe der aufgrund der §§ 23 und 24 erlassenen Rechtsverordnungen, die Verwertung und Beseitigung von Abfällen unterliegt der Überwachung durch die zuständige Behörde. Diese kann die Überwachung auch auf stillgelegte Abfallbeseitigungsanlagen und auf Grundstücke erstrecken, auf denen vor dem 11. Juni 1972 Abfälle zur Beseitigung angefallen sind, gelagert oder abgelagert worden sind, wenn dies zur Wahrung des Wohles der Allgemeinheit erforderlich ist.

(2) Auskunft über Betrieb, Anlagen, Einrichtungen und sonstige der Überwachung unterliegende Gegenstände haben den Beauftragten der Überwachungsbehörde zu erteilen
1. Erzeuger oder Besitzer von Abfällen,
2. Entsorgungspflichtige,
3. Betreiber von Verwertungs- und Abfallbeseitigungsanlagen, auch wenn diese stillgelegt sind,
4. frühere Betreiber von Verwertungs- und Abfallbeseitigungsanlagen, auch wenn diese stillgelegt sind,
5. Betreiber von Abwasseranlagen, in denen Abfälle mitverwertet und mitbeseitigt werden,
6. Betreiber von Anlagen im Sinne des Bundes-Immissionsschutzgesetzes, in denen Abfälle mitverwertet und mitbeseitigt werden.

Die Auskunftspflichtigen haben von der zuständigen Behörde dazu beauftragten Personen zur Prüfung der Einhaltung ihrer Verpflichtungen nach den §§ 5 und 11 das Betreten der Grundstücke, Geschäfts- und Betriebsräume, die Einsicht in Unterlagen und die Vornahme von technischen Ermittlungen und Prüfungen zu gestatten. Die Auskunftspflichtigen sind ferner verpflichtet, zu diesen Zwecken das Betreten der Wohnräume zu gestatten, wenn dies zur Verhütung einer dringenden Gefahr für die öffentliche Sicherheit oder Ordnung erforderlich ist. Das Grundrecht auf Unverletzlichkeit der Wohnung (Artikel 13 des Grundgesetzes) wird insoweit eingeschränkt

(3) Betreiber von Verwertungs- und Abfallbeseitigungsanlagen oder von Anlagen, in denen Abfälle mitverwertet oder mitbeseitigt werden, haben die Anlagen zugänglich zu machen, die zur Überwachung erforderlichen Arbeitskräfte, Werkzeuge und Unterlagen zur Verfügung zu stellen und nach Anordnung der zuständigen Behörde Zustand und Betrieb der Anlage auf ihre Kosten prüfen zu lassen.

(4) Der zur Erteilung einer Auskunft Verpflichtete kann die Auskunft auf solche Fragen verweigern, deren Beantwortung ihn selbst oder einen der in § 383 Abs. 1 Nr. 1 bis 3 der Zivilprozeßordnung bezeichneten Angehörigen der Gefahr strafgerichtlicher Verfolgung oder eines Verfahrens nach dem Gesetz über Ordnungswidrigkeiten aussetzen würde.

§ 41 Überwachungsbedürftige Abfälle

(1) An die Überwachung sowie Beseitigung von Abfällen aus gewerblichen oder sonstigen wirtschaftlichen Unternehmen oder öffentlichen Einrichtungen, die nach Art, Beschaffenheit oder Menge in besonderem Maße gesundheits-, luft- oder wassergefährdend, explosibel oder brennbar sind oder Erreger übertragbarer Krankheiten enthalten oder hervorbringen können (besonders überwachungsbedürftige Abfälle zur Beseitigung), sind nach Maßgabe dieses Gesetzes besondere Anforderungen zu stellen. Die Bundesregierung bestimmt nach Anhörung der beteiligten Kreise (§ 60) durch Rechtsverordnung mit Zustimmung des Bundesrates die besonders überwachungsbedürftigen Abfälle zur Beseitigung.

(2) Alle nicht unter Absatz 1 fallenden Abfälle zur Beseitigung sind überwachungsbedürftig.

(3) Die Bundesregierung wird ermächtigt, nach Anhörung der beteiligten Kreise (§ 60) durch Rechtsverordnung mit Zustimmung des Bundesrates Abfälle zur Verwertung zu bestimmen,

1. für deren Verwertung sowie Überwachung aufgrund der in Absatz 1 genannten Stoffmerkmale nach Maßgabe dieses Gesetzes besondere Anforderungen zu stellen sind (besonders überwachungsbedürftige Abfälle zur Verwertung),
2. für die aufgrund ihrer Art, Beschaffenheit oder Menge bestimmte Anforderungen zur Sicherung der ordnungsgemäßen und schadlosen Verwertung erforderlich sind (überwachungsbedürftige Abfälle zur Verwertung).

(4) Die zuständige Behörde kann im Einzelfall für Abfälle eine von den Absätzen 1 bis 3 abweichende Einstufung vornehmen, soweit dies mit den dort genannten Belangen zu vereinbaren ist.

§ 42 Fakultatives Nachweisverfahren über die Beseitigung von Abfällen

(1) Die zuständige Behörde kann anordnen, daß Besitzer von Abfällen, die nicht mit den in Haushaltungen anfallenden Abfällen beseitigt werden, Nachweis über deren Art, Menge und Beseitigung sowie ein Nachweisbuch zu führen, Belege einzubehalten und aufzubewahren und die Nachweisbücher und Belege der zuständigen Behörde zur Prüfung vorzulegen haben.

(2) Der Nachweis nach Absatz 1 kann
1. vor Beginn der beabsichtigten Beseitigung in Form einer Erklärung des Besitzers, einer Annahmeerklärung des Beseitigers und der Bestätigung durch die zuständige Behörde sowie
2. nach Durchführung der Beseitigung in Form eines entsprechenden Nachweises über den Verbleib gefordert werden.

Die Entscheidung über Art, Umfang und Inhalt des geforderten Nachweises steht im pflichtgemäßen Ermessen der zuständigen Behörde.

(3) Die nach § 40 Abs. 2 Satz 1 Verpflichteten haben, auch ohne eine nach Absatz 1 ergangene Anordnung, die beim Umgang mit Abfällen zur Beseitigung für sie bestimmten Belege zum Zwecke des Nachweises fünf Jahre einzubehalten und aufzubewahren, soweit nicht durch Rechtsverordnung nach § 48 Nr. 4 eine andere Frist bestimmt ist.

§ 43 Obligatorisches Nachweisverfahren über die Beseitigung von besonders überwachungsbedürftigen Abfällen

(1) Die in Satz 2 genannten Verpflichteten haben, auch ohne besonderes Verlangen der zuständigen Behörde, über die Beseitigung von besonders überwachungsbedürftigen Abfällen, nicht jedoch für die durch Rechtsverordnung nach § 48 Nr. 5 festgesetzten Kleinmengen, entsprechend § 42

Abs. 1 und 2 ein Nachweisbuch zu führen und Belege vorzulegen. Hierzu sind verpflichtet
1. der Betreiber einer Anlage, in der Abfälle dieser Art anfallen,
2. jeder, der Abfälle dieser Art einsammelt oder befördert,
3. der Betreiber einer Abfallbeseitigungsanlage sowie
4. der Betreiber einer Abwasseranlage oder einer Anlage im Sinne des Bundes-Immissionsschutzgesetzes, in der Abfälle dieser Art mitbeseitigt werden.

(2) Wer eine der in Absatz 1 Nr. 1 bis 4 genannten Voraussetzungen erfüllt, hat dies der zuständigen Behörde anzuzeigen.

(3) Die zuständige Behörde kann auf Antrag einen nach Absatz 1 Verpflichteten von der Führung eines Nachweisbuches oder der Vorlage der Belege ganz oder für einzelne Abfallarten unter dem Vorbehalt des Widerrufs freistellen, soweit dadurch eine Beeinträchtigung des Wohles der Allgemeinheit nicht zu befürchten ist.

§ 44 Ausnahmen vom obligatorischen Nachweisverfahren

(1) Soweit Erzeuger oder Besitzer Abfälle in eigenen, in einem engen räumlichen und betrieblichen Zusammenhang stehenden Anlagen beseitigen, werden die Nachweise durch Abfallwirtschaftskonzepte und Abfallbilanzen ersetzt. Eines Nachweises nach § 43 oder eines vereinfachten Nachweises nach § 42 Abs. 3 bedarf es nicht. Die nach § 42 Abs. 1 bestehende Befugnis der zuständigen Behörde, im Einzelfall Nachweise zu verlangen, bleibt unberührt.

(2) Wird die Eigenbeseitigung in Anlagen durchgeführt, die nicht in einem engen räumlichen und betrieblichen Zusammenhang stehen, soll die Behörde von der Vorlage von Nachweisen nach § 43 absehen, wenn die Gemeinwohlverträglichkeit der Eigenbeseitigung durch Abfallwirtschaftskonzepte und Abfallbilanzen nachgewiesen werden kann. In diesem Fall gilt Absatz 1 Satz 2 und 3 entsprechend.

§ 45 Fakultatives Nachweisverfahren über die Verwertung von Abfällen

(1) Für das Nachweisverfahren über die Verwertung von Abfällen findet die in § 42 für die Beseitigung von Abfällen getroffene Regelung Anwendung.

(2) Die Anordnung eines Nachweises über die Verwertung von nicht überwachungsbedürftigen Abfällen soll nur erfolgen, wenn das Wohl der Allgemeinheit dies erfordert. Verlangt die zuständige Behörde nach Absatz 1 i.V.m. § 42 einen Nachweis über die Verwertung von überwachungsbedürftigen Abfällen, soll sich ihr Verlangen auf

1. die Anzeige von Art und Menge der angefallenen Abfälle und die beabsichtigte Verwertung oder
2. den Nachweis der durchgeführten Verwertung oder
3. den Nachweis ihres Verbleibs

beschränken.

(3) Die nach § 40 Abs. 2 Satz 1 Verpflichteten haben, auch ohne eine nach Absatz 1 i.V.m. § 42 Abs. 1 ergangene Anordnung, die beim Umgang mit überwachungsbedürftigen Abfällen zur Verwertung für sie bestimmten Belege zum Zwecke des Nachweises einzubehalten und aufzubewahren.

§ 46 Obligatorisches Nachweisverfahren über die Verwertung von besonders überwachungsbedürftigen Abfällen

(1) Die in Satz 2 genannten Verpflichteten haben auch ohne besonderes Verlangen der zuständigen Behörde über die Verwertung von besonders überwachungsbedürftigen Abfällen, nicht jedoch für die nach § 48 Nr. 5 festgesetzten Kleinmengen, Nachweise entsprechend § 42 Abs. 1 und 2 zu führen und Belege vorzulegen. Hierzu sind verpflichtet
1. der Betreiber einer Anlage, in der besonders überwachungsbedürftige Abfälle zur Verwertung anfallen,
2. jeder, der besonders überwachungsbedürftige Abfälle zur Verwertung einsammelt oder befördert,
3. der Betreiber einer Anlage, in der besonders überwachungsbedürftige Abfälle verwertet werden, sowie
4. der Betreiber einer Anlage im Sinne des Bundes-Immissionsschutzgesetzes, in der besonders überwachungsbedürftige Abfälle mitverwertet werden.

(2) Wer eine der in Absatz 1 Nr. 1 bis 4 genannten Voraussetzungen erfüllt, hat dies der zuständigen Behörde anzuzeigen.

(3) Die zuständige Behörde kann auf Antrag einen nach Absatz 1 Verpflichteten von der Führung eines Nachweisbuches oder der Vorlage der Belege ganz oder für einzelne Abfallarten unter dem Vorbehalt des Widerrufs freistellen, soweit dadurch eine Beeinträchtigung des Wohles der Allgemeinheit nicht zu befürchten ist.

§ 47 Ausnahmen vom obligatorischen Nachweisverfahren

(1) Soweit Erzeuger oder Besitzer Abfälle in eigenen, in einem engen räumlichen und betrieblichen Zusammenhang stehenden Anlagen verwerten, werden die Nachweise durch Abfallwirtschaftskonzepte und Abfallbilanzen ersetzt. Eines Nachweises nach § 46 oder eines vereinfachten Nachweises nach § 45 Abs. 3 bedarf es nicht. Die nach § 45 Abs. 1 bestehende

Befugnis der zuständigen Behörde, im Einzelfall Nachweise zu verlangen, bleibt unberührt.

(2) Wird die Verwertung in anderen als den in Absatz 1 genannten Anlagen durchgeführt, soll die Behörde von der Vorlage von Nachweisen nach § 46 absehen, wenn die Ordnungsgemäßheit und Schadlosigkeit der Verwertung durch Abfallwirtschaftskonzepte und Abfallbilanzen nachgewiesen werden kann. In diesem Fall gilt Absatz 1 Satz 2 und 3 entsprechend.

§ 48 Rechtsverordnungen über Verwertungs- sowie Beseitigungsnachweise

Die Bundesregierung wird ermächtigt, nach Anhörung der beteiligten Kreise (§ 60) durch Rechtsverordnung mit Zustimmung des Bundesrates zu bestimmen,
1. daß die zu führenden Nachweise und Nachweisbücher, die Einbehaltung und Aufbewahrung der Belege bestimmten Anforderungen zu entsprechen haben,
2. daß für die in Nummer 1 genannten Unterlagen für einzelne Abfallarten oder -gruppen abweichende Anforderungen gelten,
3. daß die zuständige Behörde auf Antrag Art, Umfang und Inhalt der Nachweispflicht abweichend von den in Rechtsverordnungen nach Nummer 1 festgelegten Anforderungen bestimmen kann,
4. daß die in Nummer 1 genannten Nachweise, Nachweisbücher und Belege für eine bestimmte Frist aufzubewahren sind,
5. bei welchen Kleinmengen, die nach Art und Beschaffenheit der Abfälle unterschiedlich festgelegt werden können, nach § 43 Abs. 1 oder § 46 Abs. 1 Unterlagen nicht vorzulegen sind,
6. wer nach § 43 Abs. 2 und § 46 Abs. 2 der Anzeigepflicht unterliegt, sowie Form und Inhalt der Anzeige.

§ 49 Transportgenehmigung

(1) Abfälle zur Beseitigung dürfen gewerbsmäßig nur mit Genehmigung (Transportgenehmigung) der zuständigen Behörde eingesammelt oder befördert werden. Dies gilt nicht
1. für die Entsorgungsträger im Sinne der §§ 15, 17 und 18 sowie für die von diesen beauftragten Dritten,
2. für die Einsammlung oder Beförderung von Erdaushub, Straßenaufbruch oder Bauschutt, soweit diese nicht durch Schadstoffe verunreinigt sind,
3. für die Einsammlung oder Beförderung geringfügiger Abfallmengen im Rahmen wirtschaftlicher Unternehmen, soweit die zuständige Behörde auf Antrag oder von Amts wegen diese von der Genehmigungspflicht nach Satz 1 freigestellt hat.

(2) Die Genehmigung ist zu erteilen, wenn keine Tatsachen bekannt sind, aus denen sich Bedenken gegen die Zuverlässigkeit des Antragstellers oder der für die Leitung und Beaufsichtigung des Betriebes verantwortlichen Personen ergeben und der Einsammler, Beförderer und die von ihnen beauftragten Dritten die notwendige Sach- und Fachkunde besitzen. Die Genehmigung kann mit Auflagen verbunden werden, soweit dies zur Wahrung des Wohls der Allgemeinheit erforderlich ist. Die Erteilung der Transportgenehmigung befreit nicht von der Pflicht, vor Beginn des Einsammlungs- oder Beförderungsvorganges die auf Grund von Rechtsverordnungen nach den §§ 12, 24 und 48 vorgeschriebenen Nachweise zu erbringen.

(3) Die Bundesregierung wird ermächtigt, durch Rechtsverordnung mit Zustimmung des Bundesrates Vorschriften zu erlassen über
1. die Antragsunterlagen sowie Form und Inhalt der Transportgenehmigung,
2. die Festlegung der gebührenpflichtigen Tatbestände sowie die Auslagenerstattung. Die Gebühr beträgt mindestens zehn Deutsche Mark; sie darf im Einzelfall zehntausend Deutsche Mark nicht übersteigen. Die Vorschriften des Verwaltungskostengesetzes sind anzuwenden.

In der Rechtsverordnung können auch die Anforderungen an die Fach- und Sachkunde gemäß Absatz 2 Satz 1 bestimmt, Auflagen vorgesehen sowie bestimmt werden, daß die Wirksamkeit der Genehmigung in bestimmten Fällen von der Erbringung der in Absatz 2 Satz 3 genannten Nachweise abhängt.

(4) Die Genehmigung gilt für die Bundesrepublik Deutschland. Zuständig ist die Behörde des Landes, in dem der Beförderer oder Einsammler seinen Hauptsitz hat.

(5) Rechtsvorschriften, die aus Gründen der Sicherheit im Zusammenhang mit der Beförderung gefährlicher Güter erlassen sind, bleiben unberührt.

(6) Soweit eine Genehmigungspflicht nach Absatz 1 besteht, müssen Fahrzeuge, mit denen Abfälle auf öffentlichen Straßen befördert werden, mit zwei rechteckigen rückstrahlenden weißen Warntafeln von 40 Zentimeter Grundlinie und mindestens 30 Zentimeter Höhe versehen sein; die Warntafeln müssen in schwarzer Farbe die Aufschrift „A" (Buchstabenhöhe 20 Zentimeter, Schriftstärke 2 Zentimeter) tragen. Die Warntafeln sind während der Beförderung vorn und hinten am Fahrzeug senkrecht zur Fahrzeugachse und nicht höher als 1,50 Meter über der Fahrbahn deutlich sichtbar anzubringen. Bei Zügen muß die zweite Tafel an der Rückseite des Anhängers angebracht sein. Für das Anbringen der Warntafeln hat der Fahrzeugführer zu sorgen.

§ 50 Genehmigung für Vermittlungsgeschäfte und in sonstigen Fällen

(1) Wer, ohne im Besitz der Abfälle zu sein, für Dritte Verbringungen gewerbsmäßig vermitteln will, bedarf der Genehmigung der zuständigen Behörde. Die Genehmigung ist zu erteilen, wenn nicht Tatsachen die Annahme der Unzuverlässigkeit des Antragstellers oder einer mit der Leitung oder Beaufsichtigung des Betriebes (oder einer Zweigniederlassung) beauftragten Person rechtfertigen. Die Genehmigung kann inhaltlich beschränkt und mit Auflagen verbunden werden, soweit dies zum Schutze der Allgemeinheit oder der Umwelt erforderlich ist; unter denselben Voraussetzungen ist auch die nachträgliche Aufnahme, Änderung oder Ergänzung von Auflagen zulässig. Sind der Genehmigungsbehörde entsprechende Tatsachen bekannt, obliegt es dem Antragsteller, diese zu widerlegen. Die Genehmigung ist zu widerrufen, wenn entsprechende Tatsachen nachträglich bekannt werden. Widerspruch und Anfechtungsklage haben keine aufschiebende Wirkung.

(2) Die Bundesregierung wird ermächtigt, nach Anhörung der beteiligten Kreise (§ 60) durch Rechtsverordnung mit Zustimmung des Bundesrates vorzuschreiben, daß derjenige,
1. der bestimmte besonders überwachungsbedürftige Abfälle zur Verwertung einsammelt oder befördert, in entsprechender Anwendung von § 49 Abs. 1 bis 5 hierzu einer Genehmigung bedarf,
2. der bestimmte überwachungsbedürftige oder bestimmte besonders überwachungsbedürftige Abfälle, an deren schadlose Verwertung nach Maßgabe der §§ 4 bis 7 zum Schutze der Belange des Wohles der Allgemeinheit besondere Anforderungen zu stellen sind, in den Verkehr bringt oder verwertet, dazu einer Erlaubnis bedarf oder seine Zuverlässigkeit oder Sachkunde in einem näher festzulegenden Verfahren nachzuweisen hat.

(3) Wenn eine Genehmigung nach Absatz 1 oder 2 nicht erforderlich ist, haben beauftragte Dritte im Sinne des § 16 Abs. 1 ihre Tätigkeit bei der zuständigen Behörde anzuzeigen.

§ 51 Verzicht auf die Transportgenehmigung und die Genehmigung für Vermittlungsgeschäfte

(1) Einer Genehmigung nach § 49 Abs. 1 und § 50 Abs. 1 bedarf nicht, wer Entsorgungsfachbetrieb im Sinne des § 52 Abs. 1 ist und die beabsichtigte Aufnahme der Tätigkeit unter Beifügung des Nachweises der Fachbetriebseigenschaft der zuständigen Behörde angezeigt hat.

(2) Die zuständige Behörde kann für die Durchführung der anzuzeigenden Tätigkeiten Auflagen vorsehen, soweit dies erforderlich ist, um die Erfüllung der Pflichten nach den §§ 5 und 11 sicherzustellen. Die zuständige Behörde hat die Durchführung der anzuzeigenden Tätigkeiten zu untersagen, wenn Tatsachen bekannt sind, aus denen sich Bedenken gegen die Zuverlässigkeit des Anzeigepflichtigen oder der für die Leitung und Beaufsichtigung des Betriebes verantwortlichen Personen ergeben oder die Einhaltung der in den §§ 5 und 11 genannten Pflichten anders nicht zu gewährleisten ist.

§ 52 Entsorgungsfachbetriebe, Entsorgergemeinschaften

(1) Entsorgungsfachbetrieb ist, wer berechtigt ist, das Gütezeichen einer nach Absatz 3 anerkannten Entsorgergemeinschaft zu führen oder einen Überwachungsvertrag mit einer technischen Überwachungsorganisation abgeschlossen hat, der eine mindestens einjährige Überprüfung einschließt. Überwachungsverträge bedürfen der Zustimmung der für die Abfallwirtschaft zuständigen obersten Landesbehörde oder der von ihr bestimmten Behörde; die Zustimmung kann auch allgemein erteilt werden.

(2) Die Bundesregierung wird ermächtigt, nach Anhörung der beteiligten Kreise (§ 60) durch Rechtsverordnung mit Zustimmung des Bundesrates Anforderungen an Entsorgungsfachbetriebe vorzuschreiben. Dabei können insbesondere Mindestanforderungen an die Fachkenntnisse festgelegt, der Nachweis der persönlichen Zuverlässigkeit und einer ausreichenden Haftpflichtversicherung gefordert und Anforderungen an Geräte und Ausrüstungen bestimmt werden. Sie kann darüber hinaus auch eine besondere Anerkennung der Entsorgungsfachbetriebe vorschreiben, das Verfahren und die Voraussetzungen für die Anerkennung, ihren Widerruf, ihre Rücknahme und ihr Erlöschen sowie für Prüfungen, die Bestellung und Zusammensetzung der Prüforgane und des Prüfverfahrens regeln.

(3) Entsorgergemeinschaften bedürfen der Anerkennung durch die für die Abfallwirtschaft zuständige oberste Landesbehörde oder die von ihr bestimmte Behörde. Die Anerkennung kann widerrufen werden, insbesondere um drohenden Beschränkungen des Wettbewerbs entgegenzuwirken. Die Tätigkeit der Entsorgergemeinschaften ist nach einheitlichen Richtlinien, die vom Bundesministerium für Umwelt, Naturschutz und Reaktorsicherheit mit Zustimmung des Bundesrates erlassen werden, durchzuführen. In ihnen können auch die Voraussetzungen für die Anerkennung und deren Widerruf sowie das Überwachungszeichen und die Form seiner Erteilung und seines Entzugs geregelt werden.

Achter Teil
Betriebsorganisation und Beauftragter für Abfall

§ 53 Mitteilungspflichten zur Betriebsorganisation

(1) Besteht bei Kapitalgesellschaften das vertretungsberechtigte Organ aus mehreren Mitgliedern oder sind bei Personengesellschaften mehrere vertretungsberechtigte Gesellschafter vorhanden, so ist der zuständigen Behörde anzuzeigen, wer von ihnen nach den Bestimmungen über die Geschäftsführungsbefugnis für die Gesellschaft die Pflichten des Betreibers einer genehmigungsbedürftigen Anlage im Sinne des § 4 des Bundes-Immissionsschutzgesetzes oder des Besitzers im Sinne des § 26 wahrnimmt, die ihm nach diesem Gesetz und nach den aufgrund dieses Gesetzes erlassenen Rechtsverordnungen obliegen. Die Gesamtverantwortung aller Organmitglieder oder Gesellschafter bleibt hiervon unberührt.

(2) Der Betreiber einer genehmigungsbedürftigen Anlage im Sinne des § 4 des Bundes-Immissionsschutzgesetzes, der Besitzer im Sinne des § 26 oder im Rahmen ihrer Geschäftsführungsbefugnis die nach Absatz 1 Satz 1 anzuzeigende Person hat der zuständigen Behörde mitzuteilen, auf welche Weise sichergestellt ist, daß die der Vermeidung, Verwertung und umweltverträglichen Beseitigung von Abfällen dienenden Vorschriften und Anordnungen beim Betrieb beachtet werden.

§ 54 Bestellung eines Betriebsbeauftragten für Abfall

(1) Betreiber von genehmigungsbedürftigen Anlagen im Sinne des § 4 des Bundes-Immissionsschutzgesetzes, Betreiber von Anlagen, in denen regelmäßig besonders überwachungsbedürftige Abfälle anfallen, Betreiber ortsfester Sortier-, Verwertungs- oder Abfallbeseitigungsanlagen sowie Besitzer im Sinne des § 26 haben einen oder mehrere Betriebsbeauftragte für Abfälle (Abfallbeauftragte) zu bestellen, sofern dies im Hinblick auf die Art oder die Größe der Anlagen wegen der
1. in den Anlagen anfallenden, verwerteten oder beseitigten Abfälle,
2. technischen Probleme der Vermeidung, Verwertung oder Beseitigung oder
3. Eignung der Produkte oder Erzeugnisse, bei oder nach bestimmungsgemäßer Verwendung Probleme hinsichtlich der ordnungsgemäßen und schadlosen Verwertung oder umweltverträglichen Beseitigung hervorzurufen,

erforderlich ist. Das Bundesministerium für Umwelt, Naturschutz und Reaktorsicherheit bestimmt nach Anhörung der beteiligten Kreise (§ 60) durch Rechtsverordnung mit Zustimmung des Bundesrates Anlagen nach Satz 1, deren Betreiber Abfallbeauftragte zu bestellen haben.

(2) Die zuständige Behörde kann anordnen, daß Betreiber von Anlagen nach Absatz 1 Satz 1, für die die Bestellung eines Abfallbeauftragten nicht durch Rechtsverordnung vorgeschrieben ist, einen oder mehrere Abfallbeauftragte zu bestellen haben, soweit sich im Einzelfall die Notwendigkeit der Bestellung aus den in Absatz 1 Satz 1 genannten Gesichtspunkten ergibt.

(3) Ist nach § 53 des Bundes-Immissionsschutzgesetzes ein Immissionsschutzbeauftragter oder nach § 21a des Wasserhaushaltsgesetzes ein Gewässerschutzbeauftrager zu bestellen, so können diese auch die Aufgaben und Pflichten eines Abfallbeauftragten nach diesem Gesetz wahrnehmen.

§ 55 Aufgaben

(1) Der Abfallbeauftragte berät den Betreiber und die Betriebsangehörigen in Angelegenheiten, die für die Kreislaufwirtschaft und die Abfallbeseitigung bedeutsam sein können. Er ist berechtigt und verpflichtet,
1. den Weg der Abfälle von ihrer Entstehung oder Anlieferung bis zu ihrer Verwertung oder Beseitigung zu überwachen,
2. die Einhaltung der Vorschriften dieses Gesetzes und der aufgrund dieses Gesetzes erlassenen Rechtsverordnungen sowie die Erfüllung erteilter Bedingungen und Auflagen zu überwachen, insbesondere durch Kontrolle der Betriebsstätte und der Art und Beschaffenheit der in der Anlage anfallenden, verwerteten oder beseitigten Abfälle in regelmäßigen Abständen, Mitteilung festgestellter Mängel und Vorschläge über Maßnahmen zur Beseitigung dieser Mängel,
3. die Betriebsangehörigen aufzuklären über Beeinträchtigungen des Wohls der Allgemeinheit, welche von den Abfällen ausgehen können, die in der Anlage anfallen, verwertet oder beseitigt werden, und über Einrichtungen und Maßnahmen zu ihrer Verhinderung unter Berücksichtigung der für die Vermeidung, Verwertung und Beseitigung von Abfällen geltenden Gesetze und Rechtsverordnungen,
4. bei genehmigungsbedürftigen Anlagen im Sinne des § 4 des Bundes-Immissionsschutzgesetzes oder solchen Anlagen, in denen regelmäßig besonders überwachungsbedürftige Abfälle anfallen, zudem auf die Entwicklung und Einführung
    a) umweltfreundlicher und abfallarmer Verfahren, einschließlich Verfahren zur Vermeidung, ordnungsgemäßen und schadlosen Verwertung oder umweltverträglichen Beseitigung von Abfällen sowie
    b) umweltfreundlicher und abfallarmer Erzeugnisse, einschließlich Verfahren zur Wiederverwendung, Verwertung oder umweltverträglichen Beseitigung nach Wegfall der Nutzung hinzuwirken und
    c) bei der Entwicklung und Einführung der unter Buchstaben a und b genannten Verfahren mitzuwirken, insbesondere durch Begutach-

tung der Verfahren und Erzeugnisse unter den Gesichtspunkten der Kreislaufwirtschaft und Beseitigung.
5. bei Anlagen, in denen Abfälle verwertet oder beseitigt werden, zudem auf Verbesserungen des Verfahrens hinzuwirken.

(2) Der Abfallbeauftragte erstattet dem Betreiber jährlich einen Bericht über die nach Absatz 1 Nr. 1 bis 5 getroffenen und beabsichtigten Maßnahmen.

(3) Auf das Verhältnis zwischen dem zur Bestellung Verpflichteten und dem Abfallbeauftragen finden die §§ 55 bis 58 des Bundes-Immissionsschutzgesetzes entsprechende Anwendung.

Neunter Teil
Schlußbestimmungen

§ 56 Geheimhaltung und Datenschutz

Die Rechtsvorschriften über Geheimhaltung und Datenschutz bleiben unberührt.

§ 57 Umsetzung von Rechtsakten der Europäischen Gemeinschaften

Zur Umsetzung von Rechtsakten der Europäischen Gemeinschaften kann die Bundesregierung zu dem in § 1 genannten Zweck mit Zustimmung des Bundesrates Rechtsverordnungen zur Sicherstellung der ordnungsgemäßen und schadlosen Verwertung sowie umweltverträglichen Beseitigung erlassen. In den Rechtsverordnungen kann auch geregelt werden, wie die Bevölkerung zu unterrichten ist.

§ 58 Vollzug im Bereich der Bundeswehr

(1) Im Geschäftsbereich des Bundesministeriums der Verteidigung obliegt der Vollzug des Gesetzes und der darauf gestützten Rechtsverordnungen für die Verwertung und Beseitigung militäreigentümlicher Abfälle dem Bundesminister der Verteidigung und den von ihm bestimmten Stellen.

(2) Das Bundesministerium der Verteidigung wird ermächtigt, für die Verwertung oder die Beseitigung von Abfällen im Sinne des Absatzes 1 aus dem Bereich der Bundeswehr Ausnahmen von diesem Gesetz und den auf dieses Gesetz gestützten Rechtsverordnungen zuzulassen, soweit zwingende Gründe der Verteidigung oder die Erfüllung zwischenstaatlicher Pflichten dies erfordern.

Gesetz zur Vermeidung, Verwertung und Beseitigung von Abfällen

§ 59 Beteiligung des Bundestages beim Erlaß von Rechtsverordnungen

Rechtsverordnungen nach § 6 Abs. 1, § 7 Abs. 1 Nr. 1 und 4 und den §§ 23, 24 und 57 dieses Gesetzes sind dem Bundestag zuzuleiten. Die Zuleitung erfolgt vor der Zuleitung an den Bundesrat. Die Rechtsverordnungen können durch Beschluß des Bundestages geändert oder abgelehnt werden. Der Beschluß des Bundestages wird der Bundesregierung zugeleitet. Hat sich der Bundestag nach Ablauf von drei Sitzungswochen seit Eingang der Rechtsverordnung nicht mit ihr befaßt, so wird die unveränderte Rechtsverordnung dem Bundesrat zugeleitet.

§ 60 Anhörung beteiligter Kreise

Soweit Ermächtigungen zum Erlaß von Rechtsverordnungen und allgemeinen Verwaltungsvorschriften die Anhörung der beteiligten Kreise vorschreiben, ist ein jeweils auszuwählender Kreis von Vertretern der Wissenschaft, der Betroffenen, der beteiligten Wirtschaft, der für die Abfallwirtschaft zuständigen obersten Landesbehörden, der Gemeinden und Gemeindeverbände zu hören.

§ 61 Bußgeldvorschriften

(1) Ordnungswidrig handelt, wer vorsätzlich oder fahrlässig
1. Abfälle, die er nicht verwertet, außerhalb einer Anlage nach § 27 Abs. 1 Satz 1 behandelt, lagert oder ablagert,
2. entgegen § 27 Abs. 1 Satz 1 Abfälle zur Beseitigung außerhalb einer dafür zugelassenen Abfallbeseitigungsanlage behandelt, lagert oder ablagert,
3. ohne Genehmigung nach § 49 Abs. 1 Satz 1 Abfälle zur Beseitigung einsammelt oder befördert, oder einer vollziehbaren Auflage nach § 49 Abs. 2 Satz 2 zuwiderhandelt.
4. ohne Genehmigung nach § 50 Abs. 1 die Vermittlung von Verbringungen von Abfällen vornimmt,
5. einer Rechtsverordnung nach § 6 Abs. 1, § 7, § 8, § 12 Abs. 1, § 23, 24, § 27 Abs. 3 Satz 1 und 2, § 49 Abs. 3 oder § 50 Abs. 2 zuwiderhandelt, soweit sie für einen bestimmten Tatbestand auf diese Bußgeldvorschrift verweist.

(2) Ordnungswidrig handelt, wer vorsätzlich oder fahrlässig
1. entgegen § 25 Abs. 2 Satz 1, § 43 Abs. 2 oder § 46 Abs. 2 eine Anzeige nicht erstattet,
2. entgegen § 30 Abs. 1 Satz 1 das Betreten eines Grundstückes oder die Ausführung von Vermessungen, Boden- oder Grundwasseruntersuchungen nicht duldet,

3. entgegen § 40 Abs. 2 Satz 1 eine Auskunft nicht, nicht vollständig oder nicht richtig erteilt,
4. entgegen § 40 Abs. 2 Satz 2 oder 3 das Betreten eines Grundstükes, eines Wohn-, Geschäfts- oder Betriebsraumes, die Einsicht in Unterlagen oder die Vornahme von technischen Ermittlungen oder Prüfungen nicht gestattet,
5. entgegen § 40 Abs. 3 Arbeitskräfte, Werkzeuge oder Unterlagen nicht zur Verfügung stellt,
6. einer vollziehbaren Anordnung nach § 40 Abs. 3, § 42 Abs. 1, auch in Verbindung mit § 45 Abs. 1, oder § 54 Abs. 2 zuwiderhandelt,
7. entgegen § 43 Abs. 1 Satz 1 oder § 46 Abs. 1 Satz 1 ein Nachweisbuch nicht führt oder Belege nicht vorlegt,
8. entgegen § 49 Abs. 6 eine Warntafel nicht oder nicht in der vorgeschriebenen Weise anbringt,
9. entgegen § 54 Abs. 1 Satz 1 in Verbindung mit einer Rechtsverordnung nach Satz 2 einen Abfallbeauftragten nicht bestellt oder
10. einer Rechtsverordnung nach § 48 zuwiderhandelt, soweit sie für einen bestimmten Tatbestand auf diese Bußgeldvorschrift verweist.

(3) Die Ordnungswidrigkeit nach Absatz 1 kann mit einer Geldbuße bis zu 100.000 Deutsche Mark, die Ordnungswidrigkeit nach Absatz 2 mit einer Geldbuße bis zu 20.000 Deutsche Mark geahndet werden.

§ 62 Einziehung

Ist eine Ordnungswidrigkeit nach § 61 Abs. 1 Nr. 2, 3, 4 oder 5 begangen worden, so können Gegenstände,
1. auf die sich die Ordnungswidrigkeit bezieht oder
2. die zur Begehung oder Vorbereitung gebraucht wurden oder bestimmt gewesen sind,
eingezogen werden. § 23 des Gesetzes über Ordnungswidrigkeiten ist anzuwenden.

§ 63 Zuständige Behörden

Die Landesregierungen oder die von ihnen bestimmten Stellen bestimmen die für die Ausführung dieses Gesetzes zuständigen Behörden, soweit die Regelung nicht durch Landesgesetz erfolgt.

§ 64 Übergangsvorschriften

Die §§ 5a und 5b des Gesetzes über die Vermeidung und Entsorgung von Abfällen bleiben in Kraft, bis sie durch entsprechende Rechtsverordnungen nach den §§ 7 und 24 dieses Gesetzes abgelöst worden sind.

Anhang I
Abfallgruppen

Q1 Nachstehend nicht näher beschriebene Produktions- oder Verbrauchsrückstände
Q2 Nicht den Normen entsprechende Produkte
Q3 Produkte, bei denen das Verfalldatum überschritten ist
Q4 Unabsichtlich ausgebrachte oder verlorene oder von einem sonstigen Zwischenfall betroffene Produkte einschließlich sämtlicher Stoffe, Anlageteile usw., die bei einem solchen Zwischenfall kontaminiert worden sind
Q5 Infolge absichtlicher Tätigkeiten kontaminierte oder verschmutzte Stoffe (z.B. Reinigungsrückstände, Verpackungsmaterial, Behälter usw.)
Q6 Nichtverwendbare Elemente (z.B. verbrauchte Batterien, Katalysatoren usw.)
Q7 Unverwendbar gewordene Stoffe (z.B. kontaminierte Säuren, Lösungsmittel, Härtesalze usw.)
Q8 Rückstände aus industriellen Verfahren (z.B. Schlacken, Destillationsrückstände usw.)
Q9 Rückstände von Verfahren zur Bekämpfung der Verunreinigung (z.B. Gaswaschschlamm, Luftfilterrückstand, verbrauchte Filter usw.)
Q10 Bei maschineller und spanender Formgebung anfallende Rückstände (z.B. Dreh- und Fräsespäne usw.)
Q11 Bei der Förderung und der Aufbereitung von Rohstoffen anfallende Rückstände (z.B. im Bergbau, bei der Erdölförderung usw.)
Q12 Kontaminierte Stoffe (z.B. mit PCB verschmutztes Öl usw.)

Q13 Stoffe oder Produkte aller Art, deren Verwendung gesetzlich verboten ist
Q14 Produkte, die vom Besitzer nicht oder nicht mehr verwendet werden (z.B. in der Landwirtschaft, den Haushaltungen, Büros, Verkaufsstellen, Werkstätten usw.)
Q15 Kontaminierte Stoffe oder Produkte, die bei der Sanierung von Böden anfallen
Q16 Stoffe oder Produkte aller Art, die nicht einer der oben erwähnten Gruppen angehören.

Anhang II A
Beseitigungsverfahren

Dieser Anhang führt Beseitigungsverfahren auf, die in der Praxis angewandt werden. Nach Artikel 4 der Richtlinie 75/442/EWG des Rates vom 25. Juli 1975 über Abfälle (ABl. EG Nr. L 194, S. 39), geändert durch Richtlinie 91/156/EWG (ABl. EG Nr. L 78, S. 32), zuletzt geändert durch die Richtlinie 91/692/EWG (ABl. EG Nr. L 377, S. 48), müssen die Abfälle beseitigt werden, ohne daß die menschliche Gesundheit gefährdet wird und ohne daß Verfahren oder Methoden verwendet werden, welche die Umwelt schädigen können.

D1	Ablagerungen in oder auf dem Boden (d.h. Deponien usw.)
D2	Behandlung im Boden (z.b. biologischer Abbau von flüssigen oder schlammigen Abfällen im Erdreich usw.)
D3	Verpressung (z.b. Verpressung pumpfähiger Abfälle in Bohrlöcher, Salzdome oder natürliche Hohlräume usw.)
D4	Oberflächenaufbringung (z.b. Ableitung flüssiger oder schlammiger Abälle in Gruben, Teiche oder Lagunen usw.)
D5	Speziell angelegte Deponien (z.B. Ablagerung in abgedichteten, getrennten Räumen, die verschlossen und gegeneinander und gegen die Umwelt isoliert werden usw.)
D6	Einleitung in ein Gewässer mit Ausnahme von Meeren/ Ozeanen
D7	Einleitung in Meere/Ozeane einschließlich Einbringung in den Meeresboden
D8	Biologische Behandlung, die nicht an anderer Stelle in diesem Anhang beschrieben ist und durch die Endverbindungen oder Gemische entstehen, die mit einem der in diesem Anhang aufgeführten Verfahren entsorgt werden
D9	Chemisch/physikalische Behandlung, die nicht an anderer Stelle in diesem Anhang beschrieben ist und durch die Endverbindungen oder -gemische entstehen, die mit einem der in diesem Anhang beschriebenen Verfahren entsorgt werden (z.B. Verdampfen, Trocknen, Kalzinieren, Neutralisieren, Ausfällen usw.)
D10	Verbrennung an Land
D11	Verbrennung auf See
D12	Dauerlagerung (z.B. Lagerung von Behältern in einem Bergwerk usw.)
D13	Vermengung oder Vermischung vor Anwendung eines der in diesem Anhang beschriebenen Verfahren
D14	Rekonditionierung vor Anwendung eines der in diesem Anhang beschriebenen Verfahren

D15 Lagerung bis zur Anwendung eines der in diesem Anhang beschriebenen Verfahren(Zwischenlagerung), ausgenommen zeitweilige Lagerung – bis zum Einsammeln – auf dem Gelände der Entstehung der Abfälle.

Anhang II B
Verwertungsverfahren

Dieser Anhang führt Verwertungsverfahren auf, die in der Praxis angewandt werden. Nach Artikel 4 der Richtlinie 75/442/EWG des Rates vom 25. Juli 1975 über Abfälle (ABl. EG Nr. L 194, S. 39), geändert durch Richtlinie 91/156/EWG (ABl. EG Nr. L 78, S. 32), zuletzt geändert durch die Richtlinie 91/692/EWG (ABl. EG Nr. L 377, S. 48), müssen die Abfälle verwertet werden, ohne daß die menschliche Gesundheit gefährdet und ohne daß Verfahren oder Methoden verwendet werden, welche die Umwelt schädigen können.

R1   Rückgewinnung/Regenerierung von Lösemitteln
R2   Verwertung/Rückgewinnung organischer Stoffe, die nicht als Lösemittel verwendet werden
R3   Verwertung/Rückgewinnung von Metallen und Metallverbindungen
R4   Verwertung/Rückgewinnung anderer anorganischer Stoffe
R5   Regenerierung von Säuren oder Basen
R6   Wiedergewinnung von Bestandteilen, die der Bekämpfung der Verunreinigung dienen
R7   Wiedergewinnung von Katalysatorenbestandteilen
R8   Altölraffination oder andere Wiederverwendungsmöglichkeiten von Altöl
R9   Verwendung als Brennstoff (außer bei Direktverbrennung) oder andere Mittel der Energieerzeugung
R10 Aufbringung auf den Boden zum Nutzen der Landwirtschaft oder der Ökologie, einschließlich der Kompostierung und sonstiger biologischer Umwandlungsverfahren, mit Ausnahme der nach Artikel 2 Absatz 1 Buchstabe b Ziffer iii der Richtlinie des Rates 75/442/EWG über Abfälle (ABl. Nr. L 194, S.39), geändert durch Richtlinie 91/156/EWG (ABl. EG Nr. L 78, S. 32), zuletzt geändert durch die Richtlinie 91/692/EWG (ABl. Nr. L 377, S. 48), ausgeschlossenen Abfälle
R11 Verwendung von Rückständen, die bei einem der unter R1 bis R10 aufgezählten Verfahren gewonnen werden
R12 Austausch von Abfällen, um sie einem der unter R1 bis R11 aufgezählten Verfahren zu unterziehen

R13 Ansammlung von Stoffen, die für ein der in diesem Anhang beschriebenen Verfahren vorgesehen sind, ausgenommen zeitweilige Lagerung – bis zum Einsammeln – auf dem Gelände der Entstehung der Abfälle.

Artikel 2
Änderung des Bundes-Immissionsschutzgesetzes

Das Bundes-Immissionsschutzgesetz in der Fassung der Bekanntmachung vom 14. Mai 1990 (BGBl. I S. 880), zuletzt geändert durch Artikel 4 des Gesetzes vom 27. Juni 1994 (BGBl. I S. 1440), wird wie folgt geändert.

1. § 5 Abs. 1 Nr. 3 wird wie folgt gefaßt:

„3. Abfälle vermieden werden, es sei denn, sie werden ordnungsgemäß und schadlos verwertet oder, soweit Vermeidung und Verwertung technisch nicht möglich oder unzumutbar sind, ohne Beeinträchtigung des Wohls der Allgemeinheit beseitigt, und".

2. § 5 Abs. 3 Nr. 2 wird wie folgt gefaßt:

„2. vorhandene Abfälle ordnungsgemäß und schadlos verwertet oder ohne Beeinträchtigung des Wohls der Allgemeinheit beseitigt werden."

3. In § 22 Abs. 1 wird nach Satz 1 folgender Satz 2 eingefügt:

„Die Bundesregierung wird ermächtigt, nach Anhörung der beteiligten Kreise (§ 51) durch Rechtsverordnung mit Zustimmung des Bundesrates aufgrund der Art oder Menge aller oder einzelner anfallender Abfälle die Anlagen zu bestimmen, für die die Anforderungen des § 5 Abs. 1 Nr. 3 entsprechend gelten."

4. In § 54 Abs. 1 Satz 2 Nr. 1 Buchstabe a wird das Wort „Reststoffe" durch das Wort „Abfälle" ersetzt.

Artikel 3
Änderung des Gesetzes über die Umweltverträglichkeitkeitsprüfung

Das Gesetz über die Umweltverträglichkeitsprüfung vom 12. Februar 1990 (BGBl. I S. 205), zuletzt geändert durch Artikel 6 Abs. 28 des Gesetzes vom 27. Dezember 1993 (BGBl. I, S. 2378), wird wie folgt geändert:

1. In der Anlage zu § 3 werden in Nummer 4 die Worte „§ 7 Abs. 2 des Abfallgesetzes" ersetzt durch die Worte „§ 31 Abs. 2 des Kreislaufwirtschafts- und Abfallgesetzes".
2. Im Anhang zu Nummer 1 in der Anlage zu § 3 wird die Nummer 26 wie folgt gefaßt:

„26. Anlagen zur Behandlung von Abfällen zur Beseitigung im Sinne des § 27 Abs. 1 Satz 2 des Kreislaufwirtschafts- und Abfallgesetzes".

Artikel 4
Änderung des Düngemittelgesetzes

Das Düngemittelgesetz vom 15. November 1977 (BGBl. I. S. 2134), geändert durch Gesetz vom 12. Juli 1989 (BGBl. I S. 1435), wird wie folgt geändert:
1. Dem § 1 wird folgende Überschrift vorangestellt:
   „Erster Abschnitt Düngemittelrechtliche Bestimmungen".
2. § 1 wird wie folgt geändert:
   a) Die Absatzbezeichnung „(1)" und der Absatz 2 werden gestrichen.
   b) Nummer 2 wird wie folgt gefaßt:
      „2. Wirtschaftsdünger: tierische Ausscheidungen, Gülle, Jauche, Stallmist, Stroh sowie ähnliche Nebenerzeugnisse aus der landwirtschaftlichen Produktion, auch weiterbehandelt, die dazu bestimmt sind, zu einem der in Nummer 1 erster Teilsatz genannten Zwecke angewandt zu werden".
   c) Nach Nummer 2 wird folgende Nummer 2a eingefügt:
      „2a. Sekundärrohstoffdünger: Abwasser, Fäkalien, Klärschlamm und ähnliche Stoffe aus Siedlungsabfällen und vergleichbare Stoffe aus anderen Quellen, jeweils auch weiterbehandelt und in Mischungen untereinander oder mit Stoffen nach den Nummern 1, 2, 3, 4 und 5, die dazu bestimmt sind, zu einem der in Nummer 1 erster Teilsatz genannten Zwecke angewandt zu werden;"
   d) In Nummer 3 werden nach dem Wort „Gesteinsmehle" folgende Worte angefügt:
      „sowie Stoffe mit wesentlichem Nährstoffgehalt, die dazu bestimmt sind, in geringen Mengen zur Aufbereitung organischen Materials zugesetzt zu werden;".
   e) In Nummer 5 werden die Worte „oder die Aufbereitung organischer Stoffe zu beeinflussen" gestrichen.
   f) In Nummer 6 werden die Worte „zu Düngezwecken" durch die Worte „nach den Nummern 1 bis 5" ersetzt.

3. § 1a wird wie folgt geändert:
   a) In Absatz 1 Satz 1 wird das Wort „Düngemittel" durch die Worte „Stoffe nach § 1 Nr. 1 bis 5" ersetzt.
   b) Absatz 3 wird wie folgt gefaßt:

   „(3) Das Bundesministerium für Ernährung, Landwirtschaft und Forsten (Bundesministerium) wird ermächtigt, im Einvernehmen mit dem Bundesministerium für Umwelt, Naturschutz und Reaktorsicherheit durch Rechtsverordnung mit Zustimmung des Bundesrates
   1. die Grundsätze der guten fachlichen Praxis im Sinne des Absatzes 2,
   2. flächenbezogene Obergrenzen für das Aufbringen von Nährstoffen aus Wirtschaftsdüngern tierischer Herkunft
   näher zu bestimmen."

4. In § 2 Abs. 2, § 3 Abs. 1, § 4 Abs. 1, § 5 Abs. 1 und 2 und den §§ 6 und 7 werden die Worte „der Bundesminister" durch die Worte „das Bundesministerium" ersetzt.
5. § 2 Abs. 3 wird wie folgt geändert:
   a) Nummer 3 wird wie folgt gefaßt:
   „3. Wirtschaftsdünger, auch in Gemischen mit Stoffen nach § 1 Nr. 3 bis 5, mit Torf oder Wasser,"
   b) Nummer 4 wird gestrichen.
6. In § 5 Abs. 1 wird die Angabe „§ 1 Abs. 1 Nr. 3 bis 5" ersetzt durch die Angabe „§ 1 Nr. 2a bis 5".
7. § 8 wird wie folgt geändert:
   a) In den Absätzen 1 und 2 werden jeweils die Worte „dieses Gesetzes" durch die Worte „dieses Abschnitts" ersetzt.
   b) In Absatz 2 werden die Worte „dieses Gesetz" durch die Worte „diesen Abschnitt" ersetzt.
8. Nach § 8 wird folgende Vorschrift eingefügt:
   „Zweiter Abschnitt
   Entschädigungsfonds

   § 9 Einrichtung eines Entschädigungsfonds

   (1) Es wird ein Entschädigungsfonds eingerichtet. Der Entschädigungsfonds hat die durch die landbauliche Verwertung von Klärschlämmen entstehenden Schäden an Personen und Sachen sowie sich daraus ergebende Folgeschäden zu ersetzen.

   (2) Die Beiträge zu diesem Fonds sind von allen Herstellern von Klärschlämmen zu leisten, soweit diese den Klärschlamm zur landbaulichen Verwertung abgeben.

(3) Die Bundesregierung wird ermächtigt, durch Rechtsverordnung mit Zustimmung des Bundesrates Vorschriften zu erlassen über
1. die Rechtsform des Entschädigungsfonds,
2. die Bildung und die weitere Ausgestaltung des Entschädigungsfonds einschließlich der erforderlichen finanziellen Ausstattung bis zu einer Höhe von 250 Millionen DM,
3. die Verwaltung des Entschädigungsfonds,
4. die Höhe und die Festlegung der Beiträge und die Art ihrer Aufbringung unter Berücksichtigung der Art und Menge des abgegebenen Klärschlamms sowie gegebenenfalls eine Nachschußpflicht im Falle der Erschöpfung der gemäß Ziffer 2 gebildeten finanziellen Ausstattung,
5. einen angemessenen Selbstbehalt für Sachschäden sowie einen angemessenen Entschädigungshöchstbetrag insbesondere unter Berücksichtigung des Umfanges der geschädigten Fläche,
6. den Übergang von Ansprüchen gegen sonstige Ersatzpflichtige auf den Entschädigungsfonds, soweit dieser die Ansprüche befriedigt hat, und deren Geltendmachung,
7. Verfahren und Befugnisse der für die Aufsicht des Entschädigungsfonds zuständigen Behörde,
8. die Rechte und Pflichten des Beitragspflichtigen gegenüber dem Entschädigungsfonds und der in Nummer 7 genannten Behörde.
(4) Rechtsverordnungen nach Absatz 3 sind dem Bundestag zuzuleiten. Die Zuleitung erfolgt vor der Zuleitung an den Bundesrat. Die Rechtsverordnungen können durch Beschluß des Bundestages geändert oder abgelehnt werden. Der Beschluß des Bundestages wird der Bundesregierung zugeleitet. Hat sich der Bundestag nach Ablauf von drei Sitzungswochen seit Eingang der Rechtsverordnung nicht mir ihr befaßt, so wird die unveränderte Rechtsverordnung dem Bundesrat zugeleitet."

9. Der bisherige § 9 wird zu § 10. Dem neuen § 10 wird folgende Überschrift vorangestellt:
„Dritter Abschnitt
Schlußvorschriften"

10. In dem neuen § 10 Abs. 2 wird in Nummer 4 das abschließende Wort „oder" durch ein Komma ersetzt; in Nummer 5 wird der Schlußpunkt durch das Wort „oder" ersetzt; folgende Nummer wird angefügt:
„6. einer Rechtsverordnung nach § 9 Abs. 3 Nummer 7 oder 8 zuwiderhandelt, soweit die Rechtsverordnung für einen bestimmten Tatbestand auf diese Bußgeldvorschrift verweist".

11. § 10 Abs. 3 wird wie folgt gefaßt:
„(3) Die Ordnungswidrigkeit kann mit einer Geldbuße bis zu dreißigtausend Deutsche Mark, in den Fällen der Nummer 6 bis zu 5000 Deutsche Mark, geahndet werden".
12. § 9 wird zu § 11, der bisherige § 10 wird gestrichen.
13. Der bisherige § 11 wird zu § 12. In dem neuen § 12 werden Absätze 2 und 3 durch folgende Absätze ersetzt:
„(2) Stoffe nach § 1 Nr. 3 mit wesentlichem Nährstoffgehalt, die dazu bestimmt sind, in geringen Mengen zur Aufbereitung organischen Materials zugesetzt zu werden, dürfen noch bis zum 31.12.1997 als Pflanzenhilfsmittel nach § 1 Nr. 5 in der Fassung des Düngemittelgesetzes vom 15. November 1977 (BGBl. I S. 2134), zuletzt geändert durch Gesetz vom 12. Juli 1989 (BGBl. I. S. 1435), in den Verkehr gebracht werden.

(3) Düngemittel, die dem § 2 Abs. 3 Nr. 4 in der Fassung des Düngemittelgesetzes vom 15. November 1977 (BGBl. I S. 2134), zuletzt geändert durch Gesetz vom 12. Juli 1989 (BGBl. I S. 1435), entsprechen, dürfen noch bis zum 31.12.1999 in den Verkehr gebracht werden".

Artikel 5
Änderung des Strafgesetzbuches

In § 327 Abs. 2 Nr. 3 des Strafgesetzbuches in der Fassung der Bekanntmachung vom 10. März 1987 (BGBl. I S. 945, ber. S. 1160), das zuletzt durch Artikel 1 des Gesetzes vom 27. Juni 1994 (BGBl. I, S. 1440) geändert worden ist, wird das Wort „Abfallgesetzes" durch die Wörter „Kreislaufwirtschafts- und Abfallgesetzes" ersetzt.

Artikel 6
Änderung des Chemikaliengesetzes

Im Chemikaliengesetz in der Fassung der Bekanntmachung vom 25. Juli 1994 (BGBl. I, S. 1703), geändert durch § 52 des Gesetzes vom 2. August 1994 (BGBl. I, S. 1903), wird § 2 Abs. 1 Nr. 3 wie folgt gefaßt:

„3. Abfälle zur Beseitigung im Sinne des § 3 Abs. 1 Satz 2 Halbsatz 2 des Kreislaufwirtschafts- und Abfallgesetzes".

Artikel 7
Änderung der Verwaltungsgerichtsordnung

In der Verwaltungsgerichtsordnung in der Fassung der Bekanntmachung vom 19. März 1991 (BGBl. I S. 686), zuletzt geändert durch Artikel 7 des Gesetzes vom 24. Juni 1994 (BGBl. I, S. 1374) und Art. 9 des Gesetzes vom 30. August 1994 (BGBl. 1994 II, S. 1438), wird § 48 Abs. 1 Satz 1 Nr. 5 wie folgt geändert:
1. Die Worte „Planfeststellungsverfahren nach § 7 des Abfallgesetzes" werden durch die Worte „Planfeststellungsverfahren nach § 31 Abs. 2 des Kreislaufwirtschafts- und Abfallgesetzes sowie Genehmigungsverfahren nach § 10 des Bundes-Immissionsschutzgesetzes" ersetzt.
2. Die Worte „§ 2 Abs. 2 des Abfallgesetzes" werden durch die Worte „§ 41 Abs. 1 des Kreislaufwirtschafts- und Abfallgesetzes" ersetzt.

Artikel 8
Änderung des Gesetzes zur Beschränkung von Rechtsmitteln in der Verwaltungsgerichtsbarkeit

Das Gesetz zur Beschränkung von Rechtsmitteln in der Verwaltungsgerichtsbarkeit vom 22. April 1993 (BGBl. I S. 466) wird wie folgt geändert:
1. In Nr. 2 Buchstabe e werden die Worte „Planfeststellungsverfahren nach § 7 Abs. 2 des Abfallgesetzes" durch die Worte „Planfeststellungsverfahren nach § 31 Abs. 2 des Kreislaufwirtschafts- und Abfallgesetzes" ersetzt.
2. In Nr. 2 Buchstabe f werden die Worte „nach § 7 Abs. 3 des Abfallgesetzes" durch die Worte „nach § 31 Abs. 3 des Kreislaufwirtschafts- und Abfallgesetzes" ersetzt.

Artikel 9
Änderung des Gesetzes zu den Übereinkommen von Oslo und London

Das Gesetz vom 11. Februar 1977 zu den Übereinkommen vom 15. Februar 1972 und 29. Dezember 1972 zur Verhütung der Meeresverschmutzung durch das Einbringen von Abfällen durch Schiffe und Luftfahrzeuge (BGBl. 1977 II S. 165), zuletzt geändert gemäß Artikel 28 der Verordnung vom 26. Februar 1993 (BGBl. I S. 278), wird wie folgt geändert:
1. In Artikel 2 wird nach Abs. 1 folgender Abs. 1a eingefügt:
„(1a) Das Einbringen und Einleiten von Abfällen in die Hohe See ist nach Maßgabe des § 28 Abs. 4 des Kreislaufwirtschafts- und Abfallgesetzes verboten."

2. Artikel 3 wird wie folgt geändert:
   In Satz 2 werden die Worte „dem Deutschen Hydrographischen Institut" durch die Worte „dem Bundesamt für Seeschiffahrt und Hydrographie" ersetzt.
3. Artikel 6 wird wie folgt geändert:
   In Abs. 1 Satz 1 und 3 werden die Worte „das Deutsche Hydrographische Institut" durch die Worte „das Bundesamt für Seeschiffahrt und Hydrographie" ersetzt.
4. Artikel 7 wird wie folgt geändert:
   a) In Abs. 1 werden die Worte „Bundesminister für Verkehr" durch die Worte „Bundesministerium für Verkehr" und die Worte „Bundesminister für Umwelt, Naturschutz und Reaktorsicherheit" durch die Worte „Bundesministerium für Umwelt, Naturschutz und Reaktorsicherheit" ersetzt.
   b) In Abs. 2 wird das Wort „Bundesminister" durch das Wort „Bundesministerium" ersetzt.
   c) In Abs. 2 Nr. 2 Buchstabe b werden die Worte „Deutschen Hydrographischen Institut" durch die Worte „Bundesamt für Seeschiffahrt und Hydrographie" ersetzt.
5. Artikel 13 wird gestrichen.
6. Artikel 14 wird Artikel 13.

Artikel 10
Änderung der Hohe-See-Einbringungsverordnung

Die Verordnung vom 7. Dezember 1977 zur Durchführung des Gesetzes zu den Übereinkommen vom 15. Februar 1972 und 29. Dezember 1972 zur Verhütung der Meeresverschmutzung durch das Einbringen von Abfällen durch Schiffe und Luftfahrzeuge (BGBl. I S. 2478), geändert durch § 2 der Verordnung vom 25. Juni 1986 (BGBl. II S. 719), wird wie folgt geändert:
1. In § 1 Abs. 1 werden die Worte „dem Deutschen Hydrographischen Institut" durch die Worte „dem Bundesamt für Seeschiffahrt und Hydrographie" ersetzt.
2. In § 1 Abs. 2, § 2 Abs. 1, § 3 Abs. 2 werden die Worte „das Deutsche Hydrographische Institut" durch die Worte „das Bundesamt für Seeschiffahrt und Hydrographie" ersetzt.

Artikel 11
Rückkehr zum einheitlichen Verordnungsrang

Die auf Artikel 16 beruhenden Teile der Hohe-See-Einbringungsverordnung können aufgrund der Ermächtigung des Art. 7 Abs. 2 Nr. 1 Buchstabe e und Nr. 2 des Gesetzes vom 11. Februar 1977 zu den Übereinkommen vom 15. Februar 1972 und 29. Dezember 1972 zur Verhütung der Meeresverschmutzung durch das Einbringen von Abfällen durch Schiffe und Luftfahrzeuge in Verbindung mit dem 2. Abschnitt des Verwaltungskostengesetzes sowie aufgrund des § 36 Abs. 3 des Gesetzes über Ordnungswidrigkeiten durch Rechtsverordnung geändert werden.

Artikel 12
Übergangsregelungen

Bereits begonnene Planfeststellungsverfahren nach § 7 Abs. 2 des Abfallgesetzes sind zu Ende zu führen, wenn die öffentliche Bekanntmachung erfolgt ist. Bereits begonnene Plangenehmigungsverfahren nach § 7 Abs. 3 des Abfallgesetzes sind zu Ende zu führen.

Artikel 13
Inkrafttreten, Außerkrafttreten

Die Vorschriften dieses Gesetzes, die zum Erlaß von Rechtsverordnungen ermächtigen oder solche Ermächtigungen in anderen Gesetzen ändern, treten am Tage nach der Verkündung in Kraft. Im übrigen tritt das Gesetz, soweit in einzelnen Vorschriften nichts anderes bestimmt ist, 2 Jahre nach Verkündung in Kraft. Zum gleichen Zeitpunkt tritt das Abfallgesetz vom 27. August 1986 (BGBl. I S. 1410, S. 1501), zuletzt geändert durch Artikel 5 des Gesetzes vom 27. Juni 1994 (BGBl. I, S. 1440), außer Kraft.

Anhang III

Verzeichnis gefährlicher Stoffe

ENTSCHEIDUNG DES RATES
vom 22. Dezember 1994
über ein Verzeichnis gefährlicher Abfälle in Sinne von Artikel 1 Absatz 4
der Richtlinie 91/689/EWG über gefährliche Abfälle
(94/904/EG)

DER RAT DER EUROPÄISCHEN UNION –

gestützt auf den Vertrag zur Gründung der Europäischen Gemeinschaft,

gestützt auf die Richtlinie 91/689/EWG des Rates vom 12. Dezember 1991 über gefährliche Abfälle [1], insbesondere auf Artikel 1 Absatz 4, in Erwägung nachstehender Gründe:

Nach Artikel 1 Absatz 4 der Richtlinie 91/689/EWG ist anhand der Anhänge I und II ein Verzeichnis gefährlicher Abfälle zu erstellen, die eine oder mehrere der in Anhang III aufgeführten Eigenschaften aufweisen.

Die Mitgliedstaaten können Vorschriften erlassen, wonach in Ausnahmefällen nach einem ausreichenden Nachweis von seiten des Besitzers festgelegt werden kann, daß bestimmte Abfälle, die in dem Verzeichnis enthalten sind, keine der in Anhang III der Richtlinie 91/689/EWG aufgeführten Eigenschaften aufweisen.

Das Verzeichnis ist regelmäßig zu überprüfen und, wenn nötig, nach dem Verfahren des Artikels 18 der Richtlinie 75/442/EWG des Rates vom 15. Juli 1975 über Abfälle [2] zu überarbeiten –

HAT FOLGENDE ENTSCHEIDUNG ERLASSEN:

---

[1] ABl. Nr. L 377 vom 31.12.1991, S. 20. Richtlinie geändert durch die Richtlinie 94/31/EG (Abl. Nr. L 168 vom 2.7.1994, S. 28).
[2] ABl. Nr. L 194 vom 25.7.1975, S. 39. Richtlinie zuletzt geändert durch die Richtlinie 91/652/EWG (Abl. L 377 vom 31.12.1991, S. 48).

Artikel 1

Hiermit wird das dieser Entscheidung beigefügte Verzeichnis gefährlicher Abfälle festgelegt.

Von diesen Abfällen wird angenommen, daß sie eine oder mehrere der in Anhang III der Richtlinie 91/689/EWG aufgeführten Eigenschaften und, was die in jenem Anhang aufgeführten Eigenschaften H 3 bis H 8 angeht, eines oder mehrere der folgenden Merkmale aufweisen:

- Flammpunkt ≤ 55 °C,
- Gesamtgehalt von ≥ 0,1 % an einem oder mehreren als sehr giftig eingestuften Stoffen,
- Gesamtgehalt von ≥ 3 % an einem oder mehreren als giftig eingestuften Stoffen,
- Gesamtgehalt von ≥ 25 % an einem oder mehreren als gesundheitsschädlich eingestuften Stoffen,
- Gesamtgehalt von ≥ 1 % an einem oder mehreren nach R 35 als ätzend eingestuften Stoffen,
- Gesamtgehalt von ≥ 5 % an einem oder mehreren nach R 34 als ätzend eingestuften Stoffen,
- Gesamtgehalt von ≥ 10 % an einem oder mehreren nach R 41 als reizend eingestuften Stoffen,
- Gesamtgehalt von ≥ 20 % an einem oder mehreren nach R 36, R 37, R 38 als reizend eingestuften Stoffen,
- Gesamtgehalt von ≥ 0,1 % an einem oder mehreren als Krebserreger bekannten Stoffen (Kategorie 1 oder 2).

Artikel 2

Diese Entscheidung ist an die Mitgliedstaaten gerichtet.

Geschehen zu Brüssel am 22. Dezember 1994.

Im Namen des Rates

Der Präsident

H. SEEHOFER

GEFÄHRLICHE ABFÄLLE GEMÄSS ARTIKEL 1 ABSATZ 4 DER RICHTLINIE 91/689/EWG

Einleitung

1. Die genaue Kennung der in dem Verzeichnis aufgeführten verschiedenen Abfallarten erfolgt durch den 6-stelligen Zahlencode für die Abfälle und die entsprechenden 2-stelligen und 4-stelligen Kapitelüberschriften.

2. Die Aufnahme eines Stoffes oder Gegenstands in das Verzeichnis bedeutet nicht, daß es sich dabei stets um Abfall handelt. Die Nennung ist nur dann relevant, wenn der betreffende Stoff oder Gegenstand der Definition des Begriffs „Abfälle im Sinne von Artikel 1 Buchstabe a) der Richtlinie 75/442/EWG" entspricht, es sei denn, daß Artikel 2 Absatz 1 Buchstabe b) der Richtlinie Anwendung findet.

3. Für die in dem Verzeichnis aufgeführten Abfälle gelten die Bestimmungen der Richtlinie 91/689/EWG über gefährliche Abfälle, es sei denn, daß Artikel 1 Absatz 5 der Richtlinie Anwendung findet.

4. Außer den nachstehend aufgeführten Abfällen sind nach Artikel 1 Absatz 4 zweiter Gedankenstrich der Richtlinie 91/689/EWG als gefährliche Abfälle auch sämtliche sonstigen Abfälle zu betrachten, die nach Auffassung eines Mitgliedstaats eine der in Anhang III der Richtlinie aufgezählten Eigenschaften aufweisen. Alle derartigen Fälle werden der Kommission mitgeteilt und nach Artikel 18 der Richtlinie 75/442/EWG im Hinblick auf eine Anpassung des Verzeichnisses geprüft.

VERZEICHNIS GEFÄHRLICHER ABFÄLLE

EWC-Code	Beschreibung
02	ABFÄLLE AUS DER LANDWIRTSCHAFT, DEM GARTENBAU, DER JAGD, FISCHEREI UND TEICHWIRTSCHAFT, HERSTELLUNG UND VERARBEITUNG VON NAHRUNGSMITTELN
0201	ABFÄLLE AUS DER HERSTELLUNG VON GRUNDSTOFFEN
020105	Abfälle von Chemikalien für die Landwirtschaft
03	ABFÄLLE AUS DER HOLZVERARBEITUNG UND DER HERSTELLUNG VON ZELLSTOFFEN, PAPIER, PAPPE, PLATTEN UND MÖBELN

0302	ABFÄLLE AUS DER HOLZKONSERVIERUNG
030201	Halogenfreie organische Holzkonservierungsmittel
030202	Chlororganische Holzkonservierungsmittel
030203	Metallorganische Holzkonservierungsmittel
030204	Anorganische Holzkonservierungsmittel
04	ABFÄLLE AUS DER LEDER- UND TEXTILINDUSTRIE
0401	ABFÄLLE AUS DER LEDERINDUSTRIE
040103	Entfettungsabfälle, lösemittelhaltig, ohne flüssige Phase
0402	ABFÄLLE AUS DER TEXTILINDUSTRIE
040211	Halogenierte Abfälle aus der Zurichtung und dem Finish
05	ABFÄLLE AUS DER ÖLRAFFINATION, ERDGASREINIGUNG UND KOHLEPYROLYSE
0501	ÖLSCHLÄMME UND FESTE ABFÄLLE
050103	Schlammige Tankrückstände
050104	Saure Alkylschlämme
050105	Verschüttetes Öl
050107	Säureteere
050108	Andere Teere
0504	VERBRAUCHTE FILTERTONE
050401	Verbrauchte Filtertone
0506	ABFÄLLE AUS DER KOHLEPYROLYSE
050601	Säureteere
050603	Andere Teere
0507	ABFÄLLE AUS DER ERDGASREINIGUNG
050701	Quecksilberhaltige Schlämme
0508	ABFÄLLE AUS DER ALTÖLAUFBEREITUNG
050801	Verbrauchte Filtertone
050802	Säureteere
050803	Sonstige Teere
050804	Wäßrige Flüssigabfälle aus der Altölaufbereitung
06	ABFÄLLE AUS ANORGANISCHEN CHEMISCHEN PROZESSEN
0601	VERBRAUCHTE SÄUREHALTIGE LÖSUNGEN (SÄUREN)
060101	Schwefelsäure und schweflige Säure
060102	Salzsäure
060103	Flußsäure

060104	Phosphorsäure und phosphorige Säure
060105	Salpetersäure und salpetrige Säure
060199	Abfälle a. n. g.
0602	VERBRAUCHTE BASISCHE LÖSUNGEN (LAUGEN)
060201	Calciumhydroxid
060202	Natriumcarbonat
060203	Ammoniak
060299	Abfälle a. n. g.
0603	VERBRAUCHTE SALZE UND IHRE LÖSUNGEN
060311	Salze und Lösungen, cyanidhaltig
0604	METALLHALTIGE ABFÄLLE
060402	Metallsalze (außer 060300)
060403	Arsenhaltige Abfälle
060404	Quecksilberhaltige Abfälle
060405	Abfälle, die andere Schwermetalle enthalten
0607	ABFÄLLE AUS DER HALOGENCHEMIE
060701	Asbesthaltige Abfälle aus der Elektrolyse
060702	Aktivkohle aus der Chlorherstellung
0613	ABFÄLLE AUS ANDEREN PROZESSEN DER ANORGANISCHEN CHEMIE
061301	Anorganische Pestizide, Biozide und Holzschutzmittel
061302	Verbrauchte Aktivkohle (außer 060702)
07	ABFÄLLE AUS ORGANISCHEN CHEMISCHEN PROZESSEN
0701	ABFÄLLE AUS HERSTELLUNG, ZUBEREITUNG, VERTRIEB UND ANWENDUNG (HZVA) ORGANISCHER GRUNDCHEMIKALIEN
070101	Wäßrige Waschflüssigkeiten und Mutterlaugen
070103	Organische halogenierte Lösemittel, Waschflüssigkeiten und Mutterlaugen
070104	Andere organische Lösemittel, Waschflüssigkeiten und Mutterlaugen
070107	Halogenierte Reaktions- und Destillationsrückstände
070108	Andere Reaktions- und Destillationsrückstände
070109	Halogenierte Filterkuchen, verbrauchte Aufsaugmaterialien
070110	Andere Filterkuchen, verbrauchte Aufsaugmaterialien

0702	ABFÄLLE AUS HERSTELLUNG, ZUBEREITUNG, VERTRIEB UND ANWENDUNG (HZVA) VON KUNSTSTOFFEN, SYNTHETISCHEN GUMMI- UND KUNSTFASERN
070201	Wäßrige Waschflüssigkeiten und Mutterlaugen
070203	Organische halogenierte Lösemittel, Waschflüssigkeiten und Mutterlaugen
070204	Andere organische Lösemittel, Waschflüssigkeiten und Mutterlaugen
070207	Halogenierte Reaktions- und Destillationsrückstände
070208	Andere Reaktions- und Destillationsrückstände
070209	Halogenierte Filterkuchen, verbrauchte Aufsaugmaterialien
070210	Andere Filterkuchen, verbrauchte Aufsaugmaterialien
0703	ABFÄLLE AUS HERSTELLUNG, ZUBEREITUNG, VERTRIEB UND ANWENDUNG (HZVA) VON ORGANISCHEN FARBSTOFFEN UND PIGMENTEN (AUSSER 061100)
070301	Wäßrige Waschflüssigkeiten und Mutterlaugen
070303	Organische halogenierte Lösemittel, Waschflüssigkeiten und Mutterlaugen
070304	Andere organische Lösemittel, Waschflüssigkeiten und Mutterlaugen
070307	Halogenierte Reaktions- und Destillationsrückstände
070308	Andere Reaktions- und Destillationsrückstände
070309	Halogenierte Filterkuchen, verbrauchte Aufsaugmaterialien
070310	Andere Filterkuchen, verbrauchte Aufsaugmaterialien
0704	ABFÄLLE AUS HERSTELLUNG, ZUBEREITUNG, VERTRIEB UND ANWENDUNG (HZVA) VON ORGANISCHEN PESTIZIDEN (AUSSER 020105)
070401	Wäßrige Waschflüssigkeiten und Mutterlaugen
070403	Organische halogenierte Lösemittel, Waschflüssigkeiten und Mutterlaugen
070404	Andere organische Lösemittel, Waschflüssigkeiten und Mutterlaugen
070407	Halogenierte Reaktions- und Destillationsrückstände
070508	Andere Reaktions- und Destillationsrückstände
070409	Halogenierte Filterkuchen, verbrauchte Aufsaugmaterialien
070410	Andere Filterkuchen, verbrauchte Aufsaugmaterialien

0705	ABFÄLLE AUS HERSTELLUNG, ZUBEREITUNG, VERTRIEB UND ANWENDUNG (HZVA) VON PHARMAZEUTIKA
070501	Wäßrige Waschflüssigkeiten und Mutterlaugen
070503	Organische halogenierte Lösemittel, Waschflüssigkeiten und Mutterlaugen
070504	Andere organische Lösemittel, Waschflüssigkeiten und Mutterlaugen
070507	Halogenierte Reaktions- und Destillationsrückstände
070508	Andere Reaktions- und Destillationsrückstände
070509	Halogenierte Filterkuchen, verbrauchte Aufsaugmaterialien
070510	Andere Filterkuchen, verbrauchte Aufsaugmaterialien
0706	ABFÄLLE AUS HERSTELLUNG, ZUBEREITUNG, VERTRIEB UND ANWENDUNG (HZVA) VON FETTEN, SCHMIERMITTELN, SEIFEN, WASCHMITTELN, DESINFEKTIONSMITTELN UND KÖRPERPFLEGEMITTELN
070601	Wäßrige Waschflüssigkeiten und Mutterlaugen
070603	Organische halogenierte Lösemittel, Waschflüssigkeiten und Mutterlaugen
070604	Andere organische Lösemittel, Waschflüssigkeiten und Mutterlaugen
070607	Halogenierte Reaktions- und Destillationsrückstände
070608	Andere Reaktions- und Destillationsrückstände
070609	Halogenierte Filterkuchen, verbrauchte Aufsaugmaterialien
070610	Andere Filterkuchen, verbrauchte Aufsaugmaterialien
0707	ABFÄLLE AUS DER HZVA VON FEINCHEMIKALIEN UND CHEMIKALIEN A. N. G.
070701	Wäßrige Waschflüssigkeiten und Mutterlaugen
070703	Organische halogenierte Lösemittel, Waschflüssigkeiten und Mutterlaugen
070704	Andere organische Lösemittel, Waschflüssigkeiten und Mutterlaugen
070707	Halogenierte Reaktions- und Destillationsrückstände
070708	Andere Reaktions- und Destillationsrückstände
070709	Halogenierte Filterkuchen, verbrauchte Aufsaugmaterialien
070710	Andere Filterkuchen, verbrauchte Aufsaugmaterialien

08	ABFÄLLE AUS HERSTELLUNG, ZUBEREITUNG, VERTRIEB UND ANWENDUNG (HZVA) VON ÜBERZÜGEN (FARBEN, LACKEN, EMAIL), DICHTUNGSMASSEN UND DRUCKFARBEN
0801	ABFÄLLE AUS DER HZVA VON FARBEN UND LACKEN
080101	Alte Farben und Lacke, die halogenierte Lösemittel enthalten
080102	Alte Farben und Lacke, die keine halogenierten Lösemittel enthalten
080106	Schlämme aus der Farb- oder Lackentfernung, die halogenierte Lösemittel enthalten
080107	Schlämme aus der Farb- oder Lackentfernung, die keine halogenierten Lösemittel enthalten
0803	ABFÄLLE AUS DER HZVA VON DRUCKFARBEN
080301	Alte Druckfarben, die halogenierte Lösemittel enthalten
080302	Alte Druckfarben, die keine halogenierten Lösemittel enthalten
080305	Druckfarbenschlämme, die halogenierte Lösemittel enthalten
080306	Druckfarbenschlämme, die keine halogenierten Lösemittel enthalten
0804	ABFÄLLE AUS DER HZVA VON KLEBSTOFFEN UND DICHTUNGSMASSEN (EINSCHLIESSLICH WASSERABWEISENDEM MATERIAL)
080401	Alte Klebstoffe und Dichtungsmassen, die halogenierte Lösemittel enthalten
080402	Alte Klebstoffe und Dichtungsmassen, die keine halogenierten Lösemittel enthalten
080405	Klebstoffe und Dichtungsmassen, die halogenierte Lösemittel enthalten
080406	Klebstoffe und Dichtungsmassen, die keine halogenierten Lösemittel enthalten
09	ABFÄLLE AUS DER PHOTOGRAPHISCHEN INDUSTRIE
0901	ABFÄLLE AUS DER PHOTOGRAPHISCHEN INDUSTRIE
090101	Entwickler und Aktivatoren auf Wasserbasis
090102	Offsetplatten-Entwickler auf Wasserbasis
090103	Entwickler auf der Basis von Lösemitteln
090104	Fixierlösungen
090105	Bleichlösungen und Bleich-Fixier-Lösungen
090106	Silberhaltige Abfälle aus der betriebseigenen Behandlung photographischer Abfälle

10	ANORGANISCHE ABFÄLLE AUS THERMISCHEN PROZESSEN
1001	ABFÄLLE AUS KRAFTWERKEN UND ANDEREN VERBRENNUNGSANLAGEN (AUSSER 190000)
100104	Flugasche aus Ölfeuerung
100109	Schwefelsäure
1003	ABFÄLLE AUS DER THERMISCHEN ALUMINIUM-METALLURGIE
100301	Teere und andere kohlenstoffhaltige Abfälle aus der Anodenherstellung
100303	Krätzen
100304	Schlacken aus der Erstschmelze/weiße Krätze
100307	Verbrauchte Tiegelauskleidungen
100308	Salzschlacken aus der Zweitschmelze
100309	Schwarze Krätzen aus der Zweitschmelze
100310	Abfälle aus der Behandlung von Salzschlacken und schwarzen Krätzen
1004	ABFÄLLE AUS DER THERMISCHEN BLEI-METALLURGIE
100401	Schlacken (Erst- und Zweitschmelze)
100402	Krätzen und Abschaum (Erst- und Zweitschmelze)
100403	Calciumarsenat
100404	Feinstaub
100405	Andere Teilchen und Staub
100406	Feste Abfälle aus der Gasreinigung
100407	Schlämme aus der Gasreinigung
1005	ABFÄLLE AUS DER THERMISCHEN ZINK-METALLURGIE
100501	Schlacken (Erst- und Zweitschmelze)
100502	Krätzen und Abschaum (Erst- und Zweitschmelze)
100503	Feinstaub
100505	Feste Abfälle aus der Gasreinigung
100506	Schlämme aus der Gasreinigung
1006	ABFÄLLE AUS DER THERMISCHEN KUPFER-METALLURGIE
100603	Feinstaub
100605	Abfälle aus der elektrolytischen Raffination
100606	Abfall aus der nassen Gasreinigung
100607	Abfall aus der trockenen Gasreinigung

Verzeichnis gefährlicher Stoffe 301

11	ANORGANISCHE METALLHALTIGE ABFÄLLE AUS DER METALLBEARBEITUNG UND BESCHICHTUNG SOWIE AUS DER NICHTEISEN-HYDRO-METALLURGIE
1101	FLÜSSIGE ABFÄLLE UND SCHLÄMME AUS DER METALLBEARBEITUNG UND -BESCHICHTUNG (Z. B. GALVANIK, VERZINKUNG, BEIZEN, ÄTZEN, PHOSPHATIEREN UND ALKALISCHES ENTFETTEN)
110101	Cyanidhaltige (alkalische) Abfälle mit Schwermetallen ohne Chrom
110102	Cyanidhaltige (alkalische) Abfälle ohne Schwermetalle
110103	Cyanidfreie Abfälle, die Chrom enthalten
110105	Saure Beizlösungen
110106	Säuren a. n. g.
110107	Laugen a. n. g.
110108	Phosphatierschlämme
1102	ABFÄLLE UND SCHLÄMME AUS PROZESSEN DER NICHTEISEN-HYDROMETALLURGIE
110202	Schlämme aus der Zink-Hydrometallurgie (einschließlich Jarosit-, Goethitschlamm)
1103	SCHLÄMME UND FESTSTOFFE AUS HÄRTE-PROZESSEN
110301	Cyanidhaltige Abfälle
110302	Andere Abfälle
12	ABFÄLLE AUS PROZESSEN DER MECHANISCHEN FORMGEBUNG UND OBERFLÄCHENBEARBEITUNG VON METALLEN, KERAMIK, GLAS UND KUNST-STOFFEN 120106
1201	ABFÄLLE AUS DER MECHANISCHEN FORM-GEBUNG (SCHMIEDEN, SCHWEISSEN, PRESSEN, ZIEHEN, DREHEN, BOHREN, SCHNEIDEN, SÄGEN UND FEILEN)
120106	Verbrauchte Bearbeitungsöle, halogenhaltig (keine Emulsionen)
120107	Verbrauchte Bearbeitungsöle, halogenfrei (keine Emulsionen)
120108	Bearbeitungsemulsionen, halogenhaltig
120109	Bearbeitungsemulsionen, halogenfrei
120110	Synthetische Bearbeitungsöle
120111	Bearbeitungsschlämme
120112	Verbrauchte Wachse und Fette

1203	ABFÄLLE AUS DER WASSER- UND DAMPF-ENTFETTUNG (AUSSER 110000)
120301	Wäßrige Waschflüssigkeiten
120302	Abfälle aus der Dampfentfettung
13	ÖLABFÄLLE (AUSSER SPEISEÖLE UND 050000 UND 120000)
1301	VERBRAUCHTE HYDRAULIKÖLE UND BREMSFLÜSSIGKEITEN
130101	Hydrauliköle, die PCB oder PCT enthalten
130102	Andere chlorierte Hydrauliköle (keine Emulsionen)
130103	Nichtchlorierte Hydrauliköle (keine Emulsionen)
130104	Chlorierte Emulsionen
130105	Nichtchlorierte Emulsionen
130106	Ausschließlich mineralische Hydrauliköle
130107	Andere Hydrauliköle
130108	Bremsflüssigkeiten
1302	VERBRAUCHTE MASCHINEN-, GETRIEBE- UND SCHMIERÖLE
130201	Chlorierte Maschinen-, Getriebe- und Schmieröle
130202	Nichtchlorierte Maschinen-, Getriebe- und Schmieröle
130203	Andere Maschinen-, Getriebe- und Schmieröle
1303	VERBRAUCHTE ISOLIER- UND WÄRMEÜBERTRAGUNGSÖLE ODER -FLÜSSIGKEITEN
130301	Isolier- und Wärmeübertragungsöle oder -flüssigkeiten, die PCB oder PCT enthalten
130302	Andere chlorierte Isolier- und Wärmeübertragungsöle oder -flüssigkeiten
130303	Andere nichtchlorierte Isolier- und Wärmeübertragungsöle oder -flüssigkeiten
1230304	Synthetische Isolier- und Wärmeübertragungsöle oder -flüssigkeiten
130305	Mineralische Isolier- und Wärmeübertragungsöle
1304	BILGENÖLE
130401	Bilgenöle aus der Binnenschiffahrt
130402	Bilgenöle aus Molenablaufkanälen
130403	Bilgenöle aus der übrigen Schiffahrt
1305	INHALTE VON ÖL-/WASSERABSCHEIDERN
130501	Feststoffe aus Öl-/Wasserabscheidern
130502	Schlämme aus Öl-/Wasserabscheidern

130503	Schlämme aus Einlaufschächten
130504	Schlämme oder Emulsionen aus Entsalzern
130505	Andere Emulsionen
1306	ÖLABFÄLLE A.N.G.
130601	Ölmischungen a.n.g.
14	ABFÄLLE VON ALS LÖSEMITTEL VERWENDETEN ORGANISCHEN STOFFEN (AUSSER 070000 UND 080000)
1401	ABFÄLLE AUS DER METALLENTFETTUNG UND MASCHINENWARTUNG
140101	Fluorchlorkohlenwasserstoffe
140102	Andere halogenierte Lösemittel und Lösemittelgemische
140103	Andere Lösemittel und Lösemittelgemische
140104	Wäßrige halogenhaltige Lösemittelgemische
140105	Wäßrige halogenfreie Lösemittelgemische
140106	Schlämme oder feste Abfälle, die halogenierte Lösemittel enthalten
140107	Schlämme oder feste Abfälle, die keine halogenierten Lösemittel enthalten
1402	ABFÄLLE AUS DER TEXTILREINIGUNG UND ENTFETTUNG VON NATURSTOFFEN
140201	Halogenierte Lösemittel und Lösemittelgemische
140202	Lösemittelgemische oder organische Flüssigkeiten, die keine halogenierten Lösemittel enthalten
140203	Schlämme oder feste Abfälle, die halogenierte Lösemittel enthalten
140204	Schlämme oder feste Abfälle, die andere Lösemittel enthalten
1403	ABFÄLLE AUS DER ELEKTROINDUSTRIE
140301	Fluorchlorkohlenwasserstoffe
140302	Andere halogenierte Lösemittel
140303	Lösemittel und -gemische, die keine halogenierten Lösemittel enthalten
140304	Schlämme oder feste Abfälle, die halogenierte Lösemittel enthalten
140305	Schlämme oder feste Abfälle, die andere Lösemittel enthalten

1404	ABFÄLLE VON KÜHLMITTELN UND SCHAUM- UND TREIBMITTEL
140401	Fluorchlorkohlenwasserstoffe
140402	Andere halogenierte Lösemittel und -gemische
140403	Andere Lösemittel und -gemische
140404	Schlämme oder feste Abfälle, die halogenierte Lösemittel enthalten
140405	Schlämme oder feste Abfälle, die andere Lösemittel enthalten
1405	ABFÄLLE AUS DER RÜCKGEWINNUNG VON LÖSE- UND KÜHLMITTELN (Destillationsrückstände)
140501	Fluorchlorkohlenwasserstoffe
140502	Andere halogenierte Lösemittel und -gemische
140503	Andere Lösemittel und -gemische
140504	Schlämme, die halogenierte Lösemittel enthalten
140505	Schlämme, die andere Lösemittel enthalten
16	ABFÄLLE, DIE NICHT ANDERSWO IM KATALOG AUFGEFÜHRT SIND
1602	GEBRAUCHTE GERÄTE UND SCHREDDER- RÜCKSTÄNDE
160201	Transformatoren und Kondensatoren, die PCB oder PCT enthalten
1604	VERBRAUCHTE SPRENGSTOFFE
160401	Munition
160402	Feuerwerkskörper
160403	Andere verbrauchte Sprengstoffe
1606	BATTERIEN UND AKKUMULATOREN
160601	Bleibatterien
160602	Ni-Cd-Batterien
160603	Quecksilbertrockenzellen
160604	Elektrolyte aus Batterien und Akkumulatoren
1607	ABFÄLLE AUS DER REINIGUNG VON TRANSPORT- UND LAGERTANKS (AUSSER 050000 UND 120000)
160701	Abfälle aus der Tankreinigung auf Seeschiffen, Chemikalien enthaltend
160702	Abfälle aus der Tankreinigung auf Seeschiffen, ölhaltig
160703	Abfälle aus der Reinigung von Eisenbahn- und Straßentransporttanks, ölhaltig
160704	Abfälle aus der Reinigung von Eisenbahn- und Straßentransporttanks, Chemikalien enthaltend

160705	Abfälle aus der Reinigung von Lagertanks, Chemikalien enthaltend
160706	Abfälle aus der Reinigung von Lagertanks, ölhaltig
17	BAU- UND ABBRUCHABFÄLLE (EINSCHLIESSLICH STRASSENAUFBRUCH)
1706	ISOLIERMATERIAL
170601	Isoliermaterial, das freies Asbest enthält
18	ABFÄLLE AUS DER ÄRZTLICHEN ODER TIERÄRZTLICHEN VERSORGUNG UND FORSCHUNG (OHNE KÜCHEN- UND RESTAURANTABFÄLLE, DIE NICHT AUS DER UNMITTELBAREN KRANKENPFLEGE STAMMEN)
1801	ABFÄLLE AUS ENTBINDUNGSSTATIONEN, DIAGNOSE, KRANKENBEHANDLUNG UND VORSORGE BEIM MENSCHEN
180103	Andere Abfälle, an deren Sammlung und Entsorgung aus infektionspräventiver Sicht besondere Anforderungen gestellt werden
1802	ABFÄLLE AUS FORSCHUNG, DIAGNOSE, KRANKENBEHANDLUNG UND VORSORGE BEI TIEREN
180202	Andere Abfälle, an deren Sammlung und Entsorgung aus infektionspräventiver Sicht besondere Anforderungen gestellt verden
180204	Gebrauchte Chemikalien
19	ABFÄLLE AUS ABFALLBEHANDLUNGSANLAGEN, ÖFFENTLICHEN ABWASSER-BEHANDLUNGSANLAGEN UND DER ÖFFENTLICHEN WASSERVERSORGUNG
1901	ABFÄLLE AUS DER VERBRENNUNG ODER PYROLYSE VON SIEDLUNGS- UND ÄHNLICHEN ABFÄLLEN AUS GEWERBE, INDUSTRIE UND EINRICHTUNGEN
190103	Flugasche
190104	Kesselstaub
190105	Filterkuchen aus der Gasreinigung
190106	Wäßrige flüssige Abfälle aus der Gasreinigung und andere wäßrige Abfälle
190107	Feste Abfälle aus der Gasreinigung

190110	Verbrauchte Aktivkohle aus der Rauchgasreinigung
1902	ABFÄLLE VON SPEZIFISCHEN PHYSIKALISCH-CHEMISCHEN BEHANDLUNGEN INDUSTRIELLER ABFÄLLE (Z.B. DECHROMATISIERUNG, CYANIDENTFERNUNG, NEUTRALISATION)
190201	Metallhydroxidschlämme und andere Schlämme aus der Metallfällung
190404	VERGLASTE ABFÄLLE UND ABFÄLLE AUS DER VERGLASUNG
190402	Flugasche und andere Abfälle aus der Gasreinigung
190403	Nicht verglaste Festphase
1907	DEPONIESICKERWASSER
190701	Deponiesickerwasser
1908	ABFÄLLE AUS ABWASSERBEHANDLUNGSANLAGEN A.N.G.
190803	Fett- und Ölmischungen aus Ölabscheidern
190806	Gesättigte oder verbrauchte Ionenaustauscherharze
190807	Lösungen und Schlämme aus der Regeneration von Ionenaustauschern
20	SIEDLUNGSABFÄLLE UND ÄHNLICHE GEWERBLICHE UND INDUSTRIELLE ABFÄLLE SOWIE ABFÄLLE AUS EINRICHTUNGEN, EINSCHLIESSLICH GETRENNT GESAMMELTE FRAKTIONEN
2001	GETRENNT GESAMMELTE FRAKTIONEN
200112	Farben, Druckfarben, Klebstoffe und Kunstharze
200113	Lösemittel
200117	Photochemikalien
200119	Pestizide
200121	Leuchtstoffröhren und andere quecksilberhaltige Abfälle

13 Sachwortverzeichnis

A
Abdichtung 133
Abdichtungssystem 106
Abfall, besonders überwachungsbedürftig 9, 10, 36, 42, 82
Abfall, gefährlicher 181
Abfall zur Beseitigung 22
Abfall zur Verwertung 22
Abfall, überwachungsbedürftig 36
Abfall- und Reststoffüberwachungs-Verordnung 40
Abfallaufkommen 1
Abfallbegriff 21
–, objektiv 7
–, subjektiv 7
Abfallbeseitigung 28, 33
Abfallbeseitigungsgesetz, Vollzug 2
Abfallbestimmungs-Verordnung 37, 40, 82
Abfallentsorgung 176
Abfallentsorgungsanlage, Standortprivileg 4
Abfallgesetz, Geltungsbereich 7
Abfallkatalog 40
Abfallrahmenrichtlinie 179
–, Umsetzung 20
Abfalltourismus 15
Abfallverbringungsverordnung 13, 14, 154, 190
Abfallverbringungsgesetz 13, 156
Abfallwirtschaftskonzept 31
Abfallwirtschaftsplan 34
Ablagerung 88, 122
–, oberirdisch 103
–, untertägig 92, 103, 113
Ablagerungsbereich 96
Akku 198
Aktionsprogramm, EG 173

Altanlage 118, 135, 145
Altauto 73
Altdeponie 118
Altöl 8, 52, 57, 195
Altölverordnung 56, 195
Altölgesetz 3
Altpapier 74, 199
Altreifen 38
Analyseverfahren 84, 124
Andienungspflicht 29
Anlaufstelle 158
Anlieferung 96
Annahmeerklärung 47
Arbeitsbereich 96
Artikel 100 a EGV 170
Artikel 130 s EGV 170
Asbest 126, 150, 197
Aufbauorganisation 94
Ausführungsgesetz, Basel 5, 14, 154, 195
Ausschuß, Abfallwirtschaft 176
– der Regionen 167
–, Technisch 176
Autowrack 38

B
Baggergut 19, 34
Bahn 46
Barriere, gebirgsmechanisch 116
–, geologisch 115
Baseler Konvention 190, 192
Batterie 72, 198
Bauabfall 74, 123
Bauartzulassung 148
Bauschutt 74
Baustellenabfall 71, 74
Beauftragter für Abfall 38
Begleitschein 45, 52

Behandlung 23, 91
Behandlungsanlage 50, 102
Behandlungsbereich 96
Beratender Ausschuß 167
Beratung 35
Bereitstellungslager 102
Bergwerk 113
Beseitigungsverfahren 22
Bestätigung, Behörde 47
Bestimmungsverordnung 42
Betriebsbeauftragter, Abfall 13
Betriebshandbuch 95, 129
Betriebsordnung 95, 129
Betriebsorganisation 38
Betriebstagebuch 95
Bilanz 31, 34
BImSchG, 11. 137
BImSchG, 17. 144
Bioabfall 125
Blauer Engel 199
Blockheizkraftwerk 146
Bodenaushub 128

C
Chemiekalienrecht 148
Clearingstelle 158

D
Datenschutz 39
Deckungsvorsorge 153
Deklarationsanalyse 84, 95
Deponie 48, 78, 88, 186
Deponieauflager 105
Deponiegas 145
Deponieplanum 105
Deponiestandort 133
Deponietyp I 132
Deponietyp II 132
Deponieverhalten, Erklärung 112
DEV S4 84
Dichtungssystem, Zulassung 108
Dioxin 145, 186, 202
DSD 69
Duales System 69

E
EFTA 192
EGKS 159

Eigenentsorgung 37
Eignungsfeststellung 148
Eingangsbereich 96
Einheitliche Europäische Akte 160
Einstufung 149
Elektronikschrott 71
Emissionsmessung 145
Empfehlung, EG 169
Entledigung 22
Entscheidung, EG 169
Entsorgungsanlage 139
Entsorgungsautarkie 180, 190
Entsorgungsbetrieb, Organisation 94
Entsorgungsfachbetrieb 38
Entsorgungskonzept, integriert 122, 136
Entsorgungsnachweis 45, 47
–, vereinfacht 52
Entsteinerungsklausel 19
Erdaushub 74
Ermessen 10
EURATOM 159
EWC 179, 183
EWG 159

F
Farbe 144
FCKW-Halon 62
Feuerlöschgerät 65
Forschung, biologische Vorbehandlung 131
–, Deponieabdichtungssystem 108
–, Deponiekörper 112
–, Deponierisikostudie 134
–, Deponieuntergrund 106
–, Deponieverhalten 113
–, Permeationsverhalten 108

G
Genehmigung 33, 141
Gericht Erster Instanz 166
Gerichtshof 166
Gewerbeabfall 123
Glühverlust 132
Grundwasser 10, 76, 188
Grüner Punkt 69

13 Sachwortverzeichnis

H
Halon 65
Handwerksbetrieb 46
Hausmüll 121
Hausmüllverbrennung 184
Hochsicherheitsdeponie 110

I
Identitätskontrolle 84, 95
Immissionsschutz 137
Information, Umwelt 203
Investitionserleichterungs-
 und Wohnbaulandgesetz 4

J
Jahresübersicht 95, 129

K
Kälteanlage 63
Kaverne 113
Kennzeichnung 33, 56, 138, 149, 150
Klärschlamm 19, 123, 129, 201
Klärschlammverordnung 201
Kleinmenge 43
Kombinationsdichtung 106
Kommission, Europäische 164
Kompost 128
Kontrolle 45, 94, 112
Konzept 34
Kraftfahrzeug 73
Kreislaufwirtschaft 6, 17
Kreislaufwirtschaft- und Abfallgesetz
 18
Kühlgerät 63

L
Lagerbehälter-Verordnung 147
Lagerbereich 96
Leitfaden 136
Liste, rote 190, 194
–, gelbe 190, 193
–, grüne 190, 193
Lösemittel, halogeniert 61

M
Maastricht, Vertrag von 160
Mehrheit, qualifiziert 170

Mischfeuerung 144
Monoablagerung 90
Monodeponie 126

N
Nachweis 42
Nachweisbuch 50
Nachweisverfahren, fakultativ 37
–, obligatorisch 37
Naturschutz 4
Notifizierung 156

O
OECD 192, 193
Öffentlichkeit 175

P
Parlament, EG 162
PCB 196, 202
PCB-Verbotsverordnung 196
PCT 196
PCT-Verbotsverordnung 196
PET 66
Probennahme 84, 124
Produkt, Abgrenzungsproblem 23
Produktabfall 25
Produktion 21
Produktionsabfall 25
Produzent, Verantwortung 32

R
Rat, EG 163
Rechnungshof, EG 167
Regel der Technik 148
Reststoff 9, 18, 44, 142
Reststoffbestimmungsverordnung 37,
 40
Richtlinie 169
–, Umsetzung 178
Rückführung 157
Rückgabepflicht 33
Rücknahme 56
Rücknahmepflicht 33

S
Sammelentsorgungsnachweis 52
Sammelstelle 150

Schadstofftransport 105
Schaumstoff 64
Schmelzanlage 144
Sekundärrohstoff 17
Selbstverpflichtung, freiwillig 57
Sicherheitsbeurteilung, standortbezogen 116
Sickerwasser 110
Solidarfonds 157
Sonderabfall 42
Sonderabfallverbrennung 185
Stand der Technik 9, 12, 29, 78, 83, 124, 180
Standort 105
Standsicherheit 111
Stanniolflaschenkapsel 73
Stellungnahme, EG 169
Stichfestigkeit 111
Stoff, wassergefährdend 147
Stoffeinstufung 149
Straßenaufbruch 74
Subsidiarität 161, 175

T
TA Abfall 9, 12, 42, 65
TA Abfall (Teil 1) 10, 42
TA Siedlungsabfall 11, 65
Temperatur 110
Tongrubenurteil 116
Transportgenehmigung 12, 45
TRGS 149

U
Überdachung 111
Übergabeeinrichtung 96
Übergangsvorschrift 119, 135
Übernahmeschein 52
Übertragung 31
Überwachung 12, 35
Umwelthaftung, Gesetz 152
Umweltschäden 153
Umweltverträglichkeitsprüfung 4, 202
–, grenzüberschreitend 152
Untertagedeponie 115
UVP 150
UVPG 203

V
VAwS 148
VC-Verbotsverordnung 196
Verantwortlichen Erklärung 47
Verbrennung 91, 130, 184, 185
Verbrennungsanlage 103, 144
Verbringung 14, 38
–, grenzüberschreitend 154, 189
Verbringungs-Verordnung 194
Verfahren, kalt 130
–, thermisch 130
Vermeidung 21, 24, 56, 82, 142
Vermeidungspflicht 25
Vermischung 93
Verordnung, EG 169
Verpackung 66, 199
Verpackungsverordnung 67, 199
Versatz 27, 116
Verwaltungshilfe 3
Verwaltungsvorschrift, allgemein 9, 77
–, UVPG 151
–, § 5 Abs. 1 Nr. 3 BImSchG 142
Verwerterbetrieb, Handbuch 87
Verwertung 21, 25, 56, 142
–, anlagenintern 28
–, Vorrang 86

W
Wärmedämmung 64
Wassergefährdungsklasse 147
Wasserhaushalt 146
Wasserhaushaltsgesetz 146
Wirtschafts- und Sozialausschuß 167
Wirtschaftsgut 22

Z
Zulassung 141
Zulassungsverfahren 11
Zuordnungswert 89, 126, 136
Zustimmungsgesetz, Basel 154, 195
Zwischenlager 50, 130
–, Behandlung 100
–, Entsorgungsnachweis 102
–, Entwässern 100
–, Kleinmengenregelung 100

WISSEN HAT VIELE SEITEN.
DAS FACHBUCH

Dietrich Engelhardt u.a.
Abwasserrecht – Abwassertechnik
Gesetze – Verordnungen Vorschriften – Richtlinien.
1993. IX, 511 S. DIN A5. Br.
DM 148,00/öS 1.154,00/ sFr 148,00
ISBN 3-18-400981-5
Das vorliegende Werk stellt die für den Bereich Abwasserbeseitigung bedeutsamen Regelungen zusammen und führt in Grundrissen in die Materie ein. Soweit Landesrecht betroffen ist, beschränkt sich die Darstellung auf die nordrhein-westfälischen Regelungen. Das Buch will damit den Praktikern in Industrie und Wirtschaft, Kommunen, Wasserverbänden und Behörden eine umfassende Orientierung über einschlägige Vorschriften zur Abwasserbeseitigung ermöglichen.

Günter Kobelt
Biologische Abluftreinigung
Prozeßtechnische Grundlagen, Biofilter, Biowäscher.
1995. 124 S., 17 Abb., 10 Tab. DIN A5. Br.
DM 48,00/öS 374,00/ sFr 48,00
ISBN 3-18-401357-X
Theoretisch und praktische Grundlagen zu diesem aktuellen Umweltbereich; Hinweise für Planung, Bau und Betrieb von Biofilter und Biowäscher.

Werner Frank
Die Abfallwirtschaft als Teil der Rohstoffwirtschaft
1990. VIII, 107 S., 32 Abb., 7 Tab. 24 × 16,8 cm. Gb.
DM 29,00/öS 226,00/ sFr 29,00
ISBN 3-18-401067-8
Dargestellt wird die Bedeutung von Umwelterhaltung und Umweltschutz für ökonomische und empirische unternehmerische Entscheidungen im Bereich der betrieblichen Rohstoff- und Abfallwirtschaft sowie im Recycling.

VDI-Mitglieder erhalten 10% Preisnachlaß, auch im Buchhandel.

Analytik bei Abfallentsorgung und Altlasten
Hrsg. VDI-Bildungswerk
1991. VIII, 254 S., 63 Abb., 23 Tab. DIN A5. Br.
DM 68,00/öS 530,00/ sFr 68,00
ISBN 3-18-401024-4
Die Analytik ist die wesentliche Basis für eine ökologisch richtige und ökonomisch tragbare Entsorgung und Altlastsanierung. Die Analytik bietet auch dem Abfallverursacher Hinweise auf die Vermeidung, Verringerung oder Verwertung von Abfallbestandteilen.

D.O. Reimann u.a.
Klärschlammentsorgung I
Daten – Dioxine – Entwässerung – Verwertung – Entsorgungsvorschläge.
Hrsg. VDI-Bildungswerk
1991. VI, 312 S., 146 Abb., 43 Tab. DIN A5. Br.
DM 84,00/öS 655,00/ sFr 84,00
ISBN 3-18-401023-6

Dies ist der erste Band einer kleinen Reihe, die als Seminarunterlagen für die entsprechenden Veranstaltungen des VDI-Bildungswerks Verwendung findet. Die Klärschlammentsorgung ist schon und wird zunehmend ein Problem für alle Betreiber von Wasser-Reinigungs- und Kläranlagen.

Lufthygiene und Klima
Ein Handbuch zur Stadt- und Regionalplanung.
Hrsg. Kommission Reinhaltung der Luft (KRdL) im VDI und DIN, H. Schirmer, W. Kutter, J. Löbel, K. Weber
1993. XX, 507 S., 68 Abb., 33 Tab. DIN A5. Gb.
DM 128,00/öS 998,00/ sFr 128,00
ISBN 3-18-401349-9
Das vorliegende Werk behandelt einen Sektor der Umweltpolitik, der Aspekte der Sanierung, Erhaltung und Gestaltung zu berücksichtigen hat. Auf die vielfältigen Gesichtspunkte, die mit einer Umweltplanung im Dienst des Vorsorgeprinzips verbunden sind, wird daher ausführlich eingegangen.

Das technische Wissen der
GEGENWART

VDI-Lexikon Umwelttechnik

Herausgegeben von Franz Joseph Dreyhaupt. 1994. X, 1361 S., 458 Abb., 174 Tab. 16,8 x 24 cm. In Leinen gebunden mit Schutzumschlag.
DM 348,–/öS 2.714,–/sFr 348,–
ISBN 3-18-400891-6

Der Inhalt

Rund 4000 Stichwörter bzw. Stichwortartikel sind durch zahlreiche Funktionszeichnungen, Bilder und Tabellen ergänzt, die ein einfaches Verständnis der Texte gewährleisten. Das ausgefeilte Verweissystem sowie die Hinweise auf vertiefende Literatur geben dem Leser die Möglichkeit, seine Kenntnisse zu erweitern und zu vertiefen.

Die Autoren

Rund 200 hervorragende Fachleute aus Forschung, Lehre und Praxis haben ihr Wissen in dieses Lexikon eingebracht, sowohl in wissenschaftlich präzisierten Definitionen als auch in fundierten, vertiefenden Abhandlungen. Ein Wissensschatz, der in dieser Form vorbildlich ist.

Ausführliche Informationen erhalten Sie über Ihre Buchhandlung oder den VDI-Verlag, Rita Hirlehei, Telefon 02 11/61 88-126.

Das Lexikon

Aufgabe dieses Fachlexikon ist es, Ingenieure und Ingenieurstudenten, Naturwissenschaftlern und allen, die in der Ausbildung oder aus allgemeinem Interesse mit den unterschiedlichen Technikbereichen in Berührung kommen, mühelos Zugang zu einem enormen Wissensschatz zu ermöglichen.

---- COUPON ----

Bitte einsenden an
VDI-Verlag, Vertriebsleitung
Postfach 10 10 54, 40001 Düsseldorf
Telefon 02 11/61 88-0, Fax 02 11/61 88-133
oder an Ihre Buchhandlung

Ja, ich bestelle
___ Expl. VDI-Lexikon Umwelttechnik
DM 348,–/öS 2.714,–/sFr 348,–
ISBN 3-18-400891-6

Ja, ich interessiere mich für die Fachlexika.
Bitte informieren Sie mich über das:
○ VDI-Lexikon Bauingenieurwesen
○ VDI-Lexikon Energietechnik
○ VDI-Lexikon Werkstofftechnik
○ VDI-Lexikon Umwelttechnik
○ VDI-Lexikon Meß- und Automatisierungstechnik
○ Lexikon Maschinenbau
○ Lexikon Produktion Verfahrenstechnik
○ Lexikon Ingenieurwissen – Grundlagen
○ Lexikon Informatik und Kommunikationstechnik
○ Lexikon Elektronik und Mikroelektronik

Name/Vorname

Firma

Straße/Nr.

PLZ/Ort

Datum/Unterschrift

VDI-Mitgliedsnr.

VDI VERLAG
Postfach 10 10 54, 40001 Düsseldorf

MIX
Papier aus verantwortungsvollen Quellen
Paper from responsible sources
FSC® C105338

If you have any concerns about our products,
you can contact us on
ProductSafety@springernature.com

In case Publisher is established outside the EU,
the EU authorized representative is:
**Springer Nature Customer Service Center GmbH
Europaplatz 3, 69115 Heidelberg, Germany**

Printed by Libri Plureos GmbH
in Hamburg, Germany